"十二五"职业教育国家规划教材
经全国职业教育教材审定委员会审定
国家级精品资源共享课程配套教材

第三版

曹春英　孙曰波　主编

中国农业出版社
北京

内容简介

本教材根据企业行业职业岗位任职能力的要求，以花卉园艺师职业标准为依据，以花卉生产栽培过程为导向，突出培养学生综合职业能力。按照花卉园艺师职业资格标准以及职业岗位所需知识、能力、素质结构要求设计 8 个项目。重点介绍花卉分类及识别、花卉栽培所需要的各种设施以及环境调节控制技术、花卉的播种繁殖、扦插繁殖、嫁接繁殖、分生繁殖、压条繁殖、组培快繁等技术、露地花卉栽培技术、盆栽花卉栽培技术、鲜切花栽培技术、花卉应用技术、花卉的经营与管理。

每个项目设定项目背景、知识目标、能力要求、学习方法。每个项目按照岗位能力要求又分解为若干个学习任务，每项任务设定任务目标、任务分析、工作过程、技能训练、知识拓展等内容。全书共有 35 个技能训练，供学生按照技能要求分步操作熟练掌握。每项任务后附有考核评价，按照职业资格标准要求全方位培养学生综合职业能力。

第三版编审人员名单

主　编　曹春英　孙曰波

副主编　杨玉珍　李龙梅

编　者　（以姓名笔画为序）

孙曰波　李龙梅

杨玉珍　张二海

张文静　施雪良

曹春英

审　稿　赵兰勇　吴祥春

第一版编审人员名单

主　编　曹春英

编　者　孙曰波　鞠志新　丘　波

审　稿　刘庆华　孟庆繁

第二版编审人员名单

主　编　曹春英

副主编　李存华　石万方　孙曰波

编　者　（以姓氏笔画为序）

石万方　孙曰波　李永红

李存华　林济君　郝建国

曹春英　鞠志新

审　稿　赵兰勇　刘玉理

第三版前言

我国地处温带、热带、寒带，幅员辽阔，蕴藏着丰富的植物种质资源，具有“世界园林之母”的美称。随着社会经济的发展，人们物质水平的提高，花卉产品的消费已逐渐成为时尚。花卉种植面积迅速扩大，该产业已经成为我国农业的支柱产业。花卉产品向着优质化、高档化、多样化发展，花卉生产栽培模式向着工厂化、专业化、管理现代化、供应周年化、流通国际化的方向发展。花卉产业人才需求是当务之急。

按照职业教育的特点，按照我国花卉园艺师职业资格标准，人才培养目标是培养高素质、高技能的具有综合职业能力（专业能力、方法能力、社会能力）的优秀人才。本教材将花卉栽培分为8个学习项目。每个项目按照职业岗位所需知识、能力、素质结构要求，设定项目背景、知识目标（岗位所需的相关知识）、能力要求（岗位所需的职业能力）、学习方法（学生自主学习的方法）。每个项目按照岗位能力要求又分解为若干个学习任务，每项任务设定任务目标、任务分析、工作过程、技能训练、知识拓展、考核评价等内容，其目的是使学生熟悉本岗位知识，胜任本岗位的工作，熟练掌握本岗位的技能操作，学习过程中有自我考核评价。按照职业资格标准要求全方位培养学生的综合职业能力。

本教材由曹春英（潍坊职业学院）、孙曰波（潍坊职业学院）主编，参加编写的还有杨玉珍（南阳农业职业学院）、李龙梅（内蒙古农业大学职业技术学院）、张二海（潍坊职业学院）、张文静（潍坊职业学院）、施雪良（嘉兴职业技术学院）。本教材共8个项目，具体编写分工如下：项目1由张文静编写；课程导入、项目2和项目8由孙曰波编写；项目3由李龙梅编写；项目4由施雪良编写；项目5由杨玉珍编写；项目6由曹春英编写；项目7由张二海编写。全篇由曹春英和孙曰波共同统稿，书中插图由曹春英和孙曰波拍摄提供，并请山东农业大学赵兰勇教授、山东省潍坊市园林管理处吴祥春研究员审稿，在此表示衷心感谢。

本教材为“十二五”国家级规划教材，经全国职业教育教材审定委员会审定，是国家级精品资源共享课程《花卉栽培》配套教材。本教材用于高职院校、职业技校、职业中专教与学，也可为花卉生产、花卉装饰应用的工作者参考使用。

由于水平所限，教材中难免出现错误和遗漏，敬请各位读者批评指正。本教材在编写过程中得到了中国农业出版社的指导，各编者单位领导的支持，以及山东青岛嘉路园艺有限公司、青州良田花卉研究所、寿光万芳花卉有限公司的大力支持和帮助，谨此表示深深的谢意。

编 者

2014 年 6 月

第一版前言

花卉业是一项新兴产业，具有广阔的发展前景，在21世纪，它将给人们带来巨大的经济效益和社会效益。随着精神文明建设和物质文化生活水平的提高，人们对花卉消费意识越来越重视，需求量逐年增加。家庭、宾馆、饭店、商店、写字楼、学校及公共场所都需要绿化和美化，尤其是节假日，春节年宵花、鲜切花、盆花已成为花卉消费的热点。随着产业结构的调整，花卉产品正向着专业化、标准化、商品化发展，一部分供应国内市场消费，一部分组织出口创汇。同时，还带动了第三产业（花盆、工具、农药、肥料、包装、保鲜、塑料工业、陶瓷工业）的开发。

“花卉栽培”是一门专业学科，全书面向21世纪，围绕高等职业教育“培养应用型人才”的培养目标，重点介绍了商品生产栽培及新技术、新成果的应用，增加了名贵花栽培、年宵花栽培及生产经营和生产管理内容，培养学生的创新意识和创业能力。教材共分11章，打破了以往教材的编写格局，调整了重点章节。对花卉的分类、栽培环境、栽培设施、花卉繁殖、切花栽培、盆花栽培、露地花栽培、名贵花栽培、年宵花栽培及花卉应用和生产经营、生产管理等内容作了全面地介绍，其中栽培设施、四大切花和新秀切花、盆栽观花观叶和观果、名贵花、年宵花栽培技术重点强调了操作性和实用性。

本教材在编写的过程中，力求做到内容丰富，翔实，资料新，覆盖面广，兼顾南北方。书中介绍了226种花卉，150幅插图，同时在每章后面附有思考题，便于学生对章节内容很好地理解和掌握。最后附实训指导及附录《中华人民共和国农业部行业切花标准》，使学生更好地掌握实践操作技能。

本教材由曹春英同志担任主编，孙曰波、鞠志新、丘波同志参加编写，并经刘庆华博士和孟庆繁博士主审。在编写的过程中，自始至终得到同行及朋友的大力支持和帮助，在此一并致谢。

由于编写时间仓促，错误和不足之处在所难免，敬请广大读者批评指正。

编　者

2001年4月于潍坊

第二版前言

我国地处温带、热带、寒带，幅员辽阔，蕴藏着丰富的植物种质资源，具有“世界园林之母”的美称。随着社会经济的发展，精神文明和物质水平的提高，人们对环境保护意识的强化，适宜人居绿化环境逐步加快，生态城市建设已经能够淋漓尽致地体现生态效果，村镇的社区规划、绿化美化已经成为新农村建设的一大亮点，回归大自然的目标即将实现。人们的生活水平不断提高，花卉消费需求也不断地增加，为满足生产与市场的需求，本教材介绍了鲜切花、盆花、露地花卉、年宵花卉栽培技术，尤其提出切花无土栽培和盆花组合栽培、盆花水培的新技术应用。所栽培的各种花卉以不同形式表达应用，如鲜切花通过插花的形式应用在家庭、公共场所、礼仪交往等方面；盆花主要装饰室内外环境，增加自然气息；露地花卉以各种花坛的形式装扮环境，美化绿化环境。

教材的编写，本着教育部颁布《关于全面提高高等职业教育教学质量的若干意见》（教高［2006］16号）精神，根据企业行业职业岗位任职能力的要求，以花卉园艺师职业标准为依据，以基于花卉生产过程为导向编写内容，培养学生综合职业能力。附单项实训指导37项，综合实训指导15项，供教师、学生教与学的参考使用。本教材在编写时考虑到全国区域的差异和市场需求，选择了市场上主流的花卉种类作重点介绍。全书图文并茂，结合生产实际，深入浅出，强化了理论与实践密切结合，强化了学生综合职业能力培养。

本教材是普通高等教育“十一五”国家级规划教材，是教育部国家级精品课程——“花卉栽培”的配套教材。教材后附实训指导和中华人民共和国农业行业切花标准，以使学生能更好地掌握实践操作技能。本教材用于高职院校、职业技校、职业中专教与学，也可作为花卉生产、花卉装饰应用的工作者参考使用。

本教材共12章。第一、二章由曹春英（潍坊职业学院）编写；

第三、十二章及综合实训由孙曰波（潍坊职业学院）编写；第四章由郝建国（山西省忻州市原平农学院）编写；第五章由鞠志新（吉林农业科技学院）编写；第六、八章由李存华（山东农业大学）编写；第七、十章由石万方（上海农林职业技术学院）编写；第九章由李永红（深圳职业技术学院）和曹春英共同编写；第十一章由林洊君（云南农业职业技术学院）编写，全书由曹春英统稿，孙曰波协助。书中插图由刘玉理、孙曰波等拍摄提供，并承蒙山东农业大学赵兰勇、潍坊职业学院刘玉理审稿，在此一并表示衷心的感谢。

本教材在编写过程中得到各参编院校的支持，得到山东青岛嘉路园艺、青州良田花卉研究所、寿光万芳花卉有限公司、济南奥利种业有限公司的大力支持和帮助，在此谨表示深深的谢意。教材中难免出现错误和遗漏，敬请各位读者批评指正。

编 者

2009 年 8 月

目　录

课 程 导 入

一、花卉栽培的涵义

（一）花卉的涵义

狭义的花卉是指花草。花是植物的繁殖器官，卉是草。这些花花草草随着自然生理的发育和人为驯化栽培，形成了千姿百态、色彩丰富、气味芬芳的观赏植物，被人们称为花卉。

广义的花卉是指具有观赏价值，能以观花、观叶、观茎、观根、观果为目的，并能装饰美化环境、丰富人们文化生活的草本植物、木本植物和藤本植物。

目前，花卉已作为农业的主导产业之一，在农村经济作物中种植比例较大，以商品化生产为目的，主要产品是各种鲜切花、各类盆花、地被植物、花卉种苗和种球、绿化树木等。花卉生产从种苗、栽培、采收、包装，整个生产流程是按照商品标准进行的，随即进入市场流通。花卉生产，它要求有规范的生产流程和现代化的生产设施，有一定的生产规模，它所生产的产品逐步达到国际标准化，能进入国内外市场的贸易流通，获取较高的经济效益。这是我国农村经济和花卉产业主流方向。

（二）花卉栽培的涵义

1. 生产栽培 以商品化生产为目的，如切花生产、盆花生产、种苗和种球的生产等，从栽培、采收到包装完全标准化、商品化，并且能进入市场流通为社会提供消费的栽培方式，称为生产栽培。生产栽培，它要求有规范的栽培技术和现代化的生产设施，有一定的生产规模，它所生产的花卉产品必须标准化、商品化，能进入国内外市场的贸易流通，获取较高的经济效益。这是我国农村经济和花卉产业主流方向。

2. 观赏装饰栽培 以园林绿地观赏为目的，利用花卉的色彩、花型及园林绿化配置，美化、绿化公园、广场、城市绿地、学校等公共场所和家庭室内外的栽培方式，称为观赏装饰栽培。观赏装饰栽培一是应用露地花卉装饰各种花坛、花境、花丛、花台、花廊、花墙以及水面花卉装饰，园林设计牡丹园、芍药园、杜鹃园、茶花园等从而形成大自然环境的自然美。二是应用各种小盆花装饰室内外的吊篮、壁挂、花柱、组合水培等，其目的意义在于美化环境，丰富生活，净化空气，促进人们的身心健康。观赏栽培不仅在城市日益深入，在农村也渐趋普及。

（三）花卉应用的涵义

将以花卉为主的植物材料，根据花卉的生态特性、美学原则，运用现代的园林技术，经过加工造型、植物组合、花卉陈设、植物修剪造型等艺术布置装饰室内外环境，仿造自然环境而达到美化绿化的效果，称为花卉应用。

花卉应用的形式多种多样。最常见的方式是利用其丰富的色彩、变化的形态等来布置出不同的景观。有高逾百米的巨大乔木，也有矮至几厘米的草坪、地被植物；有直立的，也有攀缘的和匍匐的；树形也各异，如圆锥形、卵圆形、伞形、圆球形等。此外，还有以下几种由平面到立体的应用，如缀花草坪、花丛、花群以及花台、花柱、花塔、花墙、花廊、花篱、棚架、花球、花喷泉、花钵、植物墙、吊篮、壁挂篮、花槽、草坪格等，体现出平面和空间的美，增加绿化面积并能起到改善环境的效果；从室内到室外的应用，小到居室、厅、廊和案几，大到广场、公用绿地、商业空间和写字楼等，让人置身于自然景色之中，愉悦心情；花园和水景园，花坛和花境等，以及艺栽（水培、基质培等）、瓶景和箱景等，表现出现代花卉艺术之美；节假日的专类花展布置，如洛阳牡丹、杜鹃、菊花、郁金香等，歌颂祖国昌盛，烘托节日气氛；反映现代农业高科技气息、应用园林手法、师法自然的集果、蔬、花、园林于一体的农业观光园，园艺种植、观光休闲度假、购物餐饮、娱乐健身、果蔬花名品展示、赏花品果蔬、科普教育、生态示范、生产创收等多功能休闲园。

二、花卉栽培的意义

1. 花卉栽培进行商品化生产，获取较高的经济效益 花卉产业是一项朝阳产业，有极大的发展潜力，可带来巨大的经济效益。花卉产品主要是鲜切花、盆花、观叶植物，市场需求量大。花卉消费要求花卉质量高、观赏期长且全年均衡供应。花卉产品除了要满足国内需求外，部分鲜切花、种苗、种球还出口创汇。如昆明、海南、上海、青岛地区生产大批量的菊花出口日本；昆明的鲜切花出口泰国、马来西亚、新加坡；漳州的水仙球根出口东南亚等。同时，花卉新品种的开发、栽培新技术的开发，带动了其他相关产业的开发，如花卉容器（花盆、花瓶、花盘、花泥）、工具、肥料、农药、运输、保鲜、销售等全方位的服务体系。促进了陶瓷、塑料、化学、金属加工、包装运输等行业的发展。

2. 花卉栽培美化环境，丰富生活，是良好的精神文明建设形式 随着城市化进程的发展，人们亲近大自然的欲望越来越迫切。用花草树木美化环境、装点生活，可使人们足不出户，即能领略大自然的风光。

花卉具有改善环境的卫生防护功能，对增进身心健康多有裨益。它可以调节温度和湿度、遮阳，吸收二氧化碳和各种有害气体，增加氧气，吸附尘埃，分泌杀菌素等以净化空气、降低噪声，使之清新宜人；此外，花卉的绿色具有保护视力的作用，学习工作之余，凝视青枝绿叶，可以消除视力疲劳，开阔胸襟，宛若在大自然中徜徉，心神为之清爽。

花卉栽培是普及科学知识的最佳形式。了解众多的花卉种类，就是自然知识的开发，花卉栽培从播种、小苗出土、展叶、开花、结果、种子成熟，人们熟悉了它的生长发育规律，仿佛是一首动态的生命回旋曲，使人回味无穷，得到极大的满足和愉悦。同时四季更替，不同季节花卉的型、姿、色、韵变化丰富，春季的勃发、夏季的欢快、秋季的成熟、冬季的蓄势待发无不使人惊叹大自然的神妙。

花卉是大自然的精华，是真、善、美的化身，经常与花卉为伴，就像投身于博大、清纯的大自然之中，耳濡目染，潜移默化，不断净化灵魂，陶冶情操，是良好的精神文明建设形式。

三、我国花卉种质资源

我国土地辽阔，地势起伏（地跨热带、温带、寒带三带）气候各异，形成的花卉种类极多，既有热带、亚热带、温带、寒温带花卉，又有高山花卉、岩生花卉、沼泽花卉、水生花卉等。作为世界上花卉种类和资源最丰富的国家之一，我国素有“世界园林之母”的美称。

我国是野生植物种质资源最丰富的国家之一，原产高等植物约3.5万种，约占世界高等植物的1/9。谁拥有花卉资源，谁就拥有花卉的未来。得天独厚的资源优势，为我国花卉雄居于世界花卉之林，提供了雄厚的物质基础。我国的花卉种质资源，经过历代的栽培选育，产生千变万化、多姿多彩的园艺品种。例如杜鹃在世界总数900多种，原产于我国的就有600多种，除新疆、宁夏外，各省均有分布，而以西南山区最为集中。报春花全世界约有500种，原产于我国的就有390多种，是著名的草花。现在世界上栽培的大樱草和四季樱草均引自我国。百合花在世界上有100多种，原产于我国的就有60多种，如兰州百合、崂山百合、台湾百合、通江百合、南京百合、鹿子百合、王百合、黄土高原的山丹丹、长白山麓的大花卷丹，都有较高的观赏、实用和药用价值。龙胆全世界上有400多种，原产于我国230多种，它是“高山花坛”的重要成员，是温带城市布置园林的极好材料。蔷薇全世界有150多种，原产我国100多种，主要分布于北部各省。至于其他可供观赏的各种草花，可供垂直绿化的蔓藤植物和观果观叶植物，千姿百态，不胜枚举（表1-1）。

表1-1　我国30属观赏植物各占全球总数之比例

属　名	国产种数	世界种数	所占比例（%）	属　名	国产种数	世界种数	所占比例（%）
槭	150	200	75.0	绿绒蒿	37	45	82.2
落新妇	15	25	60.0	含笑	40	60	66.7
山茶	195	220	88.6	沿阶草	33	55	60.0
蜡梅	4	4	100	木樨	27	40	67.5
金粟兰	15	15	100	爬山虎	10	15	66.7
蜡瓣花	21	30	70.0	泡桐	9	9	100
栒子	60	95	63.2	马先蒿	329	600	54.8
兰	31	50	62.0	毛竹	45	50	90.0
菊	18	30	60.0	报春花	294	500	58.8
四照花	9	12	75.0	李	140	200	70.0
溲疏	40	60	66.7	杜鹃	530	900	58.9
油杉	10	12	83.3	绣线菊	65	105	61.9
百合	40	80	50.0	丁香	27	30	90.0
石蒜	15	20	75.0	椴树	35	50	70.0
苹果	24	37	64.9	紫藤	7	10	70.0

注：30属3 559种花卉植物中，我国已有2 275种，占世界总数的63.9%。

四、我国花卉业的历史与现状

（一）花卉业发展历史

我国花卉资源丰富，栽培和观赏历史悠久。早在《周礼·天官·冢宰》（前10～前7世纪）中有“园圃毓草木”的词句，说明当时已在园囿中培育草木。秦汉时期，花卉事业逐渐兴盛，王室富贾营建宫苑，广集各地奇果佳树、名花异卉植于园内，如汉成帝重修秦代上林苑，不仅栽培露地花卉，还建宫（保温设施）种植各种亚热带、热带观赏植物，收集的名果奇卉达3 000余种。西晋、东晋（4世纪）有嵇含的《南方草木状》、戴凯之的《竹谱》，以及陶渊明诗集都有园林花卉植物的记载。

隋、唐、宋是我国古代花卉事业的兴盛时期，在花卉的分类、栽培、鉴赏等方面有较大的进步，文字记载以宋代居多，如《洛阳名园记》《全芳备祖》《洛阳牡丹记》《兰谱》《海棠谱》《芍药谱》《菊谱》等。

明代至民国时期（1368—1949）我国花卉园艺栽培逐渐进入缓慢发展期，开始了插花等花卉造景与鉴赏等的研究，并出现了一批综合性的花卉研究著作。如《群芳谱》《瓶史》《艺菊》《牡丹八木》《学圃杂疏》《花镜》《群芳列传》《花卉园艺学》《艺园概要》等。

20世纪50年代后的30多年，中国花卉业进入了曲折停滞期。中国现代花卉业起步于20世纪80年代初期，1985年后中国花卉业开始迅速恢复和发展，经过20多年的努力，花卉业取得了长足进步，同时也带动了相关产业的发展，为现代花卉业的形成和发展奠定了较好的基础。

（二）花卉业现状

随着人民物质生活水平的提高，花卉作为精神文明的良好载体之一，花卉产品的消费已逐渐成为时尚。自20世纪90年代中期以来，我国的花卉消费量迅速扩大，居民的花卉消费水平也逐渐提高。

需求促进生产，20世纪80年代中期中国花卉开始起步，经过30多年的发展，取得了举世瞩目的成绩。据农业部统计数据显示，2012年全国花卉种植面积112.03万hm^2，大中型花卉企业14 189个，从业人员493.53万人。在花卉产业发展过程中，各地区充分利用地区资源、气候等区域优势发展生产，形成了各类花卉优势区域：以云南、湖北、广东、四川、辽宁为主的切花产区；以广东、四川、江苏、福建为主的盆花产区；以四川、云南、上海、辽宁、陕西、甘肃为主的种苗（种球）产区；以山东、河南、江苏和广东为主的草坪产区。

随着花卉业的发展，花卉产品呈现出多样化的趋势，花卉产品已由原来的以盆景和盆花为主，发展到观赏苗木、盆栽植物、切花切叶（干花）、种用花卉、草坪、食用药用工业花卉6大类并存。目前我国花卉产品类型与份额分别为：切花切叶（干花），占花卉生产面积的5.31%；盆栽植物，约占8.91%；种苗，约占1.42%；种球，约占0.4%；观赏苗木，约占56.92%；草坪，约占3.43%；其他（食用药用、工业用等）约占23.61%。

构建良好的流通体系是花卉产业兴旺的基础。经过多年的市场建设和运作，我国基本形成了以大中型花卉批发市场为主体，农贸市场、花店、花摊等多种形式相结合的花卉交易市场格局，花卉流通体系初步形成，使长期以来花卉买难卖难的问题得到了一定的缓解。随着生产规模的扩大，我国花卉市场体系逐步形成，花卉交易方式也呈现出多样化的趋势。近几年，我国先后在北京、广东、上海、云南建立花卉拍卖交易中心，开始尝试花卉拍卖。花卉拍卖市场在我国的逐步建立，给花卉行业带来了深远的影响。

随着我国花卉消费的需求与日俱增，花卉生产规模逐步扩大，花卉进出口也迅速增加。我国花卉出口总体上呈上升趋势，2012年为5.33亿美元，是1996年的20多倍。花卉出口越来越集中在云南、广东、江苏、浙江等传统花卉生产地区。

五、我国花卉产业存在的问题和展望

（一）我国花卉产业存在的问题

目前，我国花卉生产面积已位居世界第一，约占世界花卉生产总面积的1/3，但生产效

益与世界花卉业发达国家相比仍有较大差距。据统计，我国花卉生产平均每公顷产值仅约0.8万美元，而荷兰平均每公顷为44.8万美元，以色列为13万美元，哥伦比亚为10万美元。由于缺乏对花卉产业特性的深刻认识，在“花卉是高效产业”思想的影响下，导致了生产发展的盲目性，低水平重复建设严重，造成布局和品种结构不合理，鲜切花和低档盆花多，中高档盆花少，大宗产品多，特色名牌少。

1. 栽培技术落后，专业化程度低，经营管理粗放 花卉产业在我国发展时间较短，花卉整体生产水平低，生产方式还比较落后。比如我国鲜切花生产平均50～80朵/m^2，仅为世界平均水平的一半，质量仅相当于三级花，而且绝大多数花卉的原种，都必须依靠进口。花卉产业作为特色农业，对农业设施要求高，需要专业的生产技术和温棚、水肥灌溉管网等固定化的农业设施。我国花卉生产保护地总面积约为30 000 hm^2，仅占花卉栽培总面积的6.7%，而且其中大部分为设施简陋的一般保护地。此外，我国花卉业仍属于劳动密集型产业，每公顷花卉面积上投入劳动力为6.82人。

2. 缺乏科技支撑 花卉作为技术密集型产业对科技需求较高，而我国花卉科技支撑体系的发展滞后于生产的需要，科技支撑体系零散组织，科研成果转化率低，专业人才严重缺乏。目前我国有花卉从业人员250多万人，其中专业技术人员约10万人，仅占从业人员总人数的4%，大多数从业人员没有经过专业培训，对新品种、新技术的了解和应用能力较差。而在花卉业发达国家，从业者普遍受到过中等以上专业教育，其中受过高等教育的人员所占的比例比较高。

3. 生产规模小，成本高 目前在我国花卉生产经营实体中，花卉生产农户占65%，企业占35%，大中型企业仅占企业总数的8.5%。花卉生产农户，生产规模小，缺乏生产技术知识，主要靠经验进行栽培和经营，产品质量差，经济效益低，难以形成规模效益，导致花卉产业发展缓慢，生产难以满足市场需求。

4. 缺乏自有知识产权的新品种 我国花卉工作起步晚，育种工作滞后，科研单位没有充分利用现有的花卉资源，使得国内现有花卉品种老化，缺乏市场竞争力。近年来国有大型花卉企业纷纷引进国外新品种，以求获得高效益。虽然新品种引进推动了我国花卉产业的发展，促进了一些花卉龙头企业的兴起，但是种苗成本高，阻碍了生产效益的提高。同时由于我国科研与生产脱节，科研单位没有充分利用引进的花卉资源加以品种改造，造成了资源的浪费，企业的生产可持续性后劲不足。

5. 花卉产品缺乏完善的行销网络 花卉作为商品流通，其流通体系远不如其他商品，部分花卉产区仍然存在卖难的局面，大生产和大流通的格局尚未形成，国内外市场开拓不足。花卉市场缺乏管理，法规不完善，管理人员很少经过从业培训，市场信息网络不畅通，市场服务功能普遍不够完善，许多花市基本形成“有场无市”的状况。此外，在我国多数花卉交易中，仍一直沿用落后的面对面的议价交易方式。

（二）我国花卉产业的展望

1. 加大科技投入 花卉事业逐渐成为世界新兴产业之一，如将中国丰富的花卉种质资源转化为商品，就会变成一笔巨大的财富。如果没有现代科技的运用和现代化设备的武装，很难达到飞跃发展。为提高花卉产品的产量和质量，应加强科技投入，研发和引进新品种、新技术、新设备、新材料，以及先进的栽培和管理技术等，尤其自主知识产权品种的研发工作。

2. 加快培育优新品种 品种选育工作是花卉产业发展的核心，也是国际市场竞争的关键。我国花卉资源极为丰富，遗传多样性突出，许多名花如牡丹、梅花、月季、山茶等原产于我国，花卉科技工作者应充分利用这些丰富的物种资源，培育新品种。同时，加强对花卉品种的选择，重视适应生产性、交流运输性、抗病性等方面的研发。

3. 先进技术的示范和推广 20多年来，我国花卉科研工作已取得了多项成果，现阶段应通过各种推广体系，加速育苗、引种、栽培、产后处理、病虫害防治等科技成果的推广，提高生产者和管理者的技术水平，提高产品质量。同时，应普遍提高种植者、经营者以及爱好者的水平，利用各种媒体（如电台、电视台和报刊）宣传普及花卉栽培管理和经营的基本知识和操作方法，以适应花卉商品化生产的要求；同时建立情报咨询服务机构，掌握国际国内花卉生产和市场的信息和活动，大力发展适销对路的切花、盆花、种苗、种球、盆景和干花生产，并通报气象变化情况、病虫害发生发展的规律及防治方法、种子种苗的流通和农药化肥的供销情况，为花卉生产提供服务。近些年来，全国的花卉贸易体系已初步建成，电子商务在花卉销售中发挥越来越重要的作用。

4. 加强区域合作和产业化发展 花卉种类繁多，要求的生育条件各异，我国幅员辽阔，区域差异显著，发展花卉生产还应实行区域化、专业化、工厂化、现代化，有计划有步骤地发挥优势、形成特色、建立基地、形成产业。建立经营种子、育苗设施、容器、机具、花肥、花药以及保鲜、包装、贮藏、运输等一套业务机构，建立生产基地和流通联合体，使各个环节相互协调配合，促进花卉业持续健康发展。

总之，随着国民经济的发展和繁荣、人民生活水平的提高，充分利用我国天时地利的有利条件，中国花卉事业的质和量都会得到飞跃发展。

六、国外花卉业的发展

（一）国外花卉业发展现状

第二次世界大战后，花卉业在全球范围内迅速繁荣起来，已成为当今世界最具活力的产业之一。目前，全世界花卉种植面积约22.3万hm^2，其中亚太地区花卉栽培面积最大，达13.4 hm^2；其次是欧洲，栽培面积4.5万hm^2；美洲栽培面积有4.2万hm^2。

花卉产品成为国际贸易的大宗商品，年消费量稳步上升。近30年来，随着品种选育和生产新技术的推广，世界各国的花卉消费量保持增长的势头；花卉采后技术和物流业的发展，使花卉市场日趋国际化。花卉业的消费和生产与经济和生活水平关系密切，在花卉产品的国际贸易中，发达国家占绝对优势，欧盟、美国、日本形成了花卉消费的三大中心，世界进口花卉最多的国家依次是德国、美国、日本等。

世界花卉大国不断提高花卉科技投入和科技成果的转化，促进花卉产业规模化、专业化的发展。它们把传统的育种方法与先进的生物技术相结合，加快育种步伐，培育市场所需的多种花色、抗性强及带有香味的畅销品种，然后利用生物技术规模化批量生产种苗。在完善自动化栽培设施的同时实施先进的栽培管理技术，缩短成花时间，提高产品质量。

目前世界花卉科研的主要内容：一是丰富多彩的优质花卉新品种育种，每年都能推出多种类型的花卉新品种；二是高产、高效、优质的花卉栽培设施的研究，包括温室结构及内部配套的自动化环境控制技术、加热设备、排灌系统及组装、透光好的复合膜等；三是栽培技术的研究，包括机械化栽培技术、无土栽培技术及产后贮运保鲜技术等。

（二）国外花卉生产发展趋势

1. 世界花卉生产持续地迅速增长 花卉业的迅速发展有以下原因：第一，需求量大、经济效益高，以美国为例，每667 m^2 小麦年收入86美元，棉花300美元，而杜鹃达14 000美元；第二，花卉业的兴旺，带动了花肥、花药、栽花机具以及花卉包装贮运业的发展；第三，促进了食品、香料、药材产业的发展，如丁香、桂花、茉莉、玫瑰、香水月季等常用于提取天然香精，红花、兰花、米兰、玫瑰可作为食品香料，芍药、牡丹、菊花、红花都是著名的中药材；第四，举办各种花卉博览会或是花卉节，以花为媒，吸引游人，推动旅游业的发展。

2. 花卉生产布局发生了全球性的调整和变化 随着花卉需求量的增加，世界花卉栽培面积也在不断扩大，为了降低生产成本，适地适花生产基地正向世界各处转移形成几个大的全球性花卉生产和销售中心，如南美洲的厄瓜多尔、哥伦比亚成为主要生产国，产品主要供应美国、加拿大等几个消费国；非洲的津巴布韦、肯尼亚成为花卉出口中心，产品主要供给欧洲。产生这一变化的主要原因是这些南美洲和非洲国家具有气候优势和廉价劳动力，其花卉生产成本低，在国际花卉市场上有较强的竞争力。如肯尼亚、赞比亚、津巴布韦等国冬季生产的月季切花，已在荷兰的花卉拍卖市场上占有相当的比例，非常引人注目。

3. 世界花卉消费增长迅速 各国花卉的人均消费量不断增加，当前世界有三大花卉消费市场：一是北美洲花卉消费市场，美国有70%的花卉要从国外进口；二是欧洲消费市场，德国有60%的花卉、法国近20%的花卉靠进口；三是亚洲消费市场，是世界最大的潜在花卉消费市场。

4. 鲜切花生产快速增长 鲜切花销售额已经占世界花卉销售总额的60%左右，是花卉生产中的主力军。现在荷兰年人均消费鲜切花150枝、法国80枝、英国50枝、美国30枝，而中国年人均切花消费仅为0.6枝，各国仍有消费迅速增长的势头，预计今后几年鲜切花的消费量将增加1倍以上。

5. 观叶植物和野生花卉的引种发展迅速 随着城镇高层住宅的修建，室内装饰水平的提高，室内观叶植物普遍受到人们的喜爱。这类植物属喜阴或耐阴的种类，常见的有秋海棠、花叶芋、龟背竹、文竹、吊兰、朱蕉、玉簪、肖竹芋、花烛、竹芋、姬凤梨、绿萝、鸭跖草等。

此外，世界花卉生产向着花卉产品的优质化、高档化、多样化，以及生产工厂化、栽培专业化、管理现代化、供应周年化、流通国际化的方向发展。随着花卉流通体系的日益完善，促使花卉生产者不断提高产品的质量，不断更新和丰富花卉的种类和品种，加强流通体系和运输系统的建设，逐步做到花卉的四季均衡供应。

七、花卉栽培课程学习内容与方法

1. 课程内容 本课程以狭义花卉为主要学习对象，除草本花卉外，还包括少量常见的室内绿化装饰用的木本花卉。在认识花卉种类的基础上，学习它们的生态习性、繁殖、栽培管理技术以及园林应用，强调实践技能的培养。

2. 学习方法 本课程具有较强的实践性和综合性，要着力培养对花卉的认知能力以及动手操作能力。因为学习的对象是花卉，是活的生命体，栽培中经常出现一些问题，因此要重视综合分析问题和动手解决实际问题的能力的培养，同时应具备良好的职业道德，学会团结协作、吃苦耐劳、爱岗敬业，并为将来成为园林、园艺企业技术员、园林养护技术员、花卉经营者等职业岗位人员打下坚实的基础。

合理安排好学习时间并按照计划进行学习，学习一定要有计划，这是学好本课程的关键。在学习中既要充分展示自己的思维，又要相互讨论，集思广益。

勇于实践，大胆创新。实践教学既是认识的源泉，又是思维的基础，它不仅获取理论知识，还能加强技能的训练，不断提升实践动手能力、操作能力，以及发现问题、分析问题和解决问题的能力。

项目1 花卉识别

【项目背景】

熟练识别花卉种类，了解花卉的习性特点以及园林用途是花卉栽培的基础。只有认识了花卉，了解花卉的生长、生活习性，才能顺利进行花卉的栽培、应用。因此在学习栽培知识的开始必须进行花卉识别项目学习。我们都知道，花卉种类繁多，它们在形态、结构、习性等方面各不相同，在学习过程中，即使费再多精力也不可能掌握全部花卉的习性及栽培知识，所以为了学习、应用方便，进行分类。

【知识目标】

1. 明确各类花卉分类的基本方法；
2. 掌握各类花卉的特点及在园林中的用途；
3. 掌握各类花卉的识别要点。

【能力要求】

1. 具备花卉分类的基本能力；
2. 熟练识别当地常见花卉，并能对所见花卉进行归类。

【学习方法】

通过网络查询，获取花卉分类及花卉形态特征等相关知识。以实践学习为主，对花卉进行观察，掌握花卉的识别要点。街头绿地、公园、市场都是课堂，不断学习，不断积累，充实花卉专业知识。

任务1.1 花卉分类

任务目标
RENWU MUBIAO

1. 了解花卉分类的作用及意义；
2. 掌握花卉的生物学分类方法；
3. 掌握花卉的产地分类法；
4. 了解花卉的系统分类知识；
5. 了解其他常用分类方法。

任务分析
RENWU FENXI

世界花卉资源丰富，种类繁多，并且随着人类社会的经济发展、文化水平的不断提高，大量的野生花卉资源也逐渐进行园艺化，这些花卉广布于全球五大洲，由于原产地气候的差异，它们形态、习性各异，栽培条件要求各不相同。本任务对花卉进行分类识别，便于学习和实际应用。

相关知识
XIANGGUAN ZHISHI

我国土地辽阔，南北地跨热、温、寒三带，形成的花卉种类繁多，生态习性各异。一般有以下几种分类方法。

一、按生态习性分类

（一）一、二年生花卉

1. 一年生花卉 指个体生长发育在一年内完成其生命周期的花卉。这类花卉在春天播种，当年夏秋季节开花、结果、种子成熟，入冬前植株枯死，如凤仙花、鸡冠花、孔雀草、半枝莲、紫茉莉等。

2. 二年生花卉 指个体生长发育需跨年度才能完成生命周期的花卉。这类花卉在秋季播种，第二年春季开花、结果、种子成熟，夏季植株死亡，如金鱼草、金盏菊、三色堇、虞美人、桂竹香等。

（二）宿根花卉

这一类花卉指植株入冬后，地上植物茎、叶干枯，根系在土壤中宿存越冬，第二年春天由根萌芽而生长、发育、开花的花卉，如菊花、芍药、荷兰菊、玉簪、蜀葵、耧斗菜、落新妇等。

（三）球根花卉

这一类花卉指其地下根或地下茎已变态为膨大的根或茎的多年生草本植物，膨大的根或茎可以为其贮藏水分，使其营养度过休眠期。

球根花卉按形态的不同分为5类：

1. 鳞茎花卉 地下茎膨大呈扁平球状，由许多肥厚鳞片相互抱合而成的花卉。如水仙、风信子、郁金香、百合等。

2. 球茎花卉 地下茎膨大呈球形，茎内部实质，表面有环状节痕附有侧芽，顶端有肥大的顶芽的花卉，如唐菖蒲、荸荠等。

3. 块茎花卉 地下茎膨大呈块状，它的外形不规则，表面无环状节痕，块茎顶部分布大小不同发芽点的花卉，如大岩桐、香雪兰、马蹄莲、彩叶芋等。

4. 根茎花卉 地下茎膨大呈粗长的根状，外形具有分枝，有明显的节间，节间处有腋芽，由节间腋芽萌发而生长的花卉，如美人蕉、鸢尾等。

5. 块根花卉 地下根膨大呈纺锤体形状，芽着生在根颈处，由此处萌芽而生长的花卉，如大丽花、花毛茛等。

（四）多浆及仙人掌类

该类花卉具有旱生、喜热的特点及植物体含水分多、茎或叶特别肥厚、呈肉质多浆的形态。常见栽培的有仙人掌科、景天科、番杏科、萝藦科、菊科、百合科、龙舌兰科、大戟科的许多属种，其中以仙人掌科的种类最多。常见的有玉树、落地生根、豹皮花、吊灯花、仙人笔、翡翠珠、十二卷及仙人掌科的仙人指、令箭荷花、仙人掌等。

（五）室内观叶植物

以叶为主要观赏对象并多盆栽的植物，室内观叶植物大多数是性喜温暖的常绿植物，许多种又比较耐荫蔽，适于室内观赏。其中有不少是彩叶或斑叶品种，有更高的观赏价值。

（六）兰科花卉

兰科花卉共20 000余种，已利用及有价值而尚未利用的种类均很多。因其具有相同的形态、生态和生理特点，可采用近似的栽培与特殊的繁殖方法，故把兰科花卉独立成一类。

（七）水生花卉

包括水生及湿生的观赏植物，如荷花、睡莲等。

（八）木本花卉

指以赏花为主的木本植物，本教材所指的木本植物主要是以花或果供观赏的灌木及小乔木。

二、按观赏部位分类

按花卉的花、叶、果、茎、芽等具有观赏价值的器官进行分类。

1. 观花花卉　植株开花繁多，花色鲜艳，花型奇特而美丽，以观花为主的花卉，如茶花、月季、菊花、非洲菊、郁金香等。

2. 观叶花卉　植株叶形奇特，形状不一，挺拔直立，叶色翠绿，以观叶为主的花卉，如龟背竹、花叶万年青、苏铁、变叶木、蕨类植物等。

3. 观茎花卉　植株的茎奇特，变态为肥厚的掌状或节间极度短缩呈连珠状，以观茎为主的花卉，如仙人掌、佛肚竹、文竹、富贵竹等。

4. 观果花卉　植株的果实形状奇特，果色鲜艳，挂果期长，以观果为主的花卉，如冬珊瑚、观赏辣椒、佛手、金橘、乳茄等。

5. 观根花卉　植株主根呈肥厚的薯状，须根呈小溪流水状，气生根为呈悬崖瀑布状，以观根为主的花卉，如根榕盆景、薯榕盆景、龟背竹、春芋等。

6. 其他观赏类　观赏银芽柳毛茸茸、银白色的芽；观赏象牙红、马蹄莲、叶子花鲜红色的苞片；观赏球头鸡冠膨大的花托；观赏紫茉莉、铁线莲瓣化的萼片；观赏美人蕉、红千层瓣化的雄蕊。

三、按观赏用途分类

1. 切花花卉　主要用于花篮、花束、艺术插花等形式艺术装饰的花卉。这类花卉是切花生产栽培专用品种，有花枝长、花形小、保鲜时间长的特点，如切花菊、切花月季、切花百合、非洲菊、唐菖蒲、补血草等。

2. 盆景花卉　适合于盆景造型的花卉。有生长速度慢，树皮粗犷，表现出古朴自然美等特点，如福建根榕、小叶榆、黑松、石榴、南天竹、火棘、罗汉松等。

3. 组合盆栽花卉　将观花、观叶、观茎的单株花卉，按色彩协调、大小高矮进行组合盆栽的形式，提高观赏效果。近期，这种方式在花卉市场非常受欢迎。组合栽培既展示了单株花的优点，也利用其他花卉弥补了它的不足，色彩的对比，大小高矮的相互照应，形成了具有生命的高雅艺术品，属潮流新宠，如凤梨花、花烛花、蝴蝶兰、丽格海棠、风信子、仙人球等。

4. 花坛花卉　主要用于装饰各种花坛的花卉。以一、二年生花卉为主，如鸡冠花、雏菊、孔雀草、矮牵牛、羽衣甘蓝等。

5. 庭院花卉　主要用于庭院绿化装饰的花卉。月季花、玫瑰花、牡丹、秋菊、美人蕉、大丽花、郁金香、玉簪等。

6. 岩（石）生花卉　主要用于绿地假山造型、瀑布流水造型的花卉。这类花卉生长在岩石缝中，耐寒、耐旱、耐瘠薄，有少量的水分或一定的空气湿度就能满足自然生长，表现出野生、古朴的自然美，如高山杜鹃、日本岩石杜鹃、龙胆花、鸢尾、射干等。

7. 藤蔓类花卉　主要用于篱垣棚架等垂直绿化的花卉，如草本的茑萝、牵牛花、葫芦等；木本的紫藤、凌霄、络石、蔷薇、地锦等。

四、按开花季节分类

1. 春花类　指2～4月期间盛开的花卉。如郁金香、虞美人、金盏菊、山茶、杜鹃、牡丹、梅花等、报春花等。

2. 夏花类　指5～7月期间盛开的花卉。如凤仙花、荷花、石榴、月季、紫茉莉、茉莉等。

3. 秋花类　指8～10月期间盛开的花卉。如大丽花、菊花、万寿菊、桂花等。

4. 冬花类　指11～翌年1月期间盛开的花卉。如水仙、蜡梅、一品红、仙客来、墨兰、蟹爪莲等。

技能训练
JINENG XUNLIAN

花卉分类与识别

（一）训练目的

熟悉当地常见花卉的分类方法，掌握各类花卉的形态特征，并进行初步识别。

（二）材料用具

钢卷尺、直尺、卡尺、铅笔、笔记本、当地常见的各类花卉。

（三）方法步骤

教师在实训场地现场讲解、指导学生学习识别花卉种类。学生课余时间主动到实训场地熟悉每种花卉，识别每种花卉形态、观赏应用目的。

1. 教师现场教学讲解每种花卉的名称、科属、形态特征、类别；
2. 学生分组课余时间学习每种花卉的名称、科属、形态特征、类别。

（四）作业

将识别的花卉按种名、科属、观赏用途列表记录。

考核评价
KAOHE PINGJIA

考核内容	考核标准	考核分值	自我考核	教师评价
专业知识	熟悉花卉分类的基本方法	10		
	掌握各类花卉的概念及特点	20		
技能训练	分类、识别当地常见的花卉	20		
专业能力	能对当地常见的花卉按照分类方法进行分类	20		

（续）

考核内容	考核标准	考核分值	自我考核	教师评价
学习方法	网络信息查询； 专业书籍资料查询； 专业市场走访、调研； 勤于实践	10		
能力提升	学会学习，良好的交流沟通能力； 工作学习主动积极，勤于思考，助人为乐； 养成善于观察、详尽记录的好习惯	10		
素质提升	做事积极主动，与人团结合作； 学习工作勤恳努力； 工作学习中能及时发现问题，能分析、解决问题； 富有创造性思维，对待新事物好学进取	10		

任务1.2　一、二年生花卉识别

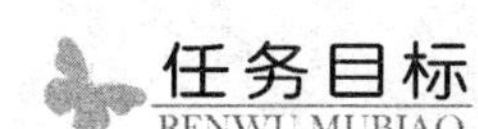

任务目标
RENWU MUBIAO

1. 掌握一、二年生花卉的概念及特点；
2. 掌握一、二年生花卉的识别要点；
3. 熟悉一、二年生花卉的园林应用的基本知识。

任务分析
RENWU FENXI

一、二年生花卉是重要园林景观花卉，也是应用广泛、用量最多的花卉。繁殖技术以播种繁殖为主。一、二年生花卉其花色鲜艳，植株低矮，生长整齐，非常适合花坛、花境、花钵、花台等的装饰应用，有的还可以作为室内装饰观赏，熟悉识别一、二年生花卉，了解它们的生物学特性，为花卉生产栽培、花卉应用奠定基础。

相关知识
XIANGGUAN ZHISHI

一、一、二年生花卉概述

1. 一年生花卉　在一个生长季内完成生活史的植物，即从播种到开花、结实、枯死均在一个生长季内完成。一般春天播种，夏秋生长，开花结实，最后枯死，因此一年生花卉又称为春播花卉。

一年生花卉喜欢温暖，不耐寒，其生长发育都在无霜期内完成。依其对温度的要求又分为三种类型：耐寒、半耐寒和不耐寒型。耐寒型花卉苗期耐轻霜冻，不仅不受害，在低温下还可继续生长；半耐寒型花卉遇霜冻受害甚至死亡；不耐寒型花卉原产热带地区，遇霜立刻死亡，生长期要求高温。

一年生花卉多数喜阳光和排水良好而肥沃的土壤。花期可以通过调节播种期、光照处理或加施生长调节剂进行促控。

另外，一年生花卉寿命短，只有6～8个月时间，根系入土较浅，因此其抗旱、抗涝能力较弱，栽培管理要求较为细致。但一年生花卉生长速度快，生长整齐，植株较为低矮，开花早，花期较为一致，开花繁密，花色鲜艳，适宜夏秋节日盛花花坛或摆花观赏。

常见的一年生花卉有鸡冠花、百日草、半枝莲、翠菊、波斯菊、万寿菊、牵牛花、茑萝、紫茉莉、凤仙花、三色苋、千日红、银边翠等。

2. 二年生花卉 二年生花卉是指生活周期经两年或两个生长季节才能完成的花卉，即播种后第一年仅形成营养器官，次年开花结实而后死亡。一般秋季播种，以幼苗形式越冬，次年春天开花，开花后夏季枯死。

二年生花卉耐寒力较强，喜凉爽环境，不耐炎热。并且二年生花卉必须经过一段适当的低温条件才能形成花芽开花，这就是二年生花卉的春化作用。成长过程则要求长日照，并随即在长日照下开花。

另外，与一年生花卉一样，二年生花卉寿命也较短，根系浅，植株低矮，开花色彩艳丽，用途同一年生花卉，只是二年生花卉的花期在春季，因此二年生花卉是布置春季花坛的重要材料。

常见二年生花卉有三色堇、紫罗兰、雏菊、金盏菊、金鱼草、矢车菊、钓钟柳、石竹等。

二、常见的一、二年生花卉

（一）鸡冠花（*Celosia cristata* L.）

【科属】苋科，青葙属。

【识别要点】一年生草本，株高20～150 cm，茎直立粗壮，红色或青白色，少分枝。叶互生有柄，长卵形或卵状披针形，全缘。肉穗状花序顶生，扁平鸡冠状，自然花期夏、秋至霜降。花有白、黄、红、橙等色。胞果卵形，内含种子数枚，成熟时环裂，种子黑色有光泽。

【园林应用】鸡冠花因其花序红艳、扁平，形似鸡冠而得名，享有“花中之禽”的美誉。鸡冠花对SO_2、HCl具良好的抗性，可起到绿化、美化和净化环境的多重作用，适用于厂矿绿化。花序顶生，形状色彩多样，鲜艳明快，是重要的花坛花卉。高型品种还是很好的切花材料。也可制干花，经久不凋。矮型品种用于盆栽或边缘种植。

（二）五色苋（*Alternanthera bettzichiana*）

【科属】苋科，虾钳菜属。

【识别要点】多年生草本常作一年生栽培。株高15～40 cm，多分枝。叶对生，全缘，椭圆形或卵形。叶面绿色或具各色彩纹。头状花序腋生，花小，白色，无花瓣。

【园林应用】是著名的观叶植物，最适用于毛毡花坛、立体花坛和模纹花坛，供夏秋季节观赏。也可用于花坛、花境边缘以及岩石园点缀。

（三）翠菊（*Callistephus chinensis*）

【科属】菊科，翠菊属。

【识别要点】一年生草本，茎直立，全株疏生短毛。叶互生，长椭圆形。头状花序单生枝顶。舌状花花色丰富，有红、蓝、紫、白、黄等深浅各色。栽培品种繁多，有重瓣、半重瓣，花型有彗星型、鸵羽型、管瓣型、松针型、菊花型等，按植株高度又分为高秆种、中秆种、矮秆种等。

【园林应用】翠菊品种类型很多，花型多变，花色丰富，花期长，在园林中广泛应用。矮型品种适用于毛毡花坛和花坛的边缘，也宜盆栽。中型和高型品种可用于各种园林布置。高型品种还常作背景材料，也是良好的切花材料。

（四）百日草（*Zinnia elegans*）

【科属】菊科，百日草属。

【识别要点】一年生草本，茎直立粗壮，上被短毛，表面粗糙，株高40～120 cm。叶对生无柄，基部抱茎，卵圆形至长椭圆形，全缘，上被短刚毛。头状花序单生枝端，梗甚长。花径4～10 cm，舌状花多轮，花瓣呈倒卵形，有白、绿、黄、粉、红、橙等色，管状花集中在花盘中央，黄橙色，边缘分裂。瘦果广卵形，扁小。花期6～9月，果熟期8～10月。

【园林应用】高型种可用于切花。因花期长，可按高矮分别用于花坛、花境，也可用于盆栽。叶片、花序可以入药。

（五）万寿菊（*Tagetes erecta*）

【科属】菊科，万寿菊属。

【识别要点】一年生草本，株高60～100 cm，全株具异味，茎粗壮，绿色，直立。单叶羽状全裂，对生，裂片披针形，具锯齿，上部叶时有互生，裂片边缘有油腺点，锯齿有芒。头状花序着生枝顶，径可达10 cm，黄或橙色，总花梗肿大。瘦果黑色，冠毛淡黄色。花期8～9月。

【园林应用】庭园栽培观赏，或布置花坛、花境，也可用于切花。花、叶可入药；花可用来提取叶黄色素作为食品添加剂的生产原料。

同属常见栽培种：

孔雀草（*Tagetes patula*），株高30～40 cm。叶对生，羽状深裂。花梗自叶腋抽出，头状花序顶生，单瓣或重瓣。外轮为暗红色，内部为黄色，故又名红黄草。花色有红褐、黄褐、淡黄、红色带斑点等。花形与万寿菊相似，但花朵较小而繁多。花期5～10月。

（六）麦秆菊（*Helichrysum bracteatum*）

【科属】菊科，蜡菊属。

【识别要点】一年生草本，茎直立，多分枝，株高50～100 cm，全株具微毛。叶互生，长椭圆状披针形，全缘，有短叶柄。头状花序生于主枝或侧枝的顶端，花冠直径3～6 cm，总苞片多层，呈覆瓦状，外层椭圆形呈膜质，干燥具光泽，形似花瓣，有白、粉、橙、红、黄等色，管状花黄色。晴天花开放，雨天及夜间关闭。瘦果小棒状，或直或弯，种子寿命2～3年。花期7～9月，果熟期9～10月。

【园林应用】麦秆菊可布置花坛，或在林缘自然丛植。花瓣膜质化，并具有金属光泽，干燥后花形、花色经久不变，因此可通过自然阴干或加工成干花制品。

（七）一串红（*Salvia splendens*）

【科属】唇形科，鼠尾草属。

【识别要点】多年生草本常作一年生栽培，茎高约80 cm，光滑。叶片卵形或卵圆形，长4～8 cm，宽2.5～6.5 cm，顶端渐尖，基部圆形，两面无毛。轮伞花序具2～6花，密集成顶生总状花序，苞片卵圆形；花萼钟形，长11～22 mm，绯红色，上唇全缘，下唇2裂，齿卵形，顶端急尖；花冠红色，冠筒伸出萼外，长3.5～5 cm，外面有红色柔毛；雄蕊和花柱伸出花冠外。小坚果卵形，有3棱，平滑。花期7～10月。

【园林用途】一串红花期长，从夏末到深秋，开花不断，且不易凋谢，是布置花坛的理想材料。

同属常见栽培种有：

红花鼠尾草（*S. coccinea*），花萼绿色或微晕紫红色，花冠下唇长于上唇。花期7～8月。

一串紫（*Salvia splendens* var. *atropurpura*），长穗状花序，花小，紫堇或雪青色。

（八）香豌豆（*Lathyrus odoratus*）

【科属】豆科，香豌豆属。

【识别要点】一年生蔓性攀缘草本，全株被白色毛，茎棱状，有翼。羽状复叶，仅基部两片小叶，先端小叶变态形成卷须。花具总梗，长20 cm，腋生，着花1～4朵，花大，蝶形，旗瓣色深艳丽，有紫、红、蓝、粉、白等色，并具斑点、斑纹，具芳香。花萼钟状，荚果长圆形，内含5～6粒种子，种子球形，褐色。

【园林应用】香豌豆花型独特，枝条细长柔软，即可作冬、春切花材料制作花篮、花圈，也可盆栽供室内陈设欣赏，春、夏还可移植户外任其攀缘作垂直绿化材料，用于美化窗台、阳台、棚架等，或作为地被植物。

（九）矮牵牛（*Petunia hybrida*）

【科属】茄科，矮牵牛属。

【识别要点】多年生草本，常作一、二年生栽培，株高15～60 cm，全株被黏毛，茎基部木质化，嫩茎直立，老茎匍匐状。单叶互生，卵形，全缘，近无柄，上部叶对生。花单生叶腋或顶生，花较大，花冠漏斗状，边缘5浅裂。蒴果，种子细小。花期4～10月。

【园林应用】适于室内外栽培观赏，或吊盆栽植。矮牵牛花大色艳，花色丰富，为重要的装饰性花卉，可以广泛用于花坛布置，花钵配置，景点摆设，窗台点缀，家庭装饰等。

（十）虞美人（*Papaver rhoeas*）

【科属】罂粟科，罂粟属。

【识别要点】一年生草本，株高40～60 cm，分枝细弱，被短硬毛。全株有乳汁。叶片呈羽状深裂或全裂，裂片披针形，边缘有不规则的锯齿。花单生，有长梗，未开放时下垂，花萼2片，椭圆形，外被粗毛。花冠4瓣，近圆形，具暗斑。花径5～6 cm，花色丰富。蒴果杯形，成熟时顶孔开裂，种子肾形，多数，细小。花期4～6月。

【园林应用】虞美人花姿美好，色彩鲜艳，是优良的花坛、花境材料，也可盆栽或作切花用。全株可入药。

（十一）羽衣甘蓝（*Brassica oleracea* L. var. *acephala DC.*）

【科属】十字花科，芸薹属。

【识别要点】二年生草本，为食用甘蓝的园艺变种。根系发达，直根性。茎短缩，密生叶片呈莲座状，叶片肥厚，倒卵形，被有蜡粉，深度波状皱褶，呈鸟羽状，美观。经冬季低温，于翌年开花、结实。总状花序顶生，小花黄色。果实为角果，扁圆形，种子圆球形，褐色。花期4～5月。

【园林应用】在华东地区为冬季花坛的重要材料。其观赏期长，叶色极为鲜艳，在公园、街头、花坛常见用羽衣甘蓝镶边，组成各种美丽的图案，用于布置花坛，具有很高的观赏效果。也是盆栽观叶的佳品。目前欧美及日本将部分观赏羽衣甘蓝品种用于鲜切花。

（十二）紫罗兰（*Matthiola incana* B. Br.）

【科属】十字花科，紫罗兰属。

【识别要点】二年生草本，株高30～60 cm，全株被灰色星状柔毛，茎直立，基部稍木质化。叶面宽大，长椭圆形或倒披针形，先端圆钝，蓝灰绿色。总状花序顶生和腋生，花梗粗壮，花有紫红、淡红、淡黄、白等颜色，单瓣花能结实，重瓣花不结实，果实为长角果，圆柱形，种子有翅。花期3～5月，果熟期6～7月。

【园林应用】紫罗兰花朵茂盛，花色鲜艳，香气浓郁，花期长，花序也长，适宜于盆栽观赏，园林中可用于布置花坛、花境，或作盆栽摆设装饰用。

（十三）三色堇（*Viola tricolor*）

【科属】堇菜科，堇菜属。

【识别要点】二年生草本，株高15～20 cm，呈丛生状。基生叶有长柄，叶片近圆心形；茎生叶卵状长圆形或宽披针形，边缘有圆钝锯齿；托叶大，基部羽状深裂。早春从叶腋间抽生出长花梗，花单生，五瓣，通常每朵花有蓝紫、白、黄三色；花瓣近圆形，假面状，覆瓦状排列，距短而钝。花期可从早春到初秋。

【园林应用】三色堇是布置春季花坛的主要花卉之一，因植株低矮，可作花坛镶边材料，也可作球根花坛的衬底材料，还可盆栽供人们欣赏。

一、二年生花卉识别

（一）训练目的

熟悉本地区园林栽培及温室栽培的一、二年生花卉，明确其花期及应用。

（二）材料用具

多媒体、图片、相机、花卉实物标本。

（三）方法步骤

1. 教师现场教学讲解每种花卉的名称、科属、生态习性、观赏应用。学生做好记录。
2. 学生分组课余时间加强练习，熟练识别花卉名称、科属、生态习性及园林应用等。

（四）作业

完成一、二年生花卉识别表。

花卉名称	科属	类型	花期	识别要点

考核评价
KAOHE PINGJIA

考核内容	考核标准	考核分值	自我考核	教师评价
专业知识	熟悉一、二年生花卉的概念及特点	10		
	掌握当地常见一、二年生花卉的识别要点	20		
技能训练	识别当地常见的一、二年生花卉	20		
专业能力	能识别当地常见的一、二年生花卉，熟悉其园林用途	20		
学习方法	网络信息查询； 专业书籍资料查询； 专业市场走访、调研； 勤于实践	10		
能力提升	学会学习，良好的交流沟通能力； 工作学习主动积极，勤于思考，助人为乐； 养成善于观察、详尽记录的好习惯	10		
素质提升	做事积极主动，与人团结合作； 学习工作勤恳努力； 工作学习中能及时发现问题，能分析、解决问题； 富有创造性思维，对待新事物好学进取	10		

任务 1.3　宿根花卉识别

任务目标
RENWU MUBIAO

1. 掌握宿根花卉的概念及特点；
2. 掌握宿根花卉的识别要点；
3. 熟悉宿根花卉的园林应用的基本知识。

任务分析
RENWU FENXI

宿根花卉在园林应用中发挥巨大作用，寿命期长，不用年年播种，园林绿地管理简便。宿根花卉植株高矮整齐，色块鲜明，景观美丽。植株高矮不一，自然美丽，色彩鲜艳，衬景、配景是宿根花卉最大优点，宿根花卉，是园林绿化应用中最佳选择。

相关知识
XIANGGUAN ZHISHI

一、宿根花卉概述

宿根花卉是指个体寿命超过两年，可持续生长，多次开花、结实，且地下根系或地下茎形态正常，不发生变态的一类多年生草本观赏植物。

依其习性不同，宿根花卉又有常绿宿根和落叶宿根之分。常见的常绿宿根花卉有：麦冬、万年青、君子兰等；常见的落叶宿根花卉有：菊花、芍药、桔梗、玉簪、萱草等。落叶宿根花卉耐寒性较强，在不适应的季节里，植株地上部分枯死，而地下的芽及根系仍然存活，待春天温度回升后，又能重新萌芽生长。

宿根花卉一般寿命较长，生长健壮，并且一次栽植可多年观赏，管理比较简单，因此园林中应用较广，可作花坛材料，也是花境的主体材料，很多种类还可盆栽用于室内装饰。

宿根植物可以采用分株、扦插等无性繁殖方法加以培育。

二、常见宿根花卉

（一）菊花（*Dendranthema morifolium*）

【科属】菊科，菊属。

【识别要点】菊花是经长期人工选择培育出的名贵观赏花卉，品种已达千余种。多年生草本植物。株高 20～200 cm，通常 30～90 cm。茎色嫩绿或褐色，基部半木质化。单叶互生，卵圆至长圆形，边缘有缺刻或锯齿。头状花序顶生或腋生，一朵或数朵簇生。舌状花为雌花，筒状花为两性花。舌状花分为平、匙、管、畸四类，色彩丰富，有红、黄、白、墨、紫、绿、橙、粉、棕、雪青、淡绿等。筒状花发展成为具各种色彩的“托桂瓣”，花色有红、黄、白、紫、绿、粉红、复色、间色等色系。花序大小和形状多变，花期 10～12 月。

【园林应用】菊花是我国传统名花，有悠久的栽培历史。菊花历来被视为高风亮节、高雅傲霜的象征，代表着斯文与友情。菊花因其在深秋不畏秋寒开放，深受中国古代文人的喜欢。可以盆栽观赏，也是世界四大切花之一，还可露地栽培或作地被植物。

（二）非洲菊（*Gerbera jamesonii*）

【科属】菊科，大丁草属。

【识别要点】株高 30～45 cm，叶基生，叶柄长，叶片长圆状匙形，羽状浅裂或深裂。头状花序单生，高出叶面，总苞盘状，钟形，舌状花瓣 1～2 枚或多轮呈重瓣状，花色有大红、橙红、淡红、黄色等。通常四季有花，以春秋两季最盛。

【园林应用】非洲菊花朵硕大，花枝挺拔，花色艳丽，水插时间长，为世界著名切花之一。可布置花坛、花境，或温室盆栽作为厅堂、会场等的装饰摆放。

（三）芍药（*Paeonia Lactiflora*）

【科属】毛茛科，芍药属。

【识别要点】株高 1 m 左右。二回三出复叶，小叶矩形或披针形，顶部叶片渐小或成单叶。花大且美，有芳香，单生枝顶或生于叶腋；花白、粉、紫或红色，花期 4～5 月。

【园林应用】芍药花大艳丽，品种丰富，在园林中常成片种植，是花坛主要材料，或沿着小径、路旁作带形栽植，或在林地边缘栽培，并配以矮生、匍匐性花卉，也可庭园丛植，更有作专类花园。芍药又是重要的切花。

（四）荷兰菊（*Aster novi-belgii*）

【科属】菊科，紫菀属。

【识别要点】茎丛生，多分枝，株高 60～100 cm，叶呈线状披针形，光滑，幼嫩时微呈紫色。头状花序生于枝顶，花蓝紫色。花期 10 月。

【园林应用】荷兰菊花繁色艳，适应性强，植株较矮，盛花时节又正值国庆节前后，故多用作花坛、花境材料，也可片植、丛植，或作盆花或切花。也是良好的地被植物。

（五）耧斗菜（*Aquilegia vulgaris*）

【科属】毛茛科，耧斗菜属。

【识别要点】株高40～60 cm，茎直立。小叶菱状倒卵形或宽菱形，边缘有圆齿，上面无毛，下面疏被短柔毛，花下垂，花形独特，花瓣5枚，有囊状长距向后延伸，萼片和花瓣均色彩鲜艳。蓇葖果，种子黑色而光滑。花期5～7月。

【园林应用】耧斗菜花大而美丽，花形独特，品种多，花期长，可丛植于花坛、花境及岩石园、林缘或疏林下。根含糖类，可制饴糖或酿酒，种子含油，可供工业使用。

（六）铁线莲（*Clematis florida*）

【科属】毛茛科，铁线莲属。

【识别要点】多为蔓性，少有直立种。茎长1～2 m，棕色或紫红色，节部膨大。二回三出复叶，小叶狭卵形至披针形，全缘，脉纹不显。花单生或为圆锥花序，萼片大，呈花瓣状，花色有蓝、紫、粉红、玫红、紫红、白等，雌、雄蕊多数。园艺品种很多。花期6～9月。果期夏季。

【园林应用】铁线莲为优良的垂直绿化材料，可布置阳台、庭园，也可作切花。

（七）鸢尾（*Iris tectorum Maxim*）

【科属】鸢尾科，鸢尾属。

【识别要点】高30～50 cm。根状茎匍匐多节，粗而节间短，浅黄色。叶为渐尖状剑形，质薄，淡绿色，呈二列交互排列，基部互相包叠。总状花序1～2枝，每枝有花2～3朵；花蝶形，花冠蓝紫色或紫白色，外3枚较大，圆形下垂；内3枚较小，倒圆形，拱形直立。蒴果长圆形，具3～6棱，种子片状。花期4～6月。

【园林应用】鸢尾叶片碧绿青翠，花形大而奇，宛若翩翩彩蝶，是庭园中的重要花卉之一，可作花坛、花境及庭园绿化，又是优美的盆栽花卉，也可作切花。

（八）萱草（*Hemerocallis fulva*）

【科属】百合科，萱草属。

【识别要点】具短根状茎和粗壮肉质根。叶基生，宽线形，对排成两列，宽2～3 cm，背面呈V形突起，嫩绿色。花葶细长坚挺，高出叶丛，着花6～10朵，初夏开花，花大，漏斗形，下部合成花被筒，上部开展而反卷，边缘波状，橘红色。花期6～8月，每花仅开放1 d。

【园林应用】花色鲜艳，栽培容易，且春季萌发早，绿叶成丛极为美观，园林中多丛植或于花境、路旁栽植。又可作疏林地被植物。其根系强大，固土能力强，还是水土保持的良好材料，可用于坡地地被。

（九）玉簪（*Hosta plantaginea*）

【科属】百合科，玉簪属。

【识别要点】株高30～50 cm，叶基生成丛，卵形至心状卵形，基部心形，叶脉呈弧状；总状花序顶生，高于叶丛，花为白色，管状漏斗形，浓香。花期6～8月。

【园林应用】玉簪是较好的阴生植物，在园林中可用于树下作地被植物，或植于岩石园或建筑物北侧，也可盆栽观赏或作切花用。

（十）虎尾兰（*Sansevieria trifasciata*）

【科属】百合科，虎尾兰属。

【识别要点】多年生草本植物。具匍匐的根状茎，褐色，半木质化，分枝力强。叶片从地下茎生出，丛生，扁平，直立，先端尖，剑形；叶长30～50 cm，全缘。叶色浅绿色，正反两面具白色和深绿色的横向如云层状条纹，状似虎皮，表面被蜡质层。花期一般在11月，具香味，多不结实。

【园林应用】为常见的室内盆栽观叶植物，适合布置装饰书房、客厅、卧室等场所，可供较长时间欣赏。

（十一）大花君子兰（*Clivia miniata*）

【科属】石蒜科，君子兰属。

【识别要点】肉质根粗壮；叶剑形，二列状交互叠生，排列整齐，长30～50 cm；花葶自叶腋抽生，直立扁平，高出叶丛，聚伞花序，可着生小花10～60朵，花漏斗状，红橙色至大红色；浆果球形，成熟时紫红色。花期春季。

【园林应用】君子兰花、叶、果皆美，观赏期长，可周年布置观赏，傲寒报春，端庄素雅，深受人们喜爱，是布置会场和美化家庭环境的名贵花卉。

（十二）天竺葵（*Pelargonium hortorum*）

【科属】牻牛儿苗科，天竺葵属。

【识别要点】茎粗壮，全株有强烈气味。单叶对生，掌状，有长柄，叶缘多锯齿，叶面有较深的环状斑纹。花冠通常五瓣，花序伞状，生于挺直的花梗顶端。群花密集如球，花色红、白、粉、紫变化很多。花期由初冬开始直至翌年夏初。

常见同属观赏种有：

（1）蔓生天竺葵（*Pelargonium peltatum*）。也称为盾叶天竺葵或藤本天竺葵。茎半蔓生，多分枝，匍匐或下垂。叶盾形，有5浅裂，稍有光泽。花梗长7.5～20 cm，有花4～8朵，花色丰富。花期冬、春季。

（2）香叶天竺葵（*Pelargonium graveolens*）。也称为香天竺葵，叶5～7掌状深裂，裂片再羽状浅裂，有气味。花淡红色，有紫色条纹。花期夏季。驱蚊香草为其转基因品种。

（3）马蹄纹天竺葵（*Pelargonium zonale*）。叶倒卵形或卵状盾形，叶面有褐色马蹄纹，缘具钝锯齿，花深红到白色。

（4）大花天竺葵（*Pelargonium domesticum*）。全株具软毛，叶上无蹄纹，心状卵形，叶缘有芽尖齿。花大，花期4～6月。

【园林应用】天竺葵适应性强，花色鲜艳，花期长，适用于室内摆放，花坛布置等。

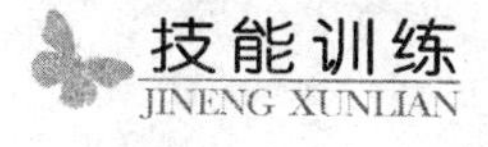

宿根花卉识别

（一）训练目的

熟悉当地常见的宿根花卉30种，并知道其花期、园林应用。

（二）材料用具

多媒体、图片、相机、花卉实物标本。

（三）方法步骤

（1）教师现场教学讲解每种花卉的名称、科属、生态习性、观赏应用。学生做好记录。

(2) 学生分组课余时间加强练习，熟练识别花卉名称、科属、生态习性及园林应用等。

(四) 作业

完成宿根花卉识别表。

花卉名称	科属	类型	花期	识别要点

考核评价
KAOHE PINGJIA

考核内容	考核标准	考核分值	自我考核	教师评价
专业知识	熟悉宿根花卉的概念及特点	10		
	掌握当地常见宿根花卉的识别要点	20		
技能训练	识别当地常见的宿根花卉	20		
专业能力	能识别当地常见的宿根花卉，熟悉其园林用途	20		
学习方法	网络信息查询； 专业书籍资料查询； 专业市场走访、调研； 勤于实践	10		
能力提升	学会学习，良好的交流沟通能力； 工作学习主动积极，勤于思考，助人为乐； 养成善于观察、详尽记录的好习惯	10		
素质提升	做事积极主动，与人团结合作； 学习工作勤恳努力； 工作学习中能及时发现问题，能分析、解决问题； 富有创造性思维，对待新事物好学进取	10		

任务 1.4 球根花卉识别

任务目标
RENWU MUBIAO

1. 熟悉球根花卉的概念及形态类型；
2. 掌握球根花卉的识别要点；
3. 了解球根花卉的园林用途。

任务分析
RENWU FENXI

球根花卉种类繁多，栽培容易，并有适应各种环境条件的种类，常用于花坛、花境、岩石园、基础栽植、地被覆盖或点缀草坪等。又是重要的切花材料，大多可供盆栽，部分适合水培。球根花卉栽培现已在许多国家形成巨大的产业，如荷兰是世界上最大的球根花卉生产国和输出国。荷兰的风信子、郁金香和水仙，日本的麝香百合，以及中国的卷丹、兰州百合和中国水仙等，在世界上均久享盛名。识别常见球根花卉，了解其习性特点，可以更好地对其进行应用和栽培。

一、球根花卉概述

球根花卉是指地下部分的根或茎发生变态，膨大成球状。根据地下球根的形态可把球根植物分为鳞茎类（如水仙）、球茎类（如唐菖蒲）、块茎类（如马蹄莲）、根茎类（如美人蕉）及块根类（如大丽花）5种类型。

不同的球根花卉习性也不相同，根据其习性特点，又把球根植物分为春植球根花卉和秋植球根花卉。春植球根花卉一般在春季种植，夏秋开花，喜温暖，不耐寒，冬季地上部分干枯，地下球根休眠。秋植球根花卉一般在秋季萌芽生长，春季开花，喜凉爽环境，不耐炎热，夏季地上部分干枯，地下球根休眠。

球根花卉一般多为单子叶植物，叶片稀少，根系多为肉质根，对土壤要求较为严格，栽培应用中要求管理细致。

二、常见球根花卉

（一）郁金香（*Tulipa gesneriana*）

【科属】百合科，郁金香属。

【识别要点】多年生鳞茎类球根植物。鳞茎扁圆锥形或扁卵圆形，具棕褐色皮膜。茎叶光滑具白粉。叶3～5枚，长椭圆状披针形或卵状披针形。花葶高出叶丛，花单生茎顶，大型直立，杯状，有单瓣也有重瓣，花色有白、粉红、洋红、紫、褐、黄、橙等，深浅不一，单色或复色。花期3～5月，有早、中、晚之别。

【园林应用】郁金香花朵似荷花，花色繁多，色彩艳丽，是重要的春季球根花卉，矮型品种宜布置春季花坛，鲜艳夺目。高型品种适用切花或配置花境，也可丛植于草坪边缘。中、矮品种适宜盆栽，点缀庭园、室内，增添欢乐气氛。

（二）大丽花（*Dahlia pinnata*）

【科属】菊科，大丽花属。

【识别要点】地下具有粗大纺锤状肉质块根，株高因品种不同而不同，单叶对生，1～3回羽状裂，裂片卵形，缘具粗钝锯齿。花生于梗顶，花型花色变化丰富，花期7～9月。

【园林应用】大丽花适宜花坛、花境或庭前丛植，矮生品种可作盆栽。花朵用于制作切花、花篮、花环等。全株可入药，有清热解毒的功效。

（三）美人蕉（*Canna indica* L.）

【科属】美人蕉科，美人蕉属。

【识别要点】根茎类球根花卉。株高达100～150 cm，根茎肥大；地上茎肉质，不分枝，茎叶具白粉，叶互生，宽大，长椭圆状披针形至阔椭圆形；总状花序自茎顶抽出，花径达

20 cm，花瓣直伸，具四枚瓣化雄蕊。花色有乳白、鲜黄、橙黄、橘红、粉红、大红、紫红、复色斑点等。花期北方6～10月；南方全年。

【园林应用】对二氧化硫、氯化氢等有害物质抗性强，具有净化空气、保护环境作用，是绿化、美化、净化环境的理想材料。园林上常用于花坛、花境或作基础栽植。

（四）唐菖蒲（*Gladiolus hybridus*）

【科属】鸢尾科，唐菖蒲属。

【识别要点】多年生球茎类球根植物。球茎扁圆形，株高90～150 cm，茎粗壮直立，无分枝，叶硬质剑形，7～8片嵌叠状排列。花葶高出叶丛，穗状花序着花12～24朵，排成二列，侧向一边，花冠筒呈膨大的漏斗形，有红、黄、白、紫、蓝等深浅不同的花色或具复色品种，花期夏秋。蒴果，种子深褐色，扁平有翅。

【园林应用】唐菖蒲为重要的鲜切花材料，可作花篮、花束、瓶插等。也可布置花境及花坛。矮生品种可盆栽观赏。

（五）小苍兰（*Freesia refracta*）

【科属】鸢尾科，香雪兰属。

【识别要点】多年生球茎类球根植物。球茎长卵圆形或圆锥形，外被纤维质棕褐色薄膜。地上茎细弱，有分枝。基生叶成二列叠生，叶片带状披针形，全缘。穗状花序顶生，花序上部弯曲呈水平状，小花偏生一侧，着花6～7朵，花色有淡黄、紫红、粉红、雪青、白等，具浓郁的芳香，花期春季3～5月。

【园林应用】既可盆栽供观赏，更是切花的好材料，花还可提取香料。

（六）水仙（*Narcissus tazetta*）

【科属】石蒜科，水仙属。

【识别要点】地下部分有肥大鳞茎，卵形至广卵状球形，外被棕褐色皮膜。叶狭长带状，二列状着生。花葶中空，扁筒状，通常每球有花葶数支，多者可达10余支，每葶数花，组成伞房花序。花白色，芳香，副冠高脚碟状，黄色。花期2～3月。

【园林应用】水仙花朵秀丽，叶片青翠，花香扑鼻，清秀典雅，水养已成为世界上著名的冬季室内陈设花卉之一。在温暖地区可用于春季花坛种植。

（七）风信子（*Hyacinthus orientalis*）

【科属】百合科，风信子属。

【识别要点】多年生鳞茎类球根植物。鳞茎卵形，有膜质外皮。叶4～8枚，狭披针形，肉质，上有凹沟，绿色有光泽。花葶肉质，中空，略高于叶丛，总状花序顶生，小花5～20朵，斜伸或下垂，漏斗形，花被筒长，基部膨大，裂片长圆形，向外反卷，花有紫、白、红、黄、粉、蓝等色，还有重瓣、大花、早花和多倍体等品种。花期4～5月。

【园林应用】风信子花期早，花色艳丽，其独有的蓝紫色品种更是引人注目，适合早春花坛、花境及作园林饰边材料。鳞茎易促成栽培，常用作冬、春室内盆栽观赏。

（八）百合（*Lilium brownii*）

【科属】百合科，百合属。

【识别要点】多年生球根草本花卉，茎直立，不分枝，绿色，茎秆基部带红色或紫褐色斑点。地下具无膜鳞茎，白色或淡黄色。单叶互生，狭线形，无叶柄。花着生于茎秆顶端，簇生或单生，花冠较大，花筒较长，呈漏斗形喇叭状，六裂。花色因品种不同而色彩多样，多为黄色、白色、粉红、橙红，有的具紫色或黑色斑点。

【园林应用】可作花坛、花境材料，也可植于林缘或岩石石园，是世界著名切花。

（九）仙客来（*Cyclamen persicum*）

【科属】报春花科，仙客来属。

【识别要点】多年生块茎类球根植物。块茎扁圆球形或球形，肉质，外皮木栓化。叶片由块茎顶部生出，心形、卵形或肾形，叶缘有细锯齿，叶面绿色，具有白色或灰色晕斑，叶背绿色或暗红色，叶柄较长，红褐色，肉质。花单生于花梗顶部，花朵下垂，花瓣向上反卷，犹如兔耳；花有白、粉、玫红、大红、紫红、雪青等色，基部常具深红色斑；花瓣边缘多样，有全缘、缺刻、皱褶和波浪等形。花期春季。

【园林应用】适宜于盆栽观赏，可置于室内布置，尤其适宜在家庭中点缀于有阳光的几架、书桌。

（十）马蹄莲（*Zantedeschia aethiopica*）

【科属】天南星科，马蹄莲属。

【识别要点】多年生块茎类球根植物。块茎肥大肉质。叶丛生，具长柄，叶柄一般为叶长的2倍，上部具棱，下部呈鞘状折叠抱茎；叶卵状箭形，全缘，鲜绿色。花梗着生叶旁，高出叶丛，肉穗花序包藏于佛焰苞内，佛焰包形大，开张呈马蹄形；肉穗花序圆柱形，鲜黄色。自然花期从11月直到翌年6月。

【园林应用】马蹄莲花朵美丽，春秋两季开花，花期长，是装饰客厅、书房的良好盆栽花卉，也是切花的理想材料。在热带、亚热带地区是花坛的良好材料。

技能训练

JINENG XUNLIAN

球根花卉识别

（一）训练目的

熟悉识别当地常见球根花卉，并知道其形态类型、园林应用。

（二）材料用具

多媒体、图片、相机、花卉实物标本等。

（三）方法步骤

（1）教师现场教学讲解每种花卉的名称、科属、生态习性、观赏应用。学生做好记录。

（2）学生分组课余时间加强练习，熟练识别花卉名称、科属、生态习性及园林应用等。

（四）作业

完成球根花卉识别表。

花卉名称	科属	形态类型	习性类型	识别要点

考核评价
KAOHE PINGJIA

考核内容	考核标准	考核分值	自我考核	教师评价
专业知识	熟悉球根花卉的概念及特点	10		
	掌握当地常见球根花卉的识别要点	20		
技能训练	识别当地常见的球根花卉	20		
专业能力	能识别当地常见的球根花卉，熟悉其园林用途	20		
学习方法	网络信息查询； 专业书籍资料查询； 专业市场走访、调研； 勤于实践	10		
能力提升	学会学习，良好的交流沟通能力； 工作学习主动积极，勤于思考，助人为乐； 养成善于观察、详尽记录的好习惯	10		
素质提升	做事积极主动，与人团结合作； 学习工作勤恳努力； 工作学习中能及时发现问题，能分析、解决问题； 富有创造性思维，对待新事物好学进取	10		

任务 1.5　水生花卉识别

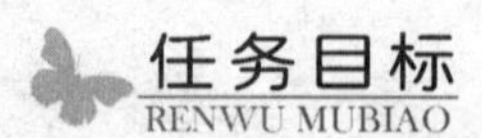

任务目标
RENWU MUBIAO

1. 掌握水生花卉的概念及特点；
2. 掌握水生花卉的识别要点；
3. 熟悉水生花卉的园林应用的基本知识。

任务分析
RENWU FENXI

园林景观中的水面绿化非常重要，它不但可以改善单调呆板的环境气氛，还可以利用水生花卉增加经济收入。水面绿化除池塘、湖泊外，还包括一些沼泽地和低湿地。水生花卉还可以净化水质，保持水面洁净，抑制有害藻类的生长。识别水生花卉，是应用水生花卉绿化水体、净化水体、保持景观的基础。

相关知识
XIANGGUAN ZHISHI

一、水生花卉概述

水生花卉是生长于浅水、沼泽及低湿地上的多年生草本观赏植物。依据它们在水中的位置及对水分的要求可分为挺水类（如荷花、千屈菜）、浮水类（如睡莲、萍蓬莲）、漂浮类

（如凤眼莲、浮萍）和沉水类（如纯菜、玻璃藻）。

水生花卉是水生植物的一部分，大多具有美丽的花朵、形态奇异的茎叶，可构成美丽的水景景观。另外，有一些水生花卉既可以生活在陆地上，也能在浅水或泥沼中生长，如花叶芦竹、美人蕉、马蹄莲等，也属于水生花卉的范畴。

水生花卉体内有发达的通气组织，水下部分没有角质层和周皮，可以直接吸收水分和溶解于水中的养分，因此它们适宜于水中生长。

水生花卉因原产地不同而对水温和气温的要求不同，其中较耐寒者可在中国北方地区自然生长，水中的含氧量也影响着水生花卉的生长发育。只有极少数低等水生植物在近 30 m 的深水中尚能生存，而绝大多数高等水生植物主要分布在 1～2 m 深的水中，挺水和浮水类型的花卉常以水深 60～100 cm 为限，近沼生习性的种类则只需 20～30 cm 的浅水即可。

水的流动能增加水中的含氧量并具有净化作用，所以完全静止的小水面不适合水生花卉的生长，有些植物需生长在溪涧或泉水等流速较大的水域，如西洋菜、苦草等。而在流水中生长的沉水植物，常具有穿孔状的叶片或茎叶呈细丝状，以适应特殊的环境。

二、常见的水生花卉

（一）荷花（*Nelumbo nucifera*）

【科属】睡莲科，莲属。

【识别要点】多年生挺水草本植物。根状茎（藕）肥大多节，横生于水底泥中；叶盾状圆形，表面深绿色，被蜡质白粉，背面灰绿色，全缘并呈波状。叶柄圆柱形，密生倒刺；花单生两性，具芳香，有单瓣、复瓣、重瓣及重台等花型；花色有白、粉、深红、淡紫或间色等变化；雄蕊多数，雌蕊离生，埋藏于倒圆锥状海绵质花托内，花托表面具多数散生蜂窝状孔洞，受精后逐渐膨大称为莲蓬，每一孔洞内生一小坚果（莲子）。花期 6～8 月，晨开暮闭。果熟期 7～9 月。

依用途不同分为藕莲、子莲和花莲。

以产藕为主的称为藕莲，此类品种不开花或开花少，花单瓣。

以产莲子为主的称为子莲，此类品种开花繁密，花单瓣，易结实。

以观花为主的称为花莲，此类品种雌雄蕊多数瓣化，常不能结实。花莲系统常依据花瓣的多少、雌雄蕊瓣化程度及花色进行分类，常见品种有东湖红莲、苏州白莲、红千叶、千瓣莲、重台莲等，其他还有一梗两花的并蒂莲，一梗四花的四面莲，一年中能数次开花的四季莲，小花小叶的碗莲等。

【园林应用】荷花是中国的十大传统名花之一，它不仅花大色艳，清香远溢，而且有着极强的适应性，既可广泛应用于公园、风景区及庭园水景，布置水面观赏效果极佳，也是很好的切花材料。莲藕和莲子都可以食用，而大的莲叶用于包裹食物。莲子、莲子心、莲叶、莲房、雄蕊都可以入药，也可作工业废水污染水域的“过滤器”。

（二）睡莲（*Nymphaea tetragona*）

【科属】睡莲科，睡莲属。

【识别要点】多年生浮水植物，根状茎粗短。叶丛生，具细长叶柄，浮于水面。花单生，花瓣通常白色，萼片宿存，雄蕊多数，雌蕊的柱头具 6～8 个辐射状裂片。浆果扁平至半球形，为宿存的萼片包裹。种子黑色。花期 6～8 月，果期 8～10 月。

主要栽培类型：

(1) 不耐寒性睡莲（热带性睡莲）。原产于热带，在我国大部分地区需温室栽培，主要种类有蓝睡莲（*N. coerulea*）、墨西哥黄睡莲（*N. mexicana Zuccarini*）、埃及白睡莲（*N. lotus*）、红花睡莲（*N. rubra*）等。

(2) 耐寒性睡莲。原产温带和寒带，耐寒性强，均属白天开花类型。主要种类有睡莲（*N. tetragona*）、香睡莲（*N. odorata Ait.*）、白睡莲（*N. alba*）、块茎睡莲（*N. tuberosa*）等。

【园林应用】睡莲是花、叶兼美的观赏植物。在池沼、湖泊中，一些公园的水池中常有栽培。睡莲能吸收水中的汞、铅、苯酚等有毒物质，还能过滤水中的微生物，是难得的水体净化的植物材料。根茎富含淀粉，可食用或酿酒。

(三) 王莲（*Victoria regia*）

【科属】睡莲科，王莲属。

【识别要点】多年生大型浮水植物。根状茎直立；叶基生，硕大，圆形，成熟叶片直径可达1～2 m，平展于水面，肉质，有光泽，深绿色，叶缘隆起，高8～12 cm；叶背及叶柄具浅褐色尖锐皮刺。花单生于叶腋处，花蕾形似笔头，花萼具浅褐色刺毛；花较大，花瓣狭长，多数，纯白色，开放至第3天即转变为粉红色，夜开昼合，芳香，花期几乎全年；花谢后，花托沉水，种子在水中成熟、休眠；果实球形，种子多数，形似玉米。

【园林应用】王莲叶形奇特、硕大，是大型的热带水生植物，具有很高的观赏价值，被世界各大植物园、公园引种进行温室栽培。它还能净化水体。家庭中的小型水池也可栽植。

(四) 千屈菜（*Lythrum salicaria*）

【科属】千屈菜科，千屈菜属。

【识别要点】多年生挺水类植物，高30～100 cm，全株具柔毛。茎直立，多分枝，有四棱。叶对生或3叶轮生，狭披针形，长4～6 cm，宽8～15 mm，先端稍钝或短尖，基部圆或心形，稍抱茎。总状花序顶生；花两性，数朵簇生于叶状苞片腋内；花萼筒状，花瓣6枚，紫红色，长椭圆形，基部楔形；蒴果椭圆形，全包于萼内，成熟时2裂；种子多数，细小。花期7～8月。

【园林应用】多用于水边丛植和水池边栽植，也作水生花卉园花境背景。还可盆栽摆放庭院中观赏。

(五) 凤眼莲（*Eichhornia crassipes*）

【科属】雨久花科，凤眼莲属。

【识别要点】多年浮水植物。须根发达且悬垂水中。单叶丛生于短缩茎的基部，每株6～12片叶，叶卵圆形，叶面光滑；叶柄中下部有膨胀如葫芦状的气囊，基部具鞘状苞片。穗状花序，小花6～12朵，花被6裂，紫蓝色，上方1枚裂片较大，中央有鲜黄色的斑点。

【园林应用】常是园林水景中的造景材料。植于小池一隅，以竹框之，野趣幽然。除此之外，凤眼莲还具有很强的净化污水能力。

(六) 雨久花（*Monochoria korsakowii*）

【科属】雨久花科，雨久花属。

【识别要点】多年生挺水植物。根状茎粗壮。茎直立，高20～80 cm，基部呈现红色，全株光滑无毛。基生叶广卵圆状心形，顶端急尖或渐尖，基部心形，全缘，具弧状脉，有长

柄，有时膨胀成囊状，柄有鞘。由10余多花组成总状花序，顶生，超过叶片，花被6裂，蓝色。蒴果长卵圆形，花果期7～10月。

【园林应用】雨久花花大而美丽，淡蓝色，像飞舞的蓝鸟，而叶色翠绿、光亮、素雅，在园林水景布置中常与其他水生观赏植物搭配使用，是一种极好而美丽的水生花卉。亦可盆栽观赏，花序可作切插花材料。

（七）水葱（*Scirpus tabernaemontani*）

【科属】莎草科，藨草属。

【识别要点】多年生挺水植物。株高1～2 m，茎秆高大通直，圆柱状，中空。根状茎粗壮匍匐，须根多。基部有3～4个膜质管状叶鞘，鞘长达40 cm，最上面的一个叶鞘具叶片。叶片线形，长2～11 cm。聚伞花序顶生，稍下垂，花淡黄褐色，下具苞叶。小坚果倒卵形。花果期6～9月。

【园林应用】水葱在水景园中主要作背景材料，茎秆挺拔翠绿，使水景园朴实自然，富有野趣。茎秆可作插花线条材料。

（八）燕子花（*Iris laevigata*）

【科属】鸢尾科，鸢尾属。

【识别要点】多年生挺水植物。茎高达1 m，叶片剑形，中肋不隆起，质柔软，色鲜绿。总状花序茎顶生，开花数朵，外围3片呈椭圆形，下垂，内层3片狭长，先端略大，通常呈紫色。花期6～7月，果熟期8月。

【园林应用】用于园林水景园及鸢尾专类园布置。花期较花菖蒲早，两者配合使用，可使开花景观延长。

（九）水菖蒲（*Acorus calamus*）

【科属】天南星科，菖蒲属。

【识别要点】多年生挺水植物。根茎粗大，横生，直径1.0～2.5 cm，叶剑形，自基部丛生，有显著中肋。佛焰苞叶状，肉穗花序，长4～9 cm，直径1～2 cm，黄绿色。浆果，有种子1～4粒。花期6～7月，果期8月。

【园林应用】菖蒲叶丛青翠苍绿，叶形端庄整齐，宜布置于水景岸边浅水处。也可就庭园中作水体绿化材料。

技能训练
JINENG XUNLIAN

水生花卉识别

（一）训练目的

熟悉识别当地常见的水生花卉，并知道其形态类型、园林应用。

（二）材料用具

多媒体、图片、相机、花卉实物标本等。

（三）方法步骤

（1）教师现场教学讲解每种花卉的名称、科属、形态类型、观赏应用。学生做好记录。

（2）学生分组课余时间加强练习，熟练识别花卉名称、科属、形态类型及园林应用等。

(四) 作业

完成水生花卉识别表。

花卉名称	科属	形态类型	习性	识别要点

考核评价
KAOHE PINGJIA

考核内容	考核标准	考核分值	自我考核	教师评价
专业知识	熟悉水生花卉的概念及特点	10		
	掌握当地常见水生花卉的识别要点	20		
技能训练	识别当地常见的水生花卉	20		
专业能力	能识别当地常见的水生花卉，熟悉其园林用途	20		
学习方法	网络信息查询； 专业书籍资料查询； 专业市场走访、调研； 勤于实践	10		
能力提升	学会学习，良好的交流沟通能力； 工作学习主动积极，勤于思考，助人为乐； 养成善于观察、详尽记录的好习惯	10		
素质提升	做事积极主动，与人团结合作； 学习工作勤恳努力； 工作学习中能及时发现问题，能分析、解决问题； 富有创造性思维，对待新事物好学进取	10		

项目2　花卉栽培设施

【项目背景】

花卉栽培设施指人为建造的适宜或保护不同类型的花卉正常生长发育的各种建筑及设备，主要有温室（包括现代化温室和日光温室）、塑料大棚、冷床与温床、风障等。人们利用栽培设施创造的环境而进行花卉栽培，称为花卉设施栽培。花卉设施栽培可以在不适于花卉生长的地区栽培该类花卉，如某地冬季严寒，利用温室等栽培设施，就可以栽培热带兰，变叶木等花卉；也可以在不适于花卉生长的季节进行花卉栽培，冬季寒冷的地方地区，在温室内的花卉仍能正常生长开花。总之，利用栽培设施创设的环境，就可以不受地区、季节的限制，集各气候区、要求不同生态条件的奇花异卉于一地，实现花卉周年生产，满足人们对花卉日益增长的需要。

【知识目标】

1. 了解现代化温室的类型及结构特点，掌握其环境特点及其应用；
2. 了解日光温室的类型及结构特点，掌握其环境特点及其应用；
3. 了解塑料大棚类型及结构特点，掌握其环境特点及其应用；
4. 掌握温室内的设施设备使用的技术；
5. 了解简易花卉栽培设施的基本结构特点，明确其性能及应用。

【能力要求】

1. 能因地制宜选择适合的栽培设施，以满足栽培花卉生长发育的需要；
2. 会根据不同季节、不同花卉种类选择使用适宜的栽培设施；
3. 会利用花卉栽培设施设备进行环境的调控。

【学习方法】

通过网络查询相关资讯，获取新技术信息。通过相关专业书籍查阅，改良栽培生产设施，满足花卉全年生产效益。通过市场产品调研、考察与实践，为提升花卉的产品质量和观赏价值，在花卉栽培生产设施设计、建造方面，既要体现技术的先进性，又要适应大规模、大产业的实用性。

任务2.1　现代化温室

任务目标
RENWU MUBIAO

1. 正确认识现代化温室的类型与特点；
2. 能掌握现代化温室生产系统组成与功用；
3. 能根据当地自然条件和花卉种类因地制宜地选择建设现代化温室；

4. 能根据选择建设的现代化温室进行正确的环境调控，创造适宜花卉生长发育的环境。

任务分析
RENWU FENXI

本任务主要是熟悉国内外现代化温室的类型及其特点，掌握现代化温室生产系统的组成和环境特点，在掌握其基本理论的基础上，能根据当地自然环境条件因地制宜地选择使用现代化温室，并能根据选择使用的现代化温室进行正确的环境调控，创造出适宜花卉生长发育的环境条件，充分发挥现代化温室在花卉生产中的作用。

相关知识
XIANGGUAN ZHISHI

现代化温室，又称连栋温室、智能温室，其机械化、自动化程度很高，内部环境可自动化调控，基本不受自然条件的影响，能全天候进行设施花卉的生产。

一、现代化温室的类型

现代化温室按屋面特点分为屋脊型和拱圆型两类。屋脊型温室主要以玻璃作为透明覆盖材料，代表类型为芬洛型温室（图 2-1），大多分布在欧洲，以荷兰面积最大。拱圆型温室主要以塑料薄膜为透明覆盖材料，这种温室主要在法国、以色列、美国、西班牙、韩国等国家广泛应用。我国目前自行设计建造的现代化温室大多为拱圆型温室（图 2-2）。

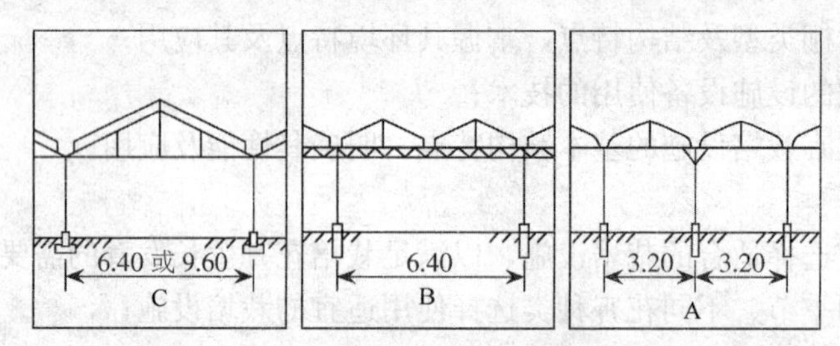

图 2-1　芬兰芬洛型玻璃温室示意图（单位：m）

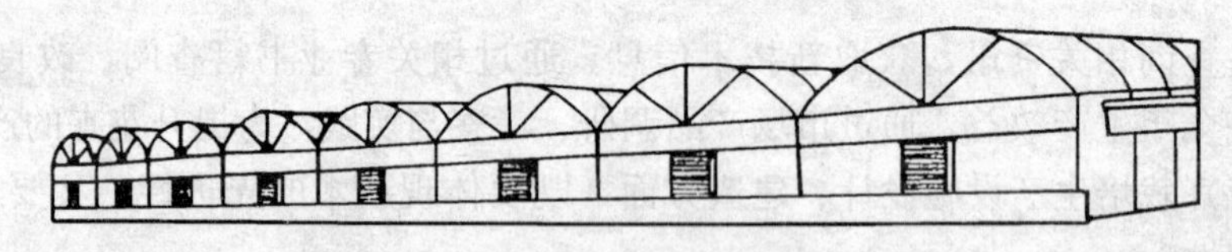

图 2-2　华北型连栋温室结构示意图

1. 芬洛型温室　荷兰温室的代表类型，采用钢架和铝合金作为骨架，玻璃为覆盖材料。跨度为 6.4 m、8.0 m、9.6 m 等；开间 3 m、4 m 或 4.5 m，檐高 3.5～5.0 m。每跨由 2～3 个小屋脊直接支撑在桁架上，小屋脊跨度 3.2 m，矢高 0.8 m。开窗设置以屋脊为分界线，左右交错开窗，每个开间（4 m）设两扇窗。芬洛型温室在我国南方地区应用的最大缺点是通风面积过小，通风量不足，夏季降温困难。近年来，我国针对亚热带地区气候特点对其结构参数加以改进、优化，加大了温室高度，加强顶侧通风，设置外遮阳和湿帘降温系统，提高降温效果。

2. 里歇尔温室　法国瑞奇温室公司研究开发的塑料薄膜温室，一般单栋跨度为 6.4 m、

8 m，檐高 3.0～4.0 m，开间 3.0～4.0 m，其特点是固定于屋脊部的天窗能实现半边屋面（50%屋面）开启通风换气，也可以设侧窗、屋脊窗通风。该温室的自然通风效果较好，采用双层充气膜覆盖，可节能 30%～40%。但双层充气膜在南方冬季多阴雨的天气情况下，影响透光性能。

3. 卷膜式全开放型塑料温室 该温室是一种拱圆型连栋塑料温室（图 2-3），这种温室除山墙外，顶侧屋面均可通过手动或电动卷膜机将覆盖薄膜由下而上卷起成为与露地相似的状态，以利夏季高温季节栽培花卉。特点是简易、节能、成本低，夏季接受雨水淋溶可防止土壤盐类积聚，利于通风降温，如上海市农机所研制的 GSW7430 型连栋温室和 GLZW7.5 智能型温室等。

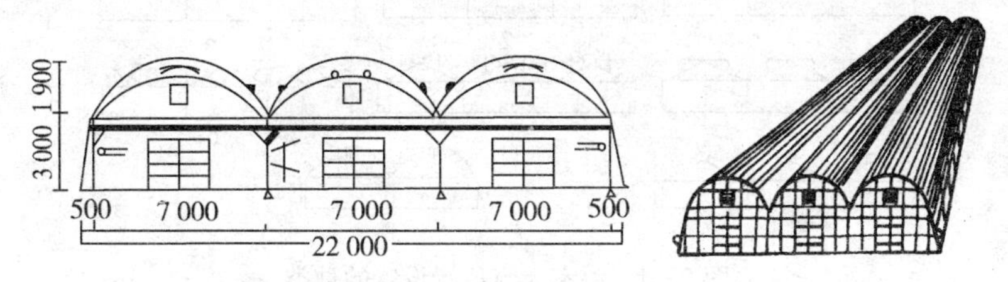

图 2-3 韩国双层薄膜覆盖三连栋温室示意图（单位：mm）

4. 屋顶全开启型温室 意大利 Serre Italia 公司研制，特点是以天沟檐部为支点，可以从屋脊部打开天窗，开启度可达到垂直程度，即整个屋面的开启度可从完全封闭直到全部开放状态。侧窗则用上下推拉方式开启，全开时可使室内外温度保持一致，中午室内光强可超过室外，也便于夏季接受雨水淋洗，防止土壤盐类积聚。其基本结构与芬洛型温室相似。

二、现代温室的结构及附属设备

以荷兰温室的代表类型屋脊型现代化温室为例，介绍其生产系统。

（一）框架

1. 基础 连接结构与地基的构件，将风荷载、雪荷载、构件自重等安全地传递到地基。由预埋件和混凝土浇筑而成，塑料薄膜温室基础比较简单，玻璃温室较复杂，且必须浇筑边墙和端墙的地固梁。

2. 骨架 一类是经过热浸镀锌防锈蚀处理的矩形钢管、槽钢等制成的柱、梁或拱架；另一类是铝合金型材制成的门窗、屋顶等。目前，大多数温室厂家都采用并安装铝合金型材固定玻璃。

3. 排水槽 又称为“天沟”，将单栋温室连接成连栋温室，同时又起到收集和排放雨（雪）水的作用，坡降多为 0.5%。连栋温室的排水槽在地面形成阴影，要求在保证结构强度和排水顺畅的前提下，尽可能减小排水槽截面积。通常在排水槽下面还安装有半圆形的铝合金冷凝水回收槽，防止冬季夜晚覆盖物内表面形成冷凝水而滴到植物上或增加室内湿度。

（二）覆盖材料

理想的覆盖材料应是透光性、保温性好，坚固耐用，质地轻，便于安装，价格便宜等。屋脊型温室的覆盖材料主要为平板玻璃、塑料板材等。严寒地区、光照条件差的地区，玻璃仍是常用的覆盖材料。玻璃保温透光好，但价格高，质量大，易损坏，维修不方便。塑料薄膜价格低，质地轻，便于安装，但易污染老化透光率差，不适于屋脊型屋面。塑料板材(PC板等)，兼有玻璃和薄膜两种材料的优点，坚固耐用且不易被污染。

(三) 自然通风系统

自然通风系统有侧窗通风、顶窗通风和顶窗加侧窗通风3种类型。顶窗加侧窗通风效果比只有侧窗好，在多风地区，如何设计合理的顶窗面积及开度十分重要，因其结构强度和运行可靠性受风速影响较大，设计不合理时易降低运行可靠性，并限制其空气交换潜力的发挥。顶窗开启方向有单向和双向两种，双向开窗可以更好地适应外界条件的变化，也可较好地满足室内环境调控的要求。天窗的设置方式多种多样，如图2-4所示。

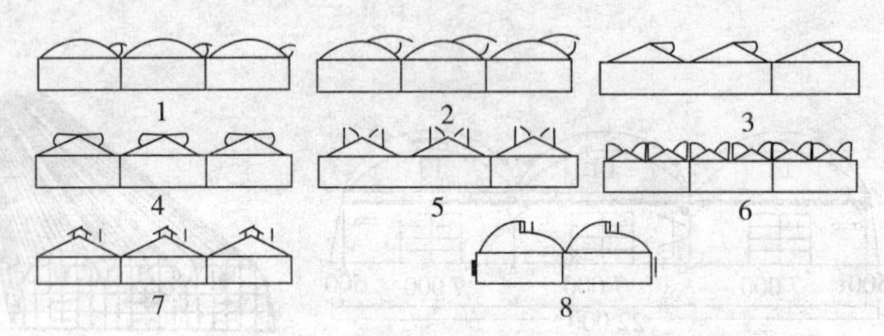

图2-4 温室天窗位置设置的种类

1. 拱肩开启 2. 半拱开启 3. 顶部单侧开启 4. 顶部双侧开启
5. 顶部竖开式 6. 顶部全开式 7. 顶部推开式 8. 充气膜叠层垂幕式

(四) 加温系统

现代化温室因面积大，没有外覆盖保温防寒，只能依靠加温来保证寒冷季节设施花卉的正常生产。目前加温系统大多采用集中供暖分区控制的方式，主要有热水管道加温和热风加温两种方式。

热水管道加温主要是利用热水锅炉，通过加热管道对温室加温。该系统由锅炉、锅炉房，调节组、连接附件及传感器、进水及回水主管和温室内的散热器等组成。根据温室内花卉生长的变化，散热器的排列有不同方式：按管道的移动性可分为升降式管道和固定式管道；按管道的位置则可分为垂直排列管道和水平排列管道。热水管道加温的特点是温室内温度上升速度慢，室内温度均匀，在停止加热后温室内温度下降的速度也慢，有利于花卉生长。但所需的设备和材料多，安装维修费时、费工，一次性投资大，且需另占土地修建锅炉房等附属设施。温室面积大时，一般采用这种方式加温。

热风加热主要是利用热风炉，通过风机将热风送入温室加热。该系统由热风炉、送气管道（一般用聚乙烯薄膜作管道）、附件及传感器等组成。热风加热采用燃油或燃气进行加热，其特点是温室内温度上升速度快，但在停止加热后，温度下降也快，加热效果不及热水管道。但设备和材料较热水管道节省，安装维修简便，占地面积小。热风加温适用于面积比较小的温室。

(五) 帘幕系统

帘幕系统分为内遮阳系统和外遮阳系统，具有双重功能，夏季遮光降低温室内的温度；冬季遮光增加保温效果，降低能耗。

1. 内遮阳保温系统 内遮阳保温系统使用的帘幕材料有多种形式，常用塑料线编制而成，按保温和遮阳不同要求，嵌入不同比例的铝箔，有节能型、节能遮光型、遮光型和全遮

光型等。具有保温节能、遮阳降温、防水滴、减少土壤蒸发和作物蒸腾以及节约灌溉用水的作用。

2. 外遮阳系统　外遮阳系统利用遮光率为70%或50%黑色遮阳网覆盖于离温室屋顶以上30～50 cm处，比不覆盖的可降低室温4～7 ℃，最多时可降10 ℃，同时也可防止花卉日灼，提高产品质量。

帘幕开闭驱动系统有钢丝绳牵引式驱动系统和齿轮-齿条驱动系统两种。前者传动速度快，成本低；后者传动平稳，可靠性强，但造价略高，二者都可实现自动控制和手动控制。

（六）降温系统

1. 微喷降温系统　通常与自然通风系统合用，它可以使温室冷却得更为均匀。在温室中喷雾系统用非常高的水压产生弥雾，雾滴在到达植物表面之前就被蒸发。吸收空气中的大量热量，然后将潮湿空气排出室外达到降温目的。其降温能力在3～10 ℃，一般适于长度超过40 m的温室采用。

2. 湿帘降温系统　利用水的蒸发降温原理来实现温室的降温。通过水泵将水打至温室特制的疏水湿帘，湿帘通常安装在温室北墙上，以避免遮光影响作物生长。风扇则安装在南墙上，当需要降温时启动风扇将温室内的空气强制抽出并形成负压。室外空气在因负压被吸入室内的过程中以一定速度从湿帘缝隙穿过，与潮湿介质表面的水汽进行热交换，导致水分蒸发冷却，冷空气流经温室吸热后再经风扇排出达到降温目的。在炎夏晴天，尤其是中午温度高、相对湿度低时，降温效果最好，是一种简易有效的降温系统。

此外，降温还可以通过幕帘遮阳、顶屋面外侧喷水、强制通风等方式降温。

（七）灌溉和施肥系统

完善的灌溉和施肥系统，通常包括水源、贮水及供给设施、水处理设施、灌溉和施肥设施、田间网络、灌水器如滴头等。其中，贮水及供给设施、水处理设施、灌溉和施肥设施构成了灌溉和施肥系统的首部，首部设施可按混合罐原理制作成一个系统。灌溉首部配置是保证系统功能完善程度和运行可靠性的一个重要部分（图2-5）。

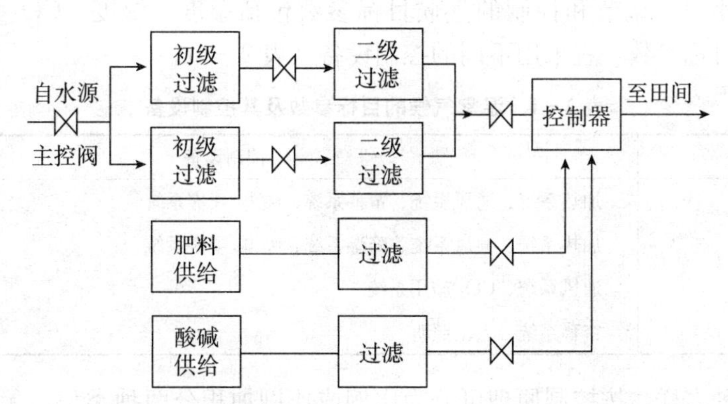

图2-5　灌溉和施肥系统的首部设施的典型布置图

常见的灌溉系统有适于土壤栽培的滴灌系统，适于基质袋培和盆栽的滴灌系统，适于温室矮生地栽作物的喷嘴向上的喷灌系统或喷嘴向下的倒悬式喷灌系统，以及适于工厂化育苗的悬挂式可往复移动的喷灌机（行走式洒水车）。

在土壤栽培时，作物根区土层下需铺设暗管，以利于排水。在基质栽培时，可采用肥水回收装置，将多余的肥水收集起来，重复利用或排放到温室外面。

在灌溉和施肥系统中，将肥料均匀注入水中非常重要。目前采用的方法主要有文丘里注肥器法、水力驱动式肥料泵法、电驱动肥料泵法。

文丘里注肥器法是使用根据流体力学的文丘里原理设计而成，是利用输水管某一部分截面变化而引发的水速度变化，使管道内形成一定负压，将液体肥料带入水中，随水进行施肥。

水力驱动式肥料泵法是通过水流流过柱塞或转子，将液体肥料带入水中，注肥比率可以进行准确控制。

电驱动肥料泵法是通过电驱动肥料泵将液体肥料施入田间的方法。这种方法简便，运行可靠，在有电源的地方可使用。

设施盆栽花卉多采用针式滴头施肥灌溉，在滴灌管线上每隔一定距离安置增压器，每个增压器最多可带动 50 个滴头，可有效改善滴灌效果。

(八) CO_2 施肥系统

现代化温室是相对封闭的环境，白天 CO_2 浓度低于外界，为增强温室设施花卉的光合作用，需进行 CO_2 气体施肥。施肥方法多采用二氧化碳发生器，将煤油或天然气等碳氢化合物充分燃烧产生 CO_2，通常 1 L 煤油燃烧可产生 1.27 m^3 的 CO_2 气体；也可将 CO_2 的贮气罐或贮液罐安放在温室内，直接将 CO_2 输送到温室中。为了控制 CO_2 浓度，需在室内安置 CO_2 气体分析仪等设备。

(九) 补光系统

补光系统成本高，主要是弥补冬季或阴雨天光照不足，提高产品质量。所采用的光源灯具要求有防潮专业设计、使用寿命长，发光效率高、光输出量多。人工补光一般用白炽灯、日光灯、高压水银灯以及高压钠灯等。

(十) 计算机环境测量和控制系统

计算机环境测控系统，是创造符合设施花卉生育要求的生态环境，从而获得高产、优质产品不可缺少的手段。调节和控制的气候目标参数包括温度、湿度、CO_2 浓度和光照等。针对不同的气候目标参数，宜采用不同的控制设备（表 2-1）。

表 2-1 温室气候的目标参数及其控制设备

目标参数	控制设备
温度	加热系统、通风系统、帘幕系统、喷淋/喷雾系统
湿度	加热系统、通风系统、降湿系统、喷淋/喷雾系统
CO_2 浓度	通风系统、CO_2 施用系统
光照	帘幕系统、人工照明

控制设备多种多样，按控制原理可分为比例或比例加积分两种类型。无论是哪种类型，都存在目标值和实际值之间的偏差，例如温室温度传感器的实测值，往往迟滞于温室内的实际温度值，所以国际上许多研究机构正在研究开发更加现代化的控制方法，如最优控制和相适应式控制等。

(十一) 温室内常用作业机具

1. 土壤和基质消毒机 温室使用时间长，连作多，有害生物容易在土壤中积累，影响

花卉生长，致使病虫害发生严重。无土栽培的基质在生产和加工的过程中也常会携带各种病菌，因此土壤和基质消毒十分必要。

土壤和基质的消毒方法主要有物理和化学两种。

物理方法包括高温蒸汽消毒、热风消毒、太阳能消毒、微波消毒等，其中高温蒸汽消毒较为普遍。采用土壤和基质蒸汽消毒机消毒，在消毒之前，需将待消毒深度的土壤或基质疏松，用帆布或耐高温的厚塑料薄膜覆盖，四周密封，并将高温蒸汽输送管放置到覆盖物之下，每次消毒的面积同消毒机锅炉的能力有关，以 50 kg/（m^2・h）高温蒸汽的消毒效果较好。

采用化学方法消毒时，土壤消毒机可使液体药剂直接注入土壤到达一定深度，并使其汽化和扩散。

2. 喷雾机械　在大型温室中，使用人力喷雾难以满足规模化生产需要，故需采用喷雾机械防治病虫害。荷兰温室多采用 Enbar LVM 型低容量喷雾机，可定时或全自动控制，无需人员在场，安全省力。每台机具一次可喷洒面积达 3 000～4 000 m^2，药液量为 2.5 L/h，运行时间约 45 min。为使药剂弥散均匀，需在每 1 000 m^2 的区域内安装一台空气循环风扇。

三、现代化温室的性能

1. 温度　现代化温室有热效率高的加温系统，在最寒冷的冬、春季节，不论晴天还是阴雪天气，都能保证设施花卉正常生长发育所需的温度，12 月至翌年 1 月份，夜间温度不低于15 ℃，花卉生长要求的适温范围和持续时间也能够保证。炎热夏季，采用外遮阳系统和湿帘降温系统，保证温室内达到花卉生长对温度的要求。

采用热水管道加温或热风加温，加热管道可按花卉生长区域合理布局，除固定的管道外，还有可移动升降的加温管道，因此温度分布均匀，花卉生长整齐一致，此种加温方式清洁、安全、没有烟尘或有害气体，不仅对花卉生长有利，也保证了生产管理人员的身体健康。因此，现代化温室可以完全摆脱自然气候的影响一年四季全天候进行设施花卉生产，高产、优质、高效。但温室加温能耗很大，大大增加了成本。双层充气薄膜温室夜间保温能力优于玻璃温室，中空玻璃或聚碳酸酯板导热系数最小，故保温能力最优，但价格也最高（表 2-2）。

表 2-2　不同温室覆盖材料性能比较

（张福墁，2001）

覆盖材料	普通农膜 0.08 mm 厚	多功能膜 0.15 mm 厚	多功能膜 双层	玻璃 4 mm 厚	中空玻璃 3+6（空气层）+3 mm	聚碳酸酯中空板
导热系数/[W/(m・℃)]	6 980.9～9 297.6	4 639.8～5 219.8	4 059.8～4 639.8	5 499.8～6 959.7	3 480.4～3 711.8	2 899.9～3 480.4
透光率/%	85～90	85～90	75～80	90～95	80～85	85～90

2. 光照　现代化温室全部由塑料薄膜、玻璃或塑料板材（PC 板等）透明覆盖物构成，采光好，透光率高，光照时间长，而且光照分布比较均匀。所以这种全光型的大型温室，即便在最冷的日照时间最短的冬季，仍然能正常生产。

双层充气薄膜温室由于采用双层充气膜，因此透光率较低，北方地区冬季室内光照较弱，对喜光的设施花卉生长不利。在温室内配备人工补光设备，可在光照不足时进行人工光源补光。

3. 湿度 现代化温室空间高大，花卉生长势强，代谢旺盛，叶面积指数高，通过蒸腾作用释放出大量水汽进入温室空间，在密闭情况下，水蒸气经常达到饱和，但现代化温室有完善的加温系统，可有效降低空气湿度，比日光温室因高湿环境给设施花卉生育带来的负面影响小。

夏季炎热高温时，现代化温室内有湿帘降温系统，使温室内温度降低，而且还能保持适宜的空气湿度，为设施花卉生长创造良好的生态环境。

4. 气体 现代化温室的CO_2浓度明显低于露地，不能满足设施花卉的需要，白天光合作用强时常发生CO_2亏缺。据上海测定，引进的荷兰温室中，白天10：00～16：00时CO_2浓度仅有0.024%，不同种植区有所差别，但总的趋势一致，所以须补充CO_2，进行气体施肥。

5. 土壤 国内外现代化温室为解决温室土壤的连作障碍、土壤酸化、土传病害等一系列问题，普遍采用无土栽培技术。设施花卉生产，已少有土壤栽培，多用基质栽培，通过计算机自动控制，可以为不同设施花卉，不同生育阶段，以及不同天气状况下，准确地提供设施花卉所需的大量营养元素及微量元素，为设施花卉根系创造了良好的土壤营养及水分环境。

工作过程
GONGZUO GUOCHENG

现代化温室是个系统工程，其设计、建造和施工比较复杂，通常由专门的温室工程公司承担。生产单位要引进或建设现代化温室，可根据生产目的、栽培种类、品种的生物学特性、对环境条件的要求（光、温、水、气、肥），以书面材料的形式向温室公司提出要求，公开招标，并请业内专家参与评标，全面加以比较选择，评出最理想的温室工程公司。

现以某农业高科技园区的招标书举例如下：

发包单位：山东××农业科技发展有限公司

招标时间：2013年12月

山东××农业科技发展有限公司，在××基地计划建设一栋10 000 m^{2}现代化温室，要求温室各项功能齐全，环境控制能力强，现将基地基本情况及对温室厂家建设要求介绍如下：

（一）基地基本情况（略）

（二）对温室要求

该温室用于高档花卉周年生产，要求温室功能齐全，环控能力强，光照好，升温快，保温、降温效果好，温室结构设计和使用性能适应当地的自然条件。

1. 技术指标 要求占地面积10 000 m^{2}左右，外观和谐美观，坚固耐用，能灵敏调节室内温度、湿度、水肥、CO_2浓度。要求抗风能力≥12级（约60 m/s），抗震8级，抗雪压≥35 kg/m^2；室外温度≥38 ℃时，室内温度≤28 ℃，室外温度≤－15 ℃时，室内温度≥12 ℃，冬季白天室内温度不低于20～25 ℃。

2. 主体框架 长宽高比例合理，侧高（檐高）3.5 m左右。热镀锌钢骨架结构，寿命＞15年，要求不生锈、不变形。要求温室分为两个区域，一大一小面积分别为6 000 m^{2}和4 000 m^2，小区域内设一20 m^{2}缓冲间，整个温室设2～3个门与外界相通。

3. 室内隔断 采用PC板隔断，将温室分为两个不同温度区域，各区域具有独立的环控

能力。

4. 覆盖材料　屋顶及侧立面全部采用10 mm聚碳酸酯（PC）板，各部覆盖材料之间连接合理、密闭，屋顶采用芬洛（Venlo）型温室结构。

5. 降温系统　采用湿帘风机降温，进口风机。湿帘高度≥1.8 m，铝合金外框，湿帘外设10 mm厚的PC板外墙，并具齿轮齿条开窗系统调控，侧窗开闭自动控制，设防虫网。屋顶设开窗机构，内部设环流风机。

6. 加温系统　要求热水管道加温，按温度要求设计散热器，要求散热器排布合理，达到均匀散热且节能的目的。

7. 帘幕系统　采用内外双重遮阳，全部自动化控制，选用进口材料。

8. 苗床系统　采用移动苗床，总面积4 000 m^2。

9. 灌溉系统　采用移动喷灌机或悬挂固定式喷灌系统。

10. 施肥系统　采用营养液施肥，要求具有营养液元素调配及施肥系统。

11. 控制系统　采用单板机控制，两个区域分别控制。

12. 光照系统　温室内设置普通照明系统，另有人工补光系统。

13. 道路　温室内道路尽量少占面积，采用水泥方砖铺设。

14. 土建　要求能承担发包方要求达到的抗震、风压和雪载要求。建设的配套附属设施外观造型、颜色与主体生产温室协调、美观、具现代化特色，造价合理。

（三）其他

1. 投标单位需在投标书上申明：

（1）单位的优势与特点；

（2）分项报价及总报价；

（3）质量承诺；

（4）维修保养期限及优惠政策。

2. 招标单位申明的内容：

（1）各投标方在本次招标中如未能中标，招标方不承担任何投标费用；

（2）投标方必须按发包方要求的时间2013年12月20日上午9时整，将投标书准时送达规定地点，过时不再受理；

（3）确定中标单位后，自合同签订之日起，全部工期4个月（含土建）；

（4）验收合格期为一年；

（5）付款方式：自合作协议签订之日起3 d内，发包方一次性拨给中标方工程总额的30%，工程完成后再拨给中标方总额的55%，最后15%在验收合格期满后的3 d内结清。

××公司工程部

××年××月××日（公章）

现代化温室结构、性能观察

（一）训练目的

了解当地现代化温室的主要类型，掌握其性能结构特点，能因地制宜地选择符合当地生产实际的现代化温室。

（二）材料用具

当地现代化温室、皮尺、钢卷尺、记录本等。

（三）方法步骤

1. 现代化温室结构的观察 通过参观、访问等方式，观察了解当地各种类型现代化温室所用建筑材料、所在地的环境、整体规划等情况。

2. 现代化温室性能的观察 通过访问、实地测量等方式，了解当地现代化温室的性能及在当地生产中的应用情况。

（四）作业

1. 完成实训报告。

2. 绘制所观察现代化温室结构示意图，并作出综合评价。

花卉生长与环境

一、温度

花卉在生长发育的过程中，温度影响花卉的分布，制约生长速度以及体内的生化代谢等生理活动，如光合作用、呼吸作用、蒸腾作用等。

（一）花卉对温度的要求

原产地不同，花卉对温度的要求差异较大。原产热带地区的花卉对温度三基点（最低、最高、最适温度）要求较高，原产寒带的花卉的温度三基点偏低，而原产温带地区的花卉对温度三基点要求介于上述二者之间。

根据花卉对温度要求不同，一般可分为以下3种类型。

1. 耐寒性花卉 原产寒带或温带地区，主要包括露地二年生花卉、部分宿根花卉，部分球根花卉等，这类花卉能适应0℃以上的低温，部分能忍受－5～－10℃，在华北和东北南部地区可自然越冬，如三色堇、桂竹香、雏菊、羽衣甘蓝、鸢尾、玉簪、荷兰菊、金盏菊、碧桃、蜡梅等。

2. 半耐寒性花卉 原产温带较暖和地区，要求冬季温度0℃以上，在长江流域能露地安全越冬，在东北、西北、华北地区稍加保护就能安全越冬，如美女樱、福禄考、紫罗兰、金鱼草、蜀葵、杜鹃、月季、牡丹、芍药、夹竹桃、桂花、广玉兰等。

3. 不耐寒花卉 原产热带及亚热带地区，要求温度不低于8～10℃，不能忍受0℃以下的低温，在华南、西南南部等地可作露地栽培，其他地区均需温室越冬，如蝴蝶兰、石斛兰、花烛、马拉巴栗、凤梨类、喜林芋类、竹芋类观叶植物等。

（二）花卉生长发育对温度的要求

花卉从种子萌发到种子成熟，对温度的要求是随着生长发育阶段的不同而改变，如一年生花卉的种子发芽要求较高温度（25℃），幼苗期要求温度偏低（18～20℃），由生长阶段转入发育阶段对温度要求又逐渐增高（22～26℃）。二年生花卉种子发芽要求温度偏低（20℃），幼苗期要求温度更低（13～16℃），而开花结果期则要求温度偏高（22～26℃）。

植物在进行光合作用时的温度比呼吸作用时要低，一般花卉的光合作用在高于30℃时，

酶的活性受阻，而呼吸作用在 10～30 ℃的范围内每递增 10 ℃，强度加倍。因此在高温条件下不利于植物营养积累。酷暑盛夏，除高温花卉之外应采取降温措施，一般植物夜间比白天生长快。

根的生长，最适温度比地上部分要低 3～5 ℃，因此在春天，大多数花卉根的活动要早于地上器官。一些木本花卉植物根已开始活动、树液已流动，而芽尚未萌发，此时进行嫁接，对提高成活率很有利。

（三）花芽分化对温度的要求

1. 高温下分化花芽　春花类花卉在 6～8 月 25 ℃以上时进行花芽分化，如梅花、桃花、樱花、海棠花、杜鹃、山茶等。球根花卉在夏季高温生长期进行花芽分化，如唐菖蒲、晚香玉、美人蕉等，以及在夏季休眠期进行花芽分化的秋植球根花卉，其花芽分化的温度并非很高，如郁金香花芽形成最适温度为 20 ℃；水仙为 13～14 ℃。

2. 低温下分化花芽　原产温带和寒带地区的花卉，在春秋季花芽分化时要求温度偏低，如三色堇、雏菊、天人菊、矢车菊等。有部分亚热带花卉或热带花卉在花芽分化期需要的温度偏低，如蝴蝶兰生长适温 18～28 ℃，则花芽分化温度要低于 18 ℃；大花蕙兰、墨兰系列花芽分化期温度也要偏低于生长温度，需要有 10 ℃的昼夜温差。

有些花卉只要在适宜生长的温度下都可以进行花芽分化，如月季、大丽花、香石竹等。

（四）温周期对花卉的作用

1. 温度的季节变化　我国大部分地区春、夏、秋、冬四季分明，一般春、秋季气温在 10～22 ℃，夏季平均气温在 25 ℃，冬季平均气温在 0～10 ℃。对于原产于温带和高纬度地区的花卉，一般均表现为春季发芽，夏季生长旺盛，秋季生长缓慢，冬季进入休眠。如郁金香、红花石蒜、香雪兰、唐菖蒲等。吊钟海棠、天竺葵、仙客来虽不落叶休眠，但高温季节也常常进入半休眠状态。

春化现象也是花卉对温周期的适应。牡丹、芍药的种子如进行春播，则不能解除上胚轴的休眠；丁香、碧桃若无冬季的低温，则春季的花芽不能开放；为了使百合、水仙、郁金香在冬季开花，就必须在夏季进行冷藏处理。

2. 温度的昼夜变化　昼夜温差现象是自然规律，日高温，有利于光合作用，夜低温可抑制呼吸作用，降低消耗，有利于营养积累。适宜的温差还能延长花期，使果实着色鲜艳。不同花卉的昼夜温差不同。如原产大陆气候、高原气候的花卉，昼夜温差 10～15 ℃较好；海洋性气候的花卉，昼夜温差 5～10 ℃较好。

花卉从发芽、生长、显蕾、开花、结实、果实成熟、落叶、休眠等生长发育阶段，均与当时的温度值密切相关。了解地区气温变化的规律，掌握花卉的物候期，对有计划地安排花事活动非常重要。

二、光照

光照是绿色植物的生命之源，没有光照，花卉的生长发育就没有物质来源和保障，也就没有绿色植物。对于大多数花卉来说，只有在光照充足的条件下才能花繁叶茂。光照对花卉的影响主要表现在光照度、光照时间和光质三个方面。

（一）光照度

光照度的强弱对花卉植物体细胞的增大、分裂和生长有密切关系。光照度增强，植株生长速度加快；促进植物的器官分化；制约器官的生长和发育速度；植物节间变短、变粗；提高木质化程度，促进花青素的形成，促进花色鲜艳。花卉对光照度适应能力与原产地有关，根据花卉对光照度要求的不同，可分为三种类型。

1. 阳性花卉 这一类花卉喜强光，不耐阴。光照充足才能正常生长发育，光照不足，则枝条纤细、枝叶徒长、叶片瘦小、花小而不艳、花香不浓，开花不良，甚至不能开花，如月季、荷花、香石竹、一品红、菊花、牡丹、梅花、一串红、唐菖蒲、郁金香、百合花、鸡冠花、冬珊瑚、石榴等。

2. 阴性花卉 这一类花卉在整个生长发育期具有较强的耐阴能力，在适度耐阴的条件下生长良好，若强光直射，会导致叶片焦黄枯萎，长时间会造成死亡，主要包括蕨类、兰科、天南星科、秋海棠科、苦苣苔科、姜科等观叶花卉和少数观花花卉，如八仙花、大岩桐、玉簪等。

3. 日中性花卉 这一类花卉既不耐阴又怕夏季强光直射，对光照度的要求介乎上述二者之间，如扶桑、仙人掌、天竺葵、朱顶红、晚香玉、景天、虎皮兰等。

(二) 光照时间

花卉开花习性除与其本身的特性有关外，光照时间的长短也对其有显著的影响。根据花卉对光照时间的要求不同分为以下3类。

1. 短日照花卉 这一类花卉是每天光照时间在12 h以下才能够分化花芽而完成开花，如菊花、象牙红、蟹爪莲、一品红等。

2. 长日照花卉 这一类花卉是每天光照时间在12 h以上才能够分化花芽而完成开花，如紫茉莉、唐菖蒲、飞燕草、荷花、丝石竹、补血草类等。

3. 中日性花卉 这一类花卉对光照时间不敏感，没有光照时间限制即能完成分化花芽而开花，如仙客来、香石竹、月季、牡丹、一串红、非洲菊等。

了解花卉开花对日照长短的反应，对调节花期具有重要的作用。利用这种特性可以使花卉的花期提早或延迟。如使短日照花卉长期处于长日照的条件下，它只能进行营养生长，不能进行花芽分化，不形成花蕾开花。而如果采用遮光的方法，可以促使短日照花卉提早开花，反之，用人工加光可以促使长日照花卉提早开花。

(三) 光质

光质是指不同波长太阳光的成分，不同的太阳光成分对花卉生长发育的作用不尽相同。在光合作用中，绿色植物只吸收可见光区（380～760 nm）的大部分，通常把这一部分光波称为生理有效辐射。其中红、橙、黄光有利于促进植物的生长；青、蓝、紫光能抑制植物的伸长而使植株矮小；极短波光促进花青素和其他植物色素的形成，因此高山地区的花卉常具有植株矮小、节间较短、花色艳丽等特点。在不可见光谱中紫外线还具有杀菌和抑制植物病虫害传播的作用；红外线可以转化为热能，使地面增温及增加花卉植株的温度。

三、水分

水分是植物体的组成部分，植物的光合作用、呼吸作用、矿物质营养吸收及运转，都必须有水分的参与才能完成，水分的多少直接影响植物的生存、分布与生长发育。我们要了解花卉生理对水分的要求，在栽培中给予适应的水分条件，才能使之达到正常生长、发育和开花的目的。

（一）花卉对水分的需求

原产地不同的花卉植物，它的生理现象已经适应当地的环境，在生长发育过程中对水分的需求不同，形成不同类型。根据花卉对水分需求的不同，通常分为5种类型。

1. 旱生花卉　这一类花卉原产于干旱或沙漠地区，耐旱能力强。植物根系发达，肉质茎贮存大量水分，叶片针刺状、膜鞘状或完全退化，减少水分的蒸腾，能忍受长期干旱环境而正常生长发育。如仙人掌科、景天科、番杏科植物等。在栽培中掌握宁干勿湿的浇水原则，防止因浇水过多而烂根、烂茎。

2. 半旱生花卉　这一类花卉叶片多呈革质、蜡质状、针状、片状或大量茸毛，如杜鹃、白兰、天门冬、梅花、蜡梅以及常绿针叶植物等，在栽培中掌握干透浇透的原则。

3. 中生花卉　这一类花卉原产于温带地区，即能适应干旱环境也能适应多湿环境。根系发达吸收水分能力强，适应于干旱环境，叶片薄而伸展适应于多湿环境。如月季、菊花、唐菖蒲、非洲菊、郁金香、山茶、牡丹、芍药等。在栽培中掌握见干见湿的原则。

4. 湿生花卉　这一类花卉原产于热带或亚热带地区，喜土壤疏松和空气多湿的环境。根系小而无主根，须根多，水平状伸展，地上附生气生根。地下根系吸收水分少，地上叶片蒸发少，通过多湿环境补充植株水分，如杜鹃、兰花、桂花、栀子、茉莉、马蹄莲、竹芋等等。在栽培中掌握宁湿勿干的原则。

5. 水生花卉　这一类花卉常年生长在水中或沼泽地上。根或茎具有发达的通气组织，水面以上的叶片大，在水中的叶片小，叶片薄，常呈丝状或带状，如睡莲、千屈菜、慈姑、凤眼莲等。

（二）花卉不同生长发育时期对水分的需求

各类花卉在栽培中对水分有不同的需求，同一花卉植物在不同的生长发育时期，对水分的需求也不同。

种子发芽浸泡，需足够的水分。种子萌发后在苗期须控水，这种现象称“蹲苗”，有利于根系的生长。营养生长旺盛期需水量最多，增加细胞的分裂和细胞的伸长以及各个组织器官形成。生殖生长期需水偏少，控制生长速度和顶端优势，有利于花芽分化。孕蕾期和开花期，需水分偏少，延长观花期。坐果期和种子成熟期，需水偏少，延长挂果观赏期和种子成熟。

栽培中如果空气湿度过大，如超过90%，往往使花卉的枝叶徒长，容易造成落蕾、落花、落果。空气湿度过小，也容易造成“哑花”现象，花蕾在发育期逐渐萎缩，发黄，不能开花。观花花卉的空气湿度一般掌握在75%～85%，观叶植物则需要较高的空气湿度，90%以上空气湿度能增加枝叶的亮度和色泽。

四、土壤与营养

土壤是花卉栽培的重要介质。土壤质地、物理性质和酸碱度都影响花卉的生长发育。肥料是花卉生长发育的主要营养来源，不同的生长发育期，所需要的营养是不同的；不同花卉种类，对土壤与营养的要求也不尽相同。

（一）花卉栽培对土壤的要求

花卉栽培要求土壤质地疏松，含大量腐殖质，透气性好，有保肥、蓄水和排水性能，无病虫害和杂草种子。

露地花卉，根系能够自由伸展，对土壤的要求不太严格，只要求土壤深厚，并且通气和排水良好，有一定的肥力。

盆栽花卉，由于花盆的容量有限，根系生长受限；不同的花卉种类，需不同的栽培基质，所以，在栽培中须人工配制培养土，以满足花卉生长发育的需要。

配制培养土的材料通常有腐殖质土、园土、厩肥、河沙、草炭、砻糠灰、木屑等。培养土的类型很多，它们是根据花卉种类不同，将所需的材料按一定的比例配制而成。将常用配制培养土的土料作以下简单介绍，供配置培养土选用。

1. 田园土 为菜园中或者田园耕作地的表层熟化的壤质土。这一类土料物理性状结构疏松，透气、保肥、保水、排水效果好，是配制培养土的主要土料。因地区不同土壤酸碱度有差异。

2. 草炭 草炭是草本植物埋藏地表层多时，经多年的风吹日晒，风化分解肢体，形成疏松的有机土层结构物体，呈褐色，pH5～6。腐殖质颗粒比较粗，透气性较强，持水能力强，是工厂化育苗培养土的主料，也是球根花卉、宿根花卉、肉质根花卉培养土的主料。主要产于东北吉林省、辽宁省和黑龙江省。

3. 腐叶土 草炭需购置，运输交通不便时可人工制作腐叶土。秋季收集阔叶树落叶，叶片不含蜡质层，与土壤分层堆积，腐熟发酵后即可使用的土料。腐叶土具有丰富的腐殖质，疏松肥沃，排水性能良好，具有较好的保水和保肥能力，土壤 pH5～7。

4. 河沙 河沙是河床被冲刷的冲积土。面沙是河床两岸的风积土，二者通气透水，不含肥力，洁净，土壤酸碱度呈中性。春季土温上升快，宜于发芽出苗，保肥力差，易受干旱。常作扦插苗床或栽培仙人掌和多浆植物培养土配制使用。

5. 松针土 针叶树林下落叶相对腐熟的松针土。松针纤维长，疏松而质地轻，pH5～6.5。人工收集松针可放入塑料袋内，加水放到太阳下晒，松针在高温多水状态下能尽快腐熟，不腐熟者不可用，松针油脂腺体多，培土前一定腐熟透彻，否则烧根。松针土可栽培杜鹃、茉莉、栀子、瑞香等喜酸性花卉。

6. 水苔 水苔是一种天然的苔藓，属苔藓科植物。生长在海拔较高的山区，热带、亚热带的潮湿地或沼泽地，长度一般在 8～30 cm。水苔体质十分柔软并且吸水力极强，具有保水时间较长但又透气的特点，pH5～6，是蝴蝶兰栽培理想的基质。

（二）土壤的酸碱度（pH）

土壤的酸碱度是指土壤中的 H^+ 离子浓度，用 pH 表示，土壤大多在 4～9。我国从南到北土壤质地的结构和酸碱度不同，也就造就了适应不同土壤酸碱度的花卉植物。花卉栽培中，土壤酸碱度能提高花卉植物营养元素吸收的有效性。由于各种花卉对土壤酸碱度有着不同的要求，可根据花卉对土壤的酸碱度的不同反应分为 3 大类：

1. 酸性花卉 这一类花卉在土壤 pH4～5 生长良好。碱性土壤影响铁离子吸收，花卉缺铁叶片发黄，如杜鹃、兰科花卉、栀子、茉莉、山茶、桂花等。

2. 中性花卉 这一类花卉在土壤 pH6.5～7.5 生长良好。土壤过酸过碱均影响花卉的生长。如月季、菊花、牡丹、芍药、一串红、鸡冠花、半枝莲、凤仙花、君子兰、仙客来等。

3. 碱性花卉 这一类花卉能适应土壤 pH7.5 以上，土壤过酸影响花卉的生长。如香石竹、丝石竹、香豌豆、非洲菊、天竺葵、柽柳、蜀葵等。

（三）花卉栽培需要的肥料

肥料是花卉栽培重要的营养食粮。肥料的性质和使用量与花卉生长发育阶段相适尤为重要。如果使用不当则有害无益。

1. 主要肥料元素对花卉生长发育的作用

（1）氮肥。氮是植物细胞合成蛋白质的主要元素之一，蛋白质则又是植物细胞中原生质的主要成分，所以氮肥对植物生长来讲是重要肥料，尤其在幼苗生长期，施足氮肥能使花卉植物生长良好而健壮。在花卉发育期或者花芽分化期，如果氮肥过多会阻碍花芽的形成，使枝叶徒长，缺乏对病虫害的抵抗能力；氮肥过少则会使花株生长不良，枝弱叶小，开花不良。

（2）磷肥。磷是构成原生质主要元素之一。细胞质、细胞核中均含有磷，它对植物的呼吸作用、光合作用、糖分分解等方面均有重要作用；它能促进植物成熟，有助于花芽分化及开花良好，还能强化根系，增强植物的抗寒能力，故在寒冷地区可稍多施用，促其成熟，提高植株的抗寒能力。如果缺磷会影响开花，即使能开花，也会出现花朵小、花色淡等现象。

（3）钾肥。钾是构成植物灰分的主要元素之一，可以使植物枝干坚韧，并能使植物体内蓄积糖类，也增强花卉的抗寒、抗病能力。如果钾肥过多会导致植物体内缺乏钙、镁，对生长发育有阻碍作用。

（4）微量元素。微量元素因为所需的量极微，所以一般花卉生长中很少出现缺乏微量元素的现象，但偶尔也会出现，如山茶、栀子、茉莉等常因缺乏铁、锰、镁等元素，而产生失绿现象。其他如铜、钙、锌、钼等元素，能促进花卉的生长发育，增强花卉对病虫害及过干、过旱等不良环境的抵抗能力。

2. 主要的花卉用肥

（1）厩肥。厩肥是指家养牲畜的厩肥，氮、磷、钾及微量元素全面的完全肥料。厩肥在花卉栽培中除作培养土的配制外，一般作为露地栽培、鲜切花栽培的基肥使用。其浸出液也可作为追肥使用，但必须发酵腐熟后方可使用。

（2）动物粪肥。动物粪肥也是氮、磷、钾及微量元素全面的完全肥料。骡、马、牛、鸡粪肥含钾偏高，人畜粪含氮偏高，按不同的发育阶段使用不同的肥料。动物粪肥因其发酵时会发出高热，故必须充分腐熟后才能加以使用，以免造成根系灼伤，影响植物生长。

（3）饼肥。饼肥是指各种油粕如豆饼、花生饼、菜籽饼的发酵肥。这是花卉栽培中使用最多的肥料，含氮、磷，是一种良好的花卉肥料，但必须经发酵腐熟后方可使用。可以作为基肥使用，也可作为追肥使用。

（4）骨粉肥。骨粉肥是一种富含磷质的肥料，也是一种迟效性肥料，与其他肥料混合发酵使用更好，作为基肥使用，可提高花卉品质及加强花茎强度，效果明显。

（5）草木灰。草木灰是指被燃烧的柴草灰肥，是一种钾肥，肥效较高，但易使土壤板结。可拌入培养土中使用，也可拌入苗床使用，以利起苗。

（6）复合肥。复合肥是指无机肥料的综合肥。一般适用于各种盆栽花卉的追肥，颗粒使用或配成稀薄溶液浇施。

（7）过磷酸钙。过磷酸钙是一种无机肥料，是一种速效磷肥，连续施用可改良土壤为酸性。也可作为基肥使用，但必须与土壤充分混合，不能与草木灰或石灰同施。作为追肥使用，应稀释 100 倍，在开花前使用，有利于开花良好。

3. 施肥方法 花卉的施肥是很细致的工作，各种不同的花卉，有不同的要求，所以花卉的施肥必须根据花卉的种类、不同的生长发育阶段、不同的季节采用不同的施肥方法。花卉栽培中常用的施肥方法，主要基肥、追肥和根外追肥三种方法。

（1）基肥。一些草本花卉、木本花卉、球根花卉、宿根花卉都要施基肥，因生长时间长，所以每年冬季必须施基肥，以供来年生长发育之需。球根花卉可在球根下种时施足基肥，以供抽芽开花及长新球之需。基肥一般多施用迟效性的有机肥料，施肥时间多在春季种植前或秋冬季节落叶以后。

（2）追肥。一般花卉除施基肥以外，还必须施追肥。追肥多为速效性的液体肥料，都在其生长所需的时候施用。如开花之前追施磷肥，开花后追施氮肥，春季萌动时追施完全肥料。追肥的次数每月 1 次或每两周 1 次，可进行浇施或叶面施肥。浇肥浓度一般为 1%～3%，浓度过大易烧根；叶面施肥浓度更小，一般为 0.1%～0.3%。

（3）根外追肥。根外追肥就是将稀释一定浓度的肥料向植株叶面喷洒，被叶面及枝干吸收后转运到体内，一般在花卉植株生长高峰时期在体外喷洒 1%的过磷酸钙或 2%的尿素溶液，每 7 d 喷 1 次，这样能使植株生长健壮，叶色浓而肥厚，花色鲜艳，花朵大，花期长。

五、空气

空气对花卉生长的影响是多方面的，如 O_2 是呼吸作用必不可少的，缺氧则抑制呼吸作用，不能萌发新根，严重时甚至死亡。有害气体，如二氧化硫、氟化氢、一氧化碳、氯化氢、硫化氢及臭氧等，危害花卉正常的生长发育。

（一）氧气

在花卉栽培中，空气中氧含量与种子萌发、土壤管理以及中耕等密切相关。种子萌发需要氧气供给，土壤板结、排水不良、土温低和缺氧会对种子萌发和根的生长不利。质地黏重、板结、性状结构差、含水量高的土壤，常因氧气不足，植株根系不发达或缺氧而死亡。在花卉栽培中的排水、松土、翻盆及清除花盆外的泥土、青苔等工作都有改善土壤通气条件的意义。

（二）二氧化碳

二氧化碳是植物光合作用的主要原料。空气中二氧化碳的浓度对光合强度有直接影响，如浓度过大，超过常量的 10～20 倍，会迫使气孔关闭，光合强度下降。白天阳光充足，植物的光合作用十分旺盛，如果空气流通不畅，二氧化碳的浓度低于正常浓度的 80%时，就会影响光合作用正常进行。露地花卉的栽培株行距或盆花栽培摆放的密度不要太大，应留有一定的风道进行通风。

风是空气流动形成的，微风（3～4 级以下），不论对气体交换、植物生理活动或开花授粉都有益，但强风（8 级以上）往往有害，易造成落花、落果。栽培中进行花期调节，可适当利用某些气体对植物产生特殊的作用，如对休眠的杜鹃，在每 100 kg 空气中加入 100 mL 的 40%浓度的 2-氯乙醇，24 h 就打破休眠，提早发芽开花。对休眠的郁金香、小苍兰，在每 100 kg 的空气中加入 20～40 g 的乙醇，经 36～48 h 就能打破休眠提前开花。

（三）有害气体

目前在工业集中的城市区域大气中的有害物质可能有数百种，其中影响较大的污染物质有粉尘、二氧化硫、氟化氢、硫化氢、一氧化碳、化学烟雾、氮的氧化物、甲醛、氨、乙烯

及汞、铅等重金属氧化物粉末等，在这些物质中以二氧化硫、氟化氢、氯、化学烟雾以及氮的氧化物等对花卉植物危害最严重，但是不同的污染物质对不同的花卉植物危害程度不一，有的花卉抗性很强。

对有害气体抗性较强的花卉有以下几种：

1. 抗二氧化硫的花卉　金鱼草、蜀葵、美人蕉、金盏菊、紫茉莉、鸡冠、酢浆草、玉簪、大丽花、凤仙花、地肤、石竹、唐菖蒲、菊花、茶花、扶桑、月季、石榴、龟背竹、鱼尾葵等。

2. 抗氟化氢的花卉　大丽花、一串红、倒挂金钟、山茶、牵牛、天竺葵、紫茉莉、万寿菊、半支莲、葱兰、美人蕉、矮牵牛、菊花等。

3. 抗氯气的花卉　代代、扶桑、山茶、鱼尾葵、朱蕉、杜鹃、唐菖蒲、一点樱、千日红、石竹、鸡冠、大丽花、紫茉莉、天人菊、月季、一串红、金盏菊、翠菊、银边翠、蜈蚣草等。

4. 抗汞的花卉　含羞草。

考核评价
KAOHE PINGJIA

考核内容	考核标准	考核分值	自我评价	教师评价
专业知识	熟悉现代化温室的类型	5		
	熟悉现代化温室结构和生产系统组成	10		
	熟悉现代化温室功能及附属设施	10		
	熟悉花卉栽培所需要的环境条件	5		
技能训练	现代化温室类型、结构、系统等观摩	10		
专业能力	根据花卉栽培需要，因地制宜地设计或建造现代化温室	10		
	能根据花卉栽培的需要，掌握现代化温室环境调控技术	10		
	现代化温室结构以及智能化生产系统功能较为复杂，在栽培使用中能及时发现问题，分析出原因，能提出解决问题的方案	10		
学习方法	网络信息查询； 专业书籍资料查询； 专业市场走访、调研； 勤于实践	10		
能力提升	学会学习，良好的交流沟通能力； 工作学习主动积极，勤于思考，助人为乐； 养成善于观察、详尽记录的好习惯	10		
素质提升	做事积极主动，与人团结合作； 学习工作勤恳努力； 工作学习中能及时发现问题，能分析、解决问题； 富有创造性思维，对待新事物好学进取	10		

任务 2.2 日光温室

任务目标
RENWU MUBIAO

1. 能理解日光温室的概念及其类型；
2. 能掌握日光温室的结构及性能特点；
3. 能够运用日光温室的知识进行花卉生产。

任务分析
RENWU FENXI

本任务主要是学习理解日光温室的类型及结构，掌握其性能特点，并能因地制宜地选择使用日光温室，为花卉创造适宜的生长发育环境，满足其生长发育的要求，生产优质、高效的花卉产品。

相关知识
XIANGGUAN ZHISHI

日光温室，又称不加温温室，是我国特有的园艺设施，大多以塑料薄膜为采光覆盖材料，其内部热源主要靠太阳辐射，靠采光屋面和加厚的墙体及纸被、草苫等覆盖保温，达到充分利用光热资源，创造花卉生长适宜环境的目的。

一、日光温室结构

1. 前屋面 前屋面，又称前坡，由拱架和透明覆盖物组成的，主要起采光作用。前屋面的大小、角度、方位直接影响日光温室的采光效果。

2. 后屋面 后屋面又称后坡，位于温室后部顶端，采用不透光的保温蓄热材料做成，主要起保温和蓄热的作用，同时也有一定的支撑作用。

3. 后墙和山墙 后墙位于温室后部，起保温、蓄热和支撑作用。山墙位于温室两侧，作用与后墙相同。通常在一侧山墙的外侧连接建造一个小房间作为出入温室的缓冲间，兼作工作室和贮藏间。

此外，日光温室还包括立柱、防寒沟等。立柱是在温室内起支撑作用的柱子，防寒沟是在北方寒冷地区为减少地中传热而在温室四周挖掘的土沟，内填稻壳、树叶等隔热材料以加强保温效果。

二、日光温室的主要类型

1. 短后屋面高后墙日光温室 这种温室跨度 5～7 m，后屋面长 1～1.5 m，后墙高 1.5～1.7 m，作业方便，光照充足，保温性能较好。典型温室有冀优Ⅱ型日光温室（图 2-6）、潍坊改良型日光温室（图 2-7）等。

这种温室加大了前屋面采光面积，缩短了后屋面，提高了中屋脊，透光率、土地利用率明显提高，操作更加方便，是目前各地重点推广的改良型日光温室。

2. 琴弦式日光温室 跨度 7 m，后墙高 1.8～2 m，后屋面面长 1.2～1.5 m，每隔 3 m

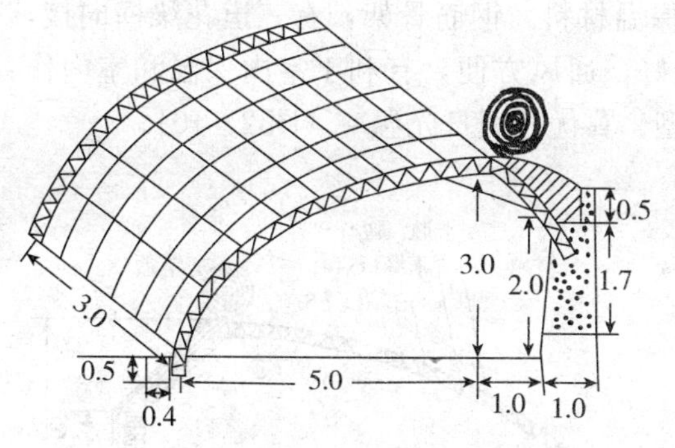

图 2-6 冀优Ⅱ型日光温室（单位：m）

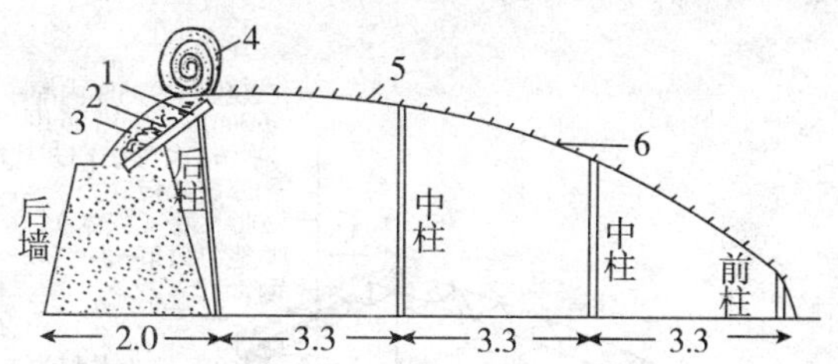

图 2-7 潍坊改良型日光温室（单位：m）

1. 水泥柱 2. 秸秆层 3. 草泥
4. 草苫 5. 拱架 6. 钢丝

设一道钢管桁架，在桁架上按 40 cm 间距横拉 8 号铅丝固定于东西山墙；在铅丝上每隔 60 cm设一道细竹竿作骨架，上面盖薄膜，在薄膜上面压细竹竿，并将骨架细竹竿用铁丝固定。该温室采光好，空间大，作业方便，起源于辽宁瓦房店市（图 2-8）。

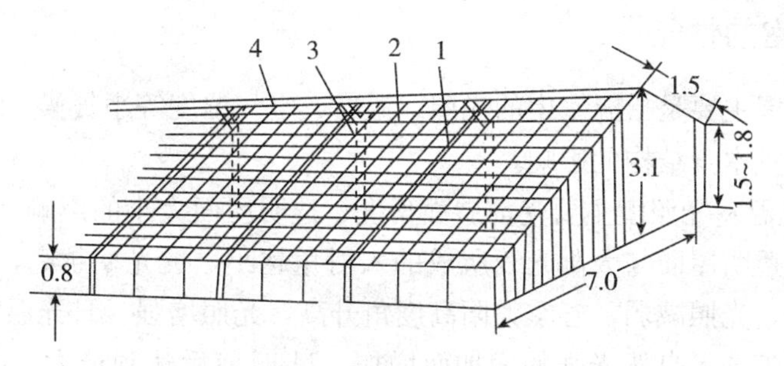

图 2-8 琴弦式日光温室（单位：m）

1. 钢管桁架 2. 8 号铅丝 3. 中柱 4. 草苫

3. 钢竹混合结合结构日光温室 这种温室利用了以上几种温室的优点。跨度 6 m 左右，每 3 m 设一道钢拱杆，矢高2.3 m左右，前屋面无支柱，设有加强桁架，结构坚固，光照充足，便于室内保温（图 2-9）。

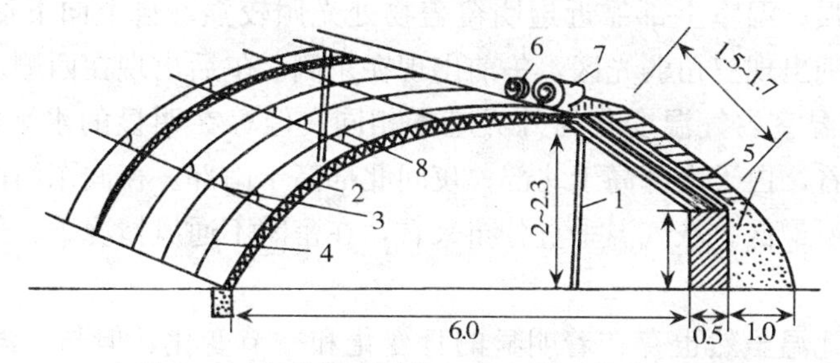

图 2-9 钢竹混合结构日光温室（单位：m）

1. 中柱 2. 钢架 3. 横向拉杆 4. 拱杆 5. 后墙后屋面 6. 纸被 7. 草苫 8. 吊柱

（张振武，1989）

4. 全钢架无支柱日光温室 这种温室是近年来研制开发的高效节能型日光温室，跨度

6～8 m，矢高 3 m 左右，后墙为空心砖墙，内填保温材料。钢筋骨架，有三道花梁横向接，拱架间距 80～100 cm。温室结构坚固耐用，采光好，通风方便，有利于室内保温和室内作业，属于高效节能日光温室，代表类型有辽沈Ⅰ型、冀优Ⅱ型日光温室（图 2－10）。

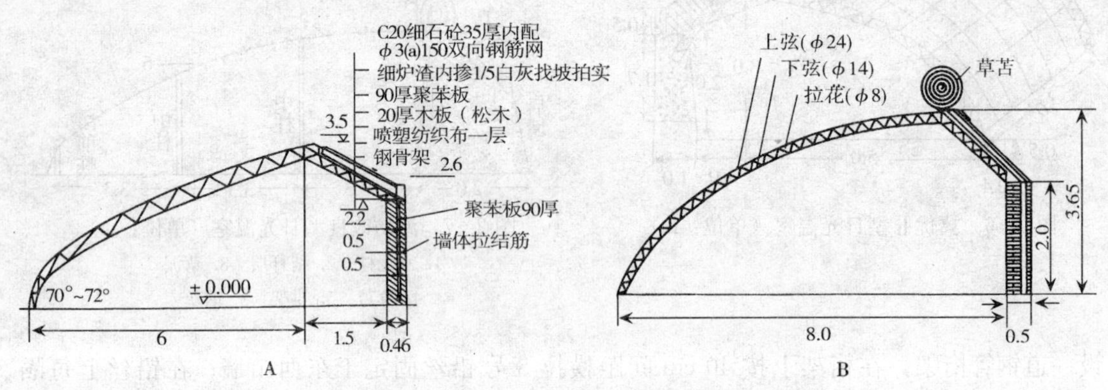

图 2－10 全钢架无支柱日光温室（单位：m）

A. 辽沈Ⅰ型日光温室 B. 改进冀优Ⅱ型日光温室

三、日光温室的性能

日光温室的性能主要是指温室内的光照、温度、空气湿度等小气候，它既受外界环境条件的影响，也受温室本身结构的影响。

1. 光照 日光温室光照度主要受前屋面角度、透明屋面大小的影响。在一定的范围内，前屋面角度越大，透明屋面与太阳光线所成的入射角越小，透光率越高，光照越强。因此，冬季太阳高度角低，光照减弱；春季太阳高度角升高，光照增强。日光温室内光照度的日变化有一定的规律，随外界自然光强的增加而增加，11 时前后达到最大，此后逐渐下降，至盖苫时最低。

严寒季节，因保温需要，保温覆盖物晚揭早盖，缩短了日光温室内的光照时间；连阴雨雪天气、或大风天气，不能揭开草苫也大大缩短了光照时间。进入春季后，光照时间逐渐增加。

日光温室为单屋面温室，光照分布有明显的水平差异和垂直差异。一般日光温室的北侧光照较弱，南侧较强；温室上部靠近透明覆盖物处光照较强，自上向下逐渐较弱；东西山墙，午前和午后分别出现三角弱光区，午前出现在东侧，午后出现在西侧。

2. 温度 日光温室内气温变化与外界基本相同，但存在明显的水平差异和垂直差异。从气温水平分布上看，白天南部高于北部；夜间北部高于南部。夜间东西两山墙根部和近门口处，前底角处气温最低。从气温垂直分布来看，在密闭不通风情况下，气温随室内高度增加而增加。

日光温室内的地温虽然也存在着明显的日变化和季节变化，但与气温相比，地温比较稳定。

3. 空气湿度 空气湿度大，日变化剧烈。为加强保温效果，日光温室常处于密闭状态，气体交换不足，加上白天土壤蒸发和植物蒸腾，使空气湿度过高。白天，温度高，空气相对湿度低，夜间温度下降，相对湿度升高，可达到 100%。阴天因气温低，空气相对湿度经常

接近饱和或处于饱和结露状态。日光温室局部空气湿度差异大于露地。由于空气相对湿度高，温室内不同部位气温不同，导致植物表面发生结露，覆盖物及骨架结构凝水，室内产生雾霭，造成作物沾湿，易诱发多种病害。

4. 气体　日光温室内气体条件变化，表现为在密闭条件下 CO_2 浓度过低造成作物 CO_2 饥饿，同时也存在 NH_3、NO_2、SO_2、C_2H_4 等有害气体积累，因此，需要经常通风换气，一方面补充 CO_2，另一方面排放积累的有毒有害气体，必要时可进行人工增施 CO_2 气肥。

工作过程
GONGZUO GUOCHENG

日光温室的设计与建造。

一、场地选择

日光温室通常是一次建造，多年使用，因此，场地的选择比较重要。理想的场地条件是地形开阔，地势平坦，避风向阳，光照充足，土层深厚，土质良好，水源充足，交通方便，排灌良好，并且水、电、路“三通”。

二、场地规划

在进行较大规模的日光温室生产时，所有日光温室和其他栽培设施应尽可能集中，以利于管理和保温，但彼此应以不遮光为原则。日光温室的合理间距取决于设置地的纬度和温室高度，通常为温室高度的 2 倍；当温室高度不等时，其高的应设在北面，矮的设置在南面。

三、日光温室的设计

1. 方位角　指日光温室的方向定位，确定方位角应以获得最大限度的采光为原则，以面向正南为宜。

2. 前屋面角度　指温室前屋面底部与地平面的夹角，前屋面角决定温室采光性能，其大小决定太阳光线照到温室透光面的入射角，而入射角又决定太阳光线进入温室的透光率。入射角愈大，透光率就愈小。

北纬 32°～43°地区，前屋面角地面处的切线角度应在 60°～68°，前屋面的形状以前底脚向后至屋面 2/3 处为圆拱形，后 1/3 部分采用抛物线形为宜。

3. 后屋面仰度　又称后坡角，指温室后屋面与后墙顶部水平线的夹角，以大于当地冬至正午时刻太阳高度角 5°～8°为宜。北纬 32°～43°地区，后屋面仰角为 30°～40°，纬度越低后屋面角度越要大一些。温室屋脊与后墙顶部高度差应在 80～100 cm，这样可使寒冷季节有更多的直射光照射到后墙及后屋面上，有利于增加墙体及后屋面蓄热和夜间保温。

4. 高度　包括脊高和后墙高度。脊高是指温室屋脊到地面的垂直高度。

日光温室高度直接影响前屋面的角度和空间大小。降低高度不利于采光；增加高度会增加前屋面角度和温室空间，有利于温室采光，但过高，既增加建造成本，又影响保温。因此，6～7 m 跨度的日光温室，北纬 40°以北地区，高度以 2.8～3.0 m 为宜；北纬 40°以南，高度以 3.0～3.2 m 为宜。若跨度＞7 m，高度也相应再增加。后墙的高度以 1.8 m 左右为宜，过低影响作业；过高时，影响保温效果。

5. 跨度　指从日光温室北墙内侧到南向透明屋面前底脚间的距离。

跨度大小，对于日光温室的采光、保温、花卉的生育以及人工作业等都有很大的影响。在温室高度及后屋面长度相同的情况下，加大温室跨度，会导致温室前屋面角度和温室相对空间的减小，不利于采光、保温。

目前认为日光温室的跨度以6～8 m为宜，若生产喜温的花卉，北纬40°～41°以北地区以采用6～7 m跨度最为适宜，北纬40°以南地区可适当加宽。

6. 长度 指温室东西山墙间的距离，以50～60 m为宜。长度太小，不仅单位面积造价提高，而且山墙遮阳面积与温室面积的比例增大，影响花卉生长。一般日光温室的长度不能小于30 m，也不宜超过100 m。长度过大，作业时跑空的距离增加，也会给管理上带来不便。

7. 厚度 包括后墙、后屋面和草苫的厚度，厚度的大小主要决定保温性能。后墙厚度根据地区和用材不同而有不同要求。单质土墙厚度可比当地冻土层厚度增加30 cm左右。在黄淮区土墙应达到80 cm以上，东北地区应达到1.5 m以上。砖结构的空心异质材料墙体厚度应达到50～80 cm。后屋面为草坡的厚度，要达到40～50 cm，对预制混凝土后屋面，要在内侧或外侧加25～30 cm厚的保温层。草苫的厚度要达到6～8 cm。

四、日光温室建造

（一）建筑材料

日光温室的建筑材料有筑墙材料、前屋面骨架材料和后屋面的建筑材料。

建筑材料的选择，除了考虑墙体的强度及耐久性外，更重要的是保温性能。目前，常用的筑墙材料主要有黏土（夯土墙和草泥垛墙）、红砖（黏土砖）和空心砖等。山墙后墙最好用土打成或用草泥垛成，这样既不需购置材料，又具有较好的保温效果。若资金充足，也可选用黏土砖或空心砖筑墙。

后屋面大多为木结构，也有用钢筋混凝土预制件的。木结构由中柱、柁、檩构成骨架，铺草箔，抹草泥。钢筋混凝土预制件有预制柱和背檩，后屋面盖预制板。前者保温性能好，后者坚固耐久。

前屋面骨架大多用竹木支柱架横梁，用竹竿作拱杆，也有用钢筋或钢圆管构成骨架。连栋式日光温室大多工厂化配套生产，组装构成，施工简单。生产栽培日光温室一般讲求实用，不图美观，就地取材，尽量降低造价，以最少的投资，取得最大的效益。

（二）覆盖材料

目前日光温室大多采用塑料薄膜、塑料板材或玻璃覆盖。

1. 聚乙烯（PE）普通薄膜 该类薄膜透光性好，无增塑剂污染，吸尘轻，透光率下降缓慢，耐低温性强，低温脆化温度为−70 ℃，比重小（0.92 g/cm^2）；透光率较强，红外线透过率高达87%以上；其导热率较高，夜间保温性较差；透湿性差，易附着水滴；不耐日晒，高温软化温度为50 ℃；延伸率达400%；弹性差，不耐老化，一般只能连续使用4～6个月。适用于春季花卉提早栽培，日光温室不宜选用。

2. 聚氯乙烯（PVC）普通薄膜 这种薄膜新膜透光性好，但随时间的推移，增塑剂渗出，吸尘严重，且不易清洗，透光率锐减；红外线透过率比PE膜低10%，夜间保温性好；高温软化温度为100 ℃，耐高温日晒，弹性好，延伸率小（180%），耐老化，可连续使用一年左右；易粘补；透光率比PE膜好，雾滴较轻；耐低温性差，低温脆化温度为−50 ℃，硬化温度为−30 ℃；比重大。适于长期覆盖栽培。

3. 聚乙烯（PE）长寿薄膜　又称 PE 防老化薄膜。在生产原料中按一定比例加入紫外线吸收剂、抗氧化剂等防老化剂，以克服普通薄膜不耐高温日晒、不耐老化的缺点，延长使用寿命，可连续使用 2 年以上。其他特点与 PE 普通薄膜相同，可用于北方寒冷地区长期覆盖栽培，但应注意清洁膜面，以保持较好的透光性。

4. 聚氯乙烯（PVC）无滴膜　在 PVC 普通膜原料配方基础上，按一定比例加入表面活性剂（防雾剂），是薄膜的表面张力与水相同或接近，使薄膜下表面的凝聚水在膜面形成一层水膜，沿膜面流入低凹处，不滞留在膜的表面形成露珠。由于薄膜下表面不结露，可降低日光温室内的空气湿度，减轻由水滴侵染的花卉病害。水滴和雾气的减少，还避免了对阳光的漫射和吸热蒸发的耗能。所以，日光温室内光照增强，晴天升温快，对花卉的生长发育有利。最适于花卉的越冬栽培和鲜切花的周年生产。

表 2-3　塑料薄膜的种类、性能、用途及用量

种　类		规　格		性能特点	用　途	每 667 m² 用量（kg）
		厚度（mm）	折径（m）			
聚乙烯	普通	0.06～0.12	1.5，2.0，3.0，3.5，4.0，5.0	透光率衰退慢，比重 0.92 g/cm²，使用 4～6 个月，可烙合，不易黏合	温室 大棚 中小棚	100 10～110 11～140
	长寿	0.1～0.14	1.0，1.5，2.0，3.0	强度高，耐老化，使用 2 年以上	温室 大棚	80～100 10～130
	线性	0.05～0.09	1.0，1.5，3.5，4.0	强度大，韧性好，耐热性强，使用 1 年以上	大棚 中小棚	80～90 90～100
	薄型多功能	0.05～0.08	1.0，1.5，2.0，4.0	耐老化，使用一年以上，全光性好	温室 大棚 中小棚	50～60 60～80 80～90
聚氯乙烯	普通	0.10～0.12	1.0，2.0，3.0	保温性强，新膜透光率高，1～2 个月后下降，耐老化性好，使用 1 年左右，比重 1.25 g/cm²，耐高温，不耐高寒，易烙合、黏合	温室 大棚	12～130 150
	无滴	0.08～0.12	0.75，1.0，2.0	不结露，透光性强	温室 大棚	11～125 14～150

（三）保温材料

温室的保温材料一般是指不透明覆盖材料。常用的保温材料有草苫、纸被、棉被等。

草苫多用稻草、蒲草或谷草编制而成。稻草苫应用最普遍，一般宽 1.5～2 m，厚 5 cm，长度应超过前屋面 1 m 以上，用 5～8 道径打成。草苫材料来源方便，价格低廉，但保温性一般，寿命短，雨雪天易吸水变潮，降低保温性能，并增大质量，增加卷放难度。

纸被是用四层牛皮纸缝制成与草苫大小相仿的一种保温覆盖材料。由于纸被有几个空气夹层，而且牛皮纸本身导热率低，热传导慢，可明显滞缓室内温度下降，一般能保温 4～6.8 ℃，严寒季节，纸被可弥补草苫保温能力的不足。

棉被是用棉布（或包装用布）和棉絮缝制而成，保温性能好，其保温能力在高寒地区约为 10 ℃，高于草苫、纸被的保温能力，但造价高，一次性投资大。

技能训练 JINENG XUNLIAN

日光温室结构、性能观察

（一）训练目的

了解当地日光温室的主要类型，掌握其性能结构特点，完成对日光温室主要结构参数的测量。根据所测的参数，对当地的日光温室进行评价。

（二）材料用具

当地各类日光温室、皮尺、钢卷尺、记录本等。

（三）方法步骤

通过参观、访问等方式，观察了解当地各种类型日光温室，所用建筑材料，所在地的环境、整体规划等情况。

通过访问、实地测量等方式，了解当地日光温室的性能及在当地生产中的应用情况。

对当地主要日光温室进行结构参数的实地测量并记录。

（四）作业

绘制所观察日光温室的结构示意图，并对所观察的日光温室作出综合评价。

知识拓展 ZHISHI TUOZHAN

简 易 栽 培 设 施

在日光温室的应用中，为提高温室的利用率，常常配与风障冷床、温床塑料小拱棚等共同进行花卉生产。

一、风障

风障是我国北方地区常用的简易保护设施之一，可用于耐寒的二年生花卉越冬或一年生花卉露地栽种。也可对新栽植的园林植物设置风障，借以提高移栽成活率。

风障可降低风速，使风障前近地层气流比较稳定，一般能使风速降低 4 m/s，风速越大，防风效果越明显。风障能充分利用太阳辐射能，增加风障前附近的地表温度和气温，并能比较容易地保持风障前的温度，一般风障南面夜间温度比开阔地高 2～3 ℃，白天高 5～6 ℃，以有风晴天增温效果最显著，无风晴天次之，阴天不显著，距风障愈近，温度愈高。风障还有减少水分蒸发和降低相对湿度的作用，从而相对改善植物的生长环境。

风障主要由基埂、篱笆、披风三部分组成，篱笆是风障的主要部分，一般高 2.5～3.5 m，通常用芦苇、高粱秆、玉米秸、细竹等，以芦苇最好。具体的设置方法是在地面东西向挖约 30 cm 长沟，栽入篱笆，向南倾斜，与地面成 75°～80°角，填土压实，在距地面 1.8 m左右处扎一横杆，形成篱笆。基埂是风障北侧基部培起来的土埂，通常高约 20 cm，既固定篱笆，又能增强保温效果。披风是附在篱笆北面的柴草层，用来增强防风、保温功能。披风材料常以稻草、玉米秸为宜，其基部与篱笆基部一并埋入土中，中部用横杆缚于篱笆上，高度 1.3～1.7 m。两风障间的距离以其高度的 2 倍为宜，由多个风障组成的风障区，一般在风障区的东、南、西三面设围篱，使其防护功能更强。

二、冷床与温床

冷床与温床是花卉栽培常用的设备，两者在形式和结构上基本相同。其不同点是：冷床只利用太阳辐射热以维持一定的温度；而温床除利用太阳辐射热外，还需增加人工热补充太阳辐射热的不足。

(一) 冷床

冷床，又称阳畦，由风障畦演变而成，即由风障畦的畦埂加高增厚成为畦框，并在畦面上增加采光和保温覆盖物，是一种白天利用太阳光增温，夜间利用风障、畦框、覆盖物保温防寒的园艺设施。改良阳畦是在阳畦的基础上发展而成的，畦框改为土墙（后墙和山墙），并增加后屋面，以提高其防寒保温效果。

1. 冷床的结构　由风障、畦框、透明覆盖物和不透明覆盖物等组成。

畦框用土或砖砌成，分为南北两框及东西两侧框，其尺寸规格根据阳畦的类型不同而有所区别。透明覆盖物主要有玻璃和塑料薄膜等。玻璃镶入木制窗框内，或用木条做支架覆盖玻璃片，或采用竹竿在畦面上做支架，覆盖塑料薄膜主要起防寒保温作用。不透明覆盖物，大多采用草苫或蒲席覆盖。

2. 冷床的类型　冷床可以分为普通冷床和改良阳畦两种。

（1）普通冷床。普通冷床又有槽子畦和抢阳畦之分。槽子畦南北两框接近等高，四框做成后近似槽形；抢阳畦北框高于南框，东西两框成坡形，四框做成后向南成坡面（图2－11）。

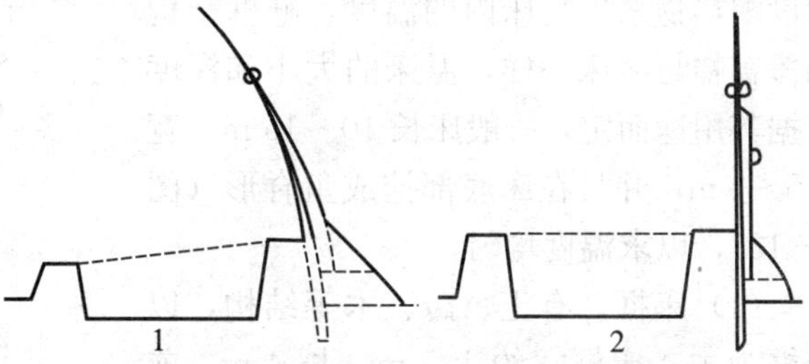

图 2－11　冷床
1. 抢阳畦　2. 槽子畦

（2）改良阳畦。又称小暖窖、立壕子等，北畦框加高或砌成土墙，加大覆盖面斜角，形成拱圆状小暖窖，较普通冷床具有较大的空间和比较良好的采光和保温性能（图 2－12）。

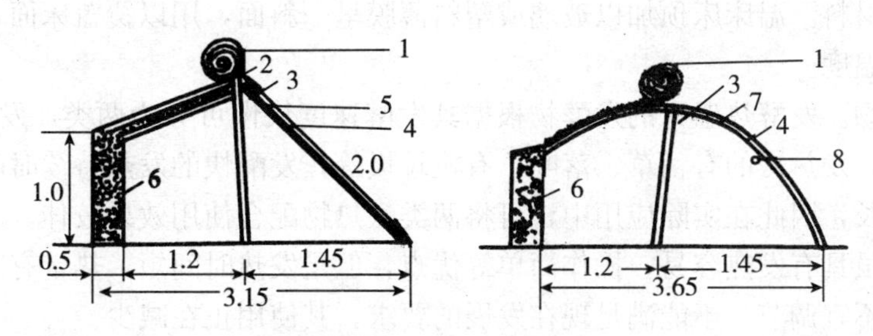

图 2－12　改良阳畦（单位：m）
A. 玻璃改良阳畦　B. 薄膜改良阳畦
1. 草苫　2. 土顶　3. 柁、檩、柱　4. 薄膜　5. 窗框　6. 土墙　7. 拱杆　8. 横杆

3. 冷床的设置　每年秋末至土壤封冻以前设置完成，翌年夏季拆除。选择地势高燥、背风向阳、土壤质地好、水源充足的地方，并且要求周围无高大建筑物等遮阳。方位以东西向延长为好，建在温室前，有利于防风，也便于与温室配合使用；数量较多，通常自北向南成行排列，周围最好设置风障，以减少风的影响，间距以 5～7 m 为宜，避免前后遮阳。

4. 冷床的性能 冷床内的热量主要来源于太阳，受季节和天气的影响很大，同时冷床存在着局部温差。晴天床内温度较高；阴雪天气，床内温度较低。床内昼夜温差也比较大，可达 10～20 ℃。床内各部位由于接受光量不均，形成局部温差。通常床内南半部和东西部温度较低，北半部温度较高。阳畦内的温度分布不均衡，常造成植物生长不整齐。

改良阳畦是由冷床改良而来，同时具有日光温室的基本结构，其采光和保温性能明显优于普通冷床，但又远不及日光温室。

（二）温床

温床指除了利用太阳辐射能外，还需人为加热以维持较高温度的保护地类型。一般温床的建造选在背风向阳、排水良好的地方。温床热源除利用太阳能增温外，还可利用酿热、火热（火道）、水暖、地热和电热等方式进行加温。以酿热温床和电热温床应用最为广泛。

1. 酿热温床 酿热温床是在床底铺设酿热物，利用微生物分解酿热物所释放的热量进行加温。

酿热温床是在冷床的基础上，在床下铺设酿热物来提高床内的温度，畦框结构和覆盖物与冷床一样，温床的大小和深度根据其用途而定，一般床长 10～15 m、宽 1.5～2 m，并且在床底部挖成鱼脊形（图 2－13），以求温度均匀。

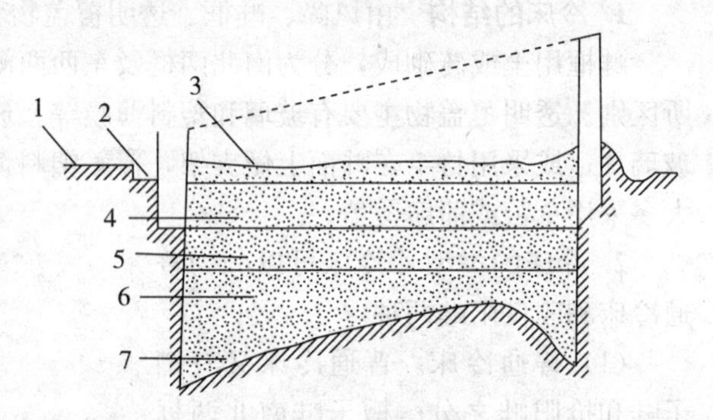

图 2－13 酿热温床的结构

1. 地平面 2. 排水沟 3. 床土 4. 第三层酿热物 5. 第二层酿热物 6. 第一层酿热物 7. 干草层

（1）床框。有土、砖、木等结构，以土框为主。床框宽约 1.5 m，长 4 m，前框高 15～20 cm，后框高 25～30 cm。

（2）床坑。有地下、半地下和地上三种形式，以半地下为主。床坑大小与床框一致，深度依温度要求和酿热物填充量来定。为使床内温度均匀，床坑常做成中部浅、填入酿热物少；四周深，填入酿热物较多。

（3）覆盖材料。温床床顶加以玻璃或塑料薄膜呈一斜面，用以覆盖床面，以利于阳光射入，增加床内温度。

（4）酿热物。发酵热温床的发酵物根据其发酵速度快慢可分为两类，发热快的有马粪、鸡粪、油饼等，发热慢的有稻草、落叶、有机垃圾等，发酵快的发热持续时间短，发酵慢的发热持续时间长，因此在实际应用中，可将两类酿热物配合使用效果较佳。

酿热温床虽具有发热容易，操作简单等优点，但是发热时间短，热量有限，温度前期高后期低，而且不宜调节，不能满足现在发展的要求，其使用正在减少。

2. 电热温床 电热温床是利用电流通过电热线产生的热能，提高床内温度的温床。电热温床由于用土壤电热线加温，因而具有升温快、地温高、温度均匀等特点，并通过控温仪实现床温的自动控制。

电热温床与发酵热温床结构相似，但床坑内的结构有所不同，自下而上可分为三层（图 2－14）。

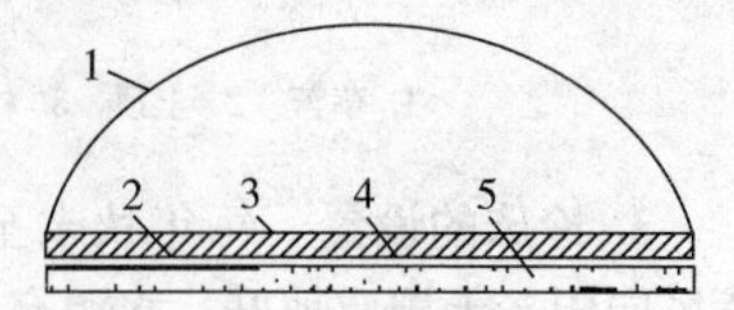

图 2－14 电热温床剖面结构

1. 薄膜 2. 电热线 3. 床土 4. 散热层 5. 隔热层

（1）隔热层。在最底层铺一层炉渣、作物秸秆等阻止

热量向土壤深层传递，以节省电能。

（2）散热层。隔热层上先铺3 cm左右的沙子或床土，布好电热线，再铺3 cm左右的沙子，适当镇压。

（3）床土。在散热层上铺播种床土进行播种。也可以不铺床土，直接把播种箱、育苗穴盘等直接放在铺有电热线的散热层上。

电热加温设备主要有：电热加温线、控（测）温仪、继电器（交流接触器）、电闸盒、配电盘（箱）等。

电热温床主要用于冬、春两季花卉的育苗和扦插繁殖。由于其具有增温性能好、温度可精确控制和管理方便等优点，现在生产上已广泛推广应用。

三、塑料小棚

小拱棚是利用塑料薄膜和竹竿、毛竹片等易弯成弓形的支架材料做成的低矮保护设施，具有结构简单，体形较小，负载轻，取材方便等特点，多用作临时性保护措施。

小棚一般高1～1.5 m，跨度1.5～3 m，长度10～30 m，单棚面积15～45 m^2。拱架多用轻型材料建成，如细竹竿、毛竹片、荆（树）条，直径6～8 mm钢筋等，拱杆间距30～50 cm，覆盖0.05～0.10 mm厚聚氯乙烯或聚乙烯薄膜，外用压杆或压膜线等固定。根据其覆盖的形式不同可分为以下几种类型（图2-15）：

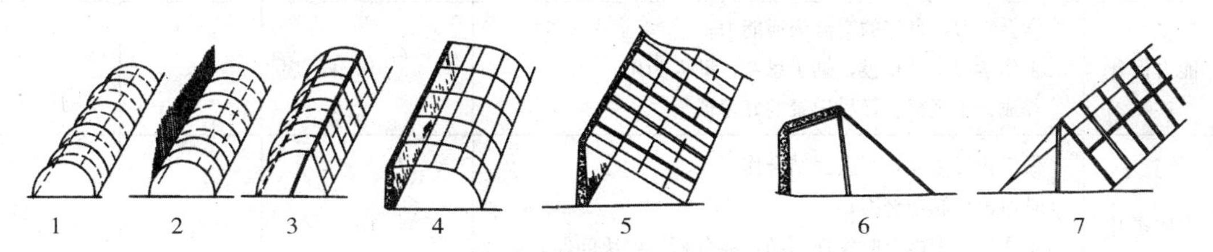

图2-15　小拱棚的几种覆盖类型

1. 拱圆棚　2. 拱圆加风障　3. 半拱圆棚　4. 土墙半拱圆
5. 单斜面棚　6. 薄膜改良阳畦　7. 双斜面三角棚

1. 拱圆棚　生产上应用最多的类型，多用于北方。高度1 m左右，宽1.5～2.5 m，长度依地而定。因小棚多用于冬、春生产，宜建成东西延长，为加强防寒保温，可在北侧加设风障，也可在夜间加盖草苫保温。

2. 半拱圆棚　棚架为拱圆形小棚的一半，北面筑1 m左右高的土墙或砖墙，南面成一面坡形覆盖或为半拱圆棚架，一般无立柱，跨度大时加设1～2排立柱，以支撑棚面及保温覆盖物。棚的方向以东西延长为好。

3. 双斜面三角棚　屋面成屋脊形或三角形。棚向东西或南北延长均可，一般中央设一排立柱，柱顶拉紧一道8号铁丝，两边覆盖薄膜即成。适用于风少雨多的南方地区，因为双斜面不易积雨水。

小拱棚的结构简单、取材方便、容易建造，又由于薄膜可塑性强，用架材弯曲成一定形状的拱架即可覆盖成型，因此在生产中的应用形式多种多样。无论何种形式，其基本原则应是坚固抗风，具有一定的空间和面积，适宜栽培。

考核评价
KAOHE PINGJIA

考核内容	考核标准	考核分值	自我考核	教师评价
专业知识	熟悉日光温室的概念及其类型、结构和性能	10		
	熟悉日光温室温、光、水的调控知识	10		
	熟悉现代化温室附属设备	10		
技能训练	日光温室类型、结构观摩	10		
专业能力	根据花卉栽培需要，因地制宜地选择使用日光温室	10		
	能够运用日光温室的知识进行花卉生产，并能制订盆花或切花花卉全年性生产计划和实施方案	10		
	日光温室的温、光、湿、气等环境条件的调控既简单又复杂，在栽培使用中及时发现问题，分析原因，能提出解决问题的方案	10		
学习方法	网络信息查询； 专业书籍资料查询； 专业市场走访、调研； 勤于实践	10		
能力提升	学会学习，良好的交流沟通能力； 工作学习主动积极，勤于思考，助人为乐； 养成善于观察、详尽记录的好习惯	10		
素质提升	做事积极主动，与人团结合作； 学习工作勤恳努力； 工作学习中能及时发现问题，能分析、解决问题； 富有创造性思维，对待新事物好学进取	10		

任务 2.3　塑料大棚

任务目标
RENWU MUBIAO

1. 能正确理解塑料大棚的基本功能和适用栽培的花卉种类；
2. 能掌握塑料大棚的结构类型的各自的性能特点；
3. 能够根据生产的具体情况选择适宜的类型，掌握其环境调节控制技术。

任务分析
RENWU FENXI

本任务主要是通过学习，理解塑料大棚的概念、基本功用和适合栽培的花卉种类；在认识塑料大棚结构和类型的基础上，理解其性能特点，并能根据所栽培的花卉种类和经济条件，选择使用塑料大棚，为花卉栽培创造适宜的环境条件，满足其生长发育的要求。

塑料大棚是用塑料薄膜覆盖的一种大型拱棚。通常把不用砖石结构围护，以竹、木、水泥柱或钢材等作骨架，上覆塑料薄膜的大型保护地栽培设施称为塑料大棚。它和温室相比，具有以下优点：结构简单、建造和拆装方便，一次性投资较少；坚固耐用，使用寿命长；棚体空间大，作业方便及有利作物生长，便于环境调控。

一、塑料大棚的类型

目前生产中应用的塑料大棚，按棚顶形状可以分为拱圆形和屋脊形，我国绝大多数为拱圆形。按骨架材料则可分为竹木结构、钢架混凝土柱结构、钢架结构、钢竹混合结构等。按连接方式又可分为单栋大棚、双连栋大棚和多连栋大棚（图2-16）。

1. 竹木结构大棚 目前我国北方广为应用，是大棚初期的一种类型，一般跨度为8～12 m，长度40～60 m，中脊高2.4～2.6 m，两侧肩高1.1～1.3 m。有4～6排立柱，横向柱间距2～3 m，柱顶用竹竿连成拱架；纵向间距为1～1.2 m。其优点是取材方便，造价较低，且容易建造；缺点是棚内立柱多，遮光严重，作业不方便，立柱基部易朽，抗风雪性能力较差等。为减少棚内立柱，建造了悬梁吊柱式竹木结构大棚，即在拉杆上设置小吊柱，用小吊柱代替部分立柱。小吊柱用20 cm长、4 cm粗的木杆，两端钻孔，穿过细铁丝，下端固定在拉杆上，上端支撑拱杆（图2-17）。

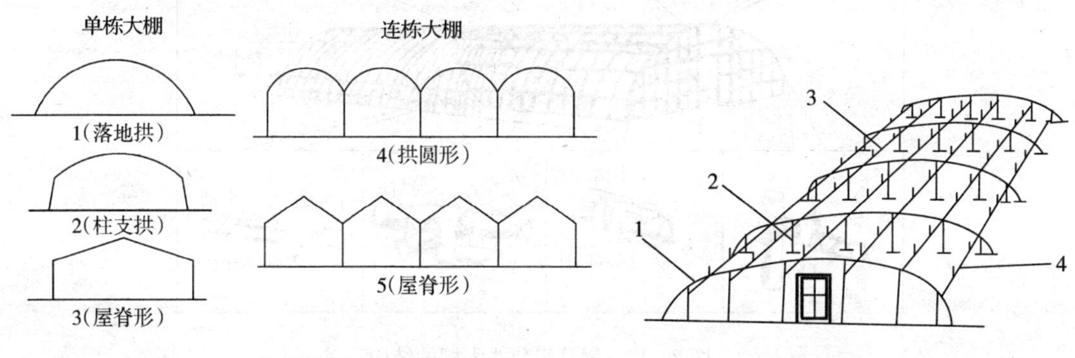

图2-16 塑料薄膜大棚的类型

图2-17 塑料大棚骨架各部位名称
1. 拱杆 2. 立柱 3. 拉杆 4. 吊柱

2. 混合结构大棚 棚型与竹木结构大棚相同，使用的材料有竹木、钢材、水泥构件等多种。一般拱杆和拉杆多采用竹木材料，而立柱采用水泥柱。混合结构的大棚较竹木结构大棚坚固、耐久、抗风雪能力强。

3. 钢架结构大棚 一般跨度为10～15 m，高2.5～3.0 m，长30～60 m。拱架是用钢筋、钢管或两者结合焊接而成的弦形平面桁架。平面桁架上弦用16 mm钢筋或25 mm的钢管制成，下弦用12 mm钢筋，腹杆用6～9 mm钢筋，两弦间距25 cm。制作时先按设计在平台上做成模具，然后在平台上将上、下弦按模具弯成所需的拱形，然后焊接中间的腹杆。拱架上覆盖塑料薄膜，拉紧后用压膜线固定。这种大棚造价较高，但无立柱或少立柱，室内宽敞，透光好，作业方便（图2-18）。

4. 装配式钢管结构大棚 由工厂按照标准规格生产的组装式大棚，大多采用热浸镀锌薄壁镀锌钢管为骨架建造而成。具有质量轻、强度高、耐锈蚀、易于安装、无柱、采光好、作业方便等优点，同时其结构规范标准，可大批量工厂化生产。GP系列塑料大棚骨架采用内外壁热浸镀锌钢管制成，使用寿命10～15年。以GP－Y8－1型大棚（图2－19）为代表，跨度8 m，高度3 m，长度42 m。拱架以1.25 mm薄壁镀锌钢管制成，纵向拉杆用卡具与拱架连接；薄膜采用卡槽及蛇形钢丝弹簧固定，还加压膜线辅助固定薄膜；两侧还附有手摇式卷帘器。

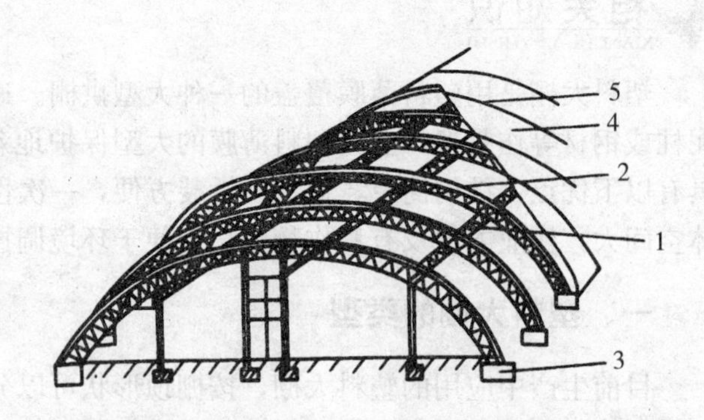

图2－18 钢架大棚图

1. 纵梁 2. 钢筋桁架拱梁 3. 水泥基座
4. 塑料薄膜 5. 压膜线

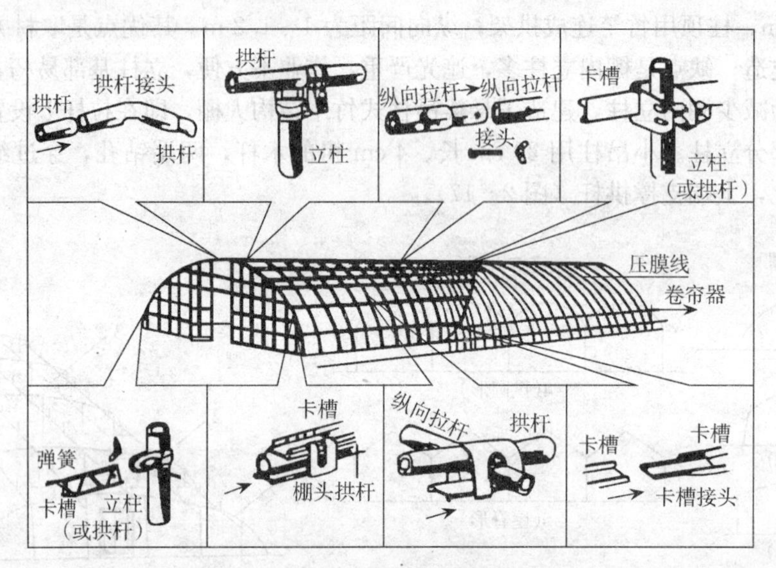

图2－19 钢管组装式大棚的结构

二、塑料大棚的性能

1. 温度 塑料大棚有明显的增温效果，这是由于地面接收太阳辐射，其中，有效辐射受到覆盖物阻隔而使气温升高。同时，地面热量也向地中传导，使土壤贮热。

塑料大棚内存在着明显的季节性变化。

塑料大棚内气温的日变化规律与外界基本相同，即白天气温高，夜间气温低。日出后1～2 h棚温迅速升高，7～10时气温回升最快，在不通风的情况下平均每小时升温5～8 ℃，每日最高温出现在12～13时。早春低温时期，通常棚温只比露地高3～6 ℃，阴天时的增温值仅2 ℃左右。

塑料大棚内不同部位的温度状况有差异。每天上午大棚东侧的温度较西侧高；中午高温区出现在棚的上部和南端；下午高温区又出现在棚的西部。大棚内垂直方向上的温度分布也

不相同，白天棚顶部的温度高于底部3～4℃，夜间正相反，大棚四周接近棚边缘位置的温度，在一天之内均比中央部分要低。

塑料大棚内地温虽然也存在着明显的日变化和季节变化，但与气温相比，比较稳定，且地温的变化滞后于气温。

2. 湿度　在密闭的情况下，塑料大棚内空气相对湿度的一般变化规律是：棚温升高，相对湿度降低；棚温降低，相对湿度升高；晴天、风天时相对湿度降低，阴天、雨（雪）天时相对湿度增高。大棚内空气相对湿度也存在着季节变化和日变化。一年中大棚内空气相对湿度以早春和晚秋最高，夏季由于温度高和通风换气，空气湿度较低。一天中日出前棚内湿度高达100%，之后逐渐下降，12～13时湿度最低，又逐渐增加，午夜可达到100%。

3. 光照　大棚内光照状况与天气、季节及昼夜变化、方位、结构、建筑材料、覆盖方式、薄膜洁净和老化程度等因素有关。

不同季节太阳高度不同，大棚内的光照度和透光率也有所不同。一般南北延长的大棚，其光照度随着冬→春→夏的变化是不断加强，透光率也不断提高，而随着季节由夏→秋→冬，其棚内光照则不断减弱，透光率也降低。

大棚内光照存在着垂直变化和水平变化。从垂直看，越接近地面，光照度越弱；越接近棚面，光照度越强。从水平方向看，南北延长的大棚棚内的水平照度比较均匀，水平光差一般只有1%左右。但是东西向延长的大棚，不如南北延长的大棚光照均匀。

工作过程
GONGZUO GUOCHENG

塑料大棚的设计与结构。

一、确定方位

方位要根据当地纬度和太阳高度角来考虑。通常东西向南北延长的大棚光照分布上午东部受光好，下午西部受光好。棚内光照是午前与午后相反，但日平均受光基本相同，植株表现受光均匀，棚内局部温差较小。确定棚向方位虽受地形和地块大小等条件的限制，需要因地制宜加以确定，但应考虑主要生产季节，选择正向方位，不宜斜向建棚。

我国北方地区主要在春、秋两季利用大棚生产，所以应东西为宽，南北方向延长。南方地区冬季使用的大棚，东西方向的大棚进光量大，但光照和温度不均匀现象都难以避免。

二、长度与宽度

北方地区，大棚宽度在8～12 m，长度40～60 m。在面积和其他条件相同的情况下，大棚的跨度越大，拱杆负荷的质量越强，抗风的能力相对下降。棚顶越宽、扣棚也越困难，薄膜不易绷紧。反之，棚的跨度越小、拱杆越密，抗风能力越强。

三、高度

竹木结构大棚中脊高多为1.8～2.5 m，侧高1.0～1.2 m，钢架结构大棚中脊高多在2.8～3.0 m，侧高1.5～1.8 m。大棚越高承受的风速压越大，多风地区不宜过高，以减少风害的影响。大棚的高度，以满足花卉生长需要和便于管理为原则。

四、棚面坡度

目前大棚的棚面以拱圆形为主，只要高度和宽度设计合理，屋面就成自然拱形，其坡度角没有严格要求。

五、基本骨架

塑料大棚最基本的骨架由立柱、拱杆（拱架）、拉杆（纵梁）、压杆（压膜线）等部件构成，俗称“三杆一柱”（图 2－17），其他形式都是在此基础上演化而来的。通常在棚的一端或两端设立棚门，便于出入。

1. 立柱 立柱是塑料大棚的主要支柱，承受棚架、棚膜的质量以及雨、雪负荷和受风压的作用。立柱要垂直，或倾向于引力。立柱可采用竹竿、木柱、钢筋水泥混凝土柱等，埋置的深度要在 40～50 cm。

2. 拱杆 拱杆是大棚的骨架，横向固定在立柱上，两端插入地下，呈自然拱形，决定大棚的形状和空间形成，起支撑棚膜的作用。拱杆的间距为 1.0～1.2 m，由竹片、竹竿、或钢材、钢管等材料焊接而成。

3. 拉杆 拉杆起纵向连接拱杆和立柱，固定压杆，使大棚骨架成为一个整体的作用。用较粗的竹竿、木杆或钢材作为拉杆，距立柱顶端 30～40 cm，紧密固定在立柱上，拉杆长度与棚体长度一致。

4. 压膜线 扣上棚膜后，于两根拱杆之间压一根压膜线，使棚膜绷平压紧，压膜线的两端，固定在大棚两侧设的“地锚”上。

5. 棚膜 覆盖在棚架上的塑料薄膜。棚膜可采用 0.1～0.12 mm 厚的聚氯乙烯（PVC）或聚乙烯（PE）薄膜或 0.08～0.1 mm 的醋酸乙烯（EVA）薄膜，这些专用于覆盖塑料薄膜大棚的棚膜，其耐候性及其他性能均与非棚膜有一定差别。除了普通聚氯乙烯和聚乙烯薄膜外，目前生产上多使用无滴膜、长寿膜、耐低温防老化膜等多功能膜作为覆盖材料。

6. 门窗 门设在大棚的两端，作为出路口，门的大小要考虑作业方便，太小不利进出，太大不利保温。大棚顶部可设天窗，两侧设进气侧窗，作通风口。

此外，大棚骨架的不同构件之间均需连接，竹木大棚需线绳和铁丝等连接，装配式大棚均用专门预制的卡具连接，包括套管、卡槽、卡子、承插螺钉、接头、弹簧等。

技能训练
JINENG XUNLIAN

塑料大棚结构、性能观察

(一) 训练目的

了解当地塑料大棚的主要类型，掌握其性能结构特点，完成对塑料大棚主要结构参数的测量。

(二) 材料用具

当地各类塑料大棚、皮尺、钢卷尺、记录本等。

(三) 方法步骤

通过参观、访问等方式，观察了解当地各种类型塑料大棚，所用建筑材料，所在地的环

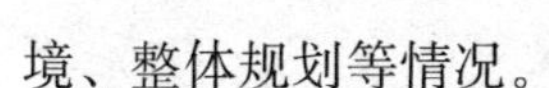

境、整体规划等情况。

通过访问、实地测量等方式，了解当地塑料大棚的性能及在当地生产中的应用情况。

对当地主要塑料大棚进行结构参数的实地测量并记录。

(四) 作业

1. 完成实训报告。

2. 绘制所观察大棚的结构图，并对所观察测量的塑料大棚作出综合评价。

知识拓展
ZHISHI TUOZHAN

荫　　棚

荫棚指用于夏季花卉栽培的设施，起到遮阳降温的作用。荫棚形式多样，大致可分为永久性和临时性两类。永久性荫棚多设于温室近旁，用于温室花卉的夏季遮阳；临时性荫棚多用于露地繁殖床和切花栽培。在江南地区栽培杜鹃、兰花等喜阴植物时，也常设永久性荫棚(图2-20)。另外，荫棚还分为生产荫棚和展览荫棚。

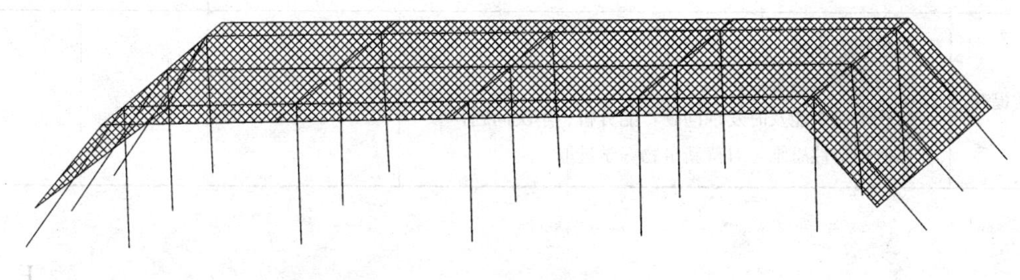

图2-20　永久性荫棚结构图

永久性荫棚多设于温室近旁不积水又通风良好处。一般高2～3 m，用钢管或水泥柱构成，棚架过去多覆盖苇帘、竹帘等，现多采用遮阳网，遮光率视栽培花卉种类的需要而定。有的地方用葡萄、凌霄、蔷薇、蛇葡萄等攀缘植物作遮阳材料，这样既实用又有自然情趣，但需经常管理和修剪，以调整遮光率。为避免上、下午阳光从东或西面透入，在荫棚东西两端设倾斜的荫帘，荫帘下缘要距地表50 cm以上，以利通风。荫棚宽度一般为6～7 m，过窄则遮阳效果不佳。盆花应置于花架或倒扣的花盆上，若放置于地面上，应铺以陶粒、炉渣或粗沙，以利排水，下雨时亦可免除污水溅污枝叶及花盆。

临时性荫棚较低矮，一般高度50～100 cm，上覆遮阳网，可覆2～3层，也可根据生产需要，逐渐减至1层，直至全部除去，以增加光照，促进植物生长发育。

考核评价
KAOHE PINGJIA

考核内容	考核标准	考核分值	自我考核	教师评价
专业知识	熟悉塑料大棚的类型与结构	10		
	熟悉塑料大棚的性能和功能	10		
	熟悉塑料大棚温、光、湿、气等环境条件的调控	10		
技能训练	塑料大棚类型、结构性能的观摩	10		

（续）

考核内容	考核标准	考核分值	自我考核	教师评价
专业能力	根据花卉栽培需要，因地制宜地选择使用塑料大棚	10		
	能根据花卉栽培需要，掌握塑料大棚环境的调控，制订生产计划和实施方案	10		
	塑料大棚在栽培使用中能及时发现问题，分析原因，能提出解决问题的方案	10		
学习方法	网络信息查询； 专业书籍资料查询； 专业市场走访、调研； 勤于实践	10		
能力提升	学会学习，良好的交流沟通能力； 工作学习主动积极，勤于思考，助人为乐； 养成善于观察、详尽记录的好习惯	10		
素质提升	做事积极主动，与人团结合作； 学习工作勤恳努力； 工作学习中能及时发现问题，能分析、解决问题； 富有创造性思维，对待新事物好学进取	10		

项目3 花卉繁殖

【项目背景】

花卉与其他生物一样，具有繁殖的本能。繁殖是自然界物种进化的原动力，是花卉繁衍后代、保存种质资源的重要手段。只有将种质资源保存下来，繁殖一定的数量，才能为花卉选种、育种以及园林应用提供条件，满足花卉栽培和园林绿化的需要。花卉繁殖是花卉生产的重要一环，掌握花卉的繁殖原理和技术对进一步了解花卉的生物学特性，扩大花卉的应用范围，降低生产成本，提高花卉经济效益等都有重要的理论意义和实践意义。

花卉种类繁多，不同种类花卉特性不同，采用的繁殖技术也不一样，例如，一、二年生花卉主要采用种子繁殖，宿根花卉、球根花卉多采用扦插、分株繁殖，木本花卉、多浆多肉花卉则多采用扦插、嫁接、分株繁殖。栽培中依据不同花卉采取相应的繁殖方法，既可以使种苗生长健壮、提高花卉品质，又能提高繁殖系数。花卉繁殖方法很多，依繁殖体来源不同，可分为有性繁殖和无性繁殖两大类，无性繁殖包括扦插、嫁接、分生、压条繁殖、组培快繁技术等。

【知识目标】

1. 了解花卉繁殖的基本原理和基础知识；

2. 掌握花卉繁殖的理论基础知识，掌握花卉播种、嫁接、扦插、压条、组织培养等繁殖技术，掌握操作技术规程。

【能力要求】

1. 能进行花卉播种繁殖技术操作；

2. 会进行花卉扦插、嫁接、分生、压条繁殖；

3. 熟悉花卉组培快繁操作基本过程，会进行花卉组培快繁；

4. 能根据具体花卉种类、具体条件和生产要求选择不同的繁殖方法并能综合应用。

【学习方法】

通过网络查询，获取新技术，进行花卉植物繁殖技术的改良与创造。通过专业书籍查阅和相关研究探讨，改良传统繁殖技术路线，提高生产效率，提高成活率，提高经济效益。通过市场产品调研，花卉种苗已成为市场产品，高质量种苗直接带来经济效益。创新繁殖技术能提高花卉产品品质，提高花卉的观赏价值。

任务3.1 播种繁殖技术

任务目标
RENWU MUBIAO

1. 了解花卉的播种繁殖和应用特点；

2. 熟悉各种花卉种子形态特征、播种期和播种发芽率；

3. 熟悉种子质量标准，掌握种子质量鉴别技术；

4. 具备花卉播种繁殖的能力。

任务分析
RENWU FENXI

播种繁殖可获得大量苗木，种子采集、贮存、运输方便，实生苗生长旺盛，抗逆性强，易驯化。本任务主要是明确播种繁殖是花卉繁殖、种质保存的重要手段，也是杂交育种、培育花卉新品种的重要途径。优良种子的选择和正确的贮藏方法是播种繁殖的前提。根据花卉品种及应用目的，选择适宜的播种时期和播种方法，是提高花卉繁殖系数和培育壮苗的关键。

相关知识
XIANGGUAN ZHISHI

播种繁殖也称有性繁殖、种子繁殖。播种繁殖的花卉幼苗称为实生苗。凡是能采收到种子的花卉均可进行播种繁殖，如一、二年生花卉以及能形成种子的盆栽花卉、木本花卉等，还有杂交育种来培育新品种时，也用种子繁殖。

播种繁殖的优点是繁殖数量大，方法简便；实生苗根系发达，生长健壮；寿命长，种子便于携带、贮藏、流通、保存和交换。但一些异花授粉的花卉若用播种繁殖，其后代容易发生变异，不易保持原品种的优良性状，而出现不同程度的退化。另外，从播种到采收种子时间长，部分木本花卉采用种子繁殖，开花结实慢，移栽不易成活等。

一、花卉种子来源及发芽条件

（一）优良种子的标准

1. 品种纯正 一方面花卉的种子形状各有特色，通过种子的形状能确认品种；另一方面种子从采收到包装贮藏整个过程中，确保品种正确无误。

2. 颗粒饱满，发育充实 优良的花卉种子比较饱满，发育已完全成熟，播种后具有较高的发芽势和发芽率。

3. 富有生活力 新采收的花卉种子比贮藏的陈种子生活力强，发芽率和发芽势高，所长出的幼苗生长强健。贮藏期的条件适宜，种子的寿命长，生命力强。如果种子贮藏不当或是病瘪种子，则生活力低。

4. 无病虫害 种子是传播病虫害的媒介之一，因此，贮藏前要对种子杀菌消毒、检验检疫以防各种病虫害的传播。一般而言，种子无病虫害，幼苗也能生长健康。

（二）花卉种子来源

种子是有生命力的生产资料，其来源有采收、购买、交换三大途径，其中购买和交换，基本上是在播种期前的一段时间进行，所得的种子要做一些播种前处理，如刻伤、浸种、药剂处理、冷热交替、冷藏或低温层积等手段打破休眠。购买就是本单位没有而向外单位或种子公司购买；交换就是外单位有本单位需要的种子，而本单位正好也有外单位需要的种子，便可进行种子交换。

（三）种子发芽条件

无论什么种类的花卉种子，只有在水分、温度、氧气和光照等外界条件适宜时才能顺利发芽生长。当然，对于休眠种子来说，还得首先打破休眠。

1. 基质　基质将直接改变影响种子发芽的水、热、气、肥、病、虫等条件，一般要求细而均匀，不带石块、植物残体及杂物，通气、排水、保湿性能好，肥力低，不带病虫害。

2. 水分　花卉种子萌发首先需要吸收足够的水分。不同花卉种子的吸水能力不同，播种期不同，种子对水分需求也不相同。基质的含水量应在播种前一天调节好，不能过高或过低，不能将种子播于干燥基质中后再浇水，这会使水分分布不均或冲淋种子。播种前临时将干燥基质浇湿也不适宜，常使水分过多而不便操作。

3. 温度　花卉种子萌发的适宜温度依种类及原产地的不同而异。通常原产地的温度越高，种子萌芽所要求的温度也越高。一般花卉种子萌芽适温要比生育适温高出 3～5 ℃。绝大多数花卉种子发芽的最适温度为 18～21 ℃。

4. 氧气　没有充足的氧气，种子内部的生理代谢活动就不能顺利进行，因此种子萌发必须有足够的氧气，这就要求大气中含氧充足，播种基质透气性良好。当然，水生花卉种子只需少量氧气量就可以满足萌发的需要。

5. 光照　大多数花卉种子的萌发对光照要求不严格，但是好光性种子萌芽期间必须有一定的光照，如毛地黄、矮牵牛、凤仙花等；而嫌光性种子萌芽期间必须遮光，如雁来红等。

二、种子采收

（一）种子的成熟

种子有形态成熟和生理成熟两方面的概念。形态成熟的种子是指其外部形态及大小不再变化，从植株上或果实内脱落的成熟种子。生产上所指的成熟种子是指形态成熟的种子。生理成熟的种子指具有良好发芽能力的种子，仅以生理特征为指标。

大多数花卉种子的生理成熟与形态成熟是同步的，形态成熟的种子已具备了良好的发芽力，如菊花、多数十字花科植物、报春花属花卉的形态成熟种子在适宜环境下可立即发芽。但有些花卉种子的生理成熟和形态成熟不同步，有形态成熟晚于生理成熟的，也有形态成熟早于生理成熟的，如许多木本花卉的种子，当外部形态及内部结构均已充分发育，达到形态成熟时，在适宜条件下并不能发芽，是生理上尚未成熟。种子生理未成熟是种子休眠的主要原因。

（二）种子的采收

1. 留种母株优选　作为留种用的植株，一定要进行选择。要选花色、花形、株型都比较美观，生长健壮、无病虫害，能体现品种特性的植株作为留种母株。选株的时间要在始花期开始进行，对当选的植株要加强管理以求得到优良的种子。

2. 采收　种子的采收最主要的是应掌握其成熟度，适时采收。每个种类的种子成熟度都有各自的特征，如一串红种子必须呈现褐色，石竹种子必须呈现黑色时才达到充分成熟；君子兰种子的果皮呈现红色时即可采收（图 3－1）。而有些种类，如凤仙花、蝴蝶花、飞燕草、矮牵牛等果实易开裂，须在开裂前及时采收。采收宜在晴天早晨进行。早晨露水未干，空气湿度较大，种子不易散落。还有些种子是陆续成熟的，如醉鱼

图 3－1　君子兰种子

草、一串红、枸杞等，须随时观察，及时采收。对一些果实不易开裂，种子不易散落的花卉，可一次性采收。待整个植株全部成熟后，连株拔起，晾干后再脱粒。对晚熟的种类，可把未成熟的种子，连同植株拔起，捆扎后悬挂在通风处，使之后熟。

在采收种子时，宜选采一株上早开花的种子，以及着生在主干或主枝上的种子，较晚开花往往结实不好，种子成熟度较差。种子采收后，必须立即编号，标明种类、名称、花色及采收日期等。采收时要特别注意同种花卉的不同品种必须分别采收，如鸡冠花有红、黄、紫等色，必须分别采收，分别编号，以免混淆。

三、花卉种子的寿命和贮藏

种子成熟后，随着时间的推移，生活力逐日下降，发芽速度与发芽率逐渐降低。不同植株、不同地区、不同环境、不同年份生产的种子差异会很大，因此种子的寿命不可能以单粒种子或单粒寿命的平均值表示，只能从群体来测定，通常取样测定其群体的发芽率来表示。

在生产上，低活力种子没有实用价值，它发芽率低，幼苗活力差，因此，生产上把种子群体的发芽，从收获时起，降低到原来发芽率的50%的时间定为种子群体的寿命，这个时间称为种子的半活期。种子100%丧失发芽力的时间可视为种子的生物学寿命。

（一）种子寿命的类型

在自然条件下，种子寿命的长短因花卉而异，差别很大（表3－1），短的只有几天，长的达百年以上。种子按寿命的长短，可分为三类。

1. 短命种子 寿命在3年以内的种子。种子在早春成熟的花卉；原产于高温、高湿地区无休眠期的花卉；子叶肥大的花卉；水生花卉等属于此类。

2. 中寿种子 寿命在3～15年，大多数花卉种子属于这一类。

3. 长寿种子 寿命在15年以上，这类种子以豆科植物最多，莲、美人蕉属及锦葵科某些花卉种子寿命也很长。

表3－1 常见花卉种子的保存年限

单位：年

花卉名称	保存时间	花卉名称	保存时间	花卉名称	保存时间
菊花	3～5	凤仙花	5～8	百合	1～3
蛇目菊	3～4	牵牛花	3	茑萝	4～5
报春花	2～5	鸢尾	2	一串红	1～2
万寿菊	4～5	长春花	2～3	矢车菊	2～5
金莲花	2	鸡冠花	4～5	千日红	3～5
美女樱	2～3	波斯菊	3～4	大岩桐	2～3
三色堇	2～3	大丽花	5	麦秆菊	2～3
毛地黄	2～3	紫罗兰	4	薰衣草	2～3
花菱草	2～3	矮牵牛	3～5	耧斗菜	2
蕨类	3～4	福禄考	1～2	藏报春	2～3
天人菊	2～3	半枝莲	3～4	含羞草	2～3
天竺葵	3	百日草	2～3	勿忘我	2～3
彩叶草	5	藿香蓟	2～3	射干水仙	1～2
仙客来	2～3	桂竹香	4～5	木槿草	3～4
蜀葵	5	瓜叶菊	3～4	宿根羽扇豆	5

（续）

花卉名称	保存时间	花卉名称	保存时间	花卉名称	保存时间
金鱼草	3～5	醉蝶花	2～3	地肤	2
雏菊	2～3	石竹	3～5	五色梅	1～2
翠菊	2	香石竹	4～5	木槿	3～4
金盏菊	3～4	观赏茄	4～5		
美人蕉	3～4	蒲包花	2～3		

（二）影响种子寿命的因素

种子寿命的缩短是种子自身衰败所引起的，衰败或称为老化，是生物存在的规律，是不可逆转的。

种子寿命的长短除遗传因素外，也受种子的成熟度、成熟期的矿质营养、机械损伤与冻害、贮存期的含水量以及外界的温度、霉菌等影响，其中以种子的含水量及贮藏温度为主要因素。大多数种子在含水量5%～6%时寿命最长，种子贮藏的安全含水量，含油脂高的种子一般不超过9%，含淀粉种子不超过13%。

种子均具有吸湿性，在任何相对湿度的环境，都要与环境的水分保持平衡。种子的水分平衡首先取决于种子的含水量与环境相对湿度间的差异。空气湿度为70%时，一般种子含水量平衡在14%左右，是一般种子安全贮藏含水量的上限。在空气湿度为20%～50%时，一般种子贮藏寿命最长。

空气湿度又与温度紧密相关，随温度的升高而降低。一般种子在低相对湿度及低温下寿命较长。多数种子在相对湿度80%、温度25～35 ℃下，很快丧失发芽力；在相对湿度低于50%、温度低于5 ℃时，生活力保持较久。

（三）花卉种子的贮藏方法

种子采收后首先要进行整理。晾干脱粒放在通风处阴干，避免种子曝晒，要去杂去壳，清除各种附属物。种子处理后即可贮藏。种子贮藏的原则是抑制呼吸作用，减少养分消耗，保持种子的生命力，延长寿命。花卉种子与其他作物的种子相比，有用量少、价格高、种类多的特点，宜选择较精细的贮藏方法，下列方法可因物因地选择使用。

1. 不控温、湿的室内贮藏 这是简便易行、最经济的贮藏方法。将自然风干的种子装入纸袋或布袋中，挂于室内通风环境中贮藏。在低温、低湿地区效果很好，特别适用于不需长期保存，几月内即将播种的生产性种子及硬实种子。

2. 干燥密封贮藏 将干燥的种子密封在绝对不透湿气的容器内，能长期保持种子的低含水量，可延长种子的寿命，是近年来普遍采用的方法。

由于大气的湿度高，干燥的种子在放入密封容器前或中途取拿种子时，均可使种子吸湿而增加含水量，故必须使容器内的湿度受到控制。最简便的方法是在密封容器内放入吸湿力强的经氯化铵处理的变色硅胶，将约占种子量1/10的硅胶与种子同放在玻璃干燥器内，当容器内空气湿度超过45%时，硅胶由蓝色变为淡红色，此时应换用蓝色的干燥硅胶。换下的淡红色硅胶在120 ℃烘箱中除水后又转蓝色，可再次应用。

3. 干燥冷藏 凡适于干燥密封贮藏的种子，在不低于伤害种子的温度下，种子寿命无例外地随着温度的降低而延长。一般花卉及硬实种子可在相对湿度不超过50%、温度4～10 ℃下贮藏。如一串红、鸡冠花等，不要装入玻璃瓶或塑料袋内，因不透气，影响种子呼吸。种子袋可挂在室内阴凉通风处，室温保持在5～10 ℃即可。

4. 层积沙藏法 有些花卉种子长期置于干燥环境下，便易于丧失发芽力，这类种子可采用层积沙藏法贮藏。即在贮藏室的底部铺上一层厚约10 cm的河沙，再铺上一层种子，如此反复，使种子与湿沙交互作层状堆积。如牡丹、芍药的种子采后可用层积沙藏法。放于0～5 ℃的低温湿沙内，但一定要注意室内通风良好，同时要注意鼠害。

5. 水藏法 王莲、睡莲、荷花等水生花卉种子必须贮藏在水中才能保持其生活力和发芽力。水温一般要求在5 ℃左右。

（四）播种前种子的处理

花卉种子各异，有些种子不易发芽。对于一些发芽困难的种子，在播种前可采取措施进行处理，以促进种子发芽。不同种类种子应采取不同的方法进行处理。

1. 浸种催芽 对于容易发芽的种子，播种前用30 ℃温水浸泡，一般浸泡2～24 h，可直接播种，如一串红、翠菊、半枝莲、紫荆、珍珠梅、锦带花等。

对于发芽迟缓的种子，播前需浸种催芽，用30～40 ℃的温水浸泡，待种子吸水膨胀后去掉多余的水，用湿纱布包裹放入25 ℃的环境中催芽。催芽过程中需每天用温水冲洗1次，待种子萌动露白后即可播种，如文竹、君子兰、仙客来、天门冬、冬珊瑚等。

2. 剥壳 在果实坚硬干枯的情况下，应将干燥的果壳剥除，然后再播种，以利种子吸水、发芽、出苗，如黄花夹竹桃等。

3. 挫伤种皮 对种皮坚硬，透水、透气性都较差，幼胚很难突破种皮的种子，播种前可在靠近种脐处将种皮略加挫伤，再用温水浸泡，使种子吸水膨胀，可促进发芽，如紫藤、荷花、美人蕉、凤凰木等。

4. 拌种 对于一些小粒种子，不易播种均匀，如鸡冠花、半支莲、虞美人、四季海棠等，播种时可用颗粒与种子相近的细土或沙拌和，以利均匀播种。对外壳有油蜡的种子，如玉兰等，可用草木灰加水成糊状拌种，借草木灰的碱性脱去蜡质，以利种子吸水发芽。

5. 药剂处理 用硫酸等药物浸泡种子，可软化种皮，改善种皮的透性，再用清水洗净后播种。处理的时间视种皮质地而定，勿使药液透过种皮伤及胚芽。

6. 低温层积处理 对于要求低温和湿润条件下完成休眠的种子，如牡丹、蔷薇等常用冷藏或秋季湿沙层积法来处理。第二年早春播种，发芽整齐迅速。

四、播种时期

播种期应根据各种花卉的生长发育特性、计划供花时间以及环境条件与控制程度而定。保护地栽培条件下，可按需要时期播种；露地自然条件下播种，则依种子发芽所需温度及自身适应环境的能力而定。适时播种能节约管理费用、出苗整齐，且能保证苗木质量。一般花卉的播种时期分为以下几种。

1. 春播 一年生草花大多为不耐寒花卉，多在春季播种。我国江南地区在3月中旬到4月上旬播种；北方约在4月上中旬播种。如北方供“五一”花坛用花，可提前于1～2月播种在温床或冷床（阳畦）内育苗。

2. 秋播 二年生草花大多为耐寒花卉，多在秋季播种。我国江南多在10月上旬至10月下旬播种；北方多在9月上旬至9月中旬播种。冬季入温床或冷床越冬。宿根花卉的播种期依耐寒力强弱而异。耐寒性宿根花卉一般春播秋播均可，或种子成熟后即播。一些要求在低温与湿润条件下完成休眠的种子，如芍药、鸢尾、飞燕草等必须秋播。不耐寒常绿宿根花卉宜春播或种子成熟后即播。

3. 随采随播　有些花卉的种子含水量大，寿命短，失水后易丧失发芽力的花卉应随采随播。如棕榈、四季海棠、南天竹、君子兰、枇杷、七叶树等。

4. 周年播种　热带和亚热带花卉的种子及部分盆栽花卉的种子，常年处于恒温状态，种子随时成熟。种子萌发主要受温度影响，如果温度合适，种子随时萌发。因此，在有条件时，可周年播种，如中国兰花、热带兰花、鹤望兰等。

五、播种育苗技术

（一）露地播种育苗技术

1. 整地作床　播种前先要选择通风向阳、排水良好、土壤肥沃的沙质壤土作播种床，对播种床进行整地作畦。整地要求细致。土壤应深翻，打碎土块，去除土中的杂物，杀死潜伏的害虫，同时施以腐熟而细碎的堆肥或厩肥作基肥（基肥的施用期最迟在播种前一周），再耙平畦面，准备播种。做成的苗床土层深度为 30 cm，宽 1.0 m，高 20 cm，步道 30～40 cm。

2. 播种方式　根据花卉种类及种子大小，可采用撒播法、条播法或点播法。

（1）撒播法。即将种子均匀撒播于床面。此法适用于大量而粗放的种类、细小种子，盆播多采用。出苗量大，占地面积小，但出苗不整齐，疏密不均匀，且易发生苗期病害。为使撒播均匀，通常在种子内拌入 3～5 倍的细沙或细碎的泥土。

（2）条播法。种子成条播种的方法。此法用于一般的种类。条播管理方便，通风透光好，有利于幼苗生长；其缺点为出苗量不及撒播法。

（3）点播法。也称穴播，按照一定的株行距开穴点种，一般每穴播种 2～4 粒，出苗后留壮苗 1 株。点播用于大粒种子或量少的种子（图 3－2），此法幼苗生长最为健壮，但出苗量最少。

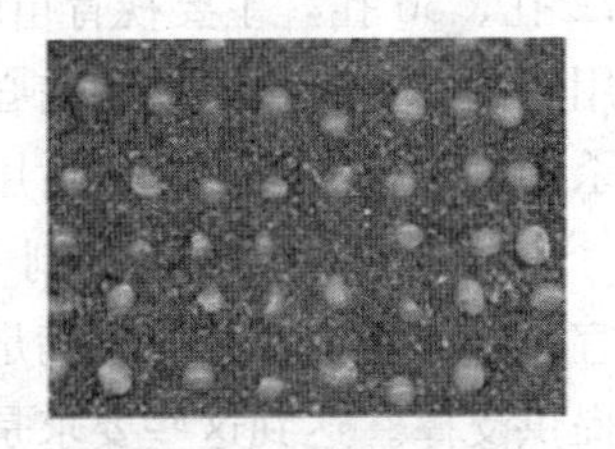

图 3－2　大粒种子播种

3. 播种量　播种量应以种子的发芽率、气候、土质、种子大小及幼苗生长速度、成株大小而定。在温暖、地肥、种子发芽率高、幼苗生长快、成株大的情况下，播种宜疏，播种量小；反之，播种密度宜大些。总之，播种要均匀，疏密要适度，幼苗才能茁壮成长。

4. 播种深度及覆土　播种的深度也是覆土的厚度。应根据种子大小、土质而定。大粒种子宜深，小粒种子宜浅；沙土宜深，黏土宜浅；旱季宜深，雨季宜浅。通常大粒种子覆土深度为种子厚度的 2～3 倍；细小粒种子以不见种子为宜，最好用 0.3 cm 孔径的筛子筛土。覆土完毕后，在床面上覆盖芦帘或稻草，然后用细孔喷壶充分喷水，每日 1～2 次，保持土壤润湿。干旱季节，可在播种前充分灌水，待水分充分渗入土中再播种覆土。如此可保持土壤湿润时间较长，又可避免多次灌水致使土面板结。

5. 播种后的管理　播种后对其进行管理。

（1）保持苗床的湿润，初期给水要偏多，以保证种子吸水膨胀的需要，发芽后适当减少，以土壤湿润为宜，不能使苗床有过干过湿现象。

（2）播种后，如果温度过高或光线过强，要适当遮阳，避免地面出现“封皮”现象，影响种子出土。

(3) 播种后期根据发芽情况，适当拆除遮阳物，逐步增加光照。经过一段时间的锻炼后，才能完全暴露在阳光下，并逐渐减少水分，使幼苗根系向下生长、强大并苗壮成长。

(4) 当真叶出土后，根据苗的疏密程度及时“间苗”，去掉纤细弱苗，留下壮苗，充分见阳光“蹲苗”。

(5) 间苗后须立即浇水，以免留苗因根部松动而死亡。

(6) 播种基质肥力低，苗期宜每周施一次极低浓度的完全肥料，总浓度不超过0.25%。移栽前要炼苗，在移栽前几天降低土壤温度，最好使温度比发芽温度低3℃左右。

(7) 移栽适期因花卉而异，一般在幼苗具2～4片展开的真叶时进行，阴天或雨后空气湿度高时移栽，成活率高，以清晨或傍晚移苗最好。起苗前半天，苗床浇一次透水，使幼苗吸足水分更适移栽。移栽后常采用遮阳、中午喷水等措施保证幼苗不萎蔫，有利于成活及快速生长。

(二) 穴盘育苗技术

穴盘育苗技术是一种适合工厂化种苗生产的育苗方式，20世纪80年代中期开始引入我国。与传统育苗方式相比，具有以下几方面的优点：播种后出苗快，幼苗整齐，成苗率高，节省种子量；苗龄短，幼苗素质好；根系发达、完整，移栽时伤根少，缓苗快；苗床面积小，管理方便，便于运输；基质通过消毒处理，苗期病虫害少。

1. 穴盘选择和消毒 穴盘的穴格及形状与幼苗根系的生长息息相关，穴格体积大，基质容量大，其水分、养分蓄积量大，对供给幼苗水分的调节能力也大；另外，相对地还可以提高通透性，对根系的发育也较为有利。但穴格越大，穴盘单位面积内的穴格数目越少，影响单位面积的产量，价格或成本会增加。穴盘的规格有288孔、200孔、128孔、108孔、72孔、50孔，主要视育苗时间的长短、根系深浅和商品苗（移植苗）的规格来确定。对使用过的穴盘，再次使用前必须消毒，常用方法是600倍液多菌灵，800～1 000倍液杀灭尔等杀菌剂洗刷或喷洒，之后用清水冲洗2～3次。

2. 基质的选择与配制 决定穴盘育苗生产成败的一个重要因素是基质的质量。若要适宜作物的生长，基质须满足：①供给水分；②供给养分；③保证根际的气体交换；④为植株提供支撑。达到这些要求是由栽培基质本身的物理特性与化学特性所决定的，其物理性质包括基质的气相、液相与固相比，基质的水分吸收，基质的可再吸湿能力，排水性，及基质水分散失特性；基质的化学性质包括阳离子代换率、透气性、石灰性（碱性）物质的含量、有效养分、总盐度等。

穴盘育苗主要采用轻型基质，如草炭、蛭石、珍珠岩等。草炭的持水性和透气性好，富含有机质且具有较强的离子吸附能力，在基质中起持水、透气、保肥作用；蛭石的持水性好，可以起到保水作用；而珍珠岩吸水性差，起透气作用。三种物质的适当配比可以达到最佳的效果。也可以根据不同地区的特点，调整配比的比例，如南方高湿多雨地区可适当增加珍珠岩的比例，西北干燥地区可以适当增加蛭石的比例，达到因地制宜的效果。一般的配比比例为：草炭∶蛭石∶珍珠岩＝3∶1∶1。按照每立方米基质添加3 kg复合肥，将育苗基质和肥料混合后装盘。

3. 装盘 装穴盘可机械操作，也可人工填装。首先应该准备好基质，将配好的基质装在盘中，注意尽量使每个穴孔填装均匀，并轻轻镇压，使基质中间略低于四周。装盘时应注意不要用力压紧，因为压紧后，基质的物理性状受到了破坏，使基质中空气含量和可吸收水的含量减少，正确方法是用刮板从穴盘的一方刮向另一方，使每个穴盘都装满基质，尤其是四角和盘边的孔穴，一定要与中间的孔穴一样。基质不可填装过满，应略低于穴盘孔的高度，使每个穴孔的轮廓清晰可见。播种前一天应淋湿基质，达到刚好浇透的程度，即穴孔底部有水渗出的程度。淋湿的方法采用自动间歇喷水或手工多遍喷水的方式，让水分缓慢渗透基质。

4. 压穴 装好的盘要进行压穴，以利于将种子放入其中，可用专门制作的压穴器压穴，也可以将装好基质的盘垂直码放在一起，4～5 盘一摞，上面放一只空盘，两手平放在盘上均匀下压至要求深度为止。

5. 播种 穴盘育苗一般是每个穴孔放一粒种子，无论是机械播种还是人工播种都要力求种子落在穴孔正中。播种后较大粒种子要覆一层基质（蛭石等），小粒种子可不覆土。作为工厂化穴盘育苗，播种应由精量播种机来完成，可以实现工厂化生产的标准化，并能提高工作效率。播种机应具备填土、打孔、送种子、覆盖、浇水等装置。生产中根据种子的大小来确定播种的深度，大粒种子（如瓜类、美人蕉）一般播种深度为 1 cm 左右；小粒种子（如四季海棠、矮牵牛、大岩桐）播种时只须打 0.2～0.3 cm 的浅孔，将种子播下不需覆盖。

6. 覆盖基质 播种后用蛭石覆盖穴盘，方法是将蛭石倒在穴盘上，用刮板从穴盘的一方刮向另一方，去掉多余的蛭石，覆盖蛭石不要过厚，与格室相平为宜。

7. 苗盘入床 将已播种的育苗盘铺放在苗床中，及时用清水将苗盘浇透，浇水时喷洒要轻而匀，防止将孔穴内的基质和种子冲出，然后在苗床上平铺覆盖一层地膜，以防止育苗盘内水分散失。在覆盖地膜时，需在育苗盘上安放一些小竹条，使薄膜与育苗盘之间留有空隙而不黏结。也可在基质装盘后播种前将盘浸放到水槽中，水从穴盘底部慢慢往上渗，吸水较均匀，然后再放入苗床内。

8. 催芽 催芽是在催芽室中进行的，催芽室在设计的过程中应考虑到种苗品种的多样性。各类品种对环境的要求不一，最好单间不要过大，在 20 m^2 左右。催芽室内必须具备加光和温度调控设备，来调节各类品种在发芽时对光照和温度的要求。各品种在发芽时对光照的要求不同，可分为需光性品种、嫌光性品种、不敏感性品种。当种子在催芽室内催芽时，应密切注意观察，当种子的胚根在基质中呈钩状时，即将其从催芽室移至育苗温室内。

9. 苗期管理 移苗补缺，出苗后要及时将苗床上覆盖的地膜揭去，防止揭膜过迟而形成“高脚苗”。待子叶展开后就要立即进行间苗和移苗补缺，将单穴内多余的苗拔起移入缺苗的空穴内，同时将穴内多余的苗删除，缺苗移补好后，立即对苗床喷洒清水。

10. 环境控制 创造种苗适宜的生长环境，是育好各类品种种苗的基础。包括土壤环境和气候环境控制。土壤环境控制主要是对基质中 pH、EC 值、水分进行控制；气候环境控制主要是对各品种所需的光照、温度的控制。

11. 肥水管理 肥水管理在种苗的整个生长过程中不同阶段都有着不同的要求。子叶阶段，当出苗达到 80%左右时，应对整个苗床进行控水，要求干到基质表面发白，用手挤压基质看不见水时，浇透水。长真叶阶段，出现第一片真叶时，开始施用 40 mg/kg 的氮肥，在以后的生长过程中，随着真叶数量的增多，施肥浓度也随之增加，施用氮肥的浓度不超过

150 mg/kg，并结合施用高钙肥，来促使种苗根系的生长；此阶段对水分的控制是，要求基质表面干到发白，但用手挤压能看见自由水。炼苗阶段，此阶段主要是对水分控制，促使根系的生长，让根系布满穴盘，便于移栽时提苗，并且要减少水肥供给，进行低温或高温锻炼，使小苗能够适应外界的种植环境。

12. 病虫害防治 猝倒病的防治是整个苗期病害防治的关键，主要采取基质消毒、定期施用杀菌药液进行防治，并要做到温室内空气流通，以减少病害的发生，达到综合防治的目的。虫害根据不同的季节出现的害虫选用适当的杀虫剂进行防治，如温室白粉虱是温室内四季均可发生的害虫，为刺吸式口器，在防治时选用内吸型药剂效果为好，或在温室放置黄色的黏虫板来诱杀。

13. 包装运输 穴盘苗采用特制的种苗箱，配上垫板进行包装。苗箱的长宽比穴盘的长宽略大一点，高度一般在 45 cm 左右。垫板主要是为了让包装箱内放置多层穴盘，起到支撑作用，可根据种苗的高度定做不同规格的垫板，以减少运输成本。运输在不同的季节有着不同的要求：在夏季由于温度高，特别是运输路途比较远的，必须将包装好的种苗放置在 16 ℃的环境中预冷 4 h 再发苗；冬季运输过程中必须注意保温，避免在运输过程中产生冻害。

以君子兰穴盘育苗为例阐述育苗操作过程。

一、播前处理

君子兰种子萌发缓慢，这是君子兰培育中的一个障碍，从播种到长出胚芽鞘，通常需要 40～45 d。为了促进君子兰种子迅速萌发，在播种前应对君子兰种子进行适当的处理。

1. 温水浸种 君子兰种子的种皮韧性极强，质硬光滑，不易进水。但其种脐进水很快。因此，播种前，用 40 ℃左右的温开水加以浸泡，可使种皮和胚乳逐渐软化膨胀，经 24～36 h后，可将种子捞出，稍凉后播种。一般家庭培育，种子经过这样处理后 15～20 d 就能生出胚根。

2. 盐溶液处理 种子采下晾干后，用 10%的磷酸钠液浸泡 20 min。取出洗净后，将其放在温度与室温相等的温水中浸泡 24 h，再播在颗粒直径为 0.15 cm 的细沙基质的生物培养箱中进行培养，培养时，室温保持在 20～25 ℃，空气相对湿度保持在 85%左右。这样，最快的 6 d 就开始萌发出胚根，最慢的 15 d 胚根也萌发了。

二、播种期的确定

君子兰种子发芽的最低温度为 15 ℃，温度太高，能加快生根出叶速度，但幼苗纤细，生活力弱，且易徒长。温度太低，种子萌发和出苗时间延长，消耗养分多，种子和胚根易腐烂。播种最适温度为 20～25 ℃。根据君子兰种子的成熟期和有效贮藏期，结合各地气候特点，可分为春、秋、冬三季播种育苗期。

1. 春季播种 春季播种，在我国各地都可进行。春季播种育苗的最佳时间是在清明节前后。南方宜前，北方宜后。春季播种，关键是要掌握好气温。播种容器应放在比较温暖的地方，最好用玻璃片把容器口盖上。

2. 秋季播种 这主要是利用早熟的君子兰果实，随采随播。最好在处暑至白露之间进行，此时气温已开始下降，平均已降至20～25 ℃，有利于播种育苗。

3. 冬季播种 冬季播种，多在北方室内设有加温设备，室内温度能保持在16～20 ℃的环境中进行，冬季播种育苗，随采随播，因种子新鲜，播后出苗整齐，生长健壮。

三、穴盘播种技术

1. 穴盘选择 君子兰种子属于大颗粒种子，穴盘选择72孔或50孔，穴格体积大，基质容量大，其水分、养分蓄积量大，对供给幼苗水分的调节能力也大。

2. 播种基质 播种基质需要人工调制。用草炭、蛭石、珍珠岩，按3∶1∶1比例调制而成，将配好的基质装在盘中，注意尽量使每个穴孔填装均匀，并轻轻镇压，使基质中间略低于四周。装盘时应注意不要用力压紧，因为压紧后，基质的物理性状受到了破坏，使基质中空气含量和可吸收水的含量减少，正确方法是用刮板从穴盘的一方刮向另一方，使每个穴盘都装满基质，尤其是四角和盘边的孔穴，一定要与中间的孔穴一样。基质不可填装过满，应略低于穴盘孔的高度，使每个穴孔的轮廓清晰可见。播种前一天应淋湿基质，达到刚好浇透的程度，即穴孔底部有水渗出的程度。淋湿的方法采用自动间歇喷水或手工多遍喷水的方式，让水分缓慢渗透基质。

3. 播种 穴盘育苗是每个穴孔放一粒种子，播种要求种子放在在穴孔正中，覆一层基质（蛭石等），将蛭石倒在穴盘上，用刮板从穴盘的一方刮向另一方，去掉多余的蛭石，覆盖蛭石不要过厚，与格室相平为宜。

4. 苗盘入床 将已播种的育苗盘铺放在苗床中，及时用清水将苗盘浇透，浇水时喷洒要轻而匀，防止将孔穴内的基质和种子冲出，然后在苗床上平铺覆盖一层地膜，以防止育苗盘内水分散失。在覆盖地膜时，需在育苗盘上安放一些小竹条，使薄膜与育苗盘之间留有空隙而不黏结。也可在基质装盘后播种前将盘浸放到水槽中，水从穴盘底部慢慢往上渗，吸水较均匀，然后再放入苗床内。

点播的株行距一般为2 cm×2 cm左右，注意种胚朝一侧向下植于培养土面。播后用纯净河沙覆盖、覆盖的厚度以种子颗粒直径的2～3倍较为适宜。

盆播宜采用盆浸法浇1次透水，苗床播种，先用细孔喷壶充分喷水，待水渗透后，再行播种和覆沙。最后用细孔喷壶喷水，使覆沙湿润，但不能冲乱种子。

四、播种后管理

君子兰播种后，要经常保持环境通风透气，空气新鲜，在浇水时，最好用细孔喷壶喷水。室温控制在18～25 ℃。

君子兰播种20 d左右就能生出胚根，40 d左右能生出胚芽鞘，60 d左右自胚芽鞘中长出第一片真叶。当种子生出胚芽鞘后，应把播种容器放在有光线的地方，使之接受阳光照射。同时，一方面要注意增加喷水次数，保持下层土壤湿润和环境湿度；另一方面，要加强通风透气，当第一片真叶从胚芽鞘中长出后，胚根已伸入营养土层吸收水分和营养物质，上部新叶开始进行光合作用。当幼苗生长加快时，应及时去除覆盖物，注意增加喷水次数，保持营养土的湿润和空间的强度，大约经过3个月，君子兰幼苗即可上盆移栽。

技能训练
JINENG XUNLIAN

一、二年生花卉播种育苗技术

(一) 训练目的

熟练掌握花卉的播种育苗技术，特别是一、二年生花卉的播种技术。

(二) 材料用具

营养土（园土、草木灰或椰糠、草炭、腐熟鸡粪或其他腐熟有机肥）、育苗箱、育苗盘、塑料薄膜或玻璃板、遮阳网、温度计、湿度计、喷壶、喷雾器、杀菌剂（多菌灵、百菌清、甲基托布津等）、花卉种子（一串红、千日红、万寿菊等）。

(三) 方法步骤（以万寿菊种子为例）

1. 种子处理 种子处理可以促使种子早发芽，出苗整齐，由于各种花卉种子大小、种皮的厚薄、自身的性状不同，采用的处理方法也不尽相同。

万寿菊种子发芽比较容易可直接进行播种，也可用冷水、温水处理。冷水浸种（0～30 ℃）12～24 h，温水浸种（30～40 ℃）6～12 h，以缩短种子膨胀时间，加快出苗速度。

2. 育苗土准备 育苗用土是供给花苗生长发育所需要的水分、营养和空气的基础，优质的床土应当肥沃、疏松、细致，对细小种子的营养土要求较严，土壤的颗粒要小。可根据条件选择下列任何一种营养土配方，但配比要准确：

配方一：50%园土（塘泥）、25%草木灰（或椰糠、草炭）、25%腐熟鸡粪（或其他腐熟有机肥）。

配方二：50%园土（塘泥）、25%草木灰（或椰糠、草炭）、10%河沙、15%腐熟鸡粪（或其他腐熟有机肥）。

将配好的育苗土装入育苗箱内。

3. 播种 根据种子大小及具体情况采用适宜的播种方法（撒播、点播或条播）。

4. 覆土 播后应及时覆土，覆土厚度为种子直径的2～4倍。一些极细小的种子如秋海棠类、大岩桐、部分仙人掌类种子可以不覆土，但播种后必须用玻璃、塑料膜覆盖保湿。覆土应选用疏松的土壤或细沙、草木灰、椰糠、草炭等，不宜选用黏重的土壤。

5. 镇压 镇压可使种子与土壤结合紧密，使种子充分吸水膨胀，促进发芽。镇压应在土壤疏松，上层较干时进行，土壤黏重不宜镇压，以免影响种子发芽。催芽播种的不宜镇压。

6. 覆盖 播种后，用薄膜、遮阳网等覆盖，保持土壤湿度，防止雨淋及调节温度等，但幼苗出土后覆盖物应及时撤除。

(四) 作业

1. 完成实训报告，记录播种育苗操作步骤。
2. 统计播种发芽率，分析发芽率高、低的原因。

知识拓展
ZHISHI TUOZHAN

保护地育苗

花卉育苗多在温室或在棚内进行，环境条件容易控制。室内育苗又分苗床育苗和容器育苗。

(一)苗床育苗

在室内固定的温床或冷床上育苗是大规模生产常用的方法。通常采用等距离条播,利于通风透光及除草、施肥、间苗等管理,移栽起苗也方便。小粒种子也可撒播,操作时先做沟,播种后一般覆以种子直径2～4倍的细土,小粒种子及需光种不覆土。出苗前常覆膜或喷雾保湿。

(二)浅盆育苗

1. 苗盆准备 苗盆一般采用盆口较大的浅盆或浅木箱,浅盆深10 cm,直径30 cm,底部有5～6个排水孔,播种前要洗刷消毒后待用。

2. 盆土准备 苗盆底部的排水孔上盖一碎盆瓦片,下部铺2 cm厚粗粒河沙和细粒石子,以利排水,上层装入过筛消毒的播种培养土,颠实、刮平。

3. 播种 小粒、微粒种子掺土后撒播(如四季海棠、蒲包花、瓜叶菊、报春花等),大粒种子点播。然后视种子大小用过筛土覆盖,用木板轻轻压实。

4. 盆底浸水法 盆播给水采用盆底浸水法。将播种盆浸到水槽里,下面垫一倒置空盆,以通过苗盆的排水孔向上渗透水分,至盆面湿润后取出。浸盆后用塑料薄膜和玻璃覆盖盆口,置庇荫处,防止水分蒸发和阳光照射。夜间将塑料薄膜和玻璃掀开,使之通风透气,白天再盖好(图3-3)。

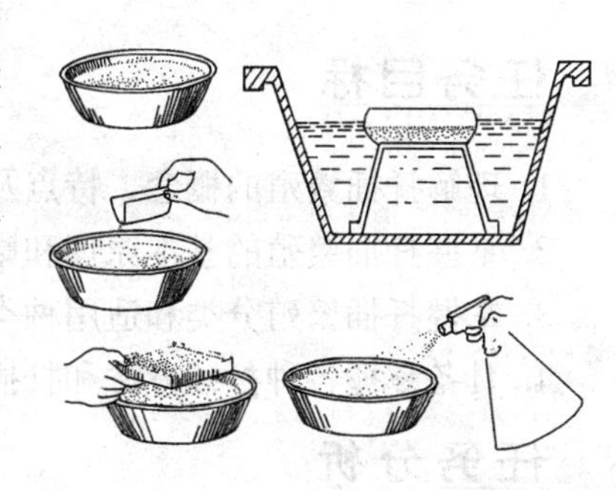

图3-3 盆播育苗

5. 管理 盆播种子出苗后立即掀去覆盖物,拿到通风处,逐步见阳光。可保持用盆底浸水法给水,当长出1～2片真叶时用细眼喷壶浇水,当长出3～4片叶时可分盆移栽。

考核评价

KAOHE PINGJIA

考核内容	考核标准	考核分值	自我考核	教师评价
专业知识	播种繁殖概念及应用知识	5		
	熟悉常见花卉种子形态特征、播种期和发芽率知识	5		
	熟悉穴盘育苗知识	10		
	熟悉花卉露地播种知识	10		
技能训练	播种育苗技术训练	10		
专业能力	能熟悉识别当地常见的花卉种子	10		
	能熟悉种子质量标准,掌握种子质量鉴别技术	10		
	具备播种繁殖的能力	10		
学习方法	网络信息查询; 专业书籍资料查询; 专业市场走访、调研; 勤于实践	10		

（续）

考核内容	考核标准	考核分值	自我考核	教师评价
能力提升	学会学习，良好的交流沟通能力； 工作学习主动积极，勤于思考，助人为乐； 养成善于观察、详尽记录的好习惯	10		
素质提升	做事积极主动，与人团结合作； 学习工作勤恳努力； 工作学习中能及时发现问题，能分析、解决问题； 富有创造性思维，对待新事物好学进取	10		

任务 3.2　扦插繁殖技术

任务目标
RENWU MUBIAO

1. 理解扦插繁殖的概念、特点及意义；
2. 掌握扦插繁殖的基本原理和影响扦插成活的因素；
3. 掌握扦插繁殖分类和适用种类及扦插时期，并正确选择适宜的扦插方法；
4. 具备掌握各种扦插方法和扦插繁殖技术的能力。

任务分析
RENWU FENXI

扦插繁殖是花卉生产上广泛应用的一种育苗方法，扦插繁殖培育的植株比播种苗生长快、开花早，较短时间内可以培育多数较大的幼苗，并保持原有品种的特性，尤其适用于生根比较容易的种类。本任务主要理解扦插繁殖成活的基本理论，明确除花卉本身的特性之外，正确选择适宜的扦插时期、扦插方法，掌握促进扦插生根的环境条件是保证扦插繁殖成功的重要保证，最终全面、熟练地掌握花卉扦插繁殖技术。

相关知识
XIANGGUAN ZHISHI

扦插繁殖是花卉无性繁殖的方法之一，将花卉的根、茎、叶的一部分，插入不同基质中，使之生根发芽成为独立植株的方法。扦插所用的一段营养体称为插条（穗）。通过扦插繁殖所得的种苗称为扦插苗。

自然界中只少数植物具有自行扦插繁殖的能力，栽培花卉多是在人为干预下进行。扦插苗比播种苗生长快、开花早，短时间内可以育成多数较大的幼苗，并可以保持原有品种的特性，因此具有简便、快速、经济、大量的优点，但有些扦插苗根系较差，缺乏主根，固地性较差；扦插苗寿命比实生苗短，部分扦插苗抗性差。

一、扦插技术类型

扦插繁殖依据插穗器官的来源不同，可分为茎插、叶插和根插等类型。在花卉种苗繁育过程中，最常用的是茎插。

（一）茎插

又称枝插，是应用最为普遍的一种方法，以带芽的茎或枝条作插穗的繁殖方法。依枝条的木质化程度和生长状况又分：

1. 硬枝扦插 以生长成熟的休眠枝作插穗的繁殖方法，常用于芙蓉、紫薇、木槿、石榴、紫藤、银芽柳等木本花卉的繁殖。

2. 半硬枝扦插 又称为半软枝扦插，以生长季发育充实的带叶枝梢作为插穗的扦插方法。常用于米兰、杜鹃、月季、海桐、黄杨、茉莉、山茶和桂花等常绿或半常绿木本花卉的繁殖。

3. 软枝扦插 又称为绿枝扦插或嫩枝扦插。在生长期用幼嫩的枝梢作为插穗的扦插方法，适用于木兰属、蔷薇属、绣线菊属、火棘属、连翘属和夹竹桃等木本花卉，以及菊花、天竺葵属、大丽花、满天星、矮牵牛、香石竹和秋海棠等草本花卉的繁殖。

4. 芽叶插 以一叶一芽及芽下部带有一小段茎作为插穗的扦插方法。芽叶插可节约插穗、操作简单，但成苗较慢，常用于菊花、杜鹃、玉树、天竺葵、山茶、百合等花卉的繁殖。

（二）叶插

叶插是用一片全叶或叶的一部分作为插穗的扦插方法，适用于叶易生根、芽的植物及许多叶质肥厚多汁的花卉，如秋海棠、非洲紫罗兰以及虎尾兰属和景天科等。叶插又分为整片叶扦插（包括平插、直插）、切段叶插、刻伤与切块叶插等。

（三）根插

根插是用根段作为插穗的扦插方法，如随意草、丁香、美国凌霄、福禄考属、打碗花等。

此外，扦插繁殖根据插穗的方向，又可以分为直插、斜插、平插和船状扦插（适用于匍匐性植物，如地锦等）。

二、扦插成活原理

细胞具有全能性，同一植株的细胞都具有相同的遗传物质。在适宜的环境条件下，具有潜在的形成相同植株的能力。扦插繁殖就是利用离体的植物组织器官，如根、茎、芽、叶等的再生能力，在一定条件下经过人工培育使其发育成一个完整的植株。

三、影响扦插成活的因素

扦插繁殖，首要任务就是让其生根。插穗扦插后能否生根成活，除与植物本身的内在因子有关外，还与外界环境因子有密切的关系。

（一）植物内部因素

1. 遗传特性 花卉种类不同，插穗的生根能力不同。有的插穗生根容易，生根快，如月季、常春藤、橡皮树、榕树、富贵竹、香石竹等。有的能生根，但生根较慢，如山茶、桂花等。有的不能生根或生根很难，如蜡梅、海棠等。

2. 母体状况与采条部位 营养良好、生长正常的母株，体内含有丰富的促进生根物质，插条生根容易。营养器官不同的生根能力也不同。有试验表明，侧枝比主枝易生根，硬枝扦插时取自枝梢基部的插条生根较好；软枝扦插以顶梢作插条比下方部位的生根好，营养枝比结果枝更易生根，去掉花蕾比带花蕾的插条生根好，如杜鹃等。

3. 插穗极性 无论是枝插、根插，还是正插、倒插、横插都不能改变上端发芽和下端生根的规律，这就是极性的表现。扦插时要注意插穗的极性，分清上下端，避免插错方向。

（二）外界因素

影响插穗生根的外因主要有温度、湿度、通气、光照、基质等，各因子之间相互影响、相互制约，因此，扦插时必须使各种外界因子有机协调地满足插穗生根的要求，以提高成活率、培育优质苗木。

1. 温度 温度对扦插生根的快慢起决定作用。不同种类花卉，要求扦插温度不同。多数花卉生根的最适温度为15～25 ℃，以20 ℃最适宜。

不同花卉插穗生根对土壤温度要求也不同，一般土温高于气温3～5 ℃时，对生根极为有利。在生产中可利用提高地温、倒插催根等方法，提高扦插成活率。

2. 湿度 在插穗生根过程中，空气湿度、基质湿度以及插穗含水量是扦插成活的关键，嫩枝扦插尤为重要。插穗所需的空气湿度一般为90%左右，硬枝扦插可稍低一些，但嫩枝扦插控制在90%以上。生产上可采用喷水、间隔喷雾等方法提高空气湿度，以利于插穗生根。

3. 光照 嫩枝扦插须带叶片，便于光合作用，提高生根率。为防止叶片蒸腾作用导致插条失水萎蔫，在扦插初期要适当遮阳，在大量生根后，陆续给予光照。

4. 空气 插穗在生根过程中须进行呼吸作用，尤其是当插穗伤口愈合后，新根发生时呼吸作用增强，可适当降低插床中的含水量，保持湿润状态，并适当通风提高氧气的供应量。

5. 基质 基质直接影响水分、空气、温度等条件，是扦插的重要环境。理想的扦插基质是排水、通气良好，又能保温，不带病、虫、杂草及任何有害物质。

扦插常用的基质有沙土、沙、炉渣、珍珠岩、蛭石、草炭、水苔以及水（水插）、雾（雾插）等，总称为插壤。一般对易生根的植物，量大时，多用大田直接扦插，但要求土壤肥沃，是保水性和透气性较好的壤土或沙质壤土。对一些扦插较难生根的花卉要实施插床扦插，一般选择清洁无菌、不含养分的河沙、珍珠岩、蛭石等作为扦插基质。

四、扦插繁殖技术

（一）插穗采集与贮藏

1. 采穗母株的处理 在采集插条之前，对母株进行人工预处理，使插穗在采前积累较多营养，促进插穗生根。

（1）绞缢。将母树上准备选作插穗的树枝，用细铁丝或尼龙绳等在枝茎部紧扎，阻止枝条上部叶片光合作用产生的营养物质向下运输，使得养分贮存在枝条内部，经15～20 d后，再剪取插穗扦插，其生根能力有显著提高。

（2）环剥。在母树树枝的基部，进行0.5～1 cm宽的环状剥皮，环剥15～20 d后，剪取插穗扦插，有很好的生根效果。

（3）重剪。冬季修剪时，对准备取条的母树进行截干重剪，使母树下部的茎干产生萌条，采用这种幼年化萌条作插穗，以克服从老龄母树上剪取的插穗难以生根的缺点。

2. 插穗的采集 从母株上采集还没有经过剪切加工的穗条，称为插条。插条一般应当选取粗壮、节间延伸慢且均匀萌芽枝或当年生枝条。采集插穗可结合母株夏、冬季修剪进行，通常应采用母株中上部枝条。夏剪嫩枝，营养及代谢活动强；冬剪休眠枝贮藏营养丰富，均有利于扦插生根。

采集的插条应按种类及品种不同分别捆扎，标明品种、采集地点和采集时间等。带叶的嫩枝条或草本花卉，采后应立即放入盛有少量水的桶中，以防插条萎蔫，应随剪随插。从外地采集幼嫩枝条，可将每片叶剪去一半，用湿毛巾或塑料薄膜分层包裹，基茎部用苔藓包好，运到后应立即解开包裹物，用清水浸泡插条茎部。休眠枝放在阴凉处，覆盖保湿，避免风吹。

3. 插穗贮藏 春季扦插需要的插条数量大时，常将扦插材料事先采集并贮藏，待到扦插适期再用，这样既能保持良好的插穗条件，又能合理安排劳力。

在插条贮藏的过程中，初期2周放在约15℃的条件下，然后在0～5℃低温条件下正式贮藏。贮藏环境温度尽量保持在10℃以下。

(1) 假植。假植又分为浸水假植和壅土假植。

浸水假植是将枝条的1/3插入清水中，在清洁的缓水流中更好，要注意遮阳，防水温过高。

壅土假植就是选择排水良好，背风处，挖一窄沟，将枝条倾斜排放在沟内，回填细土，轻轻踏实。这种方法易受温度变化影响，不宜长时间贮藏。

(2) 埋土贮藏。埋土贮藏尽量选背阴且排水良好的地方，挖40 cm深的土坑，坑底铺2 cm厚的稻草，上面放12 cm厚的枝条，再铺2 cm厚的稻草，最后加盖30 cm厚的土，踏实，周围开排水沟，以防积水。

(3) 穴藏。穴藏通常在斜坡中部或山谷内挖穴，将插条贮藏在穴内。挖好穴后，先在穴内底部铺10～20 cm厚的湿细沙，将插条排入细沙中贮藏。

(二) 插穗的剪切

1. 插穗选取的原则 茎插应选幼嫩、充实、粗细均匀的枝条。叶插和叶芽插应首先选取萌发枝条上的叶片和叶芽，其次再选取主枝上充实的新生叶。根插应选用直径为0.6～2.0 cm粗的幼嫩且充实的部分作插穗。草本花卉应选用还没有木质化的，再生能力强的幼嫩部分作为插穗。

2. 插穗的剪切 插穗的长度，随着植物的种类或培育苗木的大小而有很大的变化。一般嫩枝插比硬枝插的插穗要短些。插穗的标准长度可以考虑为：针叶类7～25 cm，常绿木本花卉7～15 cm，草本7～10 cm，也可以按芽眼数量剪截成单芽、双芽、三芽或多芽插穗。

插穗的剪口大多剪成马耳形、单斜面的切口；木质较硬的插穗剪成楔形斜面切口和节下平口，更有利于生根（图3-4）。

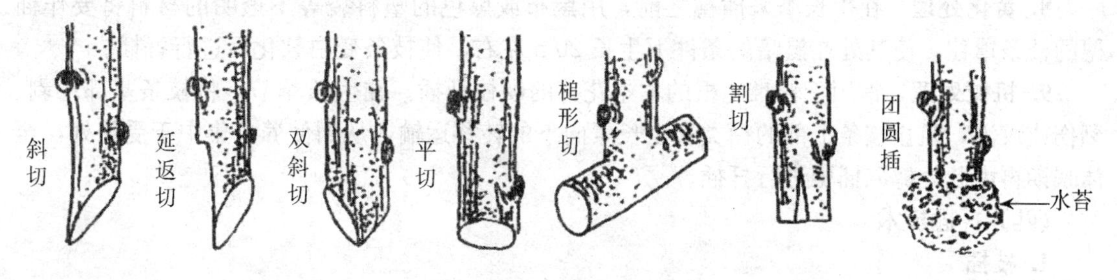

图3-4 插穗地剪切法

为了减少插穗基部切口的腐烂和有利于生根，插穗剪切应当用锋利的枝剪、小刀，对于柔嫩的草本类花卉，用锋利的剃刀更好。

（三）插穗的处理

插穗剪切后要根据不同种类花卉特性进行扦插前的处理，一是补充插穗生根所必需的物质（如激素、糖、含氮化合物等）；二是清除插穗中含有生根障碍物质（如单宁、树胶、香脂等），降低其毒害作用。

1. 激素处理 激素处理一般用生长素类激素处理。常用的生长素有萘乙酸（NAA）、吲哚乙酸（IAA）、吲哚丁酸（IBA）、2，4-二氯苯氧乙酸（2，4-D）等。通常配制成不同浓度的溶液进行插穗处理，还利用生长素与滑石粉或木炭粉制成粉剂，用湿插穗下端蘸粉扦插；或将粉剂加水稀释成为糊剂，或做成泥状，浸蘸插穗下端后扦插。

激素处理时间与溶液的浓度因花卉和插穗种类的不同而异。一般生根较难的浓度要高些，生根较易的浓度要低些。硬枝浓度高些，嫩枝浓度低一些。

此外，生产中使用“ABT 生根粉”“植物生根剂 HL-43”“根宝”“3A 系列促根粉”等处理，促进一些木本花卉扦插生根。

2. 营养处理 用维生素、糖类及氮素处理插穗，也是促进生根的措施之一，如用5%～10%的蔗糖溶液处理插穗 12～24 h，对促进生根效果很显著。若用糖类与植物生长素并用，则效果更佳。在嫩枝扦插时，在其叶片上喷洒尿素进行营养处理。

3. 浸水处理 经过冬季贮藏的休眠枝，其插穗内水分有一定的损失，扦插前，用清水浸泡 12～24 h，使其充分吸水，以恢复细胞活力。

4. 化学药剂处理 有些化学药剂能有效地促进插穗生根，如醋酸、磷酸、高锰酸钾、硫酸锰、硫酸镁等。生产中用 0.05%～0.1%的高锰酸钾溶液浸泡木本花卉的插穗，一般浸泡 12 h 左右，促进生根，还抑制细菌防止插穗腐烂。杜鹃类用浓度为 1%～3%酒精或者用 1%的酒精和 1%的乙醚混合液处理 6 h 左右，可有效地降低插穗中的抑制物质，提高生根率。

5. 低温贮藏处理 将硬枝放入 0～5 ℃的低温条件下冷藏一定时期（至少 40 d），使枝条内的抑制物质转化，有利于生根。

6. 增温处理 春季气温高于地温，在露地扦插时，易先抽芽展叶后生根，导致降低扦插成活率。可采用电热温床或火炕催根等措施提高地温，促进生根。

7. 倒插催根 倒插催根一般在冬末春初进行，利用春季地表温度高的特点，将插穗倒放坑内，用沙子填满孔隙，并在坑面上覆盖 2 cm 厚的沙，使倒立的插穗基部的温度高于插穗梢部，促进生根。

8. 黄化处理 在生长季采插穗之前，用黑布或黑色的塑料袋等不透明的材料将要作插穗的枝条罩住，使其处在黑暗的条件下生长 20 d 左右，使枝条变白软化后进行扦插。

9. 机械处理 常用于较难生根的木本花卉的硬枝扦插。在生长季节，将枝条基部环剥、刻伤或绞缢，阻止枝条上部的糖类和生长素向下的转移运输，从而使养分集中于受伤处，至休眠期再由此处剪取插穗进行扦插。

（四）扦插技术

1. 枝插

（1）硬枝扦插。多用于落叶木本花卉。在秋冬落叶后至翌年早春萌芽前的休眠期进行

扦插。选择一、二年生生长充分的木质化枝条，带3～4个芽，将枝条截成10～15 cm长的插穗。上端切口离芽1～2 cm，下端切口应在近节处，呈斜面。插前先用木棍或竹签在基质上扎孔，以免损伤插穗基部剪口表面。扦插深度为插穗长度的1/2～1/3，直插或斜插。南方多在秋季扦插，北方冬季寒冷，应在阳畦内扦插，或将插穗贮藏至翌年春季扦插。

有些难于扦插成活的花卉可采用带踵插、锤形插、泥球插、加石插等（图3－5）。适用于木本花卉紫荆、海棠类。

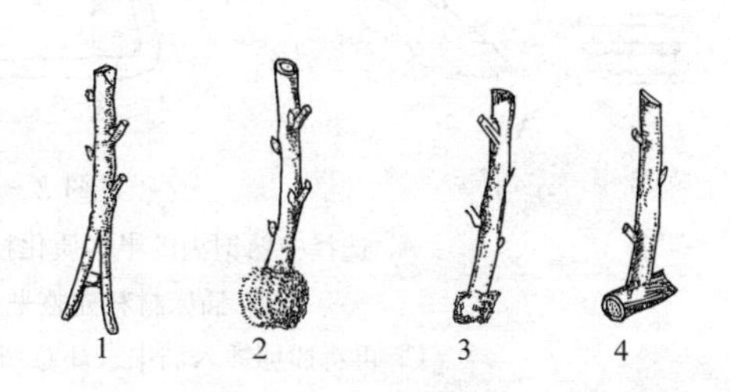

图3－5　硬枝插

1. 加石插　2. 泥球插　3. 锤形插　4. 带踵插

（2）软枝扦插。又称绿枝扦插或嫩枝扦插，大部分一、二年生花卉以及一些花灌木采用此法。在环境条件适宜时20～30 d即可生根成苗。

选健壮枝梢，剪成5～10 cm长的插穗，每个插穗至少要带一片叶子，叶片较大的剪去一部分。剪口以平滑为好，通常多在节下剪断，随剪随插。扦插前应在插床上开沟，将插穗按一定株行距摆放于沟内，或者放入事先打好的孔内，然后覆盖基质，扦插不宜过深，一般为插穗的1/3～1/2，插后浇水。扦插初期应遮阳并保持较高的湿度（图3－6）。

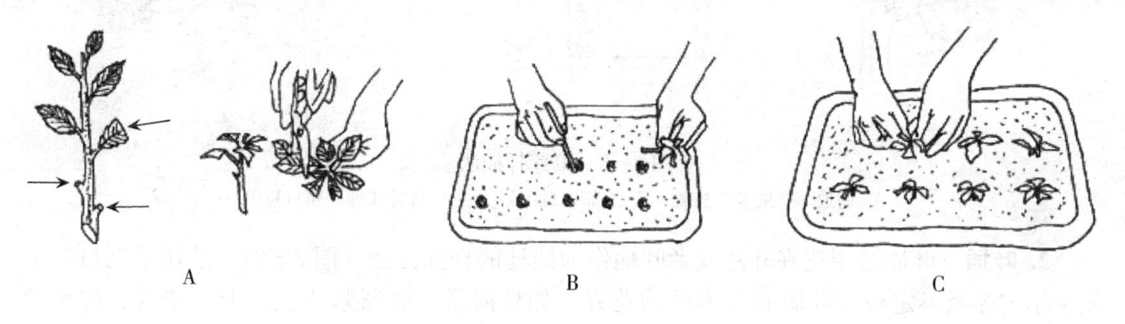

图3－6　软枝扦插

A. 选择生长旺盛的顶芽或腋芽，剪取每段5～10 cm的枝条作插穗

B. 插床材料先整平，再用手或笔杆在插床戳洞

C. 再将插穗插入插床洞孔，用手压紧固定后，再浇水即成

（3）半软枝扦插。又称半软材扦插、绿枝扦插。从生长健壮，无病虫害的植株上剪取当年生半木质化的嫩枝，采条时间最好在早晨有露水而太阳未出时，采下的插条用湿布包裹，放在冷凉处。插穗长10～25 cm，下部剪口齐节下，剪口要平滑，剪去插穗下部叶片，顶部留地上部分枝叶或不带叶。

扦插应先开沟或打孔，插穗要剪后立即扦插，插入深度为插穗的1/2～1/3。密度以叶片不拥挤、不重叠为原则，插入后用手指将四周压实，插后遮阳，每天喷水3～4次，待生根后逐步去除遮阳物。此法适用于大多数常绿或半常绿木本花卉，如米兰、栀子、杜鹃、月季、海桐、黄杨、茉莉、山茶和桂花等（图3－7）。

（4）单芽扦插。又称芽叶插，插穗为一节一芽，长度为5～10 cm。常用于菊花、杜鹃、玉树、天竺葵、山茶、百合等的扦插繁殖（图3－8）。

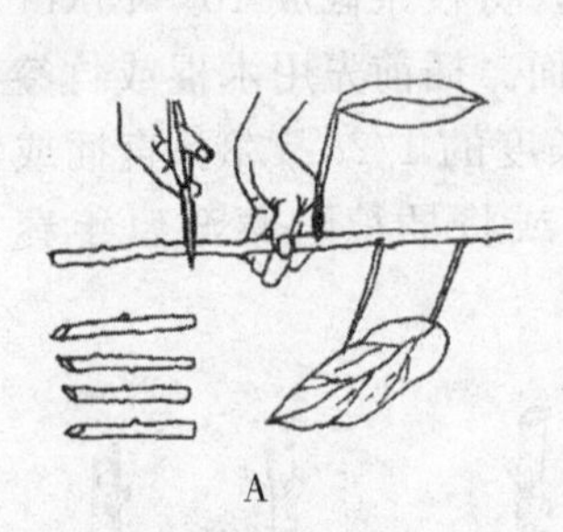

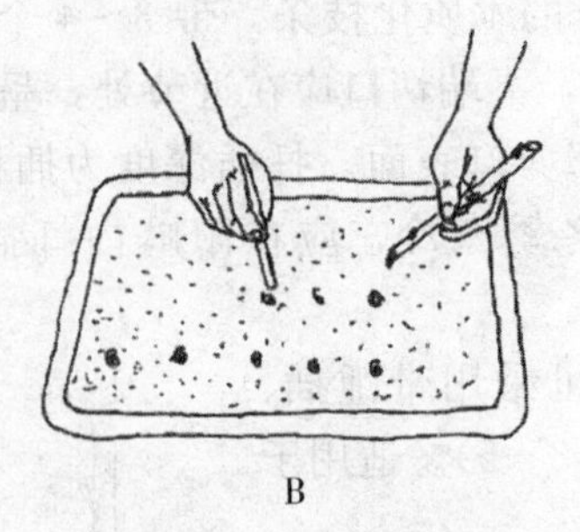

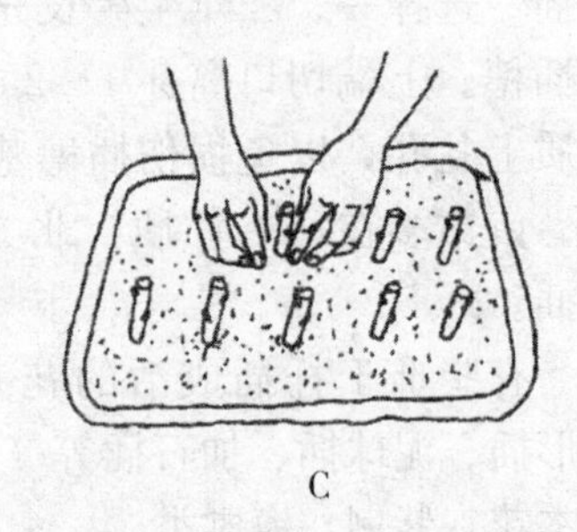

图 3-7 半软枝扦插

A. 选择中熟饱满的半木质化枝条，剪取每段 10～15 cm 的枝条作插穗

B. 插床材料先整平，再用手或笔杆在插床上戳洞

C. 再将插穗插入洞中（注意切勿倒插），用手压紧固定后，在浇水即成

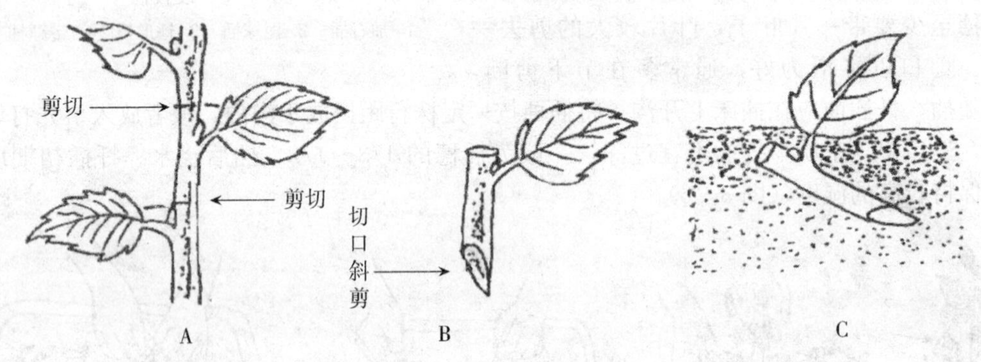

图 3-8 单芽扦插法

A. 剪取一叶腋芽作插穗 B. 下部切口用斜剪 C. 将芽浅埋介质材料中

2. 叶插 叶插是用花卉叶片或者叶柄作为插穗的扦插方法（图 3-9），适用于能自叶上发生不定芽及不定根、叶质肥厚多汁的花卉，如秋海棠、非洲紫罗兰、十二卷属、虎尾兰属、景天科的花卉叶插极易成苗。

（1）全叶插。适用于草本植物，如落地生根、秋海棠、大岩桐、景天、虎尾兰、百合等。叶插时只须将叶平放于基质表面（即平插法），不用埋入土中，用铁针或竹针加以固定（图 3-10）。有较长的叶柄，如非洲紫罗兰、草胡椒属等，叶插时须将叶带柄取下，将基部埋入基质中（即直插法）（图 3-11）。

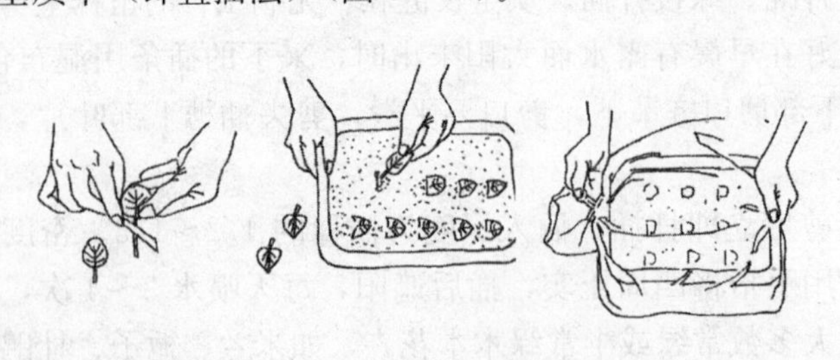

图 3-9 叶插法

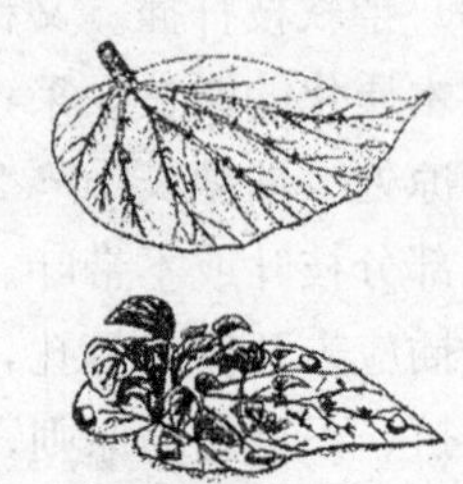

图 3-10 平插法

（2）片叶插。又称为切段叶插（图 3-12）。蟆叶秋海棠等叶片宽厚的种类，把叶柄从叶片基部剪去，按主脉分切为数块，使每块上都有一条主脉，剪去叶缘较薄的部分，然后将

下端插入沙中，不久就从叶脉基部发生幼小植株。风信子、网球花、葡萄水仙等球根花卉，将成熟叶从鞘上方取下，剪成2～3段扦插，2～4周即从基部长出小鳞茎和根。虎尾兰，叶窄而长，叶插时可将叶剪切成7～10 cm的小段，再将基部约1/2插入基质中。为避免倒插，常在上端剪一缺口以便识别。

图3-11　直插法

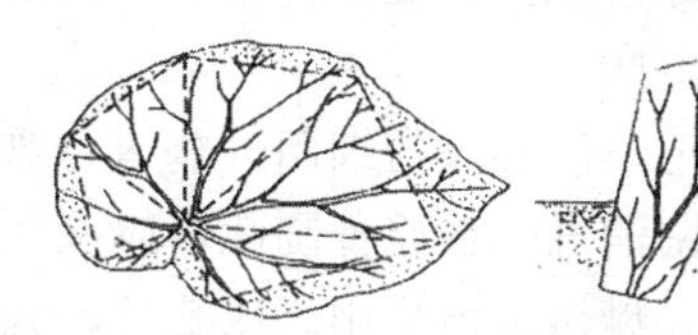
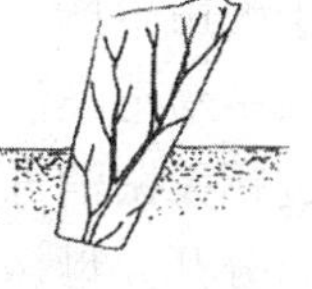
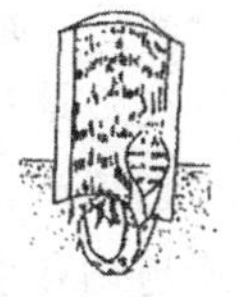

图3-12　片叶插

3. 根插　用根作插穗的扦插方法（图3-13），适用于带根芽的肉质根花卉。结合分株将粗壮的根剪成5～10 cm小段，全部埋入插床基质或顶梢露出土面，注意上下方向不可颠倒，如牡丹、芍药、月季、补血草等。某些草本植物的根，可剪成3～5 cm的小段，然后用撒播的方法撒于床面后覆土即可，如宿根福禄考等。

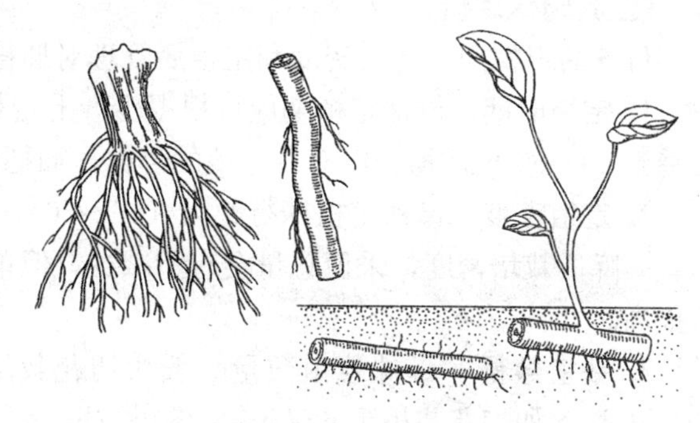

图3-13　根　插

（五）插后管理

扦插苗生根成活率与否，不仅取决于扦插前对插穗处理方法是否科学，扦插期和扦插方法选择是否合理，很大程度上取决于扦插后的管理是否有效。

扦插后应立即灌一次透水，以后注意经常保持扦插基质和空气湿度。当未生根之前地上部已展叶，则应摘除部分叶片。硬枝扦插不易生根的种类和嫩枝露地扦插，要遮阳降温，每天喷水，以保持湿度。用塑料棚密封扦插时，可减少灌水次数，要及时调节棚内的温、湿度。插穗扦插成活后，要炼苗驯化，使其逐渐适应外界环境再进行移植。

温度管理，花卉最适生根的温度一般是20～25 ℃，早春扦插时的地温较低，要铺设电热线增加基质温度；夏、秋季扦插，地温较高，气温更高，需要通过遮阳和喷水降温，设法达到适宜温度；冬季扦插须在温室内进行。

扦插一段时间后，要检查生根情况，检查时不可硬拔插穗，要轻轻将插穗和基质一起挖出，重新栽入时要先打孔再栽，避免伤害主根和愈伤组织。插穗生根后，应逐渐减少喷水，降低温度，增强光照，以促进插穗根系的生长。如果根系已生长发达，要及时移栽，以防扦插苗缺乏养分而老化衰弱。

工作过程
GONGZUO GUOCHENG

以香石竹扦插为例介绍花卉扦插繁殖。

在国外进行香石竹切花规模生产时，生产用苗一般都由专业化种苗生产企业提供。目前，我国香石竹生产除了从国外引进部分种苗外，也已逐步形成了种苗生产产业。

一、采穗母株的养护

(一) 母株栽植环境

香石竹栽培苗的母株是经过组织培养获得的脱毒苗，栽植于组培原种圃。在组培原种圃采取插穗，扦插成活的幼苗称为原种，也称扦插第一代苗。由母本圃生产切花商品用苗，即为第二代扦插苗，用于大田生产。

香石竹在栽培过程中易感染病毒病与细菌性病害（如立枯病等），因而从试管苗移植到栽植环境时必须严格进行无菌消毒。在原种圃栽培应该在有较好隔离设施的塑料大棚或温室内进行，须与切花生产分开。母株定植采用高床栽培，栽培基质以草炭与珍珠岩为宜，并进行严格消毒。定期喷洒药物，预防病害发生，采穗、摘心等各项操作，尽量带一次性手套进行手工操作。

(二) 母株定植

母株的定植期、定植密度和定植后管理对插穗的生产效率与品质有很大影响。

1. 定植时期 母株定植期应该根据生产上定植用苗的时期而定。1棵母株作周年栽培，可采到40～50枝插穗。以6月定植的母株，插穗的质量为最好。

2. 定植密度 母株定植株行距为（15～20）cm×（15～20）cm，密度以25～40株/m^2为宜。降低栽培密度，采穗总量会有所减少，但单株产量会有增加，插穗茎节增粗，质量有所提高。

3. 栽植数量 母株栽植数量一般为切花栽培用苗量的1/40～1/30，即每一母株育苗30～40株。如切花栽植为6 000～8 250株/hm^2，采穗母株用地为300～375 m^2。

(三) 母株栽培管理

母株植后的肥水管理要求对氮素营养稍高一些，每次采穗后，分2次施用氮磷钾复合肥。土壤灌水以使用滴灌方式为好，可避免叶面沾水。并定期喷洒药剂，防止病害发生。母株定植后15～20 d，当苗高20 cm左右时，留茬10 cm左右，在4～5个节位处摘除顶芽，以促进侧枝萌发。一棵母株一般供采插穗的年限为1年，以后应更换母株。

二、插穗的采切

通常母株栽植后，经1～2次摘心，然后开始采穗。前期摘心下来的顶芽一般因发育不整齐，均不留作繁殖用。当摘心后20 d左右，侧枝萌发伸长到15～16 cm以上、有8～9对叶时，即可在每一分枝上留2～3个节采摘插穗。香石竹标准插穗应长12～14 cm，鲜重4～5 g以上，茎粗大于3 mm，有4～5对展开的叶。所取插穗大小长短要整齐，长势健壮，无病虫感染。插穗可每周采切1次，同时去除弱芽，调整植株生长势。采穗前1～2 d先对母株喷洒1次百菌清等杀菌剂，以防插穗带菌。

三、插穗冷藏

香石竹插穗的采切是分批进行的，但为了在预定幼苗定植的时期，能比较集中地扦插苗出圃，可以将不同时期陆续采切的插穗，进行冷藏后同时扦插。同时插穗冷藏可减少母株栽植数量，增加插穗产量，降低生产成本。

1. 插穗的选择 在秋季到春季的短日照条件下生产的插穗有利于冷藏，插穗宜在晴天进行采切，采穗前一天对母株要喷洒杀菌剂，以防病菌感染。

2. 插穗冷藏条件 插穗冷藏温度为−0.5～1.5 ℃为宜，覆盖湿布，以防插穗失水。在稳定的低温条件下插穗可冷藏3个月，最长可达6个月，但冷藏期超过3个月，插穗易发生腐烂，生根率降低。

香石竹已生根的扦插苗也可通过冷藏，集中定植。但一般不如插穗冷藏安全。生根扦插苗冷藏期限为2个月。

四、插穗处理

采切的插穗需要进行整理，插穗基部切断的位置，应在茎节处，这有利于生根。每枝插穗保留顶端3对叶，其余叶全部摘除。按每20～30枝为一束，浸入清水中30 min，使插穗吸足水分后再扦插，或用500～2 000 mg/L的萘乙酸（NAA）、吲哚丁酸（IBA）等生长调节剂浸泡插穗基部后再进行扦插。

五、扦插

香石竹扦插通常在温室或塑料大棚中进行，插床用砖砌或木板围槽，宽度为1 m左右，基质用清洁消毒的蛭石、珍珠岩或炭化稻壳、河沙等。插床基质厚度为8 cm左右，并尽量设置全光照喷雾装置。扦插苗的株行距为（2～3）cm×（2～3）cm，深度2 cm左右，插后浇水使插穗与基质密接。

扦插基质温度在20～25 ℃时，香石竹的生根速度较快，温度过高或过低会延迟植株生根，因此在不同的季节要充分利用设施来满足插穗生根对温度的要求。在高温季节，可以通过遮阳网、喷雾、通风等措施来降低温度；而在低温季节则尽可能通过加强保温、透光以及加温的方式来满足对温度的要求。扦插以春、秋两季生长快，成活率高，一般15～20 d即能生根起苗，冬季30～40 d。夏季在全光照喷雾条件下10～12 d即可成苗，但高温高湿与排水不良情况下，很易染病烂苗。注意防止苗期病害的发生。

六、成苗移栽

自扦插之日起20～25 d后，香石竹的扦插苗95%以上长出了新根，可以移栽。移植到土质疏松，有机质含量丰富，pH5.8左右的土壤中，移栽时将种苗的根部顺着根的生长方向轻轻地放入栽植穴中，覆土，用手指捏紧土壤与种苗结合部，使之二者密接。在移栽过程中避免将根折断，或将根盘成团。定植深度不宜过深，刚刚把根埋起来为好，避免将茎部植入土中，定植后要及时浇透第1次定根水，栽后7～10 d内要保证叶面湿润。

技能训练
JINENG XUNLIAN

绿枝插、叶插、叶芽插技术

（一）训练目的

掌握绿枝插、叶插和叶芽插的操作技术和管理方法。

（二）材料用具

一串红、虎尾兰、万寿菊、刀片、枝剪、插床、拱棚、喷壶、杀菌剂等。

(三) 方法步骤

根据所用材料的特性，尽可能考虑实际生产需要，选择合适的扦插季节，有条件可在不同季节多次进行。

(1) 选一串红嫩枝顶梢 5～7 cm 长，去除下部叶片，留上部 2 对叶片，及时浸在清水中或插入插床 1/3～1/2 深。

(2) 选虎尾兰健壮叶片，用刀片横切成段，每段 5～7 cm，在下切口切去一角，浸在清水中，按原来上下方向插入插床 2～3 cm 深。

(3) 选万寿菊健壮枝条，在节间切断，垂直劈开，使每侧有 1 个芽和叶片，每段距芽上下各保留 1 cm，插入基质中 1 cm。

(4) 扦插后喷水、遮阳、加盖小拱棚、喷洒消毒药等管理措施。注意协调基质中的水、气关系。

(四) 作业

1. 完成实训报告，记录绿枝插、叶插和叶芽插技术操作过程及插后管理。

2. 分析生根率高或低的原因。

扦插育苗新技术

(一) 全光照自动喷雾技术

插穗在长时间的生根过程中，能否生根成活，最重要的是保持枝条不失水。扦插过程中所采取的各种措施都是为了保持枝条的水分，而且还要补充枝条生命活动所需的水分以及适宜生根的其他营养和环境条件。

早在 1941 年美国的莱尼斯、卡德尔和弗希尔等同时报道了应用喷雾技术可以保持枝条不失水分，而且促进了插穗生根的喷雾技术。20 世纪 60 年代美国研究人员发明了用电子叶控制间歇喷雾装置，使扦插喷雾装置进入生产应用阶段。1977 年国内开始报道并引用了这种新技术。80 年代初南京林业大学研制的间歇喷雾装置并在育苗中成功应用。1983 年吉林铁路分局研制了全套喷雾装置，1987 年林业部研制了 2P－204 型自动间歇喷雾装置的水分蒸发控制仪也向全国推广。1995 年中国林业科学院又推出了旋转式全光雾扦插装置，大大提高了育苗苗床的控制面积，产生了很好的育苗效果和经济效益。

1. 全光自动喷雾装置

(1) 电子叶和湿度传感器。电子叶和湿度传感器是发生信号的装置。电子叶是在一块绝缘板上安装上低压电源的两个极，两极通过导线与湿度自控仪相连，并形成闭合电路。湿度传感器是利用于湿球温差变化产生信号，输入湿度自控仪，从而控制喷雾。

(2) 电磁阀。电磁阀即电磁水阀开关，控制水的开关，当电磁阀接受了湿度自控仪的电信号时，电磁阀打开喷头喷水。当无电信号时，电磁阀关闭，不喷水。

(3) 湿度自控仪。湿度自控仪内有信号放大电路和继电器。接收、放大电子叶或传感器输入的信号，控制继电器开关，继电器开关与电磁阀同步，从而控制是否喷雾。

(4) 高压水源。全光自动喷雾对水源的压力要求为 1.5～3 kg/cm^2，供水量要与喷头喷水量相匹配，供水不间断。小于这个水的压力和流量，喷出的水不能雾化，必须有足够的压力和流量。全光自动喷雾装置如图3-14所示。

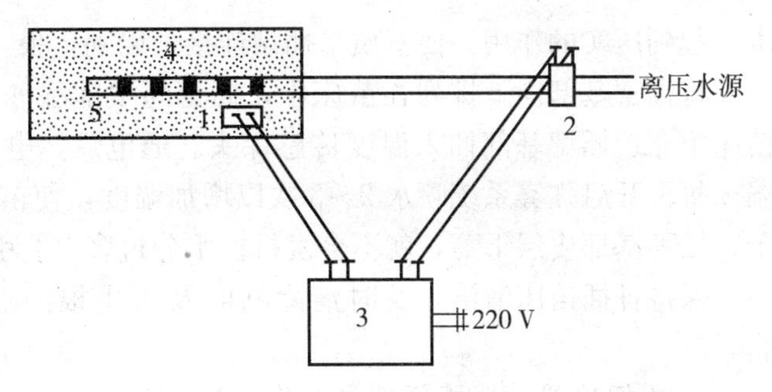

图3-14　全光自动喷雾装置

1. 电子叶　2. 电磁阀　3. 湿度自控仪　4. 喷头　5. 扦插床

2. 工作原理　全光照喷雾装置能否喷雾取决于电子叶或湿度传感器输入的电信号。电子叶和湿度传感器上有两个电极，当电子叶上有水时，电子叶或湿度传感器闭合电路接通，有感应信号输入，吸下电磁阀开关处于关闭状态。当电子叶上水膜蒸发干了时，感应电路处于关闭状态，没有感应信号输入，不能吸下电磁阀开关，电磁阀开关处于开合状态，电磁阀打开，喷头喷水。水雾达到一定程度时，又使电子叶闭合电路接通，有感应信号输入，吸动电磁阀开关关闭。这样周而复始地进行工作。

3. 全光自动喷雾扦插技术

(1) 基质选择。全光自动喷雾扦插的基质必须疏松通气、排水良好，床内无积水，但又要保持插床湿润。

(2) 插穗选择。通常情况下全光自动喷雾扦插的插穗，所带叶片越多，插穗越长，生根率就越高，较大的插穗成活后苗木生长健壮，但插穗太长，造成浪费，因此，生产上插穗一般以10～15 cm为宜。相反，插穗叶片少而短小，扦插成活率低，苗木质量差，移栽成活率低。

(3) 生长调节剂的使用。自动喷雾扦插经常的淋洗作用，易引起插穗内养分和激素溶脱。采用生根生长调节剂处理，可促进插穗生根，特别是难生根的树种采用生长调节剂处理能提高生根率，可提前生根，增加生根量。因此，采用喷雾扦插应用生长调节剂进行处理。

(4) 使用时期。全光喷雾苗床与电热温床结合使用，在温室内建造永久性的水泥扦插苗床。在人工控制温、湿度的条件下，一年四季均可进行扦插繁殖。

露地使用，在不同纬度和地区，存在着时间的差异。以北京地区为例，每年5～8月为使用的黄金季节，过早或过晚因气温低而造成生根困难。

另外，水质也影响全光自动喷雾扦插技术的使用效果。如果水质不洁净，矿化度高，喷头堵塞或电子叶上积存水垢，造成喷雾不匀，喷程缩短，电子叶感应不灵。因此，定期将喷头及电子叶卸下，用15%的稀盐酸浸泡喷头和电子叶的叶面，可提高扦插效果，电子叶切不可全浸入稀盐酸中，以免对无垢部分造成腐蚀。

(二) 电热温床催根育苗技术

电热温床育苗技术是利用植物生根的温差效应，创造植物愈伤及生根的最适温度而设计的。利用电加温线增加苗床地温，促进插穗发根，是一种现代化的育苗方法。

1. 催根苗床设置　在温室或塑料大棚内选择比较高燥的平地，用砖砌宽1.5 m的苗床，底部铺一层河沙或珍珠岩。在床的两端和中间，放置7 cm×7 cm的方木条，木条上每隔6 cm钉上小铁钉（回绕电加温线），电加温线的两端引出温床外，接入自动控制装置。然后在电加温线上铺以湿沙或珍珠岩。

2. 加温催根　扦插前基质进行消毒，用喷壶喷水，使基质充分吸水，扦插后再喷1次水，起到压实的作用，使基质与插穗连接，以利生根。

将插穗基部向下排列在苗床中，插穗间填铺湿沙（或珍珠岩），以覆没插穗顶部为准，苗床中靠近插穗基部插入温度传感探头。通电后，电加温线开始发热，设定温度为 28 ℃。温床每天开启弥雾系统喷水 2～3 次以增加湿度，使苗床中插穗基部有足够的湿度。苗床过干，插穗基部皮层干萎，就不会发根；水分过多，会引起皮层腐烂。

保持扦插苗床清洁，及时清除枯叶及未生根的插穗，以免在床内高温、高湿下发霉腐烂。

3. 生根移栽 通常插穗在苗床保温催根 10～15 d，基部愈伤组织膨大，根原体露白，长出 1 mm 左右长的幼根突起，此时即可移入田间苗圃栽植。过早或过迟移栽，都会影响插穗的成活率。

高畦移栽，畦面宽 1.3 m，长度因地形而定。先挖与畦面垂直的扦插沟，深 15 cm，沟内浇足底水，株距 10 cm，将插穗竖直在沟的一侧，然后用细土将插穗压实，顶芽露出畦面，栽植后畦面盖草保温保湿。全部移栽完毕后，畦间浇足 1 次透根水。

起苗时不要用花铲等铁制工具，避免切断或划破电热线。电热苗床温度高，为了使幼苗适应外界环境，起苗前 7～10 d 可停电炼苗，提高扦插苗的成活率。

（三）雾插技术

1. 雾插特点 雾插又称气插，是在温室或塑料棚内把当年生半木质化枝条用固定架把插穗直立固定在架上，通过喷雾、加温，使插穗保持在高湿适温和一定光照条件下，愈合生根。雾（气）插因为插穗处于比土壤更适合的温度、湿度及光照环境条件下，所以愈合生根快，成苗率高，育苗时间短，如珍珠梅雾插后 10 d 就能生根，如土插就要 1 个多月。

雾插技术节省土地，可充分利用地面和空间进行多层扦插：操作简便，管理容易，根系不受损失，移植成活率高。它不受外界环境条件限制，运用植物生长模拟计算机自动调节温度、湿度，更适于苗木工厂化生产。

2. 雾插的设施

（1）雾插室。一般为温室或塑料大棚，室内安装喷雾装置和扦插固定架。

（2）插床。为了充分利用室内空间，在地面用砖砌床，一般宽为 1～1.5 m，深 20～25 cm，长度依据温室或塑料大棚长度而定，床底铺 3～5 cm 厚的碎石或炉渣，以利渗水，上面铺上 15～20 cm 厚河沙或蛭石作基质，两床之间及四周留出步道，其一侧挖 10 cm 深的排水沟。

（3）插穗固定架。在插床上设立分层扦插固定架。一种是在离床面 2～3 m 高处，用 8 号铅丝制成平行排列的支架，行距 8～10 cm，每根铅丝上弯成 U 形孔口，株距 6～8 cm，使插穗垂直卡在孔内。另一种是空中分层固定架，这种架多用三角铁制作，架上放塑料板，在板两边刻挖出等距的 U 形孔，将插穗垂直固定在孔内，孔旁设活动挡板，防止插穗脱落。

（4）喷雾加温设备。为了使雾插室内有插穗生根适宜及稳定的环境，棚架上方要安装人工喷雾管道，根据雾喷距离安装好喷头，最好用弥雾，室内相对湿度控制在 90%以上，温度保持 25～30 ℃，光照度控制在 600～8 00 lx。

3. 雾插管理

（1）插前消毒。因雾插室一直处于高湿和适温下，利于病菌的生长繁衍，所以必须随时注意消毒，插前要对雾插室进行全面消毒，通常用 0.4%～0.5%的高锰酸钾溶液进行喷洒，

插后每隔 10 d 左右用 1∶100 的波尔多液进行全面喷洒，防止菌类发生，如出现霉菌感染可用 800 倍退菌特等喷洒病株，严重时可以拔掉销毁。

（2）环境控制。要使插穗环境稳定适宜，如突然停电，为防止插穗萎蔫导致回芽和干枯，应及时人工喷水。夏季高温季节，室内温度常超过 30 ℃，要及时喷水降温，临时打开窗户通风换气，调节温度。冬季，白天利用阳光增温，夜间则用加热线保温，或用火道、热风炉等增温。

（3）检查插穗生根。当新根长到 2～3 cm 时就可及时移植或上盆，移植前要经过适当幼苗锻炼，有利于移栽成活。

考核评价
KAOHE PINGJIA

考核内容	考核标准	考核分值	自我考核	教师评价
专业知识	熟悉花卉扦插繁殖的应用、原理，分析影响扦插成活因素	5		
	熟悉适合花卉植物的各种扦插方法	5		
	熟悉花卉在休眠期、生长期扦插方法	10		
	熟悉花卉在根茎叶不同部位的扦插方法	10		
技能训练	扦插技术训练	10		
专业能力	熟悉适合花卉植物的各种扦插方法	20		
	在扦插过程中能发现问题分析问题并能妥善地解决	10		
学习方法	网络信息查询； 专业书籍资料查询； 专业市场走访、调研； 勤于实践	10		
能力提升	学会学习，良好的交流沟通能力； 工作学习主动积极，勤于思考，助人为乐； 养成善于观察、详尽记录的好习惯	10		
素质提升	做事积极主动，与人团结合作； 学习工作勤恳努力； 工作学习中能及时发现问题，能分析、解决问题； 富有创造性思维，对待新事物好学进取	10		

任务 3.3　嫁接繁殖技术

任务目标
RENWU MUBIAO

1. 理解嫁接繁殖的特点及意义；

2. 了解嫁接繁殖的原理及影响嫁接成活的因素；

3. 能熟练掌握嫁接繁殖的方法和嫁接时期，并能根据花卉种类及嫁接时期和应用目的，选择适宜的嫁接方法；

4. 具备正确选择砧木和接穗的能力，能熟练掌握各种嫁接繁殖技术。

任务分析
RENWU FENXI

嫁接能保持优良品种接穗的性状，且生长快，树势强，结果早，因此，利于加速新品种的推广应用。同时，砧木的选择应注意适应性和抗逆性，同时能起到调节树势的作用。本任务是充分理解嫁接繁殖的原理，明确砧木、接穗二者亲和力，掌握嫁接技术以及嫁接后的管理，为优良苗木的生产奠定基础。

相关知识
XIANGGUAN ZHISHI

嫁接又称接木，是花卉重要的无性繁殖方法。是将一种花卉植物的枝或芽移接到另一种植株根、茎上，使之长成新的植株的繁殖方法。用于嫁接的枝条或芽称接穗，承受接穗的植株称为砧木。用嫁接方法培育的苗木称为嫁接苗，如将观赏四季橘的芽嫁接到枳壳（砧木）上，使其长成一株四季橘树。也就是人们常说的“移花接木”中的接木。嫁接成活后的苗称嫁接苗。

嫁接能保持接穗品种的优良特性，克服了种子繁殖后代个体之间在形状、生长量、品质等方面存在的差异；嫁接能促进提早开花结果，如玫瑰等经嫁接的苗木植后第1～3年就可以开花；嫁接可以提高花卉的抗逆性，可以调节树势，提高观赏性和经济价值，如垂枝桃、垂枝槐等嫁接在直立生长的砧木上更能体现出下垂枝的优美体态，菊花利用黄蒿作砧木可培育出高达5 m的塔菊；嫁接还可以克服其他方法难以繁殖的困难，一些扦插不易生根或发育不良的，以及不易产生种子的重瓣花卉品种；嫁接可提高特殊品种的成活率，如仙人掌类不含叶绿素的黄、红、粉色品种只有嫁接在绿色砧木上才能生存。但是嫁接繁殖量少，操作烦琐，技术难度大。

一、嫁接成活原理

花卉嫁接成活的生理基础是植物细胞具有再生能力，主要是依靠砧木和接穗结合部分的形成层具有分裂细胞的再生作用，使二者紧密结合而共同生活的结果。

嫁接成活的技术关键是砧木和接穗的形成层相互密接。嫁接后，接穗和砧木切口上的细胞能形成一种淡褐色的薄膜保护切口，防止内部细胞水分蒸腾，同时在薄膜内切口附近的形成层迅速分裂生长形成愈合组织，愈合组织把嫁接的砧木的原生质相互连通起来。另一方面，形成层不断分生向内分化为新木质部，向外分化为新的韧皮部，把砧木、接穗的导管、筛管等输导组织相连通，接穗的芽和枝得到砧木根系所供给的水分和养分，便开始发芽生长形成一个新的植株。

二、影响嫁接成活的因素

（一）植物因素

砧木与接穗间的亲和力以及营养生长状况是影响嫁接成活的主要因子，而影响砧穗亲和力大小的因素又包括砧穗间的亲缘关系、砧穗间细胞组织结构的差异以及生理生化特性的差异等。

1. 砧穗间的亲缘关系 一般而言，砧穗亲缘关系越近，亲和力越强，嫁接成活的可能性越大。同品种或同种间的亲和力最强，成活率一般也最高。同属的种间嫁接因属种而异，大多数亲和力好，容易成活，如柑橘属、苹果属、蔷薇属、李属、山茶属、杜鹃属等。同科异属间亲和力较小，但有时也能成活，如仙人掌科的许多属间，柑橘亚科的各属间，茄科的一些属，桂花与女贞属间，菊花与蒿属间都易嫁接成活。不同科之间尚无真正嫁接成功的例证。

2. 砧穗间细胞组织结构　由于愈伤组织是通过砧穗形成层薄壁细胞分裂形成的，因此砧穗间形成层薄壁细胞的大小及结构的相似程度直接影响砧穗的亲和性及亲和力大小。差异大，可能出现完全不亲和；差异小则可能形成生产上所谓的“大脚”（愈合处砧木端较粗）或“小脚”（愈合处砧木端较细）现象；差异最小时亲和力最大，嫁接处可自然吻合。但栽培中常见“大、小脚”现象，只要生长表现正常，并不影响生产。砧穗生长速度上的差异也可能造成“大、小脚”现象。

3. 砧穗间生理生化特性　砧穗间影响亲和的生理生化因子很多，主要表现在砧木吸收的水分和养分量与接穗消耗量间的差异；接穗的光合产物量与砧木的需要量间的差异，以及砧穗细胞的渗透压、原生质的酸碱度和蛋白质种类等的差异等。砧穗间在以上各方面的差异越小，亲和力就越高。此外，砧穗在代谢过程中若产生不利愈合的松脂、单宁或其他有害物质，也会影响嫁接的成活。

4. 砧木与接穗的生长状态　营养良好、生长健壮、无病虫害的砧木与发育充实、富含营养物质和激素的接穗，有助于细胞旺盛分裂，嫁接成活率高。接穗是切离母株的枝或芽，且嫁接前常经过较长时间的运输和贮藏，其生活力的差异很大。因此，在生产中应特别注意接穗的选取和保存，以保证接穗旺盛的生活力，提高嫁接的成活率。

（二）环境因素

影响砧穗愈伤组织形成的环境因子主要有温度、湿度、氧气和光照等。

1. 温度　温度对愈伤组织发育有显著的影响。春季嫁接太晚，会造成温度过高导致失败，温度过低则愈伤组织发生较少。多数花卉生长最适温度为12～32 ℃，也是嫁接适宜的温度。

2. 湿度　在嫁接愈合全过程中，保持嫁接口的高湿度是非常必要的。因为愈伤组织内的薄壁细胞的胞壁薄而柔嫩，不耐干燥。过度干燥将会使接穗失水，切口细胞枯死。空气湿度在饱和的相对湿度以下时，阻碍愈伤组织形成，湿度越高，细胞越不易干燥。嫁接中常用涂蜡、保湿材料如水苔包裹等提高湿度。

3. 氧气　细胞旺盛分裂时呼吸作用加强，故需要有充足的氧气。生产上常用透气保湿聚乙烯膜包裹嫁接口和接穗，是较为方便、合适的材料与方法。

4. 光照　黑暗条件下有利于促进愈伤组织的生长，直射光由于破坏生长素而抑制愈伤组织的形成，并且直射光易造成接穗水分蒸发而失水枯萎，因此，嫁接初期要适当遮阳保湿，有利于嫁接成活。

（三）技术因素

嫁接的操作技术也常是成败的关键，技术要点包括刀刃锋利，削口平直光滑，砧穗切口的接触面大，形成层要相互吻合，砧穗要紧贴无缝，捆扎要牢、密闭，操作快速准确等。

三、嫁接技术

（一）砧木的准备

砧木是接穗的承载体，是嫁接苗的根系部分（部分高接砧木带有枝干），它可以取自整株植物，也可以是根段或枝段（嫁接后再扦插生根成苗或作中间砧等）。

砧木与接穗有良好的亲和力；适应当地气候、土壤条件；根系发达，固着力强，生长健壮；对接穗的生长、开花、寿命有良好的基础；有较强的抗逆性；能满足生产上特殊栽培目的要求，如矮化、乔化、无刺等；用作嫁接的砧木以种子繁殖的一、二年实生苗为好。

（二）接穗准备

1. 接穗选择 严格选择接穗是繁殖优质嫁接苗的关键。为了保证苗木品种纯正，必须建立良种母本园。采穗母株应为遗传性状稳定、品种纯正、生长健壮、优质、无检疫对象的成年植株。

接穗应选取树冠外围中上部生长健壮、芽体饱满、表面光洁、无病虫害的发育枝或结果母枝。春季嫁接一般多用一年生枝条，夏季嫁接可选用当年老熟的新梢，也可用一年生，甚至多年生的枝条。秋季嫁接则多选用当年的春、夏梢。嫁接以芽刚萌动或准备萌动的接穗为好。

2. 接穗采集 接穗的新鲜程度是影响嫁接成活率的重要因素，最好是随采随接。采后及时剪去叶片以及顶端幼嫩的部分，防止枝条蒸腾失水。剪叶片时注意留下 0.5 cm 左右叶柄保护芽体。剪好的接穗要注意保湿，标明品种名称备用。

3. 接穗贮藏 接穗在相对湿度为 80%～90%，4～13 ℃的环境条件下贮藏最为理想，常用的方法有沙藏、窖藏、蜡封贮藏等。

沙藏是在室内或阴凉避风处将接穗枝条堆放好后用干净的湿河沙覆盖，要求沙的含水量5%左右，以手抓成团，松开沙团出现裂纹为宜。每隔 7～10 d 检查 1 次，并剔除霉变腐烂枝条，沙太干时要注意喷水。此法可贮藏 2 个月左右。

窖藏是将接穗枝条扎成捆，大小视枝条的粗细而定，每扎 50～100 条不等，标明品种名称后用塑料膜包裹严密，置于地窖中贮藏。

蜡封贮藏是将枝条两端无用部分剪去，只留中间有用的一段，两端迅速蘸上 80～100 ℃的石蜡液封闭伤口，然后装入塑料袋内，置于低温窖或冰箱内贮藏。

（三）嫁接方法

花卉栽培中常用的是枝接、芽接、髓心接和根接等，可根据花卉种类、嫁接时期、气候条件等选择不同的嫁接方法。

1. 枝接 枝接是以枝条为接穗的嫁接方法。

（1）切接。一般在春季 3～4 月进行。选定砧木，离地约 10 cm 处，水平截去上部，在横切面一侧用嫁接刀纵向下切约 2 cm，稍带木质部，露出形成层。将选定的接穗，截取 5～8 cm 的枝段，其上具 2～3 个芽，下端一侧削成 2 cm 长的面。再在其背侧末端 0.5～1 cm 处斜削一刀，让长削面朝内插入砧木，使它们的形成层相互对齐，用塑料膜带扎紧（图 3－15）。碧桃、红叶桃等可用此方法嫁接。

（2）劈接。春季 3～4 月间进行，砧木离地 10 cm 左右处，截去上部，然后在砧木横切面中央，用嫁接刀垂直下切 3 cm。

剪取接穗枝条 5～8 cm，保留 2～3 个芽，接穗下端削成约 2 cm 长的楔形，两面削口的长度一致，插入切口，对准形成层，用塑料膜扎紧（图 3－16）。菊花中大立菊嫁接，杜鹃、榕树、金橘的高头换接可用此嫁接方法。

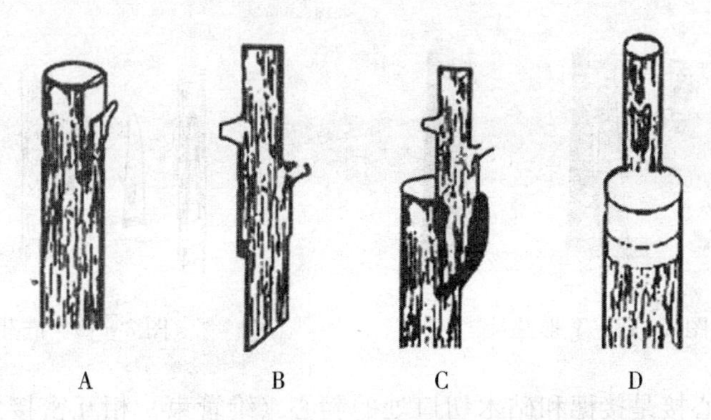

图3-15　切接法

A. 切砧木　B. 削接穗　C. 插接穗　D. 包薄膜

（3）靠接。用于嫁接不易成活的花卉。先将靠接的两植株移置一处，各选定一个粗细相当的枝条，在靠近部位相对削去等长的削面。削面要平整，深至近中部，使两枝条的削面形成层紧密结合，至少对准一侧形成层，然后用塑料膜带扎紧，待愈合成活后，将接穗自接口下方剪离母体，并截去砧木接口以上的部分，则成一株新苗（图3-17）。如用小叶女贞作砧木靠接桂花、大叶榕靠接小叶榕、代代花靠接佛手等。

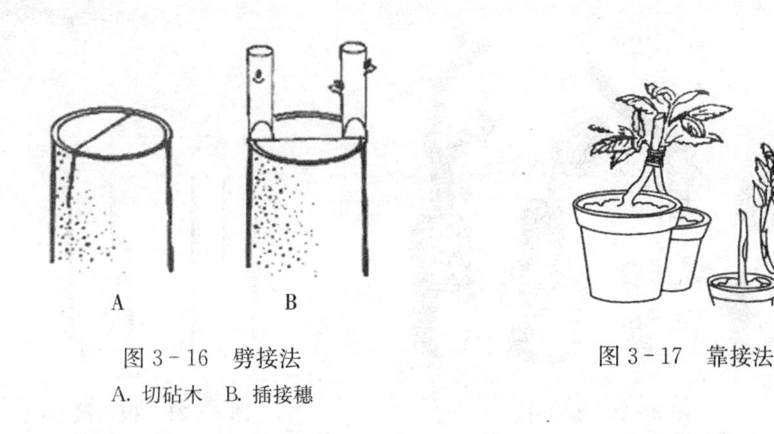

图3-16　劈接法

A. 切砧木　B. 插接穗

图3-17　靠接法

2. 芽接　芽接是以芽为接穗的嫁接方法。在夏秋季皮层易剥离时进行。

（1）T形芽接。选枝条中部饱满的侧芽作接芽，剪去叶片，保留叶柄，在接芽上方0.5～0.7 cm处横切一刀深达木质部；再从接芽下方约1 cm处向上削去芽片，芽片呈盾形，长2 cm左右，连同叶柄一起取下（一般不带木质部）。在砧木嫁接部位光滑处横切一刀，深达木质部；再从切口中间向下纵切一刀长约3 cm，使其呈T形，用芽接刀轻轻把皮剥开，将盾形芽片插入T形口内，紧贴形成层，用剥开的皮层合拢包住芽片，用塑料膜扎紧，露出芽及叶柄（图3-18）。

（2）嵌芽接。在砧、穗不易离皮时用此方法。先从芽的上方0.5～0.7 cm处下刀，斜切入木质部少许，向下切过芽眼至芽下0.5 cm处，再在此处（芽下方0.5～0.7 cm处）向内横切一刀取下芽片，接着在砧木嫁接部位切一与芽片大小相应的切口，对齐形成层并使芽片上端露一点砧木皮层，最后用塑料膜带扎紧（图3-19）。

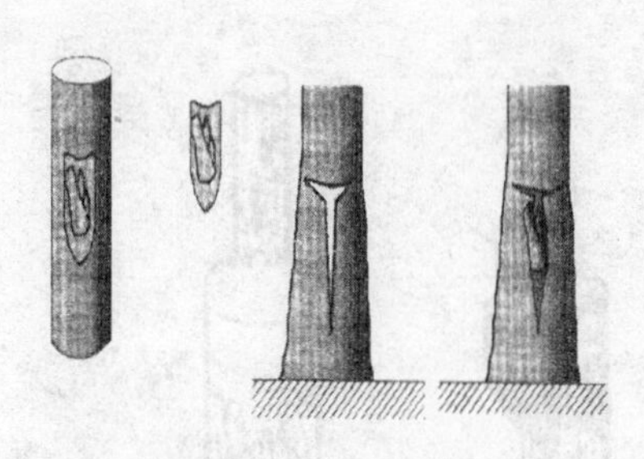
图 3-18 T形芽接

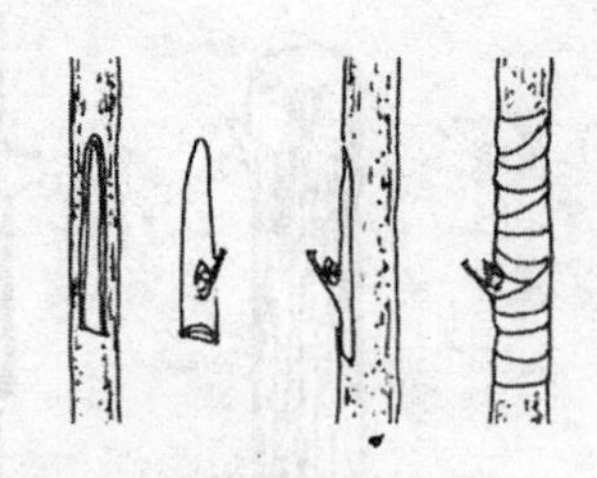
图 3-19 嵌芽接

3. 髓心接。髓心接是接穗和砧木切口处的髓心（维管束）相互密接愈合而成的嫁接方法（图 3-20），这是一种常用于仙人掌类花卉的嫁接，主要是为了加快一些仙人掌类的生长和提高观赏效果。在温室内一年四季均可进行。

以仙人球或三棱箭为砧木，观赏价值高的仙人球为接穗。先用利刀在砧木上端适当高度切平，露出髓心。把仙人球接穗基部用利刀也削成一个平面，露出髓心。然后把接穗和砧木的髓心（维管束）对准后，牢牢按压对接在一起。最后用细绳绑扎固定。放置半阴处 3～4 d 后松绑，植入盆中，保持盆土湿润，1 周内不浇水，半月后恢复正常管理。

4. 根接 根接是以根为砧木的嫁接方法（图 3-21）。

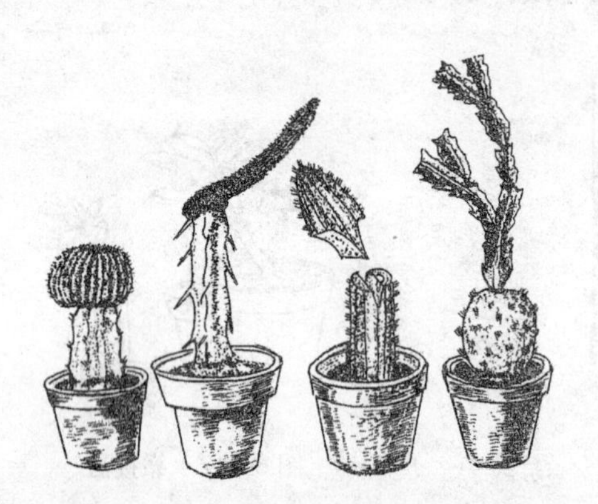
图 3-20 髓心接

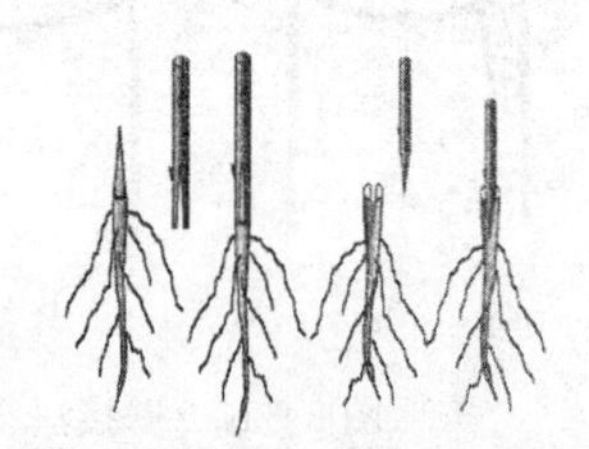
图 3-21 根 接

如牡丹的根接，用芍药充实的肉质根作砧木，以牡丹枝为接穗，采用劈接法将两者嫁接在一起。一般于秋季在温室内进行。

(四) 嫁接后管理

1. 检查成活 芽接一般 15 d 左右即可检查成活情况。凡芽体和芽片成新鲜状态，叶柄一触即落，表示叶柄产生离层已嫁接成活；芽体变黑，叶柄不易掉落的，未成活。对未成活的应立即补接。

枝接未活的，要从砧木萌蘖条中选留一健壮枝进行培养，用作补接，其余的剪除。

2. 解除绑缚物 当确认嫁接已成活，接口愈合已牢固时，要及时解除绑缚物，避免绑缚物缢入皮层，影响生长。芽接一般 20 d 左右即可解除绑缚物，枝接最好在新梢长到 20 cm 以上时，解除绑缚物。

3. 剪砧 芽接的接芽成活后，将接芽以上的砧木枝干剪掉，称为剪砧。夏秋季芽接的，为防止接芽当年萌发，难以越冬，应在翌春萌芽前剪砧。春、夏季早期芽接的，可在接芽成活后立即剪砧。剪砧的剪口宜在接芽以上0.5 cm处剪断。剪口向接芽背面稍微倾斜，有利于剪口愈合和接芽萌发生长。

4. 除萌蘖　剪砧后，从砧木基部容易发出大量萌蘖，须及时多次剪除，以免和接芽争夺养分、水分。

5. 肥水管理　嫁接苗生长前期要加强肥、水管理，中耕除草，使土壤疏松通气，促进苗木生长。为了使苗木组织充实，后期控制肥水，防止徒长，降低抗寒性。

工作过程
GONGZUO GUOCHENG

以杜鹃嫁接繁殖为例阐述嫁接技术工作过程。

在繁殖杜鹃时较多采用嫁接繁殖。其优点是接穗只需要一段嫩梢；嫩梢随时可接，不受限制；可将几个品种嫁接在同一株上，比扦插长得快，成活率高。

杜鹃常采用嫩枝劈接法，5～6月进行。

1. 砧木选择　选二年生的独干毛鹃，新梢与接穗粗细相仿。

2. 接穗的准备　在杜鹃母株上，剪取3～14 cm的长嫩梢，去掉下部叶片，留顶端3～4片小叶，将基部削成楔形。

3. 嫁接方法　在毛鹃当年新梢2～3 cm处截断，摘除该段叶片，再用劈接刀从横断面中心垂直下劈切口，长约1 cm，插入接穗，对齐皮层，使接穗的一侧形成层对齐，用塑料带绑缚，接口处连同接穗套入塑料袋中，扎紧袋口。

4. 嫁接后管理　嫁接的杜鹃置于荫棚下，忌阳光直射。注意袋中有无水珠，如果没有可解开喷湿接穗，重新扎紧。接穗7 d不萎蔫即可能成活，2个月后去袋，翌春解开绑扎。

技能训练
JINENG XUNLIAN

一、嫁接繁殖技术

（一）训练目的

掌握花卉嫁接繁殖的基本技术。

（二）材料用具

可供嫁接的砧木、接穗；枝剪、芽接刀、切接刀、绑扎材料、塑料袋、湿布等。

（三）方法步骤

根据当地实际（最好结合生产）选择嫁接季节和嫁接方法。本实训可多次安排，以保证切接、劈接、芽接和靠接这四种主要嫁接方法都得到训练。

1. 砧木、接穗处理　根据嫁接方法选择砧木、接穗及处理方法。切接、劈接时注意砧木和接穗削切面的平整；芽接时注意砧木切口和芽片的齐合。嫁接量大时，要注意接穗保鲜，防止失水。

2. 嫁接　注意砧木与接穗形成层的对接，仔细体验绑扎的松紧度，对嫁接苗及时管理。

（四）作业

1. 完成实训报告，记录整理嫁接繁殖技术操作过程。

2. 调查嫁接成活率，分析嫁接成活高低的原因以及操作过程中存在的问题和注意事项。

二、仙人掌类髓心嫁接技术

(一) 训练目的

掌握仙人掌类髓心嫁接技术。

(二) 材料用具

仙人掌类砧木、仙人球、蟹爪莲等接穗；枝剪、芽接刀、绑绳、塑料袋等。

(三) 方法步骤

选取三棱剑、仙人掌、仙人球等为砧木，选彩球、蟹爪兰等为接穗。

1. 平接法 将三棱剑留根颈 10～20 cm 平截，斜削去几个棱角，将仙人球下部平切一刀，切面与砧木切口大小相近，髓心对齐平放在砧木上，用细绳绑紧固定，勿从上浇水。

2. 插接法 选仙人掌或大仙人球为砧木，上端切平，顺髓心向下切 1.5 cm，选接穗，削一楔形面 1.5 cm 长，插入砧木切口中，用细绳扎紧，上套袋防水。

(四) 作业

调查嫁接成活率。

部分可用嫁接繁殖的花卉

1. 菊花 菊花是菊科菊属多年生草本宿根花卉，采用蒿作砧木嫁接菊花，培育的菊花既保持了原有品种的特性，又解决了常规扦插成活率低的问题，并且利用嫁接可以做成“什样锦”或大立菊。

菊花与黄蒿（*Artemisia annua*）同属菊科，两者亲和能力较强，嫁接成活率高。嫁接时最好选嫩枝，且砧、穗的老嫩程度基本一致，利于愈伤组织的形成，提高成活率。

秋末采蒿种，冬季在温室播种，或 3 月间在温床育苗，4 月下旬苗高 3～4 cm 时移于盆中或田间，5～6 月间在晴天进行嫁接。砧木须选择鲜嫩的植株，若砧木已露白，表示过老，不易成活，即使成活，生长也不理想。嫁接前两三天对砧木和接穗母株浇一次透水，增加接穗和砧木含水量。嫁接前 1～2 h 对砧木、接穗母株进行喷水，使母株不至于在嫁接过程中因太阳曝晒发生生理萎蔫，但应注意叶面上的水分全部蒸发后再开始嫁接。

菊花嫁接采用劈接法，砧木粗度达 3～4 mm 或略大于接穗。接穗随采随接，不要一次采得过多，以免失水影响成活；选无病虫、健壮 5～7 cm 长的菊苗顶梢作为接穗，去掉下部较大叶片，顶端留两三片叶。用双面刀片将接穗削成 1.5 cm 长的楔形，削好后放清水中或含在口中；将砧木茎干在适当位置剪去顶部，于横切面纵切一刀，深度略长于接穗削面；将削好的接穗迅速插入砧木切口，使砧、穗密接吻合，两者形成层要对齐；接穗嵌好后，用薄膜将嫁接口严密包扎牢固，同时把接穗顶端断口封好，防止水分蒸发；套袋，为减少接穗水分蒸发，嫁接完成后，用塑料袋将嫁接部位套住或将全株罩住，防止风吹凋萎。草本花卉嫁接，技术要熟练，操作要快。

菊花嫁接后管理的关键是遮阳保湿，防止凋萎。搭棚遮光，防止曝晒、风吹，喷水维持

空气湿润，接后7～8 d无萎蔫现象，说明基本成活，15～20 d愈合牢固，可解膜和除袋，50 d左右逐渐拆除荫棚。嫁接成活一段时间后，要及时解除绑缚。

2. 月季（*Rosa chinensis*）　月季为蔷薇科蔷薇属常绿或落叶灌木，嫁接繁殖主要用于扦插不易生根的月季品种，如大花月季、杂种茶香月季中的大部分种类。

月季的嫁接首先必须选择适宜的嫁接砧木。通常所用的砧木为蔷薇及其变种，如‘粉团’蔷薇、‘曼尼蒂’月季、荷兰玫瑰及日本无刺蔷薇等，这些种类根系发达、抗寒、抗旱，具有较强的亲和力，遗传性较稳定。选择开花后从顶部向下数第一或第二枚具有5小叶的腋芽作接穗，腋芽一定要饱满充实，剪掉叶片及梢端发育不充实的腋芽后，置于阴凉处备用，随采随接。

月季一年中任何时期均可进行嫁接，但在温度较高时会影响成活率，当气温达到33 ℃以上时嫁接的成活率相对降低；也可利用冬季休眠期进行嫁接，冬季低于5 ℃、砧木处于休眠状态时也适宜嫁接。目前生产实际采用的嫁接方法有嵌芽接、T形芽接和方块形芽接。

3. 蜡梅（*Chimonanthus praecox*）　蜡梅为蜡梅科蜡梅属落叶灌木，常用播种、分株、压条、嫁接等方法进行繁殖。嫁接是蜡梅主要的繁殖方法，常用方法有切接、靠接和腹接。

蜡梅切接所用砧木为2～4年生的蜡梅实生苗或狗牙蜡梅，接穗为优良品种的1～2年生枝条。接前1个月，在母树上选好粗壮且较长的接穗枝，并截去顶梢，使养分集中。蜡梅切接的最适时间为春季芽萌动有麦粒大小时，这个时间很短，只有1周左右，错过这个时间就很难嫁接成活。如果来不及切接，可将选好的接穗枝上的芽摘去使其另发新芽，或将接穗提前采下用湿沙贮藏，这样既可延长嫁接时间，又不影响嫁接成活率。

靠接在春、夏、秋三季均可，以5～6月效果最好。腹接时间宜在6～9月，6～7月嫁接最为适宜。

4. 山茶（*Camellia japonica*）　山茶为山茶科山茶属灌木或小乔木，嫁接繁殖有两种方法：一种是嫩枝劈接；一种是靠接。

嫩枝劈接：此法可充分利用繁殖材料，且生长较迅速。常选用单瓣山茶和油茶（*Camellia oleifera*）作砧木，前者亲和力强，后者则存在后期不亲和现象。种子播于沙床后约经2个月生长，幼苗高达4～6 cm，即可挖取用劈接法进行嫁接。选择生长良好的半木质化枝条，从下至上1芽1叶，一个一个地削取。充分利用节间的长度，将接穗削成正楔形，放入湿毛巾中。挖取砧木芽苗时，在芽苗子叶上方1～1.5 cm处剪断，使其总长为6～7 cm，再顺子叶合缝线将茎纵劈一刀，深度与接穗所削的斜面一致，将楔形接穗插入砧木裂口，使两者形成层对准，再用塑料布长条自下而上缠紧，用绳扎牢。然后将接好的苗种植于苗床中。种植后的苗床要搭塑料棚保温，上盖双层帘子。一般10～15 d开始愈合，20～25 d可在夜间揭开薄膜，使其通气。其后逐步加强通风，适当增加光照，至新芽萌动以后，揭去全部薄膜。只要管理精细，当年就可长出3～4片新叶。

5. 桂花（*Osmanthus fragrans*）　桂花为木樨科木樨属常绿阔叶乔木。嫁接是繁殖桂花苗木最常用的方法，主要用靠接和切接。嫁接砧木多用女贞、小叶女贞、水蜡、流苏和白蜡等。实践表明，女贞砧木嫁接成活率高，初期生长也快，但亲和力差，接口愈合不好，风吹容易断离；小叶女贞、水蜡等砧木，嫁接成活率高，亲和力初期表现良好，但后期却不够协调，会形成上粗下细的“小脚”现象；流苏和白蜡等砧木，亲和力初期也表现良好，但后期仍不够协调，常形成上细下粗的“大脚”现象。今后应注意培养桂花的实生苗，进行本砧嫁接，以解决亲和力差的问题。当前，桂花砧木仍以女贞和小叶女贞等应用较为广泛。如能适当深栽砧木，促使埋入地下的接穗部分本身长出根系，那么，砧木与接穗之间的不亲和问题也可以得到某种程度的缓解。

6. 蟹爪兰（*Zygocactus truncatus*） 又称“蟹爪莲”，是仙人掌科多年生肉质植物。形态美，花色鲜艳，具有较高的观赏价值，花期从 12 月至翌年 3 月。蟹爪兰用嫁接繁殖，成型快，开花早，砧木可用三角柱或仙人掌。用三角柱作砧木成活率高，但不耐低温。用仙人掌作砧木，蟹爪兰生长迅速，开花早，抗病、抗旱、抗倒伏性能强，并能耐较低的温度。由于蟹爪兰茎节扁平，一般采用劈接法嫁接。在培育好的仙人掌上端平削一刀，然后在平面上顺维管束位置向下切一插口。选择 3～6 节长势旺盛的蟹爪兰，把接穗削成鸭嘴形。将削好的接穗插入砧木中，要插到切口的底部。用仙人掌刺或针将接穗固定在仙人掌上，不让其滑出。嫁接后要把嫁接苗放在有散射光的阴凉处，接后 1 周内不要浇水，过 10 d 左右，接穗鲜亮，可视为成活。此时可适当浇点水，并逐渐增加光照。砧木上长出的蘖芽应及时去掉，否则接穗不易成活。

蟹爪兰嫁接一般在春秋两季，春季两季进行。由于仙人掌、蟹爪兰都是肉质茎，因此切削刀一定要锋利。一般用手术刀、单面刀片和剃须刀，刀具事先要消毒。蟹爪兰的维管束和砧木的维管束要对准。仙人掌的维管束一般不在中间，因此在向下切仙人掌时应稍偏离中心，以保证切在维管束的位置上。蟹爪兰的维管束在中间，削时一定要对准，使得维管束露出。

7. 令箭荷花（*Nopalxochia ackermannii*） 别名荷令箭、红孔雀、荷花令箭，仙人掌科令箭荷花属多年生肉质草本植物。嫁接时间最好在 5～8 月。采用令箭荷花当年的嫩茎6～8 cm 作接穗，以仙人掌作砧木，晴天时进行。在仙人掌的顶部深切一个 1 cm 的口，用刀将接穗削成楔形，顶部的楔形裂口不能开在正中，应靠在一边，这样才能使接穗和砧木的维管束接触，在两者切口均未干时，将接穗接在砧木上，并用竹针将两者固定。接后置于阴处，接活后方能见光。一周后嫁接处组织愈合，愈合后抽出竹针。在嫁接中，砧木和接穗都要用利刀切削，使接触面平滑干净。在梅雨季节或切削腐烂病株的接穗，每次切削前嫁接刀要用酒精消毒，以免感染。接好的令箭荷花每生长一个茎节，就剪去上半部，留下 7～10 cm 的茎节，这样会促其经常孕蕾开花。

8. 绯牡丹（*Gymnocalycium mihanovichii* var. *friedrichii*） 别名红牡丹、红球，仙人掌科多年生肉质草本，植株呈扁球形，主要用嫁接繁殖。由于球体没有叶绿素，须用绿色的量天尺、仙人球、叶仙人掌等作砧木，以用量天尺效果最佳。用量天尺作嫁接的砧木，具有操作简便、愈合率高的优点，但不耐寒，在北方地区，没有温室越冬，易冻死。嫁接时间以春季或初夏为好，愈合快、成活率高。

选择晴天，从绯牡丹母球上选健壮、无病虫害、直径为 1 cm 左右的子球剥下作切穗。用消毒刀片，先将砧木顶部一刀削平，然后把子球球心，对准砧木中心柱，使其密接，再用细线从接穗顶心至盆底按不同角度绕 3～4 圈扎牢，松紧要适度，过松过紧都不易成活。因绕线时，子球易滑动，可用仙人掌的刺扎入子球内，将子球固定在砧木上，再绕线扎牢。约经半个月，如接口正常，即已成活。如接口发黑或出现裂缝，应将子球取下，再重新嫁接，一般接后两个月左右便可成活供观赏。

考核评价
KAOHE PINGJIA

考核内容	考核标准	考核分值	自我考核	教师评价
专业知识	熟悉花卉嫁接繁殖的应用、原理，分析影响嫁接成活因素	5		
	熟悉适合花卉植物的各种嫁接方法	15		
技能训练	嫁接技术训练	10		
专业能力	能掌握木本类花卉的嫁接技术	15		
	能掌握草本类花卉的嫁接技术	15		
	在嫁接时善于发现问题，并能分析原因，提出解决问题的方案	10		
学习方法	网络信息查询； 专业书籍资料查询； 专业市场走访、调研； 勤于实践	10		
能力提升	学会学习，良好的交流沟通能力； 工作学习主动积极，勤于思考，助人为乐； 养成善于观察、详尽记录的好习惯	10		
素质提升	做事积极主动，与人团结合作； 学习工作勤恳努力； 工作学习中能及时发现问题，能分析、解决问题； 富有创造性思维，对待新事物好学进取	10		

任务 3.4　分生繁殖技术

任务目标
RENWU MUBIAO

1. 理解分生繁殖特点及意义；

2. 掌握分生繁殖的方法和时期，并能根据花卉种类及分生时期和应用目的，选择适宜的分生方法；

3. 具备花卉分生繁殖技术的能力。

任务分析
RENWU FENXI

分生繁殖是借助一些花卉植物具有的自然分生能力以繁殖后代的一种繁殖方法，生产上多利用这种自然现象或加以人工处理以加速其繁殖；本任务是要明确花卉的分生特性，采用适宜的方法，提高分生成活率，增加繁殖系数。

相关知识
XIANGGUAN ZHISHI

分生繁殖是将植物分生出的幼小植物体（如萌蘖、珠芽、吸芽等）或变态根茎上产生的子球与母体分割或分离，另行栽植成一个独立的植株的繁殖方法。分生繁殖产生的新植株能保持母体的遗传性；方法简单，易于成活，成苗较快；但繁殖系数较低，易感染病毒病等病害。

一、分生繁殖类型

根据分生部位不同可归纳为以下几种繁殖形式：

（一）根蘖

许多花卉，尤其是宿根花卉的根系或地下茎生长到一定阶段，可以产生大量的不定芽，当这些不定芽发出新的枝芽后，连同部分根系一起被剪离母体，成为一个独立植株，这类繁殖方式统称为根蘖繁殖，所产生的幼苗称为根蘖苗。

根蘖繁殖有全分法和半分法 2 种。

1. 全分法 先将母株挖起，抖掉泥土，在易于分开处用刀分割，将母株分割成数丛，使每一丛上有 2～3个枝干，下面带有一部分根系，适当修剪枝、根，然后分别栽植，经 2～3 年又可重新分株（图 3-22）。

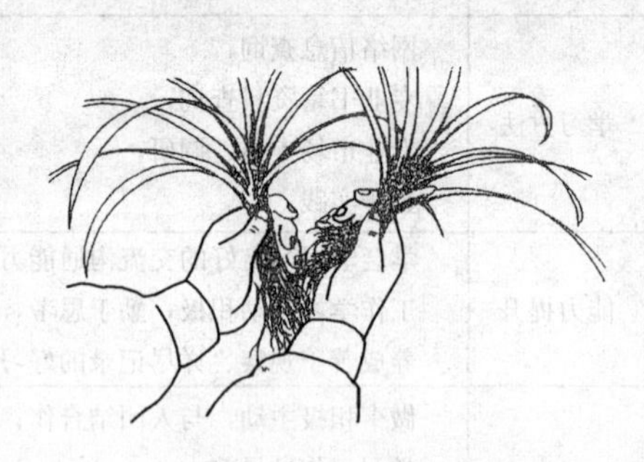

图 3-22 全分法

2. 半分法 在母株一侧挖出一部分株丛，分离栽植，如果要求的繁殖量不多，也可不将母本挖起，而直接分离部分株丛，根蘖繁殖时间在春、秋两季。秋季开花者宜在春季萌发前进行，春季开花者宜在秋季落叶后进行，大多数种类宜在春季进行，而竹类则宜在出笋前一个月进行。

适用于根蘖分株繁殖的花卉如萱草、兰花、一枝黄花、南天竹、蜡梅、茉莉、短穗鱼尾葵、棕竹、天门冬、玫瑰、石榴等，也适用于丛生型竹类繁殖如佛肚竹、观音竹等，以及禾本科中一些草坪地被植物。

（二）根茎

根茎是地下茎增粗，在地表下呈水平状生长，外形似根，同时形成分支四处伸展，先端有芽，节上常形成不定根，并侧芽萌发而分枝，继而形成的株丛，株丛可分割成若干新株。一些多年生花卉的地下茎肥大呈粗而长的根状，并贮藏营养物质。将肥大根茎进行分割，每段茎上留 2～3 个芽，然后育苗或直接定植。如美人蕉类、鸢尾、紫菀、荷花、睡莲等。

美人蕉类通常采用分根茎法，通常在 3～4 月进行。将老根茎挖出，分割成块状，每块根茎上保留 2～3 个芽，带有根须，然后埋于室内的沙床或直接栽于花盆中，在 10～15 ℃的条件下催芽，并注意保持土壤湿润。20 d 左右，当芽长至 4～5 m 时，即可定植。

（三）块茎

块茎是地下变态茎的一种，在地下茎末端常膨大形成不规则的块状。块茎肥大，顶部有几个发芽点，能长出新枝，故块茎可供繁殖之用。块茎繁殖方法一般在块茎即将萌动时，将块茎自顶部纵切分成几块，每块都应带有芽眼，将切口涂以草木灰，稍微晾干后，即可分植于花盆内或苗地中。

有些块茎可自然分球，如花叶芋、银莲花类等。在块茎萌芽前，将块茎周围的小块茎剥

下，若块茎有伤口，则用草木灰或硫黄粉涂抹，晾干数日待伤口干燥后盆栽。为了发芽整齐，可先行催芽，将块茎排列在沙床上，覆盖 1 cm 厚的细沙，保持沙床湿润，待发芽生根后盆栽。

（四）球茎和鳞茎

球茎常肉质膨大呈球状或扁球状，节明显，其上生有薄纸质的鳞叶，顶芽及附近的腋芽较为明显，球茎基部常生有不定根，如唐菖蒲、小苍兰等。球茎花卉开花后在老球的茎能分生出几个大小不等的球茎，小球茎则需培养 2～3 年后才能开花，也可将球茎进行切球法繁殖。

鳞茎有短缩而扁盘状的鳞茎盘，鳞茎中贮藏丰富的有机质和水分，以度过不利的气候条件。每年从老球的基部的茎盘部分分生出几个子球，抱合在母球上，把这些子球分开另栽来培养成大球（图3－23），有些鳞茎分化较慢、仅能分出数个新球，所以大量繁殖时对这些种类须进行人工处理，促使长出子球，如百合类可用鳞片扦插，风信子可用对鳞茎刻伤促使子球发育。

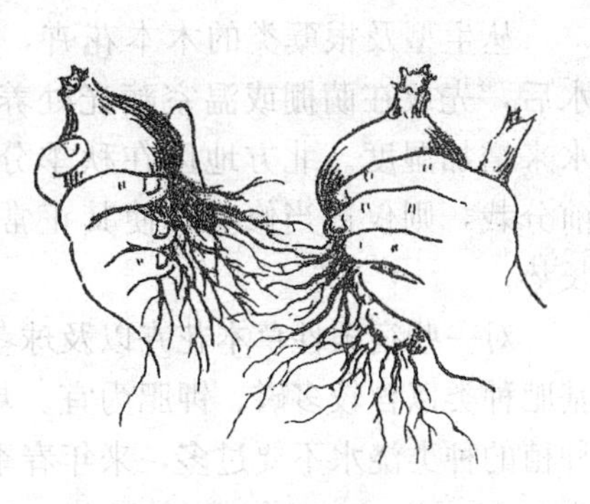

图 3－23　分球繁殖

（五）块根

块根是大丽花、花毛茛等花卉植物由侧根或不定根的局部膨大而形成。它与肉质直根的来源不同，因而在一棵植株上，可以在多条侧根中或多条不定根上形成多个块根。块根繁殖是利用植物的根肥大变态成块状体进行繁殖的方法。块根上没有芽，它们的芽都着生在接近地表的根茎上，单纯栽一个块根不能萌发新株，因此分割时每一部分都必须带有根颈部分才能形成新的植株；也可将整个块根挖回贮藏，翌春催芽再分块根，另外可以采芽进行繁殖。

（六）走茎和匍匐茎

走茎是某些植物自叶丛抽生出来的节间较长的茎，茎上的节具有着生叶、花和不定根的能力，可产生幼小植株（图 3－24），如虎耳草、吊兰、吉祥草等。将这类小植株剪割下来即能繁殖出很多植株。通常在植物生长季节内均能繁殖，但不同花卉利用走茎和匍匐茎繁殖的适宜时期和方法也有所不同。

图 3－24　吊兰的走茎

匍匐茎与走茎相似，但节间稍短，横走地面并在节处着生不定根和芽，如禾本科的草坪植物狗牙根、野牛草等。

（七）吸芽

吸芽是指某些花卉植物自根际或地上茎叶腋间自然发生的短缩、肥厚呈莲座状的短枝。吸芽的下部可自然生根，因此可利用吸芽进行繁殖，如芦荟、石莲、美人蕉等，在根际处常着生吸芽；观赏凤梨等花卉的地上茎叶腋间也易萌生吸芽。为了促进吸芽发生，可人为地刺激根茎，如芦荟，有时为诱发产生吸芽，可把母株的主茎切割下来重新扦插，而受伤的老根周围能萌发出很多吸芽。

常由吸芽繁殖的乔、灌木花卉种类包括苏铁、火炬树等植物；由这种方式繁殖的多浆类观赏植物有芦荟、石莲花等。

（八）珠芽及零余子

珠芽及零余子是某些植物所具有的特殊形式的芽。有的生于叶腋间，如卷丹腋间有黑色珠芽（图 3－25）；有的生于花序中，如观赏葱类花常可长成小珠芽；有的生在腋间呈块茎状，如秋海棠地上茎叶腋处能产生小块茎。这些珠芽及零余子脱离母体后，自然落地即可生根，可用作繁殖，经栽植可培育成新的植株。

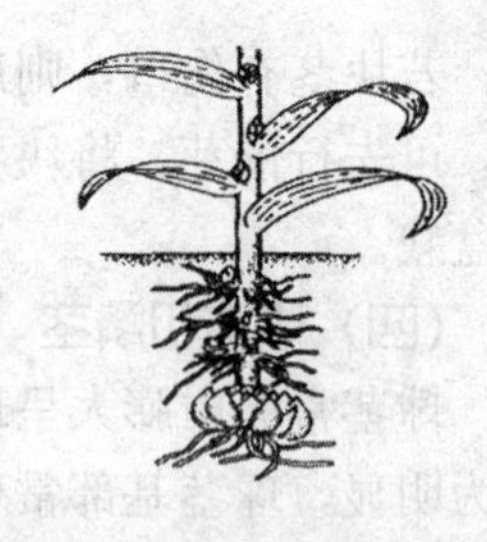

图 3－25 卷丹腋间的珠芽

二、分生后管理

从生型及根蘖类的木本花卉，分生时穴内可施用腐熟的肥料。通常分生繁殖上盆浇水后，先放在荫棚或温室蔽光处养护一段时间，如出现有凋萎现象，应向叶面和周围喷水来增加湿度。北方地区在秋季分栽，入冬前宜短截修剪后埋土防寒越冬。如春季萌动前分栽，则仅适当修剪，使其正常萌发、抽枝，但花蕾最好全部剪掉以利植株尽快恢复长势。

对一些宿根性草本花卉以及球茎、块茎、根茎类花卉，在分栽时穴底可施用适量基肥，基肥种类以含较多磷、钾肥为宜。栽后及时浇透水、松土，保持土壤适当湿润。对秋季移栽种植的种类浇水不要过多，来年春季增加浇水次数，并追施稀薄液肥。

工作过程
GONGZUO GUOCHENG

以兰花为例阐述分株繁殖工作技术过程。

兰花分株繁殖是最为传统的繁殖方法，具有操作简单，成活率高，增株快，开花较早，确保品质特性等优点。

1. 母株选择 分株通常在种植后 2～3 年，兰株已经长满全盆时进行；为加快繁殖数量，可对具有 4 株以上的连体兰簇进行分株；为防止芽变及植株的退化，也可对仅是一老一新连体子母簇株进行分株。

2. 分株时期 兰花分株繁殖，一般一年四季均可进行。按其生理特性，最佳时机是在花期结束时，因为此时兰株的营养生长较弱，不仅新芽尚未形成，而且连芽的生长点也尚未膨大，分株不易造成伤害。同时，花期结束，一般不会再有花芽长出，也就不存在因分株而损害花芽的问题。另外，通过分株的刺激，还可以促其营养生长的活跃，提高兰株的复壮力和萌芽率。

3. 分株方法 在分株前一段时间要控制水分，分株时要保持盆土湿润，此时兰根较软，可避免出盆兰根折断。分株要选择生长健壮的母株，一般春兰每丛 7～10 筒，蕙兰每丛 10 筒以上为宜。选好母株后，可将兰株从盆中轻轻脱出，将泥坨侧放或平坐在地，除去根部泥土，用剪刀小心修除枯叶及腐烂的根。修剪好后，再以清水洗刷假鳞茎和根部的土。刷时勿用力过猛，以免损伤根芽。然后用 40％甲基托布津或百菌清 800 倍液消毒后，放置在阴凉处晾干。等根部发白变软时，用剪刀在假鳞茎间处剪开，切口处涂上木炭，以利防腐，再种植于盆内。

4. 分后管理 分离后的兰株，在上盆栽植时应避免兰花新株的创口接触到基肥，以防溃烂。在基质未变干时，不能浇水；在新根未长出时，尽量不施肥，以防发生烂根。但可每周喷施叶面肥或促根剂一次。也可将叶面肥和促根剂稀释数倍后隔天喷施。

技能训练 JINENG XUNLIAN

鳞茎（晚香玉、郁金香）分球繁殖技术

(一) 训练目的

掌握分球繁殖技术的基本操作。

(二) 材料用具

晚香玉、郁金香等种球。

(三) 方法步骤

1. 挖出母球　将母本株从种植地或花盆内挖掘出来，并尽可能保护其球根。

2. 分球　将母球上的子球分离开，或用刀分割下一部分块茎，但须带有芽和根。

3. 移栽　分球后要及时地假植或移栽。

(四) 作业

1. 完成实训报告，记录分球繁殖技及操作过程。
2. 分析操作过程中存在的问题及注意事项。

考核评价 KAOHE PINGJIA

考核内容	考核标准	考核分值	自我考核	教师评价
专业知识	熟悉花卉分生繁殖的应用、原理，分析影响分生成活因素	5		
	熟悉适合花卉植物的各种分生方法	10		
	熟悉花卉在休眠期、生长期分生方法	5		
	熟悉花卉在根蘖、根茎、块茎、块根、匍匐茎不同部位的分生方法	10		
技能训练	分球繁殖技术训练	10		
专业能力	能掌握球根类花卉的分球、定级技术	15		
	能掌握花卉分丛繁殖技术	15		
学习方法	网络信息查询； 专业书籍资料查询； 专业市场走访、调研； 勤于实践	10		
能力提升	学会学习，良好的交流沟通能力； 工作学习主动积极，勤于思考，助人为乐； 养成善于观察、详尽记录的好习惯	10		
素质提升	做事积极主动，与人团结合作； 学习工作勤恳努力； 工作学习中能及时发现问题，能分析、解决问题； 富有创造性思维，对待新事物好学进取	10		

任务 3.5 压条繁殖技术

任务目标
RENWU MUBIAO

1. 理解压条繁殖的特点及意义；

2. 了解压条繁殖的基本原理和影响压条繁殖成活的因素；

3. 掌握压条繁殖的方法和时期，并能根据花卉种类及压条部位和应用目的，选择适宜的压条方法；

4. 具备花卉各种压条繁殖技术的能力。

任务分析
RENWU FENXI

本任务主要理解压条繁殖成活的基本理论，分析影响压条成株成活的各种因素，正确选择适宜的压条部位、压条方法，掌握压条生根方法，最终全面、熟练地掌握花卉压条繁殖技术。

相关知识
XIANGGUAN ZHISHI

压条繁殖是指枝条在母体上生根后，再从母体分离成为独立、完整的新植株的繁殖方法。自然界中也存在着压条繁殖方式，如令箭荷花属、悬钩子属的一些植物，枝条弯垂，先端与土壤接触后可生根并长出小植株。压条繁殖多用于一些茎节和节间容易生根或扦插不易生根的花卉植物。

一、压条繁殖原理

压条繁殖的原理和枝插相似，只需在茎上产生不定根即可成苗。不定根的产生原理、部位、难易等均与扦插相同，和花卉种类有密切关系。

二、压条繁殖技术

压条繁殖通常在早春发芽前进行，经过一个旺盛生长季节即可生根，但也可在生长期进行。方法较简单，只需将枝条埋入土中部分环割 1～3 cm 宽，在伤口涂上生根粉后再埋入基质中使其生根。

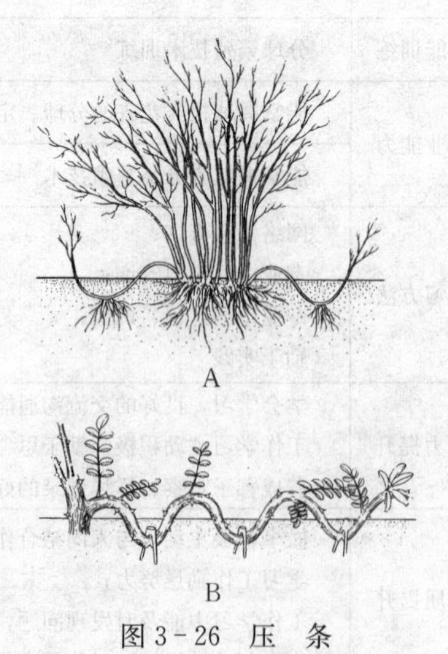

图 3-26 压 条
A. 普通压条 B. 波浪压条

1. 普通压条 选用靠近地面而向外伸展的枝条，先进行扭伤或刻伤或环剥处理后，弯入土中，使枝条端部露出地面。为防止枝条弹出，可在枝条下弯部分插入小木杈等固定，再盖土压实，生根后切割分离（图 3-26A）。如石榴、玫瑰等可用此法。

2. 波状压条 波状压条也称为多段压条（图 3-26B），适用于枝梢细长柔软的灌木或藤本。将藤蔓做成蛇曲状，一段埋入土中，另一段露出土面，如此反复多次，一根枝梢一次可取得几株压条苗，如紫藤、铁线莲属可用。

3. 壅土压条　壅土压条是将较幼龄母株在春季发芽前近地表处截头，促生多数萌枝。当萌枝高 10 cm 左右时将基部刻伤，并培土将基部 1/2 埋入土中，生长期中可再培土 1～2 次，培土共深15～20 cm，以免基部露出。至休眠分出后，母株在次年春季又可再生多数萌枝供继续压条繁殖，如贴梗海棠、日本木瓜等常用此法繁殖（图3－27）。

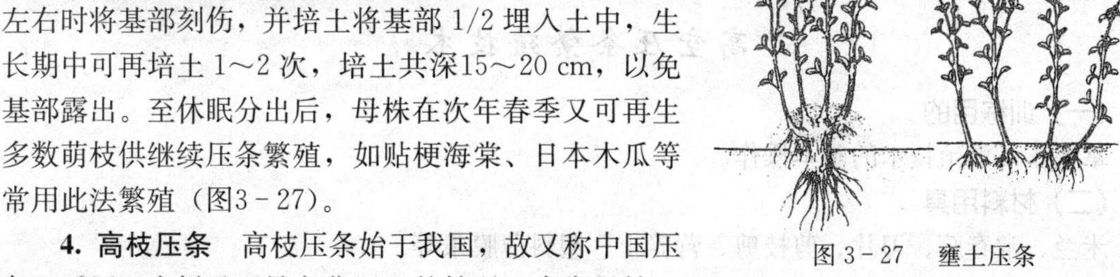

图 3－27　壅土压条

4. 高枝压条　高枝压条始于我国，故又称中国压条，适用于大树及不易弯曲埋土的情况。先在母株上选好枝梢，将基部环割并用生根粉处理，用水藓或其他保湿基质包裹，外用聚乙烯膜包密，两端扎紧即可。一般植物 2～3 个月后生根，最好在进入休眠后剪下。杜鹃、山茶、桂花、米兰、蜡梅等均常用。

三、压条繁殖后管理

压条生根后切离母体的时间，依其生根快慢而定。有些种类生长较慢，须翌年切离，如牡丹、蜡梅、桂花等；有些种类生长较快，当年即可切离，如月季、忍冬等。切离之后即可分株栽植，移栽时尽量带土栽植，并注意保护新根。

压条时由于枝条不脱离母体，因而管理比较容易，只需检查压紧与否。而分离后必然会有一个转变、适应、独立的过程。所以开始分离后要先放在庇荫的环境，切忌烈日曝晒，以后逐步增加光照。刚分离的植株，也要剪去一部分枝叶，以减少蒸腾，保持水分平衡，有利于其成活。移栽后注意水分供应，空气干燥时注意叶面喷水及室内洒水，并注意保持土壤湿润。适当施肥，保证生长需要。

工作过程
GONGZUO GUOCHENG

以石榴高空压条为例阐述技术操作过程。

1. 选择生长良好，无病虫害的枝条作为高压枝　室外栽培的花木 5～7 月，不超过 8 月。常温下室内栽培的花木一般不受时间的影响，在整个生长期都可进行。

2. 在选定腋芽或芽下面 2～3 mm 处，剥去外皮层和形成层　用刀片在枝条的上切口处将外皮环状切断，向下 2～3 cm 处再环切一刀并把外皮层和形成层剥（刮）干净，必要时可剪去叶片。

在操作过程中，对外皮层和形成层的剥离不彻底或环剥间距小或植物长势旺盛等原因会造成上下切口连在一起的情况，枝条不会再生根，应及时进行二次压条（压条一般在 2 个月即可生根，注意通过透明塑料膜观察）。

3. 用塑料薄膜包卷成圆筒状包裹枝条　用白色塑料膜在刻伤处围成一个圆筒，圆筒的大小要根据被压枝条的粗度确定，大小要适中，圆筒的接口先重合一部分再用细针固定，环剥的切口应放在圆筒的中部，再在刻伤处下端用细绳扎紧。

4. 充填湿润营养土　整理拉直塑料薄膜，填入湿润营养土并逐层压实。

如发现枝条倾斜厉害则用塑料带进行固定并扎紧塑料薄膜的上端，如见袋中的泥土干燥此时的浇水应改用注射器向内注射清水，保持土壤的湿润。

技能训练 JINENG XUNLIAN

高空压条繁殖技术

(一) 训练目的

掌握压条繁殖技术的基本操作。

(二) 材料用具

米兰、常春藤、刀片、剪枝剪、营养土、塑料薄膜条等。

(三) 步骤方法

(1) 选择压条部位。

(2) 基部环割（涂生根粉）。

(3) 用水藓或其他保湿基质包裹。

(4) 聚乙烯膜包密（两端扎紧）。

(四) 作业

1. 完成实训报告，记录压条繁殖技术及操作过程。
2. 分析操作过程中存在的问题及注意事项。

考核评价 KAOHE PINGJIA

考核内容	考核标准	考核分值	自我考核	教师评价
专业知识	了解花卉压条繁殖的原理，分析影响压条成活因素	10		
	熟悉适合花卉植物的各种压条方法	20		
技能训练	压条繁殖技术训练	20		
专业能力	适合花卉植物的各种压条繁殖技术	20		
学习方法	网络信息查询； 专业书籍资料查询； 专业市场走访、调研； 勤于实践	10		
能力提升	学会学习，良好的交流沟通能力； 工作学习主动积极，勤于思考，助人为乐； 养成善于观察、详尽记录的好习惯	10		
素质提升	做事积极主动，与人团结合作； 学习工作勤恳努力； 工作学习中能及时发现问题，能分析、解决问题； 富有创造性思维，对待新事物好学进取	10		

任务3.6 组培快繁技术

任务目标
RENWU MUBIAO

1. 理解组织培养的特点及意义；
2. 明确组培快繁技术原理；
3. 熟悉组培快繁的程序，能利用组培快繁技术繁殖花卉种苗；
4. 能进行培养基的制作；
5. 会根据花卉种类进行外植体的选择、表面灭菌与接种；
6. 会进行组培苗的培养、驯化与移栽。

任务分析
RENWU FENXI

在植物组织培养技术基础上发展起来的快速繁殖技术（也称试管苗工厂化生产）适于花卉植物的苗木繁殖，对控制苗木病毒、提高产量和品质、降低成本以及减少环境污染等都具有重要意义。本任务根据组培快繁技术基本原理，分析组培快繁技术因素，分解花卉植物组培快繁技术环节，达到快速增殖最佳效果和驯化成活最佳效果，提高观赏价值和经济效益。

相关知识
XIANGGUAN ZHISHI

组培快繁生产设施

组培快繁须在无菌环境下进行，应独立或与其他设施隔离，才能达到无菌环境。在独立的操作间进行组培快繁有利于环境无菌隔离保护，生产条件包括药品贮藏间、营养液配制间、培养器皿洗涤间、培养基制作间、消毒灭菌操作间、试管苗无菌操作间；试管苗无菌培养间等。

1. 药品贮藏间 主要用于生产药品的贮存。组培快繁技术需要许多化学药品，这些药品的质量和保存直接影响到培养效果。环境温度过高、湿度过大和光照过强等不良环境条件，严重影响到药品的质量和使用期限。储藏间内还应放一台大容量的电冰箱，其冷藏室要大些，最好是分层抽屉式的，以便于用来分门别类地保存激素、抗生素和各种须低温保存的药品。

2. 营养液配制间 主要用于配制各种母液，配制大量元素、微量元素、有机溶液、铁盐和各种激素、植物提取物等。配备1/100天平、1/1 000电子天平，主要用于试剂的称量。配备各种玻璃器皿如容量瓶，各种型号烧杯，微量可调移液器等。

3. 培养器皿洗涤间 主要用于完成培养器皿的清洗、干燥和贮存。房间内应配备大型水槽，为防止碰坏玻璃器皿，可铺垫橡胶。备有干燥架，用于放置干燥刷净的培养器皿。

4. 培养基制作间 主要应用于培养基的制作。房间内应有大型实验台，用于培养基制备、分装、绑扎等工作。配备微波炉或光波炉，耐高温容器（搪瓷锅或不锈钢锅），微量可调移液器，酸度计，以及用于琼脂溶解、培养基酸碱度调节等。

5. 消毒灭菌操作间 主要用于培养基消毒灭菌，也用于污染瓶苗的消毒灭菌。配置高压消毒灭菌锅，生产量大可配置卧式大容量消毒锅，一次容纳 10 000 mL 培养基消毒灭菌；生产量小可配置1 000～8 000 mL 培养基消毒灭菌锅。最好再配置一个手提式小容量消毒锅，一是及时消毒接种工具，二是拟订配方筛选少量培养基消毒使用。

6. 试管苗无菌操作间 主要用于试管苗的继代培养转接无菌操作。试管苗无菌操作间整个环境是无菌的，所以，在无菌操作间与外界或其他房间衔接处，用墙间隔成一个小缓冲室，也作为更衣室，工作人员进入无菌操作车间前须在缓冲室里换上无菌工作服、拖鞋、口罩、防尘帽等，房间内安装 1 盏紫外灯，用以衣服、拖鞋、工作帽等物品的消毒灭菌。

无菌操作间内配置超净工作台，主要用于试管苗继代转接无菌操作。超净工作台有单人操作、双人操作、水平风、垂直风等多种规格，无菌效果好、操作方便。无菌培养室内配置消毒紫外灯，配置数量均应达到为整个房间消毒的目的。无菌操作间内配置空气调节机（空调），使室内温度保持在 25 ℃左右，温度过高，在试管苗切割转接中，试管苗容易萎蔫，温度过低，试管苗容易受伤。

7. 试管苗无菌培养间 主要用于试管苗进行培养的场所。试管苗无菌培养间要求房间内恒温、恒湿、无尘。温度常年维持在 25 ℃左右，相对湿度应在 65%～75%。培养室内合理设计配置培养架，架与架、瓶与瓶之间相互不能遮光、不能影响空气流通。无菌培养室内配置消毒紫外灯，配置数量均应达到为整个房间消毒的目的。进入无菌培养间要穿消毒拖鞋或一次性消毒鞋套，避免带入杂菌。非工作人员不能进入无菌培养间。

8. 试管苗驯化炼苗温室 主要用于试管苗的驯化移植。试管苗在进入大田栽培之前，必须在近似自然条件的环境中经一定时间驯化锻炼，这种锻炼称为驯化移植，也称炼苗。试管苗经驯化移植后，大田栽培种植成活率高。

一、花卉快速繁殖技术流程

花卉快速繁殖技术流程如图 3－28 所示。

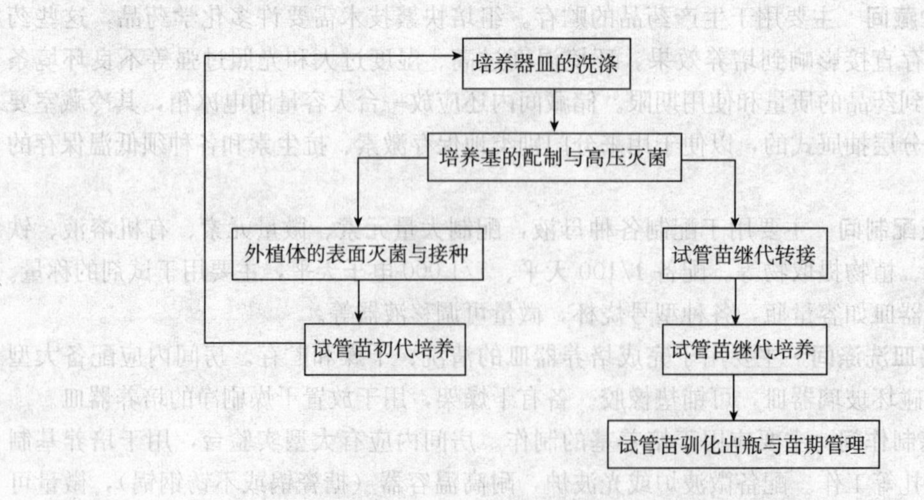

图 3－28 花卉快速繁殖的流程

二、花卉快速繁殖技术程序

（一）培养器皿的洗涤

1. 新的玻璃器皿　使用前先用1%稀盐酸浸泡12～24 h→用毛刷蘸洗衣粉水刷洗干净→流水冲洗3～4次→最后用蒸馏水冲淋1遍→晾干（或烘干）后备用。

2. 已用过的培养器皿　除去容器内的残渣→自来水冲洗→浸泡在洗衣粉水中15～30 min→用毛刷刷洗干净→流水冲洗3～4次→最后用蒸馏水冲淋1遍→晾干（或烘干）后备用。

3. 已被霉菌等杂菌污染的器皿　121 ℃高温高压蒸汽灭菌30 min→趁热倒去残渣→自来水冲洗→浸泡在洗衣粉水中15～30 min→用毛刷刷洗干净→流水冲洗3～4次→最后用蒸馏水冲淋1遍→晾干（或烘干）后备用。

（二）培养基的配制与高压灭菌

配制培养基的目的是人为提供离体培养材料的营养源。配制的不同培养基，是为满足不同类型植物材料对营养的不同需要。没有一种培养基能够适合一切类型的植物组织或器官，在建立一项新的培养系统时，首先必须找到一种合适的培养基，培养才有可能成功。

1. 培养基母液的配制与保存　每种培养基需要十几种化合物，配制起来十分不方便，特别是微量元素和植物激素的用量极少，很难达到精确称量。因此，可将配方中的各种元素按照一定的方式，配成一些浓缩液，用时稀释，这种浓缩液就是浓缩贮备液（简称母液）。

（1）MS培养基母液的配制。MS培养基母液一般分为大量元素、微量元素、铁盐、有机物四大类。

大量元素母液。配成浓缩10倍的母液。用感量0.01 g托盘天平按表3-2称取药品，分别加入至100 mL左右蒸馏水中，再用磁力搅拌器搅拌促进溶解，然后将其混合后倒入1 000 mL容量瓶中，再加水定容至刻度，成为10倍母液。注意Ca^{2+}和SO_4^{2-}、PO_4^{3-}反应易发生沉淀，因此$CaCl_2 \cdot 2H_2O$要充分溶解后最后加入。

微量元素母液。配成浓缩100倍的母液。用感量0.000 1 g分析天平按表3-2准确称取药品后，分别溶解，混合后加水定容至1 000 mL。

铁盐母液。配成浓缩100倍的母液。用感量0.01 g托盘天平按表3-2称取药品，分别溶解，混合后加水定容至1 000 mL。

有机物母液。配成浓缩100倍的母液。用感量0.001 g分析天平按表3-2分别称取药品，溶解，混合后加水定容至1 000 mL。

表3-2　MS培养基母液的配制

母液		在MS培养基中的浓度（mg/L）	在母液中的浓度（mg/L）	1 L培养基应取的量（mL）
编号	组成成分			
A 大量元素母液	NH_4NO_3	1 650	16 500	100
	KNO_3	1 900	19 000	
	$CaCl_2 \cdot 2H_2O$	440	4 400	
	$MgSO_4 \cdot 7H_2O$	370	3 700	
	KH_2PO_4	170	1 700	

（续）

母液		在MS培养基中的浓度（mg/L）	在母液中的浓度（mg/L）	1L培养基应取的量（mL）
编号	组成成分			
B 微量元素母液	H_3BO_3	6.2	620	10
	$NaMoO_4 \cdot 2H_2O$	0.25	25	
	$MnSO_4 \cdot 4H_2O$	22.3	2 230	
	$CuSO_4 \cdot 5H_2O$	0.025	2.5	
	$ZnSO_4 \cdot 7H_2O$	8.6	860	
	$CoCl_2 \cdot 6H_2O$	0.025	2.5	
	KI	0.83	83	
C 铁盐母液	Na_2-EDTA	37.3	3 730	10
	$FeSO_4 \cdot 7H_2O$	28.7	2 870	
D 有机物母液	肌醇	100	10 000	10
	烟酸	0.5	50	
	盐酸吡哆醇	0.5	50	
	盐酸硫胺素	0.1	10	
	甘氨酸	2	200	

（2）植物生长激素母液的配制。每种激素需单独配成母液，浓度一般为0.1～0.5 mg/mL，用时根据需要取用。多数激素难溶于水，要先溶于特定溶剂，然后才能加水定容。具体方法为：将IAA、IBA、乌苷（GA）、NAA等先溶于少量95%的酒精中，再加水定容到一定体积；2，4-D可用少量1 mol/L的NaOH溶解后，再加水定容到一定体积；激动素（Kt）和苄氨基腺嘌呤（BA）先溶于少量1 mol/L的HCl中再加水定容。通常，植物激素母液的浓度不能过高，否则易产生结晶。

（3）母液的保存。配制好的母液应贴上标签，标注母液名称、配制倍数、用量、日期等。铁盐、有机物质、植物激素类母液在储存的时候最好放入棕色试剂瓶中。母液应在2～4℃冰箱中贮存，贮存时间不宜过长，最好在1个月内用完。如果发现母液中出现沉淀或混浊现象，则应丢弃不用。

2. 培养基配制工艺流程 配制培养基的工艺流程如图3-29所示。

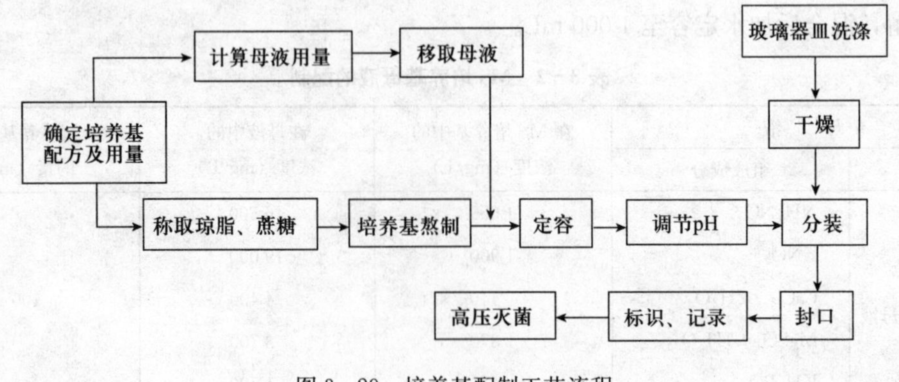

图3-29 培养基配制工艺流程

3. 培养基制备的操作步骤

(1) 确定培养基配方及用量。根据培养对象、培养目的等，确定培养基配方，然后根据外植体的数量和试验处理的多少确定培养基的用量。

(2) 称取琼脂、蔗糖。用托盘天平分别称取0.6%～1%的琼脂、2%～3%的蔗糖。

(3) 培养基熬制。量取纯净水放入加热容器，纯净水的体积应少于所配制培养基体积，占总体积的2/3～3/4，加入称量好的琼脂和糖，接通电源加热。边加热边搅拌，防止糊底或溢出，至完全溶化。

(4) 移取母液。根据配方计算出各母液用量，按大量元素、微量元素、铁盐、有机成分、植物激素的顺序将母液取出，混合。

(5) 定容。将母液混合液加入到琼脂完全溶化的培养基中，搅拌混匀，并加水定容到所需体积。

(6) 调节pH。用酸度计或精密pH试纸测试培养基溶液的pH (5.5～6.8)，偏碱滴加0.1 mol/L的HCl调整，偏酸滴加0.1 mol/L的NaOH调整，直到达到配方要求值。

(7) 分装。用乳胶管把配制好的培养基趁热分装到培养瓶中，100～150 mL的培养瓶每瓶装入30～35 mL的培养基，分装时数量要均匀、合适，培养基不粘附瓶口和瓶壁。

(8) 封口。用合适的封口材料和线绳包扎。

(9) 标识与记录。封装好的培养基做好标记放到高压灭菌锅中准备灭菌。

4. 培养基的高压灭菌

(1) 向灭菌器内加水至水位线处；

(2) 将分装好的培养基放入灭菌器的消毒桶内，盖好灭菌器盖，对角线拧紧螺丝；

(3) 检查放气阀有无故障，然后关闭放气阀；

(4) 打开电源开关，开始加热；

(5) 待压力上升到0.05 MPa时，关闭电源，打开放气阀，排尽冷空气，待压力表指针归零后，再关闭放气阀；

(6) 打开电源，当灭菌器内温度达121 ℃，压力为0.105 MPa时，保持此压力灭菌20～30 min；

(7) 关闭电源，缓缓打开放气阀放气；

(8) 待压力表指针回零后，开启灭菌器，迅速取出培养基，室温下冷却；

(9) 清洁灭菌器内壁的污渍，散发器内的余气，使灭菌器内壁保持干燥洁净。

(三) 外植体的表面灭菌与接种

1. 外植体的选择与处理 理论上讲，植物的任何活器官、细胞或组织都能作外植体。但不同种类植物、不同组织和器官对诱导条件的反应往往是不一致的，有的部位诱导成功率高，有的则很难诱导脱分化、再分化，或者只分化芽而不分化根。因此外植体选择的合适与否决定着组织培养的难易程度。

就无菌短枝扦插、丛生芽培养来说，木本植物、能形成茎段的草本植物以采取茎尖和茎段比较适宜，能在培养基的诱导下萌发出侧芽，成为中间繁殖体。如速生杨、葡萄、菊花、香石竹等。有些草本植物植株短小或没有显著的茎，可用叶片、叶柄、花萼、花瓣作外植体。如非洲紫罗兰、秋海棠类、虎尾兰等。

将采来的植物材料除去不用的部分，将需要的部分仔细洗干净，植物的茎、叶部位有较多的茸毛、油脂、蜡质和刺等，消毒前要经自来水较长时间的冲洗，在冲洗过程中，用软毛刷刷洗或用小刀刮，用剪刀剪去茸毛，冲洗时间长短视材料清洁程度而定。把材料切割成合适大小，以能放入灭菌容器为宜。洗时可加入洗衣粉，然后再用自来水冲净洗衣粉水。洗衣粉可除去轻度附着在植物表面的污物，除去脂质性的物质，便于灭菌液的直接接触。易漂浮或细小的材料，可装入纱布袋内冲洗。流水冲洗在污染严重时特别有用。洗涤结束后，进入无菌操作室进行消毒接种。

2. 外植体的表面灭菌与接种

（1）准备工作。在接种前 30 min 打开无菌操作间和超净工作台的紫外灯进行环境灭菌；照射 20 min 后关闭紫外灯，打开风机使超净工作台处于工作状态；接种人员先洗净双手，在缓冲间换好专用实验服，并换穿拖鞋等；将接种工具、消毒的玻璃器皿、无菌水、配制好的灭菌剂等放入超净工作台；接种人员坐到工作台前，用 70%～75%酒精擦拭双手，然后擦拭工作台面；点燃酒精灯，用 70%～75%酒精擦拭接种工具并反复灼烧灭菌。

（2）外植体表面灭菌与接种。将外植体 3～5 个为一组放入 70%～75%的酒精溶液浸润 10～60 s→取出后再放入 2%的次氯酸钠溶液中浸泡 10～15 min→用无菌水反复冲洗 3～5 次（1 min/次）→放在无菌吸水纸上吸干水分，用已灭菌的剪刀或解剖刀将外植体进行适当切割→打开已准备好的培养基瓶盖或封口膜，在酒精灯无菌圈内接入外植体→封口。如此反复操作，直到全部外植体接种完成。注意工具用后及时灭菌，避免交叉污染。最后做好记录，注明处理材料的物种名称、处理方法、接种日期等。

（四）试管苗初代培养

初代培养旨在获得无菌材料和无性繁殖系。即接种某种外植体后，最初的几代培养。初代培养时，常用诱导或分化培养基，即培养基中含有较多的细胞分裂素和少量的生长素。初代培养建立的无性繁殖系包括：茎梢、芽丛、胚状体和原球茎等。根据初代培养时发育的方向可分为：

1. 顶芽和腋芽的发育 顶芽和腋芽在离体培养中都可被诱导而生长发育。从芽萌发变为幼枝，幼枝继续生长，形成新的顶芽和侧芽。再将新形成的芽切割下来继续培养，反复萌生新的枝条，在很短的时间内重复芽→枝→苗的再生过程，就能生产出许多再生小植株。

如果采用外源的细胞分裂素，可促使具有顶芽、腋芽及休眠侧芽均启动生长，从而形成一个微型的多枝多芽的小灌木丛状的结构（丛生芽），之后也采取芽→枝→苗的培养，迅速获得多数的嫩茎。一些木本植物和少数草本植物可以通过这种方式来进行再生繁殖，如月季、菊花、香石竹等。这种繁殖方式也称作无菌短枝扦插，它不经过发生愈伤组织而再生，所以是最能使无性系后代保持原品种特性的一种繁殖方式。适宜这种再生繁殖的植物，在采样时，只能采用顶芽、侧芽或带有芽的茎切段，其他如种子萌发后取枝条也可以。

2. 不定芽的发育 目前已有许多种植物通过外植体上不定芽的产生而再生出完整的小植株。在培养中由外植体产生不定芽，通常首先要经脱分化过程，形成愈伤组织的细胞。然后经再分化形成器官原基。多数情况下它先形成芽，后形成根。即外植体→产生愈伤组织→产生不定芽→产生植株。

在不定芽培养时，也常用诱导或分化培养基。靠培养不定芽得到的培养物，其一般采用芽丛进行繁殖，如非洲菊、草莓等。

3. 体细胞胚状体的发生与发育 体细胞胚状体类似于合子胚但又有所不同，它也经过

球形、心形、鱼雷形和子叶形的胚胎发育时期，最终发育成小苗，但它是由体细胞产生的。胚状体可以从愈伤组织表面产生，也可从外植体表面已分化的细胞中产生，或从悬浮培养的细胞中产生。通过体细胞胚状体产生植株有三个显著的优点：由一个培养物所产生的胚状体数目往往比不定芽的数目多；胚状体形成快；胚状体结构完整，一旦形成都可能直接萌发形成小植株。

目前已知有100多种植物能产生胚状体，但有的发生和发育较为困难。一是植物激素对胚状体的发生有影响。在培养初期，要求必须含有一定量的生长激素，以诱导脱分化、形成愈伤组织。二是遗传基因对胚状体的发生有影响。有些植物容易形成胚状体，有的植物容易产生不定芽，这是因为物种的遗传性不同所决定。

4. 原球茎的发育 兰科植物的组培过程中，由茎尖或侧芽产生原球茎，原球茎不断增殖，逐渐分化成为小植株。原球茎最初是兰花种子发芽过程中的一种形态构造。种子萌发初期并不出现胚根，只是胚逐渐膨大、以后种皮的一端破裂，胀大的胚呈小圆锥状，称作原球茎。因此，原球茎可以理解为缩短呈珠粒状嫩茎器官。在顶芽和侧芽的培养中产生的都是这样的原球茎。一个芽的周围能产生几个到几十个原球茎，培养一定时间后，原球茎逐渐转绿，相继长出毛状假根，通过进一步培养，使其再生、分化，形成完整的植株。扩大繁殖时将原球茎切割成小块，转接到增殖培养基上，增殖出几倍、几十倍、几百倍的原球茎。

（五）试管苗的继代培养

在初代培养的基础上所获得的芽、苗、胚状体和原球茎等，称为中间繁殖体，它们的数量都还不多，需要进一步增殖，使之越来越多，从而发挥快速繁殖的优势。继代培养是在初代培养之后的连续数代的增殖培养过程。

继代培养使用的培养基对于一种植物来说每次几乎完全相同，由于培养物在接近最良好的环境条件，营养供应和激素调控下，排除了其他生物的竞争，所以能够按几何级数增殖。一般情况，在4～6周内增殖3～4倍是很容易做到的。如果在继代转接的过程中能够有效地防止菌类污染，又能及时的转接继代，一年内就能获得几十万或几百万株小苗。这个阶段就是快速繁殖的阶段。

（六）壮苗生根培养

继代培养对于任何植物来说都不可能无限度地进行，因为一方面继代次数过多易发生变异，另一方面受生产计划和规模的限制，增殖到一定数量或代数后须分流进入壮苗、生根培养阶段。在生产中，继代的次数与繁殖数量要计划准确，既保证繁殖到需要的数量又不超过继代限度，达到工厂化育苗规范标准的最佳效益。生根培养时将小苗分离为单株或小丛，转入生根培养基使之迅速生根，草本花卉大约7 d即可生根，木本花卉10～15 d生根。同时苗也长高了，植株健壮了，利于炼苗移栽。培养基内矿物元素浓度高时有利于发生茎叶，而较低时有利于生根，所以生根培养基多采用1/2MS培养基或1/2大量元素培养基；培养基中去掉细胞分裂素，加入适量的生长素（细胞分裂素/生长素比例低时有利于生根）。为了使生根小苗生长健壮利于移栽，生根培养基中的蔗糖用量可适当减少，用1.5%～2%的浓度，以减少试管苗对异养条件的依赖；同时提高光照度，促进光合作用。当小植株长出3～5条水平根，每根长1～2 cm时，最适宜的出瓶炼苗。

胚状体发育成的小苗，常带有原已分化的根，可以不经诱导生根的阶段。但因经胚状体途径发育的苗数特别多，且个体较小，则需要一个低浓度植物激素的培养基培养，以便壮苗生根。

(七) 试管苗驯化与移栽

试管苗驯化与移栽是植物组培快繁的最后一步，关系着生产的成败，如果做不好就会前功尽弃。同时由于试管苗的生存环境与自然环境有较大差异，只有充分了解和分析试管苗的特点，人为创设有利于试管苗成活的过渡条件，才能顺利获得大量健壮种苗。

1. 试管苗的特点 试管苗由于是在无菌、有营养供给、适宜光照和温度、近100%的相对湿度环境条件下生长的，所以在生理、形态等方面都与自然条件下生长的小苗有很大的差异，形成了自己的特点：生长细弱，角质层不发达；叶片气孔数少，活性差；叶绿体光合性能差；根系不发达，吸收功能弱；对逆境的适应性和抵抗能力差。

2. 试管苗的驯化 试管苗驯化目的是提高试管苗对自然条件的适应性，促其健壮，最终提高移栽成活率。在驯化开始的数天内，创造与培养环境条件相似的条件；后期则创造与预计栽培条件相似的条件，逐步适应。驯化的方法是将试管苗从培养间转移至驯化温室，不开口自然光下放置7～10 d，然后打开封口材料继续放置1～2 d。

3. 试管苗的移栽

(1) 苗床准备。草本植物移栽于苗床（宽度1 m，长度根据温室跨度而定）中，直接在苗床中铺上栽培基质（如蛭石、珍珠岩、草炭等），浇透水即可。木本植物移栽于塑料营养钵中，将营养钵排于苗床中，钵中装填基质至距钵上缘1 cm处，最后也浇透水。

(2) 试管苗出瓶。将试管苗打开瓶口，用镊子把小苗从瓶中取出放于盛有清水的盆中，注意尽量不伤根。

(3) 洗苗。在清水中轻轻洗去黏附于小苗根部的培养基，要洗得干净又少伤根。

(4) 移栽。在苗床（按照5 cm株距、8 cm行距）或钵中用竹签打孔，将洗好的小苗插于孔中并将孔覆严，移栽完毕用喷壶浇一遍水，以保证根系与基质充分接触。

4. 苗期管理

(1) 保持小苗的水分供需平衡。在移植后5～7 d，应给予较高的空气湿度条件，使叶面的水分蒸发减少，尽量接近培养瓶的条件，让小苗始终保持挺拔的状态。保持小苗水分供需平衡首先培养基质要浇透水，然后搭设小拱棚，以减少水分的蒸发，并且初期要常喷雾处理，保持拱棚薄膜上有水珠出现。5～7 d后，发现小苗有生长趋势，可逐渐降低湿度，减少喷水次数，将拱棚两端打开通风，使小苗适应湿度较小的条件。约10 d后揭去拱棚的薄膜，并给予水分控制，逐渐减少浇水，促进小苗长得粗壮。

(2) 防止菌类滋生。由于试管苗原来的环境是无菌的，移出来后难以保证完全无菌，因此，应尽量不使菌类大量滋生，以利成活。所以应对基质进行高压灭菌或烘烤灭菌。可以适当使用一定浓度的杀菌剂以便有效的保护幼苗，如多菌灵、托布津，浓度稀释800～1 000倍，宜7～10 d喷药1次。喷水时可加入0.1%的尿素，或用1/2MS大量元素的水溶液作追肥，可加快幼苗的生长与成活。

(3) 保证适宜的温度和光照条件。试管苗移植后要保持适宜的温度、光照条件，适宜的生根温度是18～20 ℃，冬、春季地温较低时，可用电热线来加温。温度过低会使幼苗生长迟缓，或不易成活。温度过高会使水分蒸发加快，从而使水分平衡受到破坏，并会促使菌类滋生。

另外，在光照管理的初期可用较弱的光照，如在小拱棚上加盖遮阳网，以防阳光灼伤小苗或增加水分的蒸发。当小植株有了新的生长时，逐渐加强光照。后期可直接利用自然光照，促进光合产物的积累，增强抗性，促其成活。

技能训练
JINENG XUNLIAN

培养基的制备与消毒

（一）训练目的

掌握MS培养基的配制及制作技术。

（二）材料用具

1. 材料　培养基配制所需的各种药品。

2. 用具　培养瓶、封口膜、量筒、托盘天平、不锈钢锅、电炉高压灭菌锅等。

（三）方法步骤

1. 称量与定容　分别称取大量元素、微量元素、铁盐、有机物的各种药品，按要求分别溶解定容1 000 mL。

2. 培养基制备　将不锈钢锅内加水放在电炉上加温，水温30～50 ℃时加入琼脂和糖，再加入（大量元素、微量元素、铁盐、有机物）混合液，调节适宜pH。

3. 分装　培养基分装培养基制备后及时分装，培养基的分装量按瓶的规格不同，分别装入瓶的1/4～1/5，扎好封口膜。

4. 消毒灭菌　放入高压灭菌锅内，于1.216×10^4 Pa压力、121 ℃下灭菌20 min。

（四）作业

1. 完成实训报告，记录MS培养基制备技术及操作过程。

2. 分析操作过程中存在的问题及注意事项。

知识拓展
ZHISHI TUOZHAN

花卉专业组培苗生产管理技术

（一）生产计划的制订

制订生产计划，虽然不是一件很复杂的事情，但是仍需要全面考虑、周密谨慎。要根据组培苗的生产特点，结合市场需求和种植生产时间来制订全年花卉组织培养的生产计划。同时，制订出计划后，实施过程中也要注意应对一些意外事件发生。所以，制订生产计划应注意：

（1）对各种植物增殖率的估算应切合实际；

（2）要有植物组织培养全过程的技术储备（包括外植体诱导、中间繁殖体增殖、生根与炼苗技术）；

（3）要掌握或熟悉各种组培苗的定植时间和生长环节；

（4）要掌握组培苗可能产生的后期效应。

一个完整生产计划的制订应包括生产设施、繁殖品种、计划数量、上市时间、销售策略等方面。为了保证生产计划按时、按质、按量完成，并能够按市场需求进行供苗；在制订计划前要认真分析往年的销售情况，预测本年度的市场需求，及早做好引种等准备工作。

1. 计划生产数量 根据需求确定繁殖品种，具体到每个品种生产前的预准备时间，需要多少材料作外植体等，这些需要依据计划的生产数量来考虑，一般至少应提前在生产季节前6～8个月开始准备。减少组培生产后期不被市场接受而造成严重损失的唯一办法，就是扩大信息来源，提高对花卉产品市场走势的预测能力。

试管苗的增殖率是指植物快速繁殖中繁殖体的繁殖率。估算试管苗的繁殖量，以苗、芽或未生根嫩茎为单位，一般以苗或瓶为计算单位。年生产量（Y）决定于每瓶苗数（m）、每周期增殖倍数（X）和年增殖周期数（n），其公式为：$Y=mX^n$。

如果每年增殖8次（$n=8$），每次增殖4倍（$X=4$），每瓶8株苗（$m=8$），全年可繁殖的苗是52万株。

此计算为生产理论数字，在实际生产过程中还有其他因素如污染、培养条件、发生故障等造成一些损耗，实际生产的数量可能比估算的数字要低一些。因此，组培苗的生产数量一般应比计划销售量加大20%～30%。但是，生产过程中，市场是在不断变化的，要及时反馈并进行适度调整，才能更好地促进种苗的高效生产和有效销售。

2. 安排上市时间 种苗上市时间，一般根据花卉种类及品种的生长周期，并结合种植地的环境和气候条件，以及近年来产花的时间规律来确定。组培室要根据各个种类及品种的诱导时间、繁殖系数、继代增殖及生根周期、不同季节过渡培养所需的时间、估计污染率、瓶苗质量及有效成苗数、炼苗驯化成活率等因素来计划，确保一定生产量所需的繁殖苗基数，并组织实施。在实施过程中，要坚持从组培生产开始，做好各个生产环节的统计工作。

3. 购买生产设施 要将无毒、无病的优质苗木应用于生产，获得经济和社会效益，需要一定的试管苗工厂化生产的设施，在人工控制的最佳环境条件下，充分利用自然资源和社会资源，采用标准化、机械化、自动化技术，高效优质地计划批量生产健康花卉苗木。花卉组织培养苗专业生产用设施和设备应根据市场和生产任务要求来确定。在生产过程中，需要保护栽培设施，如温室、塑料大棚等。

4. 制订管理办法与销售策略 规范化的科学管理是扩大生产规模，促进专业化生产的体制保证。标准化生产首要是实行分层管理，依市场作计划层层落实，目标、责任明确。工作区要责任到人，每周1～2次定期清扫，并用高锰酸钾加甲醛熏蒸，紫外灯照射45 min，保证接种及培养所需的无菌环境。严格管理，非工作人员要在得到允许后，更换服装并进行消毒，方可进入。

销售部门应密切注视市场变化，及时将市场走势情况反馈给生产部门，以便根据需要及时调整生产计划和种苗上市时间。销售部门还要经常与生产部门进行沟通，及时统计和掌握各种可以出售种苗的动态数量，了解它们的质量状况，进行统筹销售。进行组培快繁生产花卉种苗，是一类特殊的鲜活产品，其有效商品价值期比较短暂，因此，只有较好地解决了生产品种不对路，产品数量与市场需求脱节，销苗旺季无苗可销，淡季又大量积压等问题，尽量减少不必要的成本浪费，提高产品的有效销售率，才能在市场中占有较大份额，并赢得较高的信誉，使企业产品具有竞争力。

组培苗生产是一个系统工程，它包括从品种的选择、外植体选取、灭菌消毒、初代培养、继代扩繁、生根培养、驯化炼苗、商品苗、销售到栽培等一系列过程。其中任何一个环节出现问题，都会影响到整个生产计划的完成，所以在制订计划时要充分考虑到各种可能发生的情况，同时又不能把余地留的太大，以免生产过多造成浪费和增加成本，或者生产过少不能按订单提供相应的产品。

（二）产品质量的监控与售后服务体系建立

1. 产品质量标准 组培苗的质量受诸多因素的影响，但最重要的因素有两个，一是产品质量，二是生产工序质量。前者可以参照国家标准，后者可以通过控制生产标准得到保障。因此，必须针对种苗生产的瓶苗、进入生产前的出圃苗制订相应质量标准。

制订种苗质量控制方案，须对种苗质量的每一个属性，如种苗健康状况（病理和生理方面）、形态、均一性、无菌性等做出规定，以保证这些属性的复现。在这些属性确定下来后，接着是设立目标并对达到此目标的过程进行监控，从而使生产者合理生产，购买者放心购买。为此要完善管理制度，明确生产流程中各岗职能，做到各尽其职，各负其责，工作记录完备，出现问题有章可循，有记录可查。

目前，国家还没有对全部花卉组培苗质量制订统一的标准，只对部分花卉组培苗制订了国家标准，如非洲菊、满天星等。

2. 生产工序质量监控 将一个或多个母株送到实验室作为繁殖材料，母株会得到一个作物名称和品种号码，随后对该品种的第一个植株以及离体培养出来的植株的每一个无性系做编号。该编号代表作物名称、品种名、原始母株和获得的无性系。

在进行组培扩大繁殖之前，进行获得无性系的纯度鉴定，确认无误后再进行生产。在对生产过程做监控时，要制订出工作质量和数量标准，每天有专人对所有的环节进行记录，以便及时发现问题、解决问题。

3. 产品包装、运输与贮存 组培苗在销售之前，要进行产品包装。包装的原则一是要方便运输，二是要保证组培苗不受损伤。硬装穴盘苗易于远距离运输；营养丸苗包装占用时间少，且更方便包装运输，但是育苗袋成本较高。如果是瓶苗，要尽可能地减少破裂，袋装苗不能明显受到挤压变形。瓶苗仍需要保留在组培瓶中，并用木箱或纸箱进行包装。袋装苗应用特制的木箱包装，每箱装苗数量一定，且在装箱时及运输途中，袋中土柱应较硬实，袋子完整，以防止土柱松散。

为防止品种混杂，组培苗应注明品种、数量、育苗单位、出厂日期。如一车装2个以上品种，应按品种分别包装、分别装车，并做出明显标志。

包装前起苗前一天，对瓶苗和袋装苗要分别进行检查，注意其湿度。特别是袋装苗，要剪掉病叶、虫叶、老叶和过长的根系，并根据需要进行消毒处理。

运输途中严防日晒、雨淋。到达目的地后立即卸苗，并置于荫棚或阴凉处，及早进行定植。

（三）降低成本措施

组培苗能否进行大规模推广应用，主要取决于成本。生产成本与设备条件、经营管理水平及操作人员熟练程度有着密切的关系。生产实践中，在这些条件比较稳定的前提下，可采取的措施有减少污染、提高“三率”（分化率、生根率、移栽成活率）、缩短周期等；正确使用仪器设备，延长使用寿命，提高设备利用率，减少设备投资；尽量利用自然光，充分利用空间，节约水电开支；降低器皿消耗，有效降低组培苗生产成本。应用液体培养基可在较大程度上降低培养成本。

1. 选择适合的品种 最好要选用珍稀名贵花卉品种培养销售营养钵苗。名贵花卉，开花成苗的价格很高，增值更为可观，可以控制一定的生产量，自行建立原种材料圃，接种苗、种条材料提供市场批量销售，常可获得极高的经济效益。同时，研制开发具有自主知识产权的专利品种的组培苗，采取品牌经营策略，将更有利于经济效益的稳定增长。

2. 选择适宜的培养瓶 在传统的植物组织培养中，多以玻璃三角瓶为培养容器，其优点是透光性好、轻便；其缺点是价格高、易碎、容积小，在大批量的生产中就会相应地增加生产成本。现在市场上出售的柱形塑料瓶其容积大、价格便宜、使用期长，可以弥补玻璃三角瓶易碎、价高的缺点，同时培养容器中的接种密度可适当增加，虽然透光性不如三角瓶好，但对试管苗的生长不会有太大的影响，而且显著地提高了工作效率，相应地降低了生产成本。也可以用 250 mL 的玻璃罐头瓶代替，用封口膜封口。

但是，在生产中以这两种培养瓶为培养容器时，要特别注意灭菌处理。大容积培养瓶内培养基的体积也会相应增大，按常规灭菌易造成灭菌的不彻底。因此要适当延长灭菌时间。另外，在灭菌时要注意消毒筒内培养瓶不要放得太紧，留出一定的空隙。

此外，如灭菌时要尽量采取连续操作，以保证能量的持续利用，从而减少反复的耗能。

3. 改变培养基组成 在初代增殖培养阶段，尽可能地增加繁殖系数可以降低生产成本。但是，繁殖系数增加意味着培养基内的激素含量相对增加，这样会降低组培苗的质量，加大玻璃化苗的比例，影响其后续生长等。因此，繁殖系数的增加要适当。在生产中，配制培养基时以食用白砂糖代替蔗糖，自来水、纯净水代替蒸馏水可以降低成本，同时对组培苗的培养不会产生较大影响。

炼苗培养基中的营养成分实际利用率均达不到 60%，所以培养基可以将营养成分减少一半，降低培养成本。

4. 减少污染 在组培苗生产中，经常碰到组培苗及培养基被细菌、霉菌、酵母菌、放线菌等污染的现象，轻者会导致组培苗生长势弱并影响下一代的生长，重者会导致组培苗的大面积死亡。污染不仅严重影响了组培苗的质量和产量，而且还大幅度提高组培苗的生产成本，造成较大的经济损失。因此，在组培苗生产中，尽可能减少污染，有效地防止和抑制污染，保证组培材料正常生长及分化，减少不必要的损失，也是降低生产成本的有效措施。

组培苗污染情况与环境空气中的真菌数量存在正相关的关系。定期消毒可有效控制组培环境中的污染菌，通过降低组培环境中的污染菌数，可降低组培苗生产中的污染率。

在处理真菌污染的组培苗和培养瓶时要特别小心，如果污染的数量较小或污染的材料不是特别重要时，最好不要开盖，直接进行高压灭菌。因为一旦打开培养瓶的盖子或封口膜，真菌分生孢子就有可能飞出来污染周围的环境，会造成更大面积的污染。

组培苗大量多次转接难免出现细菌类污染，只需适当加以处理，还可以被利用。如刚转接的 1 周内温度尽量低，给细菌不良的生长温度，使其菌落生长慢而苗子快速生根开始生长。被细菌污染的组培苗，可处理使用，如截取茎段，先用 75% 的酒精处理 2 s，再用 0.1% 的升汞处理 3～4 min，多次冲洗消毒后培养。

5. 移栽及养护管理 不同植物组培苗移栽时带根与否，会导致成活率不同。如容易生根的花卉，组培苗移栽时带根与否，在相同移栽条件下对其成活率的影响不大，完全可以省略生根培养阶段。移栽后加强对组培苗的管理是工厂化生产中提高成苗系数的主要措施之一，而成苗系数的提高会相应地降低生产成本。

水分过多会影响组培苗的生长甚至可引起植株腐烂，特别是在高湿高温条件下，易引发病害。一旦病害发生，要严格控制浇水并合理喷施杀菌剂。在无病害发生时，定期使用杀菌剂喷雾也能显著提高成活率。

考核评价
KAOHE PINGJIA

考核内容	考核标准	考核分值	自我考核	教师评价
专业知识	了解花卉组培快繁技术的概念、应用和基本原理	5		
	熟悉组培快繁技术所需的设施和条件	5		
	熟悉组培快繁技术流程——培养基配制与制作技术	5		
	熟悉组培快繁过程——外植体灭菌与接种；组织培养过程；组培苗驯化移栽	15		
技能训练	花卉组培快繁技术训练	15		
专业能力	熟悉组培快繁环节，能熟练操作应用	10		
	在组培快繁技术操作过程中能发现问题、分析问题并能妥善地解决问题	15		
学习方法	网络信息查询； 专业书籍资料查询； 专业市场走访、调研； 勤于实践	10		
能力提升	学会学习，良好的交流沟通能力； 工作学习主动积极，勤于思考，助人为乐； 养成善于观察、详尽记录的好习惯	10		
素质提升	做事积极主动，与人团结合作； 学习工作勤恳努力； 工作学习中能及时发现问题，能分析、解决问题； 富有创造性思维，对待新事物好学进取	10		

项目4 露地花卉栽培

【项目背景】

露地花卉，主要指用于花坛、花境、花带及园林绿地的花卉，包括一、二年生花卉、宿根花卉、球根花卉、水生花卉、木本花卉等。花卉露地栽培是最基本的栽培方式，是将花卉直播或育苗移栽到露地栽培的方式。

露地花卉种类繁多，各类花卉有不同的生态习性，表现为春夏季生长发育，秋冬季种子成熟和落叶休眠。对环境条件要求各异。露地花卉适应性强，能自行调节水、肥、温、气等栽培条件。管理粗放，栽培容易。在园林绿地应用中，既能直播又能移栽，利用率高，能长期展示观赏效果。

露地花卉，根据应用目的有两种栽培方式，一种是按园林绿地的要求，直播栽培方式。另一种是圃地育苗栽培方式。

1. 直播栽培方式 将种子或其他繁殖材料直接播种于花坛或花池内而生长发育至开花的过程称直播栽培方式。选择一、二年生草花，特别是主根明显，须根少，不耐移植的花卉，运用直播方式将种子播种于花坛或花池内，使其萌芽、生长发育，达到开花观赏的目的。如虞美人、花菱草、香豌豆、牵牛、茑萝、凤仙花、矢车菊、飞燕草、紫茉莉、霞草等。

2. 育苗移栽方式 先在育苗圃地播种培育花卉幼苗，长至成苗后，按要求定植到花坛、花池或各种园林绿地中的过程，称育苗移栽方式。育苗移栽方式要选择主根、须根全面而耐移栽的花卉种类，如三色堇、金盏菊、桂竹香、紫罗兰、半支莲、一串红、万寿菊、孔雀草等。近年来，人们在园林绿化种植中普遍采用袋苗移栽。即在苗圃采用营养袋（常用带孔的黑塑料薄膜袋）盛上营养土，点播花卉种子或通过扦插等培育花卉苗木，成苗后将此带苗连袋土运到种植场地栽种。用袋苗移栽，成活率高，见效快，应用广泛。在大型展览、节日活动等布置花坛时，可采用营养袋苗摆设花坛。

【知识目标】

1. 了解露地花卉生产栽培的特点和基本知识；
2. 熟悉各类露地花卉的品种类型；
3. 明确各类露地花卉的生态习性；
4. 掌握各类露地花卉的繁殖技术；
5. 掌握各类露地花卉栽培管理知识。

【能力要求】

1. 熟悉各类露地花卉的品种类型以及生态习性，能确定栽培区域、栽培季节、栽培形式和栽培用途；
2. 掌握各类露地花卉的繁殖技术；
3. 具备各类露地花卉栽培管理能力。

【学习方法】

采取多种学习方法。通过网络查询相关资讯，获取较为先进的新技术信息，启发露地花卉栽培生产创造性。通过专业书籍查阅，改良栽培生产技术路线，提高产量效益。

任务 4.1 一、二年生花卉

任务目标
RENWU MUBIAO

1. 了解露地一、二年生花卉的生态习性；
2. 熟悉露地一、二年生花卉繁殖知识；
3. 能掌握露地一、二年生花卉繁殖技术；
4. 能掌握露地一、二年生花卉栽培管理技术和基本应用知识。

任务分析
RENWU FENXI

一、二年生花卉在园林造景中的应用越来越广泛，其色彩丰富，繁殖系数高，造景容易而且成景后对人的视觉冲击力、感染力也非常大，是其他绿化植物不能比拟的。本任务通过了解一、二年生花卉的特点和生态习性，进行合理繁殖和栽培管理，提高园林造景的观赏效果。

相关知识
XIANGGUAN ZHISHI

一、一、二年生花卉生态习性

(一) 共同点

1. 对光的要求 大多数喜欢阳光充足，仅少部分喜欢半阴环境，如夏堇、醉蝶花、三色堇等。

2. 对土壤的要求 除了重黏土和过度疏松的土壤，都可以生长，以深厚的壤土为好。

3. 对水分的要求 不耐干旱，根系浅，易受表土影响，要求土壤湿润。

(二) 不同点

一年生花卉喜温暖，不耐冬季严寒，大多不能忍受 0 ℃以下的低温，生长发育主要在无霜期进行，因此主要是春季播种，又称春播花卉、不耐寒性花卉。

二年生花卉喜欢冷凉，耐寒性强，可耐 0 ℃以下的低温，要求春化作用，一般在 0～10 ℃下 30～70 d 完成，自然界中越过冬天就通过了春化作用；不耐夏季炎热，因此主要是秋天播种，又称秋播花卉、耐寒性花卉。

二、繁殖要点

以播种繁殖为主。每年气候有变化，播种时间也需要依此而调整。

1. 一年生花卉 在春季晚霜过后，即气温稳定在大多数花卉种子萌发的适宜温度时可露地播种。为了提早开花或开花繁茂，也可以借助温室、温床、冷床等栽培设施提早播种育苗。一般播种时间在4月下旬至5月上旬，如“六一”或“七一”用花，可以在2月底（温室）或3月初（冷床）播种；为了延迟花期，如“十一”用花，也可以延迟播种，于5～7月播种。华南正常春播在2月底至3月下旬；华中地区在3月中旬至下旬进行播种。

2. 二年生花卉 一般在秋季播种，种子发芽适宜温度低，早播不易萌发，保证出苗后根系和营养体有一定的时间生长即可。在冬季特别寒冷的地区，如青海西宁，则在春季播种，作一年生栽培。一些二年生花卉可以在立冬至小雪（11月下旬）土壤封冻前露地播种，使种子在休眠状态下越冬，并经冬、春低温完成春化作用要求；或于早春土壤刚刚化冻10 cm时露地播种，利用早春低温完成春化作用要求，但不如冬播生长好，如锦团石竹、月见草等。这两个时间尤其适宜二年生花卉中直根性、不耐移植的种类，直接播种在应用地：如花菱草、霞草、虞美人、飞燕草、观赏罂粟、矢车菊、香矢车菊等。

北京地区正常播种时间在8月25日至9月5日，华中地区可以在9月下旬至10月上旬进行播种，华南地区可以在10月中下旬进行。

多年生作一、二年生栽培的种类，有些也可以扦插繁殖，如金盏菊、半支莲等。除了为保持品种特点，一般不采用此法。

三、栽培要点

园林中一、二年生花卉的栽培有两层含义，一是直接在应用地栽植商品种苗；二是从种子培育花苗，可以直接在应用地播种，也可以在花圃中先育苗，然后在应用地栽培管理。

播种育苗增加了育苗过程，需要专门的设备和人员，但可以根据设计要求育苗，有一定的主动性；直接在应用地播种，需要间苗，育苗管理不便，到达开花的时间也较长，难形成一定的图案，花期有时不一致，但简化了育苗步骤，景观自然。为获得整齐一致的花卉，常常采用育苗的方式。直接使用商品苗，尤其是穴盘苗，方便、灵活，种苗有良好的根系，生长较好。

在露地花卉中，一、二年生花卉对栽培管理条件要求比较严格，在花圃中要占用土壤、灌溉和管理条件相对优越的地块。

工作过程
GONGZUO GUOCHENG

露地一、二年生花卉栽培管理过程。

一、整地作畦

整地的目的在于改良土壤的结构，使其具有良好的通气和透水条件，促进土壤风化，有利于微生物活动，从而加速有机肥分解，便于花卉的吸收利用。

一、二年生花卉生长期短，根系分布较浅，整地深度一般20 cm左右。大面积的花圃可以机耕，而一般的花圃或花坛，多用铁锹“立茬”翻耕。整地的同时应清除杂草、砖块、石头等杂物。

整地通常在土地封冻前进行，耕后经冬季低温可消灭部分土壤中的病菌及害虫积蓄地下水分。也可早春土地解冻后进行春耕，耕翻过的土壤，要及时整平、作畦。南方多雨地区及低湿地带，均采用高畦；而北方干旱地区，多采用低畦。

二、播种时期

一、二年生花卉大多采用播种繁殖，播种时期因地而异。

一年生花卉，耐寒力不强，遇霜即枯死。通常于春季晚霜终止后播种。南方地区一般在2月下旬到3月上旬播种；北方则在4月上、中旬。为提早开花，往往在温室或冷床中提前播种育苗。

二年生花卉耐寒力较强，华中地区不加防寒保护即可安全越冬，华北地区多在冷床中越冬。二年生花卉秋播，次年春天开花。秋播适宜期南北地区不同，南方较迟，在9月下旬至10月上旬；北方较早，在9月上旬至中旬。而在一些冬季特别寒冷的地区则实行春播。

另外，一些露地二年生花卉在冬季严寒到来之前，地尚未封冻时进行春播，种子在休眠状态下越冬，并经冬、春低温完成春化阶段，如锦团石竹、福禄考、月见草等。还有一些直根性的二年生花卉，如飞燕草、罂粟、虞美人、矢车菊、香矢车菊、华菱草、霞草等，初冬直播在观赏地段，不用移植。如冬季未能直播，也可以在早春地面解冻10 cm深时进行播种，早春的低温尚可满足其春化的要求，但不如冬播生长良好。

三、播种

播种前要细致整理好播种床，一般情况下床内不用施肥。一、二年生花卉播种时通常不用进行种子处理。播种方法常用撒播，覆土厚度，不见种子就行，露地播种覆土可稍厚些。为减少水分蒸发，保持床内湿润，播种床上常加盖玻璃窗或蒲席。一般情况下播种后不再浇水，但若缺水，亦可用细孔喷壶喷水，但会使床土表层板结，对发芽不利，因此在播种前必须充分灌水，若播种床周围土壤干燥，可一起灌水湿润。露地直播常用沟播，深约1.5 cm。

四、播种后管理

幼苗出土后，逐渐去掉覆盖物，幼苗拥挤时，及时间苗，使空气流通、日照充足，则生长健壮。间苗时应选留苗壮的幼苗，去掉弱苗和徒长苗，并拔除其他苗和杂草。当幼苗长至3～4片真叶时，即可进行移植（除直播花卉外）。第一次移植都是裸根移植，边掘苗、边栽植、边浇水，以免幼苗萎蔫。经1～2次移植后，当幼苗充分生长并已开花，即可定植到花坛中去。

当播种苗长大后，不经移植而用攥土球囤苗的方法。即用手将1～2株小苗根系以细土攥成土球，依次紧紧囤在畦内，喷水保持湿润，这样，不久新根即从土球四周伸出。待小苗新根全部从土球伸出后，即可栽植在畦内，到开花时，再掘苗定植于花坛上。这样处理可抑制小苗徒长，增强生活力。

五、移植与定植

露地花卉栽培中，大部分一、二年生花卉均先育苗，经几次移植，最后定植于花坛或绿地。

1. 移植 移植包括起苗和移植两个过程。由苗床挖苗称起苗。幼苗或生长期苗起苗时需带土团，休眠期木本花卉可不带土团。移植时可在幼苗长出4～5枚真叶或苗高5 cm时进行，要掌握土壤不干不湿，避开烈日、大风。选择阴天或下雨前进行，若晴天可在傍晚进行，需遮阳管理，减少蒸发，缩短缓苗期，提高成活率。

2. 定植 将幼苗按绿化设计要求栽植到花坛、花境或其他绿地称为定植。定植前要根据花卉的要求施入肥料。一、二年生草花生长期短，根系分布浅，以含有肥料的壤土即可。定植时要掌握苗的株行距，不能过密，也不能过稀，按花冠幅度大小配置，以达到成龄花株的冠幅互相能衔接又不挤压的标准为宜。

六、栽培管理

在栽培过程中要经常进行灌水、追肥和中耕除草。一、二年生花卉多为浅根性，因此不耐干旱，应适当多灌溉，以免缺水造成萎蔫。栽培中，为补充基肥中某些不足的营养成分，满足花卉不同生育时期对营养成分的需求，而追施的肥料，称为追肥。在生长期内需分数次进行追肥。旺盛生长期施第一次追肥，促进枝叶繁茂；开花之前，施第二次追肥，促进开花；花后施第三次追肥，补充花期对养分的消耗。追肥常用无机肥。

为使植株低矮分枝多，可进行摘心，但一串红、荷兰菊、美女樱、凤仙、鸡冠、三色堇和翠菊等通常不用摘心。一、二年生花卉品种容易退化，为保持品种的优良性状，要采取合理的隔离措施防止品种的机械混杂和生物学混杂。要经常进行选择去杂工作，保持良好的栽培环境，使品种优良性状能充分表现出来。此外，种子采收很重要，要从品种正确的母株上采收充分成熟的种子。

整地作畦技术

（一）训练目的

熟悉露地花卉栽培整地要求，掌握整地作畦操作步骤及标准。

（二）材料用具

铁锹、土筐、有机肥、耙子、喷壶、米尺等。

（三）方法步骤

作高畦和平畦两种，分组完成。

（1）深翻土地 30 cm 深，清除杂物，打碎大土块，施入有机肥，拌匀。

（2）高畦：长度 10 m、宽 1.2 m、高度 20 cm，耙平待种。

（3）平畦：长度 10 m、宽 1.2 m、畦面与畦埂平整，待种。

（四）作业

设计一串红、鸡冠花、翠菊露地栽培畦面。

露地常见的一、二年生花卉

一、一串红

一串红（*Salvia splendens*），喜光，喜温暖湿润的气候，不耐霜寒，生长适温为 20～

25 ℃，夏季气温超过 35 ℃以上或连续阴雨，叶片黄化脱落；抗热性差，对高温阴雨特别敏感；喜疏松、肥沃、排水良好、中性至弱碱性土壤。一串红花色艳丽，是花坛的主要花材，也可作花带、花台等应用。

常见的一串红品种系列主要有展望、莎莎、名家、沙漠、烈火、太阳神等，现在各种苗公司每年都会推出一些新的品系，它们很多都是以上品种的改良或优势杂交品种。

一串红可用播种和扦插繁殖，以穴盘育苗为主。

扦插繁殖，一般于 5～6 月进行（根据用花需要，除严寒、酷暑季节外，在温室中随时可以进行）。从母株上剪取组织充实的侧枝，摘去顶端，长 5～6 cm，插入已经准备好的培养土中，深度 1～2 cm，插后浇透水，注意遮阳，经常保持床土湿润，插后 10 d 发根，插后一个月上盆（定植），10 月间在大棚内或温室内扦插，可提供春季或“五一”用花，此时的扦插苗要在温室内越冬，需与播种苗一样做好保温工作。

一串红生长期短，根系分布较浅，一般深耕 20 cm 左右即可。南方多雨，采用高畦；而北方多采用低畦。从播种到开花生长迅速，花期集中，为使花卉长势一致、高矮一致、花期一致，要进行间苗工作。间苗去密留稀、去弱留壮，使幼苗之间有一定距离，分布均匀。间苗常在土壤干湿适度时进行，分 2～3 次进行，每次间苗量不宜过大，最后一次间苗称为定苗。间苗的同时应拔除杂草，间苗后需对畦面进行浇水 1 次。

移植时可在幼苗长出 4～5 枚真叶或苗高 5 cm 时进行。定植时要掌握苗的株行距，不能过密，也不能过稀，按花冠幅度大小配置，以达到成龄花株的冠幅互相能衔接又不挤压的标准为宜。

一串红为浅根性，不耐干旱，应适当多灌溉，以免缺水造成萎蔫。一般采用漫灌法，大面积的圃地与园地的灌溉，需用灌溉机械进行沟灌、喷灌或滴灌。

在一串红的生长季节，可在花前花后追施磷肥，使花大色艳。一串红花期较长，从夏天一直开到早霜。南方可在花后距地面 10～20 cm 处剪除花枝，加强肥水管理还可再度开花。

北方一般在 5 月下旬，一串红可以定植到露地。一串红从播种到开花大约 150 d，为了使植株丛生状，可对其进行摘心处理，但摘心将推迟花期，所以摘心时应注意园林应用时期。

一串红种子易散落，早霜前应及时采收，在花序中部小花花萼失色时，剪取整个花序晾干脱粒。一串红种子在北方不易成熟，如果进行良种繁育，可提前播种。

二、矮牵牛

矮牵牛（*Petunia hybrida*），性喜温暖，不耐寒，耐暑热，在干热的夏季也能正常开花；喜向阳、通风良好的环境；要求排水良好、疏松的酸性沙质土。适于大面积花坛和公共绿地栽植，也适于庆典活动和楼、堂、馆、所摆花及家庭阳台装饰。在北方为一年生花卉，在南方可作多年生栽培。

矮牵牛主要是播种繁殖，也可扦播繁殖。

播种繁殖一般根据用花期来安排播种期，如“五一”用花，通常在上一年的 9～10 月至当年的 1～2 月进行，盆苗在大棚或温室内培育成长；若国庆用花，则 6 月播种，苗期应在设施内培育；3～4 月播种提供平时用花。种子在 20 ℃时 5～7 d 即可发芽，出苗后及时除去覆盖物，注意通风换气，用细喷雾给水。小苗长出 3～5 片真叶时可进行移植，并摘心。矮牵牛以带土尽早上盆定植为好，以利发棵。上盆后为促其分枝可进行 2～3 次摘心。

重瓣品种因采种困难，可用扦插繁殖，取花后重新萌生的侧枝作为插穗。在 5 月和 9 月进行扦插为宜。选用新芽枝，长 5～6 cm，插穗保留 3 对叶，其余去掉，扦插于 128 孔的穴盘里，可用蛭石或蛭石与珍珠岩 1∶1 混合作基质。插后喷透水，用遮阳网遮阳，经常注意喷水保湿，在 22～25 ℃的温度下，15 d 左右可生根发芽。长出 3～4 片新叶后，从穴盆内脱出上盆或定植，加强水肥管理，约 1 个月后可开花。

当真叶 5～6 枚时进行移植，间距 5 cm×5 cm，或上盆于 10 cm×12 cm 营养钵。在栽培过程中，要经常进行摘心，这样可限制株高，还能促使其萌发新芽，使盆栽矮牵牛更显丰满。定植后，一般每隔 10～15 d 施复合肥 1 次，直至开花。施肥不要过多，土壤不宜太湿，否则容易徒长倒伏。

三、三色堇

三色堇（*Viola tricolor*），性喜比较凉爽的气候，较耐寒而不耐暑热；要求适度阳光，能耐半阴；喜肥沃湿润的沙质壤土。三色堇色彩丰富，是春季重要的园林花卉，宜植于花坛、花境、花池、岩石园、野趣园、自然景观区树下。

播种繁殖一般在 8～9 月，播种方法同矮牵牛。种子发芽温度控制在 18～24 ℃，10～15 d出苗。子叶展开后及时分苗到 128 孔或 200 孔穴盘里，及时上盆。带花脱盆定植。

三色堇喜肥，施肥的时间根据生长季节不同而有所不同，可视情况每隔 7～10 d 施一次稀薄的液肥。三色堇不施过浓的肥料，以防发生肥害；追肥前最好疏松土壤表层，以利肥分迅速渗透，尽快被吸收。土壤不宜过于干燥，忌积水。

四、万寿菊

万寿菊（*Tagetes erecta*），性喜阳光充足和温暖的气候环境。不耐寒冷，怕湿热，稍耐阴，较耐旱，但阳光不足会使枝干软弱，在夏季酷暑时，有伏天休眠现象，适应性强。冬季夜间温度保持在 10 ℃以上，便能开花。对土壤要求不严。适于定植花坛、花境、林缘等。

万寿菊通常在 3 月下旬至 4 月初进行露地播种，种子发芽的适温为 20 ℃，播后约 7 d 出苗，6 月中旬可供花。为使万寿菊提早供花，可于 2 月份在温室内播种育苗。

一般于 4 月下旬开始在露地苗床进行。扦插床要精细整地。选取发育充实的枝条作插穗，长 8～10 cm，剪去下部 3～4 cm 的叶片，留上部 2～3 枚真叶，插入土中，株行距 10 cm×10 cm，插后浇透水，盖上透光率为 60％的遮阳网，一般 7 d 左右发根，发根后揭去遮阳网，注意肥水管理，幼苗迅速成长，15 d 后及时定植于花盆内，30～40 d 即可开花。

万寿菊植株生长茂密，肥水需要量较多，盆土应施足基肥，在整个生长期，视土壤的肥沃程度确定是否追肥，若土壤肥沃，过多的追肥会引起植株徒长甚至倒伏。如果出现倒伏现象，应设支柱。天气干燥时要充分浇水，延缓枝叶衰老，长期保持青枝绿叶，花朵多而硕大。

万寿菊在定植时摘心，促进侧枝的萌发，使植株更丰满，提高观赏价值。及时剪除谢花与残花、黄叶，减少养分的消耗。

五、半支莲

半支莲（*Portulaca grandiflora*），性喜温暖和充足阳光，不耐寒冷。喜疏松的沙质土，

耐瘠薄和干旱，是栽植毛毡式花坛的良好材料，也可作大面积花坛、花境的镶边。

3～4月精细整地后直播于花坛或花境。成苗后可摘取嫩枝扦插，不必遮阳，只要土壤湿润即可插活。能自播繁衍。华南冬季温暖，常有茎枝不死，翌春萌出新枝即可摘取扦插繁殖。

播种苗如过于稠密，应做好间苗、除草工作。事先育苗的可裸根移栽至花坛。播种或栽苗前适施基肥，生长期中不需施肥太多，可较粗放管理。

六、凤仙花

凤仙花（*Impatiens balsamina*），喜温暖，不耐寒，怕霜冷。喜阳光充足、长日照环境。喜湿润而排水良好的土壤，耐干性较差；对土壤质地要求不严，是花坛、花境中的优良材料，也可栽植花丛和花群。

播种繁殖，3～4月在露地苗床育苗，也可在花坛内直播。能自播繁衍，上年栽过凤仙花的花坛，次年4～5月会陆续长出幼苗，可选苗移植。

幼苗期需间苗2～3次，3～4片真叶期移栽定植。定植后应注意灌水，雨水过多时应注意排涝，否则根、茎易腐烂。苗期应勤施追肥，可10～15 d追施1次以氮肥为主，氮、磷、钾结合的液肥。依花期迟早需要进行1～3次摘心。采收种子应在果皮开始发白时进行摘果，避免碰裂果皮，弹失种子。

七、鸡冠花

鸡冠花（*Celosia cristata*），喜光，喜炎热干燥的气候，不耐寒，不耐涝，能自播。花期7～9月，花序形状奇特，色彩丰富，花期长，适用于布置秋季花坛、花池和花境。

鸡冠花的品种因花序形态不同，可分为扫帚鸡冠、面鸡冠、鸳鸯鸡冠、璎珞鸡冠等。

每年5月份，待气温较高时将种子播于露地苗床，因种子细小，覆土宜薄，若苗床湿润，3 d后就可发芽出土。

幼苗期不宜过湿过肥，避免徒长。6月中旬定植园地，株距30 cm。茎叶旺盛生长期，必须追施肥水，注意适时抹去侧芽，以利顶生花序的发育。

八、虞美人

虞美人（*Papaver rhoeas*），喜温凉气候，较耐寒而怕暑热，喜阳光充足环境，要求排水良好，疏松而又肥沃的沙壤土，是春季美化花坛、花境及庭院的精细草花，特别适合成片栽植，但花期较短。

播种繁殖，9月中、下旬播种，覆盖保护越冬，翌年春天即可开花。东北和西北一些夏季凉爽的地区，4月初直接在露地撒播，可在夏初开花。

直播的花坛，出苗后应细心间苗2次，每穴保苗2～3株，使之簇状生长，穴距30～40 cm，开花后仍可布满畦面。肥水管理要特别细心，不宜大肥大水，以防止纤细的枝茎长得太高。注意排除积水，避免湿热而造成落花落蕾。不宜连作，否则易出现开花前死苗。

九、羽衣甘蓝

羽衣甘蓝（*Brassica oleracea*），喜光，耐寒，要求园地土层肥沃且疏松。花期4月，是著名的冬季露地草本观叶植物。用于布置冬季花坛、花境。

7月中旬将种子播于200孔穴盘中，放在露地的半遮阳防雨棚中，3～4 d出苗整齐。播后三个月即可观赏。

真叶2～3枚时移植到10 cm×12 cm营养钵中，加强肥水管理。当植株冠径达20 cm时，约11月中旬定植园地，株距30 cm。此时勤施淡液肥，促使生长茂盛。

十、紫茉莉

紫茉莉（*Mirabilis jalapa*），性喜温暖而湿润的气候，不耐寒；要求深厚、肥沃而疏松的土壤，适于花境栽植、散植或丛植，抗SO_2，常用于工矿污染区栽种。

3～4月间直播于露地，5～6月即可逐渐开花能直播繁衍，一年种植，年年有苗。南方留宿根分栽，成株快，开花也更早。

植株长势强，露地定植株距可大些，普通品种应有50～60 cm，矮生种可30 cm。其他管理可较粗放。

十一、福禄考

福禄考（*Phlox drummondii*），喜温暖凉爽的气候条件，怕暑热，有一定耐寒力；喜阳光充足；要求排水良好和疏松肥沃的土壤，忌盐碱和水涝，是花坛的优良美化材料。

常于9月份秋播，11月带土团移植，防寒越冬，翌春可定植花坛。温室早春2月播种，4月即可供栽花坛。7月中旬以前剪取嫩枝扦插，遮阳养护，8月下旬栽入花坛，可供“十一”国庆观花。

定植前应施入足量有机质基肥，才能满足不断开花的需要。花坛定植株距可保持在30 cm。注意灌水保湿润，排涝防积水。

十二、其他露地草本花卉

其他露地草本花卉栽培简介如表4-1所示。

表4-1　其他露地草本花卉栽培简介

序号	中名	学　名	科　属	习　性	繁殖	栽培应用
1	翠菊	*Callistephus chinensis*	菊科	较耐寒，忌酷暑，稍耐阴，忌连作	播种	喜肥沃、疏松土壤，布置花坛、花带、花境
2	金鱼草	*Antirrhinum majus*	玄参科	耐寒，怕暑热，喜排水好的土壤	播种	露地栽培需摘心。布置花坛、花境
3	百日草	*Zinnia elegans*	菊科	耐干旱，喜光，怕暑热	播种	布置花坛、花境
4	雏菊	*Bellis perennis*	菊科	耐寒，能耐瘠薄土壤	播种	多秋季布置花坛
5	矢车菊	*Centaurea cyanus*	菊科	喜光，耐寒，土壤肥沃、疏松、排水良好	播种	大苗不耐移植。丛植布置花坛花境
6	毛地黄	*Digitalis purpurea*	玄参科	喜排水好土壤，较耐寒	播种 分株	布置花坛，或作花境的背景材料
7	波斯菊	*Cosmos bipinnatus*	菊科	不耐寒，喜光，耐瘠薄，怕水涝	播种	栽植花丛或花群

（续）

序号	中名	学　名	科 属	习 性	繁殖	栽培应用
8	孔雀草	*Tagetes patula*	菊科	喜光，易倒伏，耐移植	播种	布置花坛、花境或草地边缘
9	矮雪轮	*Silene pendula*	石竹科	喜光，耐寒，喜排水好疏松土壤	播种	布置花坛、花境或盆栽
10	高雪轮	*Silene armeria*	石竹科	喜凉爽，喜光，耐寒，不耐炎热，要求土壤排水良好	播种	幼苗要早移栽，布置花坛、花境或作切花
11	霞草	*Gypsophila elegans*	石竹科	耐寒，喜干燥的石灰质土壤，忌移栽	播种	主要用于干花
12	长春花	*Catharanthus roseus*	夹竹桃科	喜温暖，不耐寒，喜排水好疏松土壤	播种	作花坛、花境材料
13	美女樱	*Verbena hybrida*	马鞭草科	喜温暖，较耐寒，喜光，不耐干旱	播种、分株、压条	生长初期应摘心，促使分枝，布置花坛、花境
14	桂竹香	*Cheiranthus cheiri*	十字花科	耐寒性较强，喜排水良好的土壤，不耐移植	播种	幼苗移植早。布置花坛或花境
15	月见草	*Oenothera biennis*	柳叶菜科	喜阳光，也耐半阴，要求土壤排水良好	播种 分株	丛植，布置花坛或花境
16	千日红	*Gomphrena globosa*	苋科	喜炎热、干燥气候，耐修剪	播种	生长期湿度不宜过大。布置花坛或作干花
17	飞燕草	*Delphinum ajacis*	毛茛科	喜凉爽，耐寒，喜光，忌涝，不耐移植	播种	宜布置花境、花带，也可植于林缘
18	银边翠	*Euphorbia marginata*	大戟科	耐热，不耐寒，不耐移植	播种	适合与色艳的草花配置花坛
19	麦秆菊	*Helichrysum bracteatum*	菊科	不耐寒，忌酷暑，喜排水好的肥沃土壤	播种	栽培管理粗放，丛植布置花坛或作干花
20	扫帚草	*Kochia scoparia*	藜科	不耐寒，抗干旱，对土壤要求不严	播种	宜用于坡地栽植
21	五色苋	*Alternanthera ficoidea*	苋科	喜温暖、阳光充足，不耐寒，喜排水好土壤，耐修剪	播种 扦插	最适宜作毛毡花坛或镶边材料
22	红草 五色苋	*Alternanthera amoena*	苋科	喜温暖，不耐寒，生长势较弱，耐修剪	播种 扦插	最适宜作毛毡花坛或镶边材料
23	红叶苋	*Iresine herbstii*	苋科	喜温暖，忌寒冷，耐干热和瘠薄土壤，喜光，耐修剪	播种 扦插	布置毛毡花坛
24	尖叶 红叶苋	*Iresine lindenii*	苋科	喜温暖，忌寒冷，耐干热和瘠薄土壤，喜光，耐修剪	播种 扦插	布置毛毡花坛
25	风铃草	*Campanula medium*	桔梗科	耐寒而不耐暑热，喜光，要求肥沃、湿润的沙壤土	播种 扦插	常作花坛、花境背景及林缘丛植

考核评价 KAOHE PINGJIA

考核内容	考核标准	考核分值（100%）	自我考核	教师评价
专业知识	熟悉一、二年生花卉的生态习性	5		
	了解一、二年生花卉的栽培所需要的各种设施	5		
	熟悉一、二年生花卉的各种繁殖知识	10		
	熟悉一、二年生花卉栽培管理知识	10		
技能训练	一、二年生花卉栽培技术训练	10		
专业能力	能掌握一、二年生花卉播种技术	10		
	能制订一、二年生花卉全年性生产计划和实施方案	10		
	一、二年生花卉种类多，在栽培中能及时发现问题，分析出原因，能提出解决问题的方案	10		
学习方法	网络信息查询； 专业书籍资料查询； 专业市场走访、调研； 勤于实践	10		
能力提升	学会学习，良好的交流沟通能力； 工作学习主动积极，勤于思考，助人为乐； 养成善于观察、详尽记录的好习惯	10		
素质提升	做事积极主动，与人团结合作； 学习工作勤恳努力； 工作学习中能及时发现问题，能分析、解决问题； 富有创造性思维，对待新事物好学进取	10		

任务 4.2　宿根花卉

任务目标 RENWU MUBIAO

1. 熟悉宿根花卉的生态习性；
2. 熟悉宿根花卉繁殖的基本知识；
3. 掌握宿根花卉各种繁殖技术；
4. 能掌握宿根花卉栽培管理技术和应用基本知识。

任务分析 RENWU FENXI

宿根花卉繁殖、管理简便，一年种植可多年开花，是城镇绿化、美化极适合的植物材料。宿根花卉比一、二年生草花有着更强的生命力，而且节水、抗旱、省工、易管理，合理搭配品种完全可以达到“三季有花”的目标，更能体现城市绿化发展与自然植物资源的合理

配置。本任务通过明确宿根花卉的特点及生态习性，合理配置，并采取相应的繁殖方法和栽培技术措施，展示其最佳的景观效果。

相关知识 XIANGGUAN ZHISHI

一、生态习性

宿根花卉一般生长强健，适应性较强。种类不同，在其生长发育过程中对环境条件的要求也不一致，生态习性差异很大。

1. 对温度的要求 耐寒力差异很大。早春及春天开花的种类大多喜欢冷凉，忌炎热；而夏秋开花的种类大多喜欢温暖。

2. 对光照的要求 要求不一致。有些喜阳光充足：如宿根福禄考、菊花；有些喜半阴：如玉簪、紫萼、铃兰；有些喜微阴：如白芨、耧斗菜、桔梗。

3. 对土壤的要求 对土壤要求不严。除沙土和重黏土外，大多数都可以生长，一般栽培2～3年后以黏质壤土为佳，小苗喜富含腐殖质的疏松土壤。对土壤肥力的要求也不同，金光菊、荷兰菊、桔梗等耐瘠薄；而芍药、菊花则喜肥。多叶羽扇豆喜酸性土壤；而非洲菊、宿根霞草喜微碱性土壤。

4. 对水分的要求 根系较一、二年生花卉强，抗旱性较强，但对水分要求也不同：像鸢尾、铃兰、乌头喜欢湿润的土壤；而黄花菜、马蔺、紫松果菊则耐干旱。

二、繁殖要点

以无性繁殖为主，包括分株、扦插等。

为不影响开花，春季开花的种类应在秋季或初冬进行分株，如芍药、荷包牡丹；而夏秋开花的种类宜在早春萌动前分株，如桔梗、萱草、宿根福禄考。还可以用根蘖、吸芽、走茎、匍匐茎繁殖。此外，有些花卉也可以采用扦插繁殖，如荷兰菊、紫菀、随意草等。

有时为了育种或获得大量植株也采用播种法。根据生态习性不同，也分为春播、秋播。播种苗有的1～2年后可开花，也有的要5～6年后才开花。

三、栽培要点

园林应用一般是使用花圃中育出的成苗。小苗的培育需要精心，多在花圃中进行，同一、二年生花卉，定植以后管理粗放。主要工作如下：

由于一次栽植后多年生长开花，根系也强大，因此，整地时要深耕至40～50 cm，同时施入大量有机肥作基肥。栽植深度要适当，一般与根颈齐，过深过浅都不利于花卉生长。栽后灌1～2次透水。以后不需精细管理，特别干燥时灌水即可。

为了使其生长茂盛、开花繁茂，可以在生长期追肥，也可以在春季新芽抽出前。对不耐寒的种类要在温室中进行栽培；对耐寒性稍差的种类，入冬后要培土或覆盖过冬；对生长几年后出现衰弱，开花不良的种类，可以结合繁殖进行更新，剪除老根、烂根，重新分株栽培；对生长快、萌发力强的种类要适时分株；对有自播繁衍能力的花卉要控制生长面积，以保持良好景观。

工作过程
GONGZUO GUOCHENG

以菊花为例阐述宿根花卉栽培管理过程。

菊花（*Dendranthema morifolium*），原产我国，喜光照，为短日照性花卉；耐寒，生长适温 18～22 ℃，夜温 10 ℃左右，有利于花芽分化；喜富含腐殖质、排水通气良好的壤土；耐旱，忌连作；对 SO_2 等有毒气体有一定抗性。花期 11 月。

一、品种选择

世界上已有 20 000～25 000 个园艺品种，一般可分类为：

1. 依自然花期及生态分类 可分为：春菊、夏菊、秋菊、冬菊。

2. 依瓣形、花型分类 可分为：

(1) 平瓣类（宽带型、荷花型、芍药型、平盘型、翻卷型、叠球型）。

(2) 匀瓣类（匙荷型、雀舌型、蜂窝型、莲座型、卷散型、匙球型）。

(3) 管瓣类（松针型、疏管型、管球型、丝发型、飞舞型、钩环型、璎珞型、贯珠型）。

(4) 桂瓣类（平桂瓣、匙桂瓣、管桂瓣、全桂瓣）。

(5) 畸瓣类（龙爪型、毛刺型、剪绒型）。

3. 依花径大小（实为花序径）分类 可分为：大菊（直径 18 cm 以上）、中菊（直径 9～18 cm）、小菊（直径在 9 cm 以下）。

二、育苗

以扦插、嫁接法繁殖为主。

(一) 扦插繁殖

1. 嫩枝扦插 每年春季 4～6 月，取宿根萌芽具 3～4 个节的嫩梢；长约 10 cm，仅顶端留 2～3 叶片，如叶片过大可剪去 1/2，插入已准备好的苗床或盆内。扦插株距 3～5 cm，行距 10 cm。插时用竹扦打孔，深度为扦条的 1/3～1/2，将周围基质压紧，立即浇透水，初插 3 d 内要保持湿润即可，21 d 即可生根。生根 7 d 后可以移植。

2. 脚芽扦插 11～12 月菊花开花时，取长 8 cm 左右的脚芽，插入繁殖床内，至次年 3 月中下旬移栽，此法多用于北京独本菊、悬崖菊或大立菊的培育。

(二) 嫁接

菊花嫁接多采用黄蒿（*Artemisia annua*）和青蒿（*A. apiacea Hance*）作砧木。黄蒿的抗性比青蒿强，生长强健。而青蒿茎较高大，宜嫁接塔菊；黄蒿适合嫁接大立菊。每年 11～12 月从野外选取色质鲜嫩的健壮植株，上盆，置于温室越冬或露地苗床内，加强肥水管理，使其生长健壮，根系发达。嫁接时间为 3～6 月，多采用高枝劈接法。砧木主茎在离土面7 cm处切断（也可以进行高接），切断处不宜太老。如发现髓心发白，表明已老化，不能用。接穗采用充实的顶梢，粗细最好与砧木相似，长 5～6 cm，只留顶上没有展开的顶叶 1～2 枚，茎部两边斜削成楔形。再将砧木在剪断处对中劈开相应的长度，然后嵌入接穗，用塑料薄膜缚住接口，松紧要适当。接后置于阴凉处 2～3 周后可解除缚扎物，并逐渐增加光照。

三、栽培管理

(一) 标本菊

标本菊，也称独本菊，特点是1盆1株、1本1花；植株高大，花型、花色充分表现品种特征。栽培要点是“冬存、春种、夏定、秋养”。

1. 冬存　花蕾透色后从盆内萌发的第1代脚芽生命力强，长势很壮，应及时采下扦插，剪去原带的根而生新根。采芽时注意要采生长适中的脚芽，插入冷床或温室花盆内，给予2～5 ℃的温度冬存越冬。不见光、浇水少，促使粗壮“蹲苗”。

2. 春种　翌年清明前后将冬存的脚芽苗移到室外，放在背风向阳处，然后用普通培养土分苗上盆，不加底肥。上盆后置于阳光充足和不积水的场地养护，浇水要少，以防徒长。如果发现叶片发黄应及时松土，以促进根系生长。

3. 夏定　当苗高达40 cm以上时，根据各品种花期的早晚和长势的强弱，采用分期分批摘心技术，促使植株根系萌发新的脚芽。为诱发脚芽，将顶芽摘除后还应尽快把侧芽抹掉。一般摘心时间在6月中旬。矮生品种或晚花品种在5月中、下旬摘心；早花品种及生长过强的品种应在6月中、下旬摘心，以防止植株过高和开花过早。7月中旬经摘心和除芽的植株都会从盆土内萌发出脚芽，应选留盆边的一个脚芽苗作培育植株，其余的全部挖掉。待留下的脚芽长至15 cm时脱盆另栽，用加肥培养土换入大盆栽培。脱盆后保留护心土，把脚芽苗栽在花盆的中央，让原来的老本靠在盆边，切不要把老本剪掉。一方面利用老本叶片制造营养供给新苗生长，另一方面是防止原来的老根枯死。待新苗长到40 cm高时地下已长出新根，再把老本剪掉。

夏定苗换盆，第1次填土要填至盆深的1/2处，盆底放入30 g的马蹄片，长期供应营养；第2次填土埋住植株的茎干，用加入1/10麻酱渣和1/20的过磷酸钙已充分腐熟的培养土；第3次填土要用加肥土填满花盆。这3次填土要间隔20 d左右，每填1次加肥培养土就长1段根，3次土就形成了老、中、青3段根，也就形成3段长势，这就是北京独本菊的特点，充分展示菊花的品种特色。

4. 秋养　8月上旬，夏定的新植株已经长大，这时可将原来的老本齐土面剪掉，9月中旬花芽形成并进入孕蕾阶段，要用细竹竿结合花枝进行裱扎，裱竿的粗细最好能和花茎的粗细差不多，紧贴主茎插入盆土内，用细的绿色塑料条每隔15～20 cm绑扎1道，高出株顶的裱竿暂时不要剪掉，以备植株继续生长裱扎。

追肥是秋养最重要的工作，自9月上旬或第3次填土后，每隔7 d追施1次稀薄液肥，以麻酱渣水为最好，同时，间隔施用500倍液磷酸二氢钾或用1 000倍液进行根外追肥，至花蕾透色为止。施肥次数的多少和浓度的大小应根据不同品种和生长情况来掌握，凡花瓣宽大、花型紧密及肥硕的品种耐肥力都比较强，它们的叶片锯齿和缺刻也比较浅，显得圆浑肥厚，因此可施大肥。在追肥的过程中还应仔细视察植株的生长情况，如果发现叶片向下卷并呈僵硬状态时，说明已多肥，应停止追肥。从全株看，凡由下向上叶片逐渐加大生长，至花苗以下第2节长得比较粗壮，说明追肥量适当。

花蕾透色以后，花朵逐渐开放，为了延长花期，应将它们移入疏荫下，防止阳光直晒，少浇水，掌握干透浇透的原则。

(二) 大立菊

特点是在1个植株上同时开放出成百朵或上千朵大小整齐、花期一致的花朵。培养1株大立菊要有1年的时间。宜选用抗性强、枝条软、节间长、易分枝，且花朵中等、花色鲜艳并易于加工造型的品种进行培植。

11月挖取野外黄蒿栽入温室花盆培养嫁接菊花品种。当嫁接的菊花苗高20 cm左右或有4～5片叶时，即可开始摘心。摘心可陆续进行5～7次，每长至15 cm时摘心1次，直到7月中、下旬为止。每次摘心后要养成3～5分枝，这样就可以养成数百个至上千个花头。为了造型，植株下部外围的花枝要少摘心1次，使枝展开阔。大立菊的植株阔大，周围要竖立支撑的竹竿，再用细绳缚扎固定。要使花朵大小一致，同时开放，必须注意选蕾。每个枝条顶部出现的花蕾，在第1次剥蕾时，凡顶蕾大的，要多留几个侧蕾，使养分分散；凡顶蕾小的，要少留几个侧蕾，使养分集中。通过几次分批摘除侧蕾，调整顶蕾生长的速度。在最后1次剥蕾时，每枝顶端仅留1蕾。

大立菊为了使花朵分布均匀，要套上预制的竹箍，并用竹竿作支架，将花朵逐个进行缚扎固定，形成一个微凸的球面。

（三）塔菊

青蒿茎干粗壮，根系发达，以嫁接、培养多层次高大的塔菊，塔菊的品种接穗以小菊品种为宜。夏秋之际，挖取野生粗壮的青蒿在温室栽培，蒿的茎干直径达3 mm时，单株嫁接砧木的基部，也可当砧木长成十几个或二十几个侧枝时，再在侧枝上嫁接品种接穗。嫁接后的菊花枝每长15～20 cm时，即摘心。结合造型反复多次摘心，当达到一定高度或光照时数达到分化花芽时，停止摘心，培育花蕾开花。

（四）悬崖菊

应用小菊系进行栽培造型。11月在室内繁殖菊苗，第二年春天将菊苗移植在露地苗床，应用一竹片斜插于土中，将菊苗绑扎在竹片上引导主干斜向延伸成悬崖状。悬崖菊摘心不摘主枝，只摘侧枝。在侧枝上每次留2片叶摘心，越靠近基部摘心次数越多，使植株下部枝条多，上部枝条少，整个植株成长楔形。一般从4月下旬开始，每10～15 d摘心1次，至8月中旬定头。10月上旬上盆，花期搁置于高处，全株向下斜垂，长度可达3 m以上。因植株长大，所需水、肥较多，故应注意施肥、灌溉。

技能训练
JINENG XUNLIAN

菊花扦插育苗技术

（一）训练目的

熟悉菊花扦插育苗要求，掌握扦插育苗操作步骤及标准。

（二）材料用具

菊花母本、扦插床、扦插基质（蛭石或珍珠岩）、剪刀、喷壶、薄膜、遮阳网等。

（三）方法步骤

1. 基质准备 扦插床内装填10～15 cm厚的蛭石或珍珠岩，并浇透水。

2. 插穗准备 从生长良好的母本上剪取插条，每人50根。

3. 扦插方法 插条长度7～8 cm、扦插深度为插条长的一半左右、株行距5 cm×5 cm。

4. 扦插后管理 保温、保湿、适当遮阳。

(四) 作业

设计菊花育苗方案。

常见的宿根花卉

一、芍药

芍药（*Paeonia lactiflora*），耐寒性强，耐热力较差；喜光，但在疏荫下也能生长开花良好；要求土层深厚、肥沃且排水良好的沙壤土，忌盐碱、低洼地。芍药是配置花境、花坛及设置专类园的良好材料，在林缘或草坪边缘可作自然式丛植或群植。

以分株繁殖为主，也可播种和扦插。在秋季 9 月中旬至 10 月中旬进行分株，忌春季分株，我国古有“春天分芍药，到老不开花”之说。分株时，先将根丛全部挖出，震落覆土，依自然长势分开，每部分应带 3～5 个芽。为了促使新根萌发，可将肉质根保留 12～15 cm 进行短剪。

种子成熟后，及时摘下，放在阴凉处使之后熟。播种前将种皮擦破以利发芽。9 月份播种，覆土 2.5～3 cm，上面覆秸秆保持土壤湿润和冬季防寒。播种 2 d 后芍药种子就能扎根，但当年不能出苗，越冬前浇水。第二年春季幼苗出土后，生长极缓慢，第 3 年加速生长，5 年以后开花。

扦插繁殖主要采用根插法。在秋天分株繁殖时，将断的根系切成 5～10 cm 小段扦插，第二年春季生根，即可培育成苗。7 月份采集长 10～15 cm，带 2 个的枝条，留少许叶片，插入小拱棚内，保持温度 20～25 ℃，空气湿度 80%～90%，插后 20～30 d 就可生根。

芍药根系粗大，栽植前应将土地深翻，并施入足够的有机肥。栽植深度以芽上覆土 3～4 cm 为宜。每年生长期结合灌水要追施 3～4 次混合液肥。施肥时间分别在早春萌芽前，现蕾前和 8 月中、下旬。在 11 月中、下旬浇“冻水”有利于保墒、越冬。

芍药除顶端着生花蕾，其下叶腋处常有 3～4 个侧蕾，为使养分集中供应顶端花蕾，保证其花大色艳，通常在花前疏去侧蕾。对易倒伏的品种，开花时要设支柱绑缚。花后及时修剪，为翌年生长开花积蓄养分。

二、鸢尾

鸢尾（*Iris tectorum Maxim*），耐寒力强，要求阳光充足，但也耐阴；喜含腐殖质丰富、排水良好的沙壤土；花期 5 月，适于花坛、花境、地被、岩石园及湖畔栽种。

多采用分枝法，每隔 2～4 年进行 1 次。以秋季分株为好。先将地上开始枯黄的叶丛剪掉，地下宿根全部挖出，然后用利刀切截成几块，每块必须带有 2～3 个芽，立即进行栽植，灌透水。这些分株苗在翌年春季均可开花。为加速繁殖速度，也可利用地下茎进行根插繁殖，即把地下茎切成小段，每段保持 2～3 个节，埋入素沙土中并保持湿润，其节部可萌发不定芽而成新株。

鸢尾的种子寿命极短，若采用播种繁殖应在立秋后及时播种，播前先用凉水浸种 24 h，再放入 0 ℃左右的低温下处理 10 d，而后盆播，10 月下旬出苗，3 年后开花。

鸢尾根状茎粗壮、肥大，喜排水良好而适度湿润的石灰质碱性土壤，在酸性土壤中生长不良，栽植前施入充分腐熟的堆肥、油粕、骨粉及草木灰等作基肥，株行距为 40 cm×40 cm。栽植深度应注意，排水良好的疏松土壤上，根茎顶部应低于地面 5 cm 而在黏质土壤上，根茎顶部应略高于土面。生长期内追肥 1～2 次化肥。

三、萱草

萱草（*Hemerocallis fulva*），性强健，耐寒力强；喜阳，也耐半阴；对土壤要求不严，但以富含腐殖质、排水良好的湿润土壤为好；耐瘠薄和盐碱，也耐旱；花期 6～7 月，每朵花开放 1 d，园林中多丛植或用于花坛、花境、路旁栽植，也可作疏林地被植物。

以分株繁殖为主，春、秋两季均可进行。在秋季落叶后或早春萌芽前将老株挖起分栽，分开的每丛带 2～3 个芽。一般 4～5 年分株一次，分株苗当年即可开花。

扦插繁殖可割取花茎上萌发的腋芽，按嫩枝扦插的方法繁殖。夏季在庇荫的环境下，2 周即可生根。

播种繁殖宜秋播，约 1 个月可出苗，冬季幼苗需覆盖防寒。播种苗培育 2 年后可开花。

萱草管理简单粗放，几乎随处可种，任其生长。栽植株行距 0.5 m×0.5 m 左右，每穴 3～5 株，栽前要施入基肥，并经常灌水，以保持湿润。

四、荷包牡丹

荷包牡丹（*Dicentra spectabilis*），耐寒性强，忌暑热，喜侧方庇荫，忌烈日直射；要求肥沃湿润的壤土；4～5 月开花，在园林中适宜布置在疏荫下的花境及树坛内。

以分株繁殖为主，也可采用扦插和种子繁殖。

地栽需施入大量有机肥料。分株苗多在秋季地栽，扦插和播种苗多在春季地栽。秋栽的新株需保护过冬，来年早春萌芽后应追肥 1～2 次，入夏时可将枯枝剪掉。

五、玉簪

玉簪（*Hosta plantaginea*），适应性较强，性喜半阴，忌阳光直射；耐寒性强；要求肥沃、湿润、排水良好的土壤。可丛植于林阴下、建筑物及庭院、岩石背阴处，花香叶美，是园林绿化的极佳材料。

以分株繁殖为主，春、秋两季均可进行。一般 3 年左右分 1 次。也可进行种子繁殖，但需 3～4 年才能开花。近年用组培方法，取叶片、花器均能获得幼苗，不仅生长速度较播种快，还可提早开花。

玉簪宜在林下或建筑物北侧定植，株行距 30～50 cm，穴深 15～25 cm，以不露出白根为度，覆土后与地面持平。栽植后日常管理比较粗放，但要经常保持土壤湿润，花谢后应及时剪掉残花，以保持株丛优美。每年秋后施肥 1 次，生长期间一般可不用施肥。

六、荷兰菊

荷兰菊（*Aster novibelgii*），喜阳光充足及通风良好的环境，耐寒、耐旱、耐瘠薄，对土壤要求不严，但在湿润及肥沃壤土中开花繁茂。荷兰菊花色淡雅，是庭院绿化极佳材料，可用于花坛、花境、丛植，同时亦是绿篱及切花的良好材料。

以扦插、分株繁殖为主，很少用播种法。

5～6 月上旬，结合修剪，剪取嫩枝进行扦插。扦插基质为湿润的粗沙。插后注意浇水、遮阳。生根后及时撤掉遮阳物，进行正常管理。若为国庆节布置花坛，可于 7 月下旬至 8 月上旬扦插。

分株早春进行，幼芽出土 2～3 cm 时将老株挖出，用手小心地将每个幼芽分开，另行培养。生长期间每 2 周追施 1 次肥水，早春及时浇返青水并施基肥，入冬前浇灌冻水，每隔 2～3年需进行 1 次分株，除去老根，更新复壮。

荷兰菊自然株形高大，栽培时可利用修剪调节花期及植株高度。如要求花多、花头紧密、国庆节开花，应修剪 2～4 次。5 月初进行一次修剪，株高以 15～20 cm 为好。7 月再进行第二次修剪，注意使分枝均匀，株形匀称，美观，或修剪成球形、圆锥形等不同形状。9 月初最后一次修剪，此次只摘心 5～6 cm，以促其分枝、孕蕾，保证国庆节用花。要在“五一”期间开花，可于上年 9 月剪嫩枝扦插，或深秋挖老根上盆，冬季在低温温室培育。

七、蜀葵

蜀葵（*Althaea rosea*），喜光、耐寒，不择土壤，对 SO_2 等有害气体抗性强，能自播，花期 5～10 月，花期较长，株形高大，宜作花境和树坛材料；亦常作建筑物旁、墙角、空隙地以及林缘的绿化材料。

蜀葵园艺品种较多，有千叶、五心、重台、剪绒、锯口等名贵品种，种子繁殖，幼苗经间苗、移植 1 次后，11 月初定植园地，株距约 50 cm。定植宜早，使植株在寒潮来临前已形成分枝，增强抗寒力，又利于翌年长成较大的株丛。移植时宜多带土，趁苗小时进行，以便提高成活率。

八、紫松果菊

紫松果菊（*Echinacea purpurea*），稍耐寒，喜生于温暖向阳处，喜肥沃、深厚、富含有机质的土壤。

以播种繁殖为主。春季 4 月下旬或秋季 9 月初进行，将露地苗床深翻整平后，浇透水，待水全部渗入地下后撒播种子，保持每粒种子占地面积 4 cm^2，温度控制在 22 ℃左右，2 周即可发芽。幼苗 2 片真叶时间苗移植。当苗高约 10 cm 时定植。定植株行距 40 cm×40 cm。

对于多年生母株，可在春秋两季分株繁殖，每株需 4～5 个顶芽从根颈处割离。

定植时选择向阳环境，对土壤深翻后施以腐熟厩肥或加入一定量骨粉、芝麻渣等，根据需要确定株行距，并浇透水。生长期应增施肥水。临近花期可叶面喷施 2 次磷酸二氢钾液肥，则花色艳丽持久，株形丰满匀称。花后清除残花、枯叶，浇足“封冻水”或将地下部分用堆肥覆盖或壅土覆盖防寒越冬。

欲使紫松果菊多开花，可采取分期播种和花后及时修剪两种方法。

1. 分期播种 如在头年秋季播种，翌年 4 月底或 5 月初就能开花，花期可达两个月；早春在温室内播种，7～8 月份可开花；5 月份播种，9 月份可开花；6 月份播种，10 月份可开花。

2. 修剪残花调节花期 如 6 月份花谢后修剪，同时给予良好的肥水条件，至 9～10 月份又可再一次开花。通过上述这两种调控，可以有效地延长松果菊的花期，提高其观赏性。

九、其他露地宿根花卉栽培简介

其他露地宿根花卉栽培要点简介如表4－2所示。

表4－2 其他露地宿根花卉栽培要点简介

序号	中名	学 名	科 属	习 性	繁殖	栽培应用
1	大花金鸡菊	*Coreopsis grandiflora*	菊科	常能自播繁衍	播种 分株	布置花境，或作地被，也可作切花用
2	桔梗	*Platycodon grandiflorum*	桔梗科	喜阳光，稍耐阴，耐寒性强	分株 播种	布置花坛、花境或岩石园
3	金光菊	*Rudbeckia laciniata*	菊科	喜阳光充足，耐寒性强，忌水湿	分株 播种	布置花境或作切花
4	宿根福禄考	*Phlox panic-ulata*	花葱科	性强健，喜阳光和石灰质土壤	分株	布置花境和岩石园，也可作切花
5	华北耧斗菜	*Aquilegia yabeana*	毛茛科	性强健，耐寒，喜半阴环境和排水良好壤土	播种 分株	布置花境或岩石园
6	翠雀	*Delphinium grandiflorum*	毛茛科	喜光照充足和通风良好的环境，较耐寒，喜排水良好壤土	播种 分株	丛植布置花境或作切花
7	芭蕉	*Musa basjoo*	芭蕉科	喜阳光，温暖和湿润的环境，不耐寒，忌碱土	分株	冬季需围草保护越冬，在建筑物南侧或花境中布置
8	芝麻花	*Physostegia virginiana*	唇形科	喜湿润，宜在排水良好的土壤上生长	分株 播种	布置花坛或盆栽，也可作切花

考核评价
KAOHE PINGJIA

考核内容	考核标准	考核分值	自我考核	教师评价
专业知识	熟悉宿根花卉的生态习性	5		
	熟悉宿根花卉品种类型	5		
	熟悉宿根花卉的各种繁殖知识	10		
	熟悉宿根花卉栽培管理知识	10		
技能训练	菊花扦插繁殖技术训练	10		
专业能力	能掌握宿根花卉播种技术等	10		
	能制订宿根花卉全年性生产计划和实施方案	10		
	宿根花卉种类多，在栽培中能及时发现问题，分析原因，能提出解决问题的方案	10		
学习方法	网络信息查询； 专业书籍资料查询； 专业市场走访、调研； 勤于实践	10		

（续）

考核内容	考核标准	考核分值	自我考核	教师评价
能力提升	学会学习，良好的交流沟通能力； 工作学习主动积极，勤于思考，助人为乐； 养成善于观察、详尽记录的好习惯	10		
素质提升	做事积极主动，与人团结合作； 学习工作勤恳努力； 工作学习中能及时发现问题，能分析、解决问题； 富有创造性思维，对待新事物好学进取	10		

任务 4.3　球根花卉

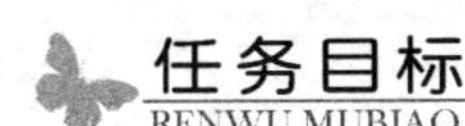

任务目标
RENWU MUBIAO

1. 熟悉球根花卉的生态习性；
2. 熟悉球根花卉繁殖的基本知识；
3. 掌握球根花卉繁殖技术；
4. 掌握球根花卉栽培管理技术和应用基本知识。

任务分析
RENWU FENXI

球根花卉种类丰富，花色艳丽，花期较长，栽培容易，适应性强，是园林应用中比较理想的植物材料。本任务主要是明确球根花卉的特点及生态习性，能根据球根花卉生态习性采取相应的繁殖方法和栽培技术措施，展示其最佳的景观效果。

相关知识
XIANGGUAN ZHISHI

一、生态习性

球根花卉分布很广，原产地不同，所需要的生长发育条件相差很大。

(一) 对温度的要求

因原产地不同而异。

1. 春植球根　主要原产于热带、亚热带及温带，主产于夏季降雨地区，包括非洲南部各地、中南美洲、北半球温带地区。土耳其和亚洲次大陆地区最多。生长季要求高温，耐寒力弱，秋季温度下降后，地上部分停止生长，进入休眠（自然休眠或强迫休眠）。耐寒性弱的种类需要在温室中栽培。

2. 秋植球根　原产于地中海地区和温带，主产于冬雨地区，主要包括地中海地区、小亚细亚半岛、南非的开普敦、好望角、美国的加利福尼亚州。喜凉爽，怕高温，较耐寒。秋季气候凉爽时开始生长发育，春天开花，夏季炎热到来前地上部分休眠。耐寒力差异也很大：例如山丹、卷丹、喇叭水仙可耐－30 ℃低温，在北京地区可以露地过冬；小苍兰、郁金香、风信子在北京地区需要保护过冬；中国水仙不耐寒，只能温室栽培。

（二）对光照的要求

除了百合类有部分品种耐半阴，如山百合、山丹等，大多数喜欢阳光充足。一般为中日照花卉，只有铁炮百合、唐菖蒲等少数种类是长日照花卉。日照长短对地下器官形成有影响，如短日照促进大丽花块根的形成，长日照促进百合等鳞茎的形成。

（三）对土壤的要求

大多数球根花卉喜中性至微碱性土壤；喜疏松、肥沃的沙质壤土或壤土；要求排水良好有保水性的土壤，上层为深厚壤土，下层为沙砾层最适宜。少数种类在潮湿、黏重的土壤中也能生长，如番红花属的一些种类和品种。

（四）对水分的要求

球根是旱生形态，土壤中不宜有积水，尤其是在休眠期，过多的水分造成腐烂；但旺盛生长期必须有充分的水分；球根接近休眠时，土壤宜保持干燥。

二、繁殖要点

主要采用分球繁殖。可以采用分栽自然增殖球，或利用人工增殖的球。自然增殖力差的块茎类花卉主要是播种繁殖。还可依花卉种类不同，采用鳞片扦插、分珠芽等方法繁殖。

一般在采收后，把自然产生的新球依球的大小分开贮存，在适宜种植时间种植即可。也有个别种类需要在种植前再分开老球与新球，以防伤口感病。

三、栽培管理

栽培条件的好坏，对于球根花卉新球的生长发育和开花有很大的影响。所以对整地、施肥、松土均须注意。栽培地如低洼积水，应垫设炉渣、碎石、瓦砾等排水物或设排水管，排水较差设高床栽培。床土在整地后适当均匀镇压，使栽后不致下陷。有机肥必须充分腐熟，以免造成球根腐烂。磷肥有利于球根的充实及开花，钾肥需量中等，氮肥不宜过多。

球根栽植的深度，因土质、繁殖目的及种类不同而不同。黏重土壤栽植应略浅，疏松土壤可略深。为繁殖而多生子球，栽植宜较浅；如需开花多而大，或准备多年采收的，可略深；通常为球高的3倍（即覆土约为球高的2倍）。

球根较大采用穴栽，球小开沟栽植，穴或沟底要平整，撒入基肥，上覆一层园土，然后栽植球根。株行距视植株大小而异，如大丽花为（60～100）cm×（60～100）cm；葱兰、番红花等仅为（5～8）cm×（5～8）cm。

以外，球根分生的小球，另行栽植，以免分散养分而开花不良；多数球根花卉吸收根少而脆嫩，在生长期不可移植；栽培中应注意保护叶片，避免损伤；花后应及时剪除残花不使结实，以减少养分的耗损。球根生产栽培时，及时去除花蕾。对枝叶稀少的球根花卉，花梗常予保留，因其尚可合成一些养分，供新球生长之需。花后正值新球膨大期，需加强水肥管理。

四、采收

采收应在生长停止、茎叶枯黄，但尚未脱落时进行。采收过早，球根不够充实；过晚，茎叶脱落，不易确定球根所在地下的位置。采收时，土壤宜适度湿润。掘起球根后，大多数

种类不可在炎日下曝晒，需要阴干，然后贮存。大丽花、美人蕉只需阴干至外皮干燥即可。

球根花卉在停止生长进入休眠后，大部分种类的球根需要采收，进行贮藏，待度过休眠期后再行栽植。有些种类的球根虽可保留在地中生长数年，但在专业栽培上仍然每年采收。置于干燥通风处，可促使后熟。

在园林应用中，如地被覆盖、嵌花草坪、多年生长花卉环境及其他自然式布置时，有些适应性较强的球根花卉，可隔数年掘起和分栽 1 次。水仙类可隔 5～6 年；番红花、石蒜及百合类可隔 3～4 年；美人蕉、朱顶红、晚香玉等在温暖地区可隔 3～4 年才掘起及分栽 1 次。

五、贮藏

（一）贮藏方式

球根贮存主要有干存和湿存两种方式。

1. 湿存　适用于对通风要求不高，需要保持一定湿度的种类，可以埋在沙子或锯末中，保持潮湿状。块根、根茎、块茎类球根花卉中许多种类需要这样贮存，如大丽花、美人蕉、蕉藕、大岩桐、玉帘属、雪滴花属（*Leucojum*）等。

2. 干存　适用于要求通风良好，充分干燥的球根。可以使用网兜悬挂、多层架子（层间距至少 30 cm 以上）。小苍兰、唐菖蒲等球茎类和水仙、郁金香、晚香玉、球根鸢尾等鳞茎类以及花毛茛、银莲花等块根一般都可干存。

（二）贮存条件

贮藏前应去除覆土杂物，剔去病残的球根，最好用药液浸洗消毒后再贮藏。贮存场所要干净，防止病虫害发生，避免老鼠啃食。

冬季贮存春植球根，环境温度 0～10 ℃，不同的球根花卉具体要求不同，但一般可保持在 4～5 ℃，不可闷湿。夏季贮存秋植球根，尽量保持凉爽和高燥的环境，避免闷热和潮湿。多数球根花卉在休眠期中进行花芽分化，贮藏条件适合与否，影响日后开花。

工作过程
GONGZUO GUOCHENG

露地球根花卉栽培管理过程。

1. 整地　土壤深耕 40～50 cm，施足基肥。磷肥对球根花卉很重要，可在基肥中加入骨粉。排水差的地段，在 30 cm 土层下加粗沙砾（可占土壤的 1/3），以提高排水能力或采用抬高种植床的办法。点植种球时，在种植穴中撒一层骨粉，铺一层粗沙，然后铺一层壤土。

2. 施肥　球根花卉喜磷肥，对钾肥需求量中等，对氮肥需求较少，追肥时注意肥料比例。

3. 栽植　取决于花卉种类、土壤质地和种植目的。相同的花卉，土壤疏松宜深，土壤黏重宜浅；观花宜浅，养球宜深。大多数球根花卉栽植深度是球高的 2～3 倍，间距是球根直径的 2～3 倍；朱顶红、仙客来要浅栽，要求顶部稍露出土面；晚香玉、葱兰覆土至顶部即可，而百合类则要深栽，栽植深度为球根的 4 倍以上。

4. 常规管理　注意保根保叶，栽后在生长期尽量不要移栽；发叶较少或有一定的数量，尽量不要伤叶。花后剪去残花，利于养球，有利于次年开花。花后浇水量逐渐减少，但仍需注意肥水管理，此时是地下器官膨大时期。

5. 采收 依当地气候，有些种类需要年年采收，有的可以隔几年掘起分栽。年年采收并对球分级，可使开花整齐一致。而隔年采收时，由于地下球根大小不一，开花大小和早晚也有不同，效果比较自然。园林中水仙可隔 5～6 年；番红花、石蒜及百合可隔 3～4 年；美人蕉、朱顶红、晚香玉等可每隔 3～4 年分栽一次。

6. 贮存 贮存的球根要保证无病虫、干净；或用药剂浸泡消毒、晾干后贮存。

花卉分球繁殖技术

(一) 训练目的

熟悉分球繁殖要求，掌握分球繁殖操作步骤及标准。

(二) 材料用具

球根花卉母本（美人蕉等）、种植床、花铲、利刀等。

(三) 方法步骤

1. 种植床准备 长度 10 m、宽 1.2 m、高度 20 cm，耙平待种。

2. 球根花卉母本挖掘 从花圃内将生长良好的母本挖掘出，尽量保持地下根茎的完整。

3. 分球方法 用利刀进行分球，操作时要求尽可能减少伤口，每人平均分得 30 个子球作营养繁殖体。

(四) 作业

完成实训报告。

露地常见的球根花卉

一、大丽花

大丽花（*Dahlia pinnata*），喜凉爽气候，不耐严寒与酷暑。忌积水又不耐干旱，以富含腐殖质的沙壤为最宜。喜光，但花期宜避免阳光过强。生长适温为 10～25 ℃，以块根休眠越冬；初夏（5～7 月）和秋后（9～10 月）两季开花，以秋花较为繁茂。花期长，单花期 10～20 d，大丽花花大色艳，花型丰富，品种繁多，可作花坛、花境或庭前丛植。

通常以分生、扦插繁殖为主，也可用播种和块根嫁接。

分生繁殖　要求分割后的块根上必须带有芽的根颈。通常于每年 2～3 月间将贮藏的块根取出先行催芽。选带有发芽点的块根排列于温床内，然后壅土、浇水，白天室温保持18～20 ℃，夜间 15～18 ℃，14 d 发芽，即可取出分割，每 1 块根带 1～2 个芽，在切口处涂抹草木灰以防腐烂，然后分栽。

扦插繁殖，春、夏、秋三季均可进行。一般是春季取块根上萌发的新梢进行扦插，截取梢基部留一个节的腋芽继续生长。插后约 10 d 即可生根，当年秋可以开花。如为了多获得幼苗，还可以继续截取新梢扦插，直到 6 月，如管理得当，成活率可达 100%。夏季扦插因气温高，光照强；9～10 月扦插因气温低，生根慢，成活率均不如春季。

嫁接繁殖，春季取无芽的块根作砧木，以大丽花的嫩梢作接穗，进行劈接。接后埋入土

中，待愈合后抽枝发芽形成新植株。嫁接法由于用块根作砧木，养分足，苗壮，对开花有利，但不如扦插简便。

地栽大丽花应选择背风向阳，排水良好的高燥地（高床）栽培。大丽花喜肥，宜于秋季深翻，施足基肥。春季晚霜后栽植，深度为根颈低于土面 5 cm 左右，株距视品种而异，一般 1 m 左右，矮小者 40～50 cm。苗高 15 cm 左右即可开始打顶摘心，使植株矮壮，切花栽培应多促分枝。孕蕾时要抹去侧蕾使顶蕾健壮，花凋后及时剪去残花，减少养分消耗。生长期间，每 10 d 施追肥 1 次，要及时设立支柱，以防风折。夏季植株处于半休眠状态，要防暑、防晒、防涝，不需施肥。霜后剪去枯枝，留下 10～15 cm 的根颈，并掘起块根晾 1～2 d，沙藏于 5 ℃左右的冷室越冬。

二、美人蕉

美人蕉（*Canna indica*），生长健壮，性喜温暖向阳，不耐寒；畏强风；喜肥沃土壤，耐湿但忌积水；花期 6～11 月。美人蕉生长势极强，红花绿叶，花期甚长，适合大片自然栽植，也可布置于花坛、花境、花丛的栽植。

美人蕉种类很多，常见的品种有水生黄花美人蕉、水生红花美人蕉、大花美人蕉、紫叶美人蕉、双色鸳鸯美人蕉等。

多用分株繁殖，每年春季 3～4 月将根茎挖起，每 2～3 个芽分切 1 段种植。也可用种子繁殖。春季播种当年可开花。

美人蕉适应性强，管理粗放。每年 3～4 月挖穴栽植，穴内可施腐熟基肥，开花期间再追肥 2～3 次，经常保持土壤湿润。花后要及时剪去花葶，有利于继续抽出花枝。南方地区根茎可以露地越冬，霜后剪去地上部枯萎枝叶，壅土防寒，来年春清除覆土，以利新芽萌发。北方地区入冬前应将根状茎挖起，稍加晾晒，沙藏于冷室内或埋藏于高燥向阳不结冰之处，翌年春暖挖出分栽。

三、石蒜

石蒜（*Lycoris radiata*），耐寒力强，喜阴湿的环境，怕阳光直射，不耐旱，能耐盐碱。要求通气、排水良好的沙质土，石灰质壤土生长也良好；花期 9 月，多用于园林树坛、林间隙地和岩石园作地被花卉种植，也可作花境丛植山石间自然散植。

多采用分球繁殖，入夏叶片枯黄后将地下鳞茎掘起，掰下小鳞茎分栽，鳞茎不宜每年采收，一般 4～5 年掘起分栽 1 次。

石蒜是秋植球根类花卉。立秋后选疏林阴地成片栽植，株行距 20 cm×30 cm。石蒜适应性强，管理粗放，一般田园上栽前不需施基肥。如土质较差，于栽植前可施有机肥 1 次。在养护期注意浇水，保持土壤湿润，但不能积水。休眠期如不分球，可留在土壤中自然越冬或越夏，停止灌水，以免鳞茎腐烂。花后及时剪掉残花，以保持株丛整齐。

四、葱兰

葱兰（*Zephyranthes candida*），性喜阳光，也能耐半阴。耐寒力强；要求排水良好、肥沃的沙壤土；花期 7～9 月，株丛低矮而紧密，适合作花坛边缘材料和阴地的地被植物。

葱兰多不结实，鳞茎分生能力强，以春季分栽子球繁殖。

管理粗放，其新鳞茎形成和叶丛生长，花芽分化渐次交替进行，故开花不断。生长旺季要每 10 d 追肥 1 次，常保持土壤湿润，否则叶尖易黄枯。

五、花毛茛

花毛茛（*Ranunculus asiaticus*），喜凉爽和半阴的环境，较耐寒，不耐酷暑，怕阳光曝晒；要求含腐殖质丰富、排水良好的肥沃沙质土或轻黏土；花期 4～5 月，花大色艳，是园林庇荫环境下优良的美化材料，多配置于林下树坛之中，或丛植于草坪的一角。

秋季盆播育苗，苗圃宜用条播。温度过高时发芽缓慢，10 ℃左右 20 d 可萌土出芽。若将盆播育苗放入温室越冬生长，翌年 3 月下旬出室定植，入夏可开花。

秋季 9～10 月栽植前，将母株顺其自然地用手分开，部分带有 1 段根茎即可，栽时覆土宜浅，将根茎埋住即可。

选择无阳光直射，通风良好和半阴环境，株行距 20 cm×20 cm。早春萌芽前要注意浇水防干旱，开花前追施液肥 1～2 次。入夏后枝叶干枯将块根挖起，放室内阴凉处贮藏，立秋后再种植。

六、晚香玉

晚香玉（*Polianthes tuberosa*），喜温暖而阳光充足的环境，不耐寒；喜肥沃、湿润的黏质壤土或壤土。晚香玉花香浓郁，清雅宜人，可布置花坛、花境或作盆栽。

分球繁殖，10月下旬霜降来临前，将晚香玉球茎挖出，充分晾晒，然后入室干藏，翌春3～4月将球茎取出，大、小球分别栽植。种植深度应浅，以球顶稍微露出土面为宜。植球后出苗较慢，需 1 个月左右，但苗期以后生长较快，球径 3～4 cm 才能见花。

栽植初期因出苗缓慢故浇水不宜过多，以后随着植株长大，应及时浇水，可 5～7 d 浇水 1 次。栽植时应施足底肥：在花葶抽出后，可每隔 2 周追肥 1 次稀薄人粪尿液肥。冬季贮藏球茎时，要注意防止冻害和腐烂，室温应保持在 6～8 ℃。

七、郁金香

郁金香（*Tulipa gesneriana*），性喜冬季温和、湿润，夏季凉爽、稍干燥的向阳或半阴环境，耐寒性强，冬季可耐−35 ℃的低温，生长适温 8～20 ℃，花芽分化适温 17～20 ℃，根系损伤后不能再生。适宜富含腐殖质、排水良好的沙质壤土，忌低湿、黏重土。在园林中最宜作春季花境，花坛布置或草坪边缘呈自然带状栽植。

郁金香大多采用鳞茎繁殖，选周径 8 cm 以下的鳞茎作繁殖材料，种植到高海拔冷凉山区，秋季土温（15 cm 处）6～9 ℃时种植最好。过早，导致幼芽出土，不利于安全越冬；过晚，不易生根。开沟点播，种植株行距 10 cm×（20～25） cm，沟深 10 cm×15 cm。周径 3 cm以下，小球可撒播到种植沟内。覆土厚度 6～8 cm，种植后要适时施肥灌水，待种球萌发、展叶、抽茎，刚刚露出花蕾时，剪掉花蕾，保证种球发育充实。养 1 年，大部分鳞茎能成为商品种球。

郁金香忌连作，种植一年须休闲 3 年以上，所以需选未种过郁金香的地块，在定植前 2 个月深翻曝晒，用五氯硝基苯（50%粉剂 15～37.5 kg /hm^2）腐熟的有机肥（75 t/hm^2）加复合肥（150 kg/hm^2）与土壤混匀，耙平后整地做畦，种植时间和方法同鳞茎繁殖。

冬前管理主要是浇水和防寒，不同地区，根据土壤墒情浇水，若冬季雨雪多的地区可不浇水，干旱地区适当浇几次水，但浇水量不要太大，不能积水，种植太早，冬前已经出苗的要用稻草锯末覆盖防寒，没有出苗的不要防寒。第一次追肥在翌年苗出齐后，以氮、磷、钾为主，施尿素150～300 kg/hm^2，磷肥90～225 kg/hm^2；第二次追肥在现蕾期，施复合肥料75～150 kg/hm^2，磷肥90～225 kg/hm^2；第三次在开花前，用磷酸二氢钾进行叶面喷肥；第四次在花谢后，钾肥150～225 kg/hm^2，过磷酸钙150～225 kg/hm^2，春季升温高，从出苗至开花是郁金香旺盛生长期，需水量大，根据天气情况及时浇水，保持土壤湿润，切忌忽干忽湿。

当地面茎叶全部枯黄而茎秆未倒伏时采收为最佳时期，挖鳞茎要找准位置，不要紧挨鳞茎，以免损伤种球。刚挖出时，母鳞茎与子鳞茎被种皮包在一起，先不要把它们分开，等晾晒2～3 d后，将泥土取掉，再掰开鳞茎进行分级。按新鳞茎大小进行分级，周径12 cm以上者为一级，10～12 cm为二级，8～10 cm为三级，6～8 cm为四级，6 cm以下为五级。一般一级和二级作为商品种球，三级以下作为种球繁殖用。鳞茎分级后，先进行消毒，一般用0.2%多菌灵水溶液浸泡鳞茎10 min，迅速取出阴干。然后再将种球放在四周通气的塑料箱或竹筐内，不要装得很多，每箱一般摆放2～4层，箱上要留10 cm以上的空间，便于箱子摞起来后，还能通气。装箱的种球最好贮藏在冷库内，冷库也要提前进行熏蒸消毒，才能使之入库。在库内存放时要分排将箱子或筐重叠起来，每排箱子之间要留空隙或人行道，以利空气流通和翻倒方便。

八、其他球根花卉栽培、繁殖要点简介

其他球根花卉栽培、繁殖要点简介如表4-3所示。

表4-3　其他球根花卉栽培、繁殖要点简介

序号	中　名	学　名	科　属	习　　性	繁殖	栽培应用
1	风信子	*Hyacinthus orientalis*	百合科	喜光、湿润，耐寒，排水好肥沃土壤	分球	秋季栽植；花期3～4月，地栽布置花坛
2	番红花	*Crocus sativus*	鸢尾科	喜凉爽，阳光充足，要求土壤排水好，忌连作	分球	多秋季栽植；布置嵌花草坪或作地被，也可在岩石园点缀丛植
3	铃兰	*Convallaria majalis*	百合科	喜凉爽、湿而半阴的环境，忌炎热、喜富含腐殖质的微酸性土壤	分株	管理较粗放；布置花坛、花境，点缀自然山石及岩石园
4	雪滴花	*Leucojum vernum*	石蒜科	耐寒，不耐酷暑，喜阳光，也耐半阴	秋季分球	花期3～4月，布置花境或岩石园
5	百合	*Lilium brownii*	百合科	喜冷凉、耐寒怕热，喜排水好的微酸性土壤	分球 分株	布置花坛、花境，群栽在林缘
6	山丹	*L. concolor*	百合科	喜冷凉、耐寒怕热，喜排水好的微酸性土壤	分球 分株	布置花坛、花境，群栽在林缘或盆栽，也可作切花
7	卷丹	*L. lancifolium*	百合科	喜温暖，干燥喜光直射	分球 分株	布置花坛、花境，群栽在林缘或盆栽
8	麝香百合	*L. longiflorum*	百合科	酸性土栽培	分球 分株	布置花坛、花境，群栽在林缘

考核评价
KAOHE PINGJIA

考核内容	考核标准	考核分值	自我考核	教师评价
专业知识	熟悉球根类花卉的生态习性	5		
	熟悉球根类花卉品种类型	5		
	熟悉球根类花卉的各种繁殖知识	10		
	熟悉球根类花卉栽培管理知识	10		
技能训练	分球繁殖技术训练	10		
专业能力	能掌握球根类花卉播种技术等	10		
	能制订球根类花卉全年性生产计划和实施方案	10		
	球根类花卉种类多，在栽培中能及时发现问题，分析出原因，能提出解决问题的方案	10		
学习方法	网络信息查询； 专业书籍资料查询； 专业市场走访、调研； 勤于实践	10		
能力提升	学会学习，良好的交流沟通能力； 工作学习主动积极，勤于思考，助人为乐； 养成善于观察、详尽记录的好习惯	10		
素质提升	做事积极主动，与人团结合作； 学习工作勤恳努力； 工作学习中能及时发现问题，能分析、解决问题； 富有创造性思维，对待新事物好学进取	10		

任务 4.4 水生花卉

任务目标
RENWU MUBIAO

1. 熟悉水生花卉的生态习性；
2. 熟悉水生花卉繁殖的基本知识；
3. 掌握水生花卉繁殖技术；
4. 掌握水生花卉栽培管理技术和应用基本知识。

任务分析
RENWU FENXI

水生花卉是布置水景园的重要材料。一湖一塘可采用多种，也可仅取一种，与亭、榭等园林建筑物构成具有独特情趣的景观。本任务主要是明确水生花卉的特点及生态习性，能根据水生花卉生态习性采取相应的繁殖方法和栽培技术措施，为水生花卉的应用奠定基础。

相关知识
XIANGGUAN ZHISHI

一、生态习性

世界各地都有分布。由于生态环境变化没有陆地剧烈，因此同一种花卉分布的地域常常较广。

1. 对温度的要求　因原产地不同而有很大的差异。睡莲的耐寒种类可以在西伯利亚露地生长；而王莲生长适温40℃，在中国大部分地区不能露地过冬，需要在温室中栽培。

2. 对光照的要求　均要求阳光充足。

3. 对土壤的要求　喜黏质土壤，池底有丰富的腐殖质。

4. 对水分的要求　园林水生花卉要求水深不同。挺水和浮水花卉的品种一般要求60～100 cm的水深；近沼生习性的花卉20～30 cm水深即可；湿生花卉只适宜种在岸边潮湿地。水体有一点流动，对花卉生长有益，可以提供更多的氧气。

二、繁殖要点

大多数水生花卉是多年生花卉，因此主要繁殖方式为分生繁殖，即分株或分球。一般在春季开始萌动前进行，适应性强的种类初夏也可分栽。

播种繁殖一般是种子随采随播。还可以扦插繁殖，方法同宿根花卉。

1. 盆播　种子播于培养土中，上面覆土或细沙，然后浸入水池或水槽中，保持0.5 cm水层，然后随种子萌发进程而逐渐增加水深。出苗后再分苗、定植。

2. 直播　在夏季高温季节，把种子裹上泥土沉入水中，条件适宜则可萌发生长。

三、栽培要点

耐寒的水生花卉，直接栽在深浅合适的水边和池中时，冬季不需保护。休眠期间对水的深浅要求不严。

半耐寒的水生花卉，栽在池中时，应在初冬结冰前提高水位，使根丛位于冰冻层以下，即可安全越冬。少量栽植时，也可掘起贮藏或春季用缸栽植，沉入池中，秋末连缸取出，倒出积水，冬天保持土壤不干，放在没有冰冻之处即可。

不耐寒的种类通常盆栽，沉到池中布置，也可直接栽于池中，秋冬掘起贮藏。

工作过程
GONGZUO GUOCHENG

水生花卉栽培管理过程。

1. 选择栽培环境　选用池底有丰富腐烂草的黏质土壤的水体。地栽种类主要在基肥中解决养分问题。新挖的池塘缺少有机质，需施入大量有机肥。盆栽用土也用富含腐殖质的泥塘土配制，使土壤为黏质壤土。

2. 水位控制　种植深度要适宜，不同的水生花卉对水深的要求不同，同一种花卉对水深的要求一般是随着生长要求不断加深，旺盛生长期达到最深水位。

3. 施肥　根据水生花卉不同种类在生长期追施稀薄的液肥，以氮、磷、钾为主。

4. 水质管理　清洁的水体有益于水生花卉的生长发育，水生植物对水体的净化能力是有限的。水体不流动时，藻类增多，水混浊，小面积可以使用硫酸铜（$CuSO_4$），分小袋悬挂在水中，密度为 4 g/m^3；大面积可以采用生物防治，放养金鱼藻、狸藻等水草或螺蛳、河蚌等软体动物。轻微流动的水体有利于植物生长。

5. 去残花枯叶 残花枯叶不仅影响景观，也影响水质，应及时清除。

6. 防止鱼食 同时放养鱼时，在植物基部覆盖小石子可以防止小鱼损害；在花卉周围设置细网，稍高出水面以不影响景观为度，可以防止大鱼啃食。

7. 越冬管理 耐寒种类直接栽植在池中或水边，冬季不需要特殊保护，休眠期对水深浅要求不严。半耐寒种类直接种在水中，初冬结冰前提高水位，使花卉根系在冰冻层下过冬；盆栽沉入水中的，入冬前取出，倒掉积水，连盆一起放在冷室中过冬，保持土壤湿润即可。不耐寒种类要盆栽，冬天移入温室过冬。特别不耐寒的种类，大部分时间要在温室中栽培，夏季温暖时可以放在室外水体中观赏。

技能训练
JINENG XUNLIAN

荷花栽种技术

(一) 训练目的

熟悉荷花分生繁殖要求，掌握分生繁殖操作步骤及标准。

(二) 材料用具

荷花母本、种植池、花铲、利刀等。

(三) 方法步骤

1. 种植池准备 长度 10 m、宽 1.5 m、泥土厚度 30 cm，水位 5～10 cm，耙平待种。

2. 荷花种藕挖掘 从花圃内将生长良好的母本挖掘，尽量保持地下根茎的完整。

3. 繁殖方法 用利刀进行分藕，操作时要求尽可能减少伤口，每人平均分得 2 支种藕作营养繁殖体。

4. 栽种 按 150 cm×150 cm 的株行距进行种植，要求“藏头露尾”，种植深度约 15 cm。

(四) 作业

设计水池水生植物栽种方案。

知识拓展
ZHISHI TUOZHAN

常见的水生花卉

一、荷花

荷花（*Nelumbo nucifera*），本性纯洁，气质高雅，“出淤泥而不染，迎骄阳而不惧”，被誉为“君子花”。

荷花喜温暖，但水不能淹没荷叶，水温冬天不能低于 5 ℃，在 8～10 ℃种藕开始萌发，14 ℃长出藕鞭，在 23～30 ℃藕鞭加速生长，抽出立叶、花梗并开花。荷花生长期要求充足的阳光，需要在 50～80 cm 深的流速小的浅水中生长。一些小型品种，需水要浅一些。荷花喜肥，要求含有丰富腐殖的肥沃壤土，pH 以 6.5～7.0 为好，土壤酸度过大或过于疏松，

不利于生长发育。

分株繁殖，选用主藕2～3节或用子藕作母本，一些缸栽和碗栽可用子藕或孙藕当繁殖材料。分栽时选用的种藕必须具有完整无损的顶芽，否则不易成活，分栽时间以4～5月，藕的顶芽开始萌发时最为适宜，过早易受冻害，过迟顶芽萌发，钱叶易折断，影响成活。

播种繁殖，须选用充分成熟的莲子，播种前必须先“破头”，即用锉将莲子凹进去的一端锉伤一小口，露出种皮。将破头莲子投入温水中浸泡一昼夜，使种子充分吸胀后再播于泥水盆中，温度保持在20℃左右，一周后发芽，长出2片小叶时便可单株栽植。如池塘直播，也要先破头，然后撒播在水深10～15 cm的池塘湖泥中，一周后萌发，1个月后浮叶出水成苗。

荷花栽培因品种特性和栽植场地环境的不同，分为湖塘栽植和缸盆栽植，以及无土栽培等。

1. 湖塘栽荷 应每塘栽培一个品种，若多个品种同塘，也应分开栽培。栽植前应先放开塘水，施入厩肥、绿肥、饼肥作基肥，耙平翻细，再灌水，将备好的种藕带原来塘泥，随采随栽最好，将藕节平铺于泥中，深10～15 cm，株距0.6～1.0 m，行距1～2 m，栽后不立即灌水，待3～5 d后再灌少量水，深10～15 cm为宜，入夏以后逐渐加深水面50～80 cm，立秋后再适当降低水位，水位最深不过1 m，在入冬后应加深到1 m，北方地区应更深一些。在夏季应追肥及拔除杂草，去除枯老叶，并及时喷药防病虫害。

2. 盆缸栽培 盆缸栽植场地应地势平坦，背风向阳，栽植用花盆、花缸，高度在40～50 cm，直径60～70 cm，缸盆中填入富含腐殖质的肥沃塘泥，泥量占缸盆深度的1/2～1/3，要施足基肥。根据容器大小，决定采用主藕、子藕或孙藕，每缸1～2支，栽两支者，顶芽要顺向，沿缸边栽下。刚栽时宜浅水，深2 cm以利提高土温，促进种藕萌发，浮叶长出后水可放满盆，以后每天清晨添水1次，出现立叶后可追施1次腐熟的饼肥水。平时注意清除烂叶污物，并喷洒杀虫剂防病虫危害。秋末降温后，倒出大部分水，仅留1 cm深，将盆或缸移入室内，也可掘出种藕放室内越冬。

二、睡莲

睡莲（*Nymphaea tetragona*），性喜强光、空气湿润和通风良好的环境。较耐寒，长江流域可在露地水池中越冬。花期7～9月，每朵花可开2～5 d，果实成熟后水中开裂，种子沉入水底。

分株繁殖，于2～4月间将根状茎挖出，选带有饱满芽的根茎切成10～15 cm大小段，栽植在塘泥中。也可用种子繁殖，从塘泥中捞取种子，仍须放水中贮存。春季3～4月播于浅水泥中，萌发后逐渐加深水位。

栽植深度要求芽与土面平齐。栽后稍晒太阳即可放浅水，待气温升高新芽萌动后，再逐渐加深水位。生长期水位不宜超过40 cm，越冬时水位可深至80 cm。睡莲不宜栽植在水流过急、水位过深的位置。必须是阳光充足、空气流通的环境，否则水面易生苔藻，导致生长衰弱而不开花。

缸栽睡莲要先填大半缸塘泥，施入少量腐熟基肥拌匀，然后栽植。浅水池中的栽植方法有两种：一种是直接栽于池内淤泥中；另一种方法是先将睡莲栽植在缸里，再将缸置放池内。也可在水池中砌种植台或挖种植穴。

睡莲生长期间可追肥1次，方法是放干池水，将肥料和塘泥混合做成泥块，均匀投入池中。要保持水位20～40 cm，经常要剪除残叶残花。经3年左右重新挖出分栽1次。

睡莲为重要的水生花卉，花朵硕大，色泽美丽，常用于点缀水面。盆栽睡莲还可以布置水面，也可作切花材料。

三、王莲

王莲（*Victoria amazonica*），性喜高温高湿，阳光充足的环境和肥沃的土壤。在气温30～35 ℃，水温25～30 ℃，空气湿度80%左右时生长良好。秋季气温下降至20 ℃时生长停止，冬季休眠，王莲花开夏秋。每朵花开2 d，通常傍晚开放，第2天早晨逐渐关闭至傍晚重复开放，第3天早晨闭合流入水中。

播种繁殖，冬季或春季在温室中播种于装有肥沃河泥的浅盆中，连盆放在能加温的水池中，水温保持30～35 ℃。播种盆土在水面下5～10 cm，不能过深。10～20 d可以发芽。发芽后逐渐增加浸水深度。

王莲播种苗的根长约3 cm时即可上盆。盆土采用肥沃的河泥或沙质壤土。将根埋入土中，种子本身埋土1/2，另1/2露出土面，注意不可将生长点埋入土中，不然容易烂坏。盆底先放一层沙，栽植之后土面上再放一层沙可使土壤不至冲入水中，保持盆水清洁。栽植之后将盆放入温水池中。水深以使幼苗在水下2～3 cm调至15 cm为宜，上盆之后，王莲的叶和根均生长很快。在温室小水池中需经过5～6次换盆。每次换盆后调整其离水面深度，由2～3 cm调至15 cm。幼苗需要充足光照，否则叶子易腐烂。冬季阳光不足，必须在水池上安装人工照明，由傍晚开灯至晚上22：00左右。一般用100 W灯泡，离水面约1 m高。

当气温稳定在25 ℃左右后，植株具3～4片叶时，才可将王莲幼苗移至露地水池。一株王莲需水池面积30～40 m^2，池深80～100 cm。水池中需设立一个种植槽或种植台。

定植前先将水池洗刷消毒，然后将肥沃的河泥和有机肥填入种植台内，使之略低于台面，中央稍高四周稍低，上面盖1层细沙。栽植王莲后水不宜太深，最初水面约在土面上10 cm即可，以后随着王莲的生长可逐渐加深水位。水池内可放养些观赏鱼类，以消灭水中微生物。

王莲开花后2个月左右，种子在水中即可成熟。成熟时，果实开裂，一部分种子浮在水面，此时最易收集。落入水底的种子到晚秋清理水池时收集。种子洗净后，用瓶盛清水贮于温室中以备明年播种用，否则将失去发芽力。

王莲为著名的水生花卉，叶片奇特壮观，浮力大，成熟叶片能负重20～25 kg。

四、石菖蒲

石菖蒲（*Acorus gramineus*），不耐寒，喜阴湿，怕阳光曝晒，耐践踏，耐瘠薄，能在山涧浅水和溪流的石缝中生长，可作阴湿地的地被植物使用。

分株繁殖，在南方多于秋季分割根蘖苗栽植，自身繁衍的速度也很快，北方多在早春分盆栽植。

石菖蒲栽培要始终保持土壤饱和含水量，如能栽在浅水中则生长更为良好。盆栽时使用中型无排水底孔花盆，用沙泥栽种，土面应有积水。冬季移入低温温室越冬，也可常年在居室内陈设，或放在荫棚内养护。每年结合分株翻盆换土1次，不必追肥。

五、再力花

再力花（*Thalia dealbata*），喜温暖水湿、阳光充足的气候环境，不耐寒，以根茎在泥中越冬。在微碱性的土壤中生长良好。

分株繁殖，从初春到秋季可进行。在分株移栽后的一周左右，特别是带叶分株移栽的，首先要作好遮光处理，尤其是在夏季。如果栽植容器水层较浅，强烈的直射光照会使水温很快升高，对植物来说是非常不利的，甚至会影响其生存。

由于容器栽植的基质营养条件有限，人工追肥是管理中一个十分重要的环节，并且追肥次数要明显多于露地生产管理，施肥基本原则是“薄肥勤施”，肥料的种类一般以无机肥为主。

六、梭鱼草

梭鱼草（*Pontederia cordata*），喜温、喜阳、喜肥、喜湿、怕风不耐寒，静水及水流缓慢的水域中均可生长，适宜在水深为20 cm以下的浅水中生长，适温15～30 ℃，越冬温度不宜低于5 ℃，梭鱼草生长迅速，繁殖能力强，条件适宜的前提下，可在短时间内覆盖大片水域。

分株繁殖，可在春、夏两季进行，自植株基部切开即可。种子繁殖一般在春季进行，种子发芽温度需保持在25 ℃左右。

梭鱼草开花观赏期长，生长期水肥消耗也多，所以管理重点首先是施肥，除基肥外，一般10 d左右施肥1次，“薄肥勤施”即“少量多餐”是其原则。生长期不能缺水，同时要注意杂草的清理与病虫防治。冬季则需将地上部分残体清除。

七、黄花鸢尾

黄花鸢尾（*Iris wilsonii*），适应性强，在15～35 ℃温度下均能生长良好，10 ℃以下时植株停止生长。耐寒，喜水湿，能在水畔和浅水中正常生长，也耐干燥。喜含石灰质弱碱性土壤。

播种繁殖，3～4月盆播，发芽适温18～21 ℃，播后15～20 d芽，苗高5～6 cm时移栽。分株繁殖，可在春、秋季或花后进行，将母株根茎挖起，用利刀切开，每段根茎须带芽头，栽植时尽量让芽露出地面。

施足基肥，生长期土壤保持较高湿度，尤其是花期，根部需生长在水中，以水深5～7 cm为宜。生长期施肥3～4次，并注意清除杂草和枯黄叶。夏季高温，应经常向叶面喷水，增加空气湿度，使苗壮叶绿。

考核评价
KAOHE PINGJIA

考核内容	考核标准	考核分值	自我考核	教师评价
专业知识	熟悉水生花卉的生态习性	5		
	熟悉水生花卉品种类型	5		
	熟悉水生花卉的各种繁殖知识	10		
	熟悉水生花卉栽培管理知识	10		

（续）

考核内容	考核标准	考核分值	自我考核	教师评价
技能训练	荷花栽种技术训练	10		
专业能力	能掌握水生花卉播种技术	10		
	能制订水生花卉全年性生产计划和实施方案	10		
	水生花卉种类多，在栽培中能及时发现问题，分析出原因，能提出解决问题的方案	10		
学习方法	网络信息查询； 专业书籍资料查询； 专业市场走访、调研； 勤于实践	10		
能力提升	学会学习，良好的交流沟通能力； 工作学习主动积极，勤于思考，助人为乐； 养成善于观察、详尽记录的好习惯	10		
素质提升	做事积极主动，与人团结合作； 学习工作勤恳努力； 工作学习中能及时发现问题，能分析、解决问题； 富有创造性思维，对待新事物好学进取	10		

项目5　盆栽花卉栽培

【项目背景】

将花卉栽植于花盆的生产栽培方式，称为花卉盆栽。花卉盆栽是我国花卉产业的主要生产部分，在岭南、闽南、江浙地区有相当大的产业是花卉盆栽生产，如中国兰花、蝴蝶兰、大花蕙兰、丽格海棠、火鹤花、猪笼草、仙客来、报春花、杜鹃以及观叶植物等，“南花北调”已是国内花卉市场的销售热点。盆栽花卉在北方的冬季必须进温室保护栽培，也称温室花卉。山东、河北、北京郊区等地应用日光温室，调节冬季的温度，降低加温栽培的成本，提高了花卉盆栽生产的经济效益。盆栽花卉具有移动灵活、管理方便的特点，是居室观赏、庭院美化、节日庆典摆放及重要场合装饰的主要种类。盆栽花卉植株完整、观赏期长，即可观叶、又可赏花，品种丰富多彩，通过各种盆栽花卉的组合和艺术造型，还可提高盆栽花卉的艺术价值和商品价值。但是盆栽花卉由于大多要在人为控制的条件下生长，所以需要一定的园艺设施，同时花卉经过盆栽后，根系局限在狭小的盆内，营养面积有限，因此这类花卉的栽培管理技术比较复杂。

【知识目标】

1. 了解盆栽花卉的概念及其应用特点；
2. 熟悉盆栽花卉的培养土配制；培养土消毒；上盆、换盆与翻盆、转盆等基础知识；
3. 熟悉各类盆花的品种类型和生态习性；
4. 熟悉各类盆花的种苗繁殖技术；
5. 熟悉各类盆花栽培管理方法。

【能力要求】

1. 掌握各类盆栽花卉培养土的配制及消毒技术；
2. 掌握各类盆栽花卉上盆、换盆与翻盆、转盆技术；
3. 掌握各类盆栽花卉种苗的繁殖技术；
4. 掌握盆花栽培管理技术。

【学习方法】

采取多种学习方法。通过网络查询相关资讯，获取较为先进的新技术信息，启发盆花栽培生产创造性。通过专业书籍查阅，改良栽培生产技术，提高产量效益。通过市场产品调研，预测盆花产品销售走向，调整盆花种类栽培生产方向。

任务5.1　花卉盆栽技术

任务目标
RENWU MUBIAO

1. 熟悉了解盆栽花卉的种类、生态习性；

2. 掌握盆栽花卉的特点、花盆的选择、盆栽植物的选择、盆栽形式；

3. 掌握各类培养土配制技术；

4. 掌握盆花栽培管理技术。

任务分析
RENWU FENXI

盆栽花卉以其种类繁多，色彩艳丽，装饰效果强，美化速度快，而且移动灵活，布置更换方便，种类形式多样，观赏期长等特点，其生产在花卉产业中占据着十分重要的地位，由于盆栽花卉的根系局限在狭小的盆内，一方面盆土营养面积有限，另一方面其生长过程还要在人为控制的条件下完成，因此这类花卉的养护管理要比露地花卉复杂得多。盆花的种类繁多，其栽培和应用也各不相同。因此首先要了解盆栽花卉的特点，掌握培养土的消毒与配制、上盆、换盆与翻盆、转盆技术等基本知识，在此基础上能够根据盆栽花卉习性配制适当的培养土，采取合适的栽培管理技术措施，使它们达到优质盆花的标准。

相关知识
XIANGGUAN ZHISHI

盆栽花卉品种繁多，可分为一、二年生花卉如盆栽瓜叶菊、蒲包花等；宿根花卉如君子兰、万年青等；球根花卉如仙客来、马蹄莲等；仙人掌及肉质多浆植物如蟹爪兰、芦荟等；还有兰科、室内观叶植物等。在有特殊需求的情况下，也常常将一些应时露地花卉采用盆栽方式，以便于移动和使用。如供“五一”“十一”使用，常将一串红、菊花、小丽花、月季、三角花、石榴、紫薇等盆栽。在园林工作中大部分盆栽花卉是室内较珍贵的花卉品种，如梅花、凤梨、花烛、罗汉松、柑橘等。树桩盆景也属盆栽花卉中的一种。

盆栽花卉不受品种的限制，只要具有一定观赏价值的花卉，在盆内能生长良好的品种均可采用此种方式。但对于生长过于高大、深根性、直根多、须根少的木本花卉最好不用盆栽。由于花盆内土壤有限，营养面积小，因此对花木养护管理的水平要求较高。

一、花卉盆栽的特点

花卉盆栽小巧玲珑，花冠紧凑，有利于搬移，是随时布置室内外的花卉装饰；能及时调节市场，南北东西方相互调用，提高市场的占有率；能多年栽培，连续多年观赏；花盆体积小，盆土及营养面积有限，必须配制培养土栽培，要求栽培技术严格、细致，北方地区冬季需保护栽培，夏季需遮阳栽培。

二、培养土及其配制

盆栽花卉是花盆栽培，花盆容量限制根的伸展，所以对培养土的要求严格，不能单纯使用田园土栽培。由于盆栽花卉种类多，对盆栽培养土也有一定的选择。

(一) 培养土的基本要求

花卉种类多，与它们生理特性相适应的盆土，变化也是很多的。一般花卉盆土团粒结构良好，营养丰富，疏松通气，能排水保水，腐殖质丰富，不含病虫卵和杂草种子，酸碱度符合花卉要求。

1. 团粒结构良好，疏松透气，排水保水 盆土的团粒结构，就是腐殖质土黏着矿物质土，形成团粒结构。团粒内部有毛细管孔隙，可蓄水保肥，团粒之间又有较大的空隙，可以

排水透气，使团粒结构良好的盆土结构合理，水、肥、气三者相互协调。如果团粒结构不良，盆土就会黏重、板结，或者成粉末状阻塞孔隙，使水、气流不通畅，造成根部腐烂或干枯。为了使盆土结构良好，要在栽培土中掺入一定的沙、砻糠或炉渣灰，并要过筛，除去一部分粉末状细土，使浇水后表土不结皮，干燥但不龟裂。

2. 腐殖质丰富，肥效持久　腐殖质是动植物残体及排泄物经腐败变化后的有机物质。腐殖质含量丰富，在根系和微生物的共同作用下，分解出植物需要的各种营养元素，供植物吸收。腐殖质要充分腐熟，不能有恶臭味，能源源不断地供应养分，这样的盆土，肥效才能持久。

3. 酸碱度（pH）要适宜　不同的花卉，对土壤酸碱度的要求不同。一般的培养土，呈中性或微酸性，适宜大多数花卉的生长要求。有的花卉适宜于酸性土壤，必须配制酸性培养土，否则影响花卉的营养吸收。

（二）培养土的配制

培养土的配制，是将各种自然土料按照花卉所需的要求、营养比例进行调和、配制，使盆土透气、透水，又使养分中的氮、磷、钾及微量元素比例合理，以保证盆栽花卉正常生长发育。

1. 普通培养土　普通培养土是花卉盆栽必备用土，适于多种花卉栽培。现将各种土料配制合成比例见表5-1。

表5-1　盆花用普通培养土土料比例

类　别	土料比例（%）			合计（%）
土　类	田园土　25	河沙或面沙　15	炉渣灰　10	50
腐殖质	草炭　10	发酵木屑　10	腐叶土　10	30
肥　料	鸡鸭粪　17	草木灰　2	过磷酸钙　1	20

在配制培养土时，先将土类和肥料充分混合，然后和腐殖质分层堆积起来，从堆顶把水浇透，经半年或1年时间，再把土堆翻开，反复翻倒两遍，过筛备用。

2. 各类花卉培养土配制　见表5-2。

表5-2　各类花卉培养土土料配制比例

种类＼土料	田园土（%）	河沙（%）	草炭（%）	腐叶土（%）	木屑（%）	鸡粪（%）	饼肥（%）	马粪（%）	酸碱度（pH）
草本花卉	50	10	10	10	10	—	10	—	6.5～7
观叶植物	40	10	10	20	10	—	10	—	6.5～7
宿根球根花卉	40	10	10	10	10	10	10	—	6.5～7
君子兰	—	20	20	10	20	10	—	20	6.5
杜鹃	—	—	20	50	10	10	—	10	4～5
茶花	20	20	20	20	—	10	—	10	5～5.5
金橘	40	20	—	10	10	10	10	—	6.5
月季	20	30	10	—	20	10	10	—	6～7
仙人掌类	—	10	30	20	10	5	5	20	4～5

(三) 培养土的消毒

培养土力求清洁，因土壤中常存有病菌孢子和虫卵及杂草种子，培养土配制后，要经消毒才能使用。

1. 日光消毒 将配制好的培养土薄薄地摊在清洁的水泥地面上，曝晒 2 d，用紫外线消毒，第 3 天加盖塑料薄膜提高盆土的温度，可杀死虫卵。这种消毒方法不严格，但有益的微生物和共生菌仍留在土壤中。兰花培养土多用此方法。

2. 加热消毒 盆土的加热消毒有蒸汽、炒土、高压加热等方法。只要加热至 80 ℃，连续 30 min，就能杀死虫卵和杂草种子。如加热温度过高或时间过长，容易杀灭有益微生物，影响它的分解能力。

3. 药物消毒 药物消毒主要用 5%福尔马林溶液，5%高锰酸钾溶液。将配制的盆土摊在洁净地面上，每摊 1 层土就喷 1 遍药，最后用塑料薄膜覆盖严密，密封 48 h 后晾开，等气体挥发后再装土上盆。

三、上盆、换盆与翻盆、转盆技术

1. 上盆 在盆花栽培中，将花苗从苗床或育苗器皿中取出移入花盆中的过程称为上盆。上盆时要做到，一是花盆大小要适当，做到小苗栽小盆，大苗栽大盆。小苗栽大盆既浪费土又造成“小老苗”；二是因花卉种类不同而选用合适的花盆，根系深的花卉要用深筒花盆，不耐水湿的花卉用大水孔的花盆；三是新盆要“退火”，新使用的瓦盆先浸水，让盆壁气孔充分吸水后再上盆栽苗，如不“退火”往往使花卉根系被倒吸水分而使花苗萎蔫死亡；四是旧盆要洗净，旧盆重新用时应洗净晒干再用，以减少病虫的侵染。

上盆的过程：盆底平垫瓦片，下铺 1 层粗粒河沙，以利透水，再加入培养土，栽苗立中央，敦实，盆土加至离盆口 5 cm 处，留出浇水空间。栽苗后用喷壶洒水或浸盆法供水。栽大苗时常要喷 2 次水，以使干土吸足水分。

2. 换盆与翻盆 花苗在花盆中生长了一段时间以后，植株长大，需将花苗脱出换栽入较大的花盆中，这个过程称为换盆。花苗植株虽未长大，但因盆土板结、养分不足等原因，需将花苗脱出修整根系，重换培养土，增施基肥，再栽回原盆（或同样大小的新盆），这个过程称为翻盆。

各类花卉盆栽过程均应换盆或翻盆。如一、二年生花卉从小苗至成苗应换盆 2～3 次，宿根、球根花卉成苗后 1 年换盆 1 次，木本花卉小苗每年换盆 1 次，木本花卉大苗 2～3 年换盆或翻盆 1 次。

换盆或翻盆的时间多在春季进行。多年生花卉和木本花卉也可在秋冬停止生长时进行；观叶植物宜在空气湿度较大的春、夏间进行；观花花卉除花期不宜换盆外，其他时间均可进行。

3. 转盆 在光线强弱不均的花场或日光温室中盆栽花卉时，因花卉向光性而偏方向生长，以至生长不良或降低观赏效果，所以在这些场所盆栽花卉时应经常转动花盆的方位，这个过程称为转盆。有些花卉（仙客来、瓜叶菊、杜鹃、茶花）如果不经常转盆，就会出现枯叶、偏头甚至死苗现象。

四、盆花的浇水方式

(一) 盆花浇水的原则

盆花浇水的原则是见干见湿、间干间湿、不干不浇、浇必浇透，目的是既使盆花根系吸收

到水分，又使盆土有充足的氧气。此外，还应根据花卉的不同种类、不同生育期和不同生长季节而采取不同的浇水措施。有些花卉（喜阴湿的天南星科、蕨类植物）对水分要求较高，栽培过程宁湿勿干；有些花卉（仙人掌科及多浆花卉）则应宁干勿湿；有些花卉（兰花）要求有较高的空气湿度，盆栽场地应经常向地面或空间喷水、洒水。花卉不同的生长发育时期对水分的要求也有所不同，幼苗期需水量较少，应小水勤浇；旺盛生长期耗水量大，应浇透水；现蕾到盛花期应有充足的水分；开花时不应向花朵上喷水；结实期或休眠期则应减少浇水或停止浇水。就季节而言，春季气温逐渐转暖，盆花浇水次数应逐渐增多，通常草本花卉每天浇水1次，木本花卉2 d浇水1次。夏秋天气炎热，蒸发量大，每天浇水1～2次；冬季气温低，减少浇水量或不浇水。

（二）盆花浇水方式

1. 浇水　用浇壶或水管放水淋浇盆土，这是最常用的浇水方式。要求浇到土中，渗透盆土，掌握见干见湿的浇水原则。

2. 喷水　用喷壶或胶管喷枪向花苗植株和枝叶喷水雾的方式。喷水不但供给植株吸收水分，而且能起到提高空间湿度和冲洗灰尘的作用。一些花卉生长阶段要求土壤水分不要太多，而枝叶表面则要求湿润，可采用喷水而不用浇水。一些生长缓慢的花卉或在遮阳棚内养护树桩材料的及热带、亚热带盆花等都以喷水为好。

3. 找水　在花场中寻找缺水的盆花进行浇水的方式称找水。如早晨浇过水后，中午10～12时检查，太干的盆花再找水1次，可避免失水时间过长造成伤害。

4. 放水　指结合追肥对盆花加大浇水量的方式称放水。在傍晚施肥后，次日清晨应再浇水1次。

5. 勒水　对水分过多的盆花停止供水，并松盆土或脱出盆散发水分的措施称勒水。连阴久雨或平时浇水量过大时应勒水，以促进土壤通气，利于根系生长。

6. 扣水　用湿润土上盆、换盆或翻盆，不再喷水，使盆花进行干旱锻炼的方式称扣水。翻盆换土时修根较重，不耐水湿的植物可采用湿土上盆，不浇水，每天只对枝叶表面喷水，有利于土壤通气，促进根系生长。如君子兰等肉质根的花卉。有时采取扣水措施而促进花芽分化，如梅花、榆叶梅、叶子花等木本花卉。

技能训练
JINENG XUNLIAN

一、培养土的配制

（一）训练目的

熟悉培养土的要求，掌握培养土的配制技术及培养土的消毒技术。

（二）材料用具

铁锹、土筐、有机肥、田土、腐叶土、草炭、炉渣、河沙、珍珠岩、稻壳、花盆、喷壶、筛子等。

（三）方法步骤

分组完成培养土配制工作。

（1）熟悉各类土料，将各种土料粉碎、过筛后备用。

（2）按要求配制普通培养土、加肥培养土、酸性培养土、君子兰培养土、杜鹃培养土。

（3）测定培养土的pH。

(4) 培养土的药物消毒。

(四) 作业

记录各类培养土配制的过程及对酸碱度测定结果。

二、上盆、翻盆和换盆技术

(一) 训练目的

熟悉上盆、翻盆和换盆的技术要领，掌握上盆、翻盆和换盆的技术。

(二) 材料用具

花苗、盆花、花盆、培养土、枝剪、刀片、喷壶、移植铲、碎盆片、复合肥等。

(三) 方法步骤

将待上盆幼苗先浇好水，准备好培养土、复合肥或蹄片肥，分组进行操作。

(1) 幼苗上盆，花盆大小适宜，垫瓦片，填盆底沙、底肥，填培养土，放入幼苗，调整高度，填好土，留出沿口，浇透水，置于阴凉处。

(2) 把待换盆花脱出原盆，修剪上部多余枝叶，修理根坨，换入新盆，方法同上盆。

(四) 作业

记录上盆、翻盆和换盆的操作过程，分析上盆、翻盆和换盆的不同之处。

知识拓展
ZHISHI TUOZHAN

花盆的选择

花盆是花卉栽培中广泛使用的栽培容器，其种类很多，通常依质地和使用目的分类。

一、依质地分类

1. 素烧盆 又称瓦盆，以黏土烧制，有红盆及灰盆两种，虽质地粗糙，但排水良好，空气流通，适于花卉生长，价格低廉。素烧盆通常为圆形，大小规格不一，一般最常用的盆其口径与盆高大致相等，栽培种类不同，其要求最适宜的深度不一，如杜鹃盆、球根盆较浅，牡丹盆与蔷薇盆较深，播种与移苗用浅盆，一般深 8～10 cm。最小口径为 7 cm，最大不超过 50 cm。通常盆径在 40 cm 以上时因易破碎即用木盆，这一类素烧盆边缘有时加厚，成明显的盆边，盆底都有排水孔，以排除多余水分。

2. 陶瓷盆 陶盆有两种：一是素陶盆，用陶泥烧制而成，有一定的排水、通气性；二是釉陶盆，即在素陶盆的外面加一层彩釉，精致美观，主要产于广东及江苏宜兴。瓷盆多为白色高岭土烧制而成，上涂彩釉，质地细腻，加工精巧，以江西景德镇产品最受欢迎。釉陶盆和瓷盆外形美观，但通气性差，不宜栽培花卉，一般多作套盆或作短期观赏使用。陶瓷盆外形除圆形外，也有方形、菱形、六角形等。

3. 紫砂盆 以江苏宜兴产品为最好，河南、山西也生产，形式多样，造型美观，透气性能稍差，多用来养护室内名贵盆花及栽植树桩盆景之用。

4. 木盆或木桶

素烧盆如过大时容易破碎，因此，当需要用 40 cm 以上口径的盆时，即采用木盆。木盆形状仍以圆形较多，但也有方盆的，盆的两侧应设把手，以便搬动。木盆形状也应上大下

小，以便于换盆时能倒出土团，盆下应有短脚，否则需垫以砖石或木块，以免盆底直接放置地上易于腐烂。木盆用材宜选材质坚硬而不易腐烂的，如红松、槲、栗、杉木、柏木等，且外部刷以油漆，既可防腐，又增加美观，内部应涂以环烷酸铜借以防腐，盆底需设排水孔，以便排水，此种木盆多用于花木盆栽。窗饰用盆也多为木制，其形式很多，以长方形为主。

5. 塑料盆 质轻而坚固耐用，可制成各种形状，色彩也极多样，是国外大规模花卉生产常用的容器，国内也应用较多。水分、空气流通不良，为其缺点，应注意培养土的物理性状，使之疏松通气，以克服此缺点。在育苗阶段，常用小型的软质塑料盆，使用方便。

6. 纸盆 仅供培养幼苗之用，特别用于不耐移植的种类，先在温室内纸盆中进行育苗。

7. 植物纤维花盆 可降解的植物纤维花盆，即环保花盆，它采用植物纤维作主要原料，其透气性非常好，有利于花卉的生长。植物纤维花盆在白天吸收太阳红外线的能力非常强，这是其他种类花盆所不能的，吸收红外线的能力强，花盆的温度会升高，在寒冷的冬天，使用这种花盆更有利于植物生长，并且可以保护植物安全越冬。由于植物纤维花盆用的是农产品废弃物，成本低廉。

二、依使用目的分类

1. 水养盆 专用于水生花卉盆栽之用，盆底无排水孔，盆面阔大而较浅，形状多为圆形。此外，如室内装饰的沉水植物，则采用较大的玻璃槽，以便观赏。球根水养用盆多为陶制或瓷制的浅盆，如我国常用的“水仙盆”。风信子也可采用特制的“风信子瓶”，专供水养之用。

2. 兰盆 兰盆专用于气生兰及附生蕨类植物的栽培，盆壁有各种形状的孔洞，以便流通空气。此外，也常用木条制成各种式样的兰筐以代替兰盆。

3. 盆景用盆 依用途分为两大类，即树木盆景和山水盆景用盆，前者盆底有孔，形状多样，色彩也很丰富，后者盆底无孔，均为浅口盆，形状单一。盆景用盆除紫砂陶盆、釉陶盆、瓷盆外，还有石盆、水泥盆等。石盆是采用汉白玉、大理石、花岗岩等加工而成，多见于长方形、椭圆形浅盆，适用于山石盆景使用。

花盆形状多样，大小不一，常依花卉种类、植株高矮和栽培目的不同而分别选用。选择时，首先考虑适用性，即能否满足花卉生长发育的需要；其次考虑美观性，所选择的花盆要适合盆花的摆放或陈列，最好能起到画龙点睛、衬托盆花的作用；还要考虑实用性、经济性，尽量选择价廉物美的花盆，以降低盆花生产成本。

三、其他栽培容器

1. 盆套 指容器外附加的器具，用以遮蔽花卉栽培容器的不雅部分，达到最佳的观赏效果，使花卉与容器相得益彰，情趣盎然。套盆不是直接栽种植物，而是将盆栽花卉套在里面。防止盆花浇水时多余的水弄湿地面或家具。也可以把普通的素烧盆遮挡起来，使盆栽花卉更美观，由于上述功能决定套盆必须是盆底无底无孔洞、不漏水，美观大方。盆套的形状、色彩、大小和种类繁多，风格各异。制作套盆的材料很多，有金属、竹木、藤条、塑料、陶瓷或大理石等。形状可为咖啡杯形、玉兰花形、圆形、方形、半边花篮形、奇异的罐形等。

2. 玻璃器皿 利用玻璃制作的器皿，可以栽植小型花卉。器皿的形状、大小多种多样，常用的有玻璃鱼缸、大型的玻璃瓶、碗形的玻璃皿。栽植时，在这些容器底部先放入栽培材料，然后将耐阴花卉，如花叶竹芋、鸭趾草、各种蕨类的小苗，疏密有致地布置于容器中，放置于窗台或几架上，别具一格。

3. 壁挂容器 指把容器设置于墙壁上，常见形式有：①将壁挂容器设计成各种几何形状，将经过精细加工涂饰的木板装上简单竖格，或做成简单的博古架，安装于墙壁上，格间摆设各种观赏植物，如绿萝、鸭趾草、吊兰、常春藤、蕨类等；②事先在墙壁上设计某种形状的洞穴，墙壁装修时留出位置，然后把适当的容器嵌入其中，再以观叶植物或其他花卉点缀于容器之中，别有一番情趣。

4. 花架 用以摆放或悬挂植物的支架，称为花架。它可以任意变换位置，使室内更富新奇感，其式样和制作材料多种多样。

5. 盆托 盆托（或盆垫）是常用来代替套盆的用具。形状像盘子，多用塑料做成，与塑料盆配套使用。

除上述器具外，还有栽植箱和栽植槽，可摆放于地面，也可设置于窗台边缘等处。还有用各种各样的儿童玩具、贝壳或椰子壳等栽植花卉，更富情趣。随着现代科学技术的广泛应用，花卉栽培设施、装饰形式和方法有了很大变化，出现了形形色色的花卉栽培容器，容器的种类、制作材料、制作式样更加丰富多彩，拓展了花卉的装饰功能。

考核评价
KAOHE PINGJIA

考核内容	考核标准	考核分值	自我考核	教师评价
专业知识	熟悉盆栽花卉的种类、特点	5		
	熟悉花盆的选择、盆栽植物的选择、盆栽形式知识	5		
	熟悉盆花培养土配制及配料组合应用知识	5		
	熟悉盆花栽培管理要点知识	5		
技能训练	熟练操作培养土配制；熟练操作上盆技术	10		
专业能力	能根据花卉种类分门别类地掌握各种培养土的配制	10		
	能正确运用盆花6种浇水方式	10		
	能根据季节对盆栽花卉进行不同时期的修剪、抹芽、弯枝、整形等技术处理	10		
	能根据盆栽花卉不同时期生长阶段（幼苗、小苗、大苗）进行上盆、翻盆、换盆、转盆等技术处理	10		
学习方法	网络信息查询； 专业书籍资料查询； 专业市场走访、调研； 勤于实践	10		
能力提升	学会学习，良好的交流沟通能力； 工作学习主动积极，勤于思考，助人为乐； 养成善于观察、详尽记录的好习惯	10		
素质提升	做事积极主动，与人团结合作； 学习工作勤恳努力； 工作学习中能及时发现问题，能分析、解决问题； 富有创造性思维，对待新事物好学进取	10		

任务5.2　一、二年生花卉

任务目标
RENWU MUBIAO

1. 了解常见一、二年生盆花的种类，熟悉其生态习性；
2. 掌握常见一、二年生盆花繁殖栽培理论知识；
3. 具备进行一、二年生盆花繁殖的能力；
4. 会进行常见一、二年生盆花的栽培管理。

任务分析
RENWU FENXI

一、二年生盆栽花卉是利用各种花盆为容器进行栽培，其生命周期相对较短，是盆栽花卉需求量较多的一类，花卉生产企业能在较短的时间内生产出大批量的产品，及时满足环境美化的需求。本任务主要是在识别常见一、二年花卉的基础上，明确其生态习性，了解其对环境的要求，根据生产实际、应用目的和花卉种类进行繁殖、栽培管理，只有这样才能培养出优质的盆花产品。

工作过程
GONGZUO GUOCHENG

盆栽一、二年生花卉栽培管理过程。

1. 培养土的配制　将不同的培养土准备好，根据一、二年生种类确定配制比例，如腐叶土（或草炭）：园土：河沙：骨粉＝7：6：6：1；或腐叶土（或草炭）：河沙：腐熟有机肥料：过磷酸钙＝10：7：2：1，混合过筛后使用。

2. 上盆　选择大小合适的花盆，用瓦片盖在花盆的排水孔上，将培养土的粗粒加入盆底，粗粒上放入细的培养土，再栽花苗。

3. 浇水　浇水时水量要足，一次浇水后，待土壤吸干再浇第二次，使水溢出。对于盆栽花卉，浇水量的多少要根据植物种类、生长阶段、盆的大小、天气、季节等各方面因素来做判断。随着植物生长开花，对水的需要量也逐渐加大。结实期要少浇水。休眠期少浇水。浇水要求“浇则浇透”，“见干见湿”不能浇“拦腰水”。

4. 施肥　施肥要在晴天进行，施肥前先松土，待盆土稍干再施肥。施肥后立即浇水。温暖季节，施肥次数可多些，每月2～3次；天气寒冷时可以少施，每月1～2次；夏天生长旺季，可5～7 d施薄肥一次。

还可以配合根外追肥，生长前期尿素、后期磷酸二氢钾进行根外追肥，浓度0.2%～0.3%，根外追肥不要在低温时进行。如在追肥时混以微量元素的肥料或混以其他杀虫、杀菌药剂，则可兼收双重效果。

5. 修剪与换盆　对于一、二年生盆栽花卉，剪梢与摘心是将植株正在生长的枝梢去掉顶部，其作用是使枝条组织充实，调节生长，增加侧芽发生，增多开花枝数和朵数，或使植株矮化，株形丰满，开花整齐等。

剪根多在移植、换盆时进行。播种苗主根太长时，可于移栽时剪短。换盆时，去除腐烂冗长的根。

整枝包括支缚、绑扎等工作。通过整枝可使枝条匀称，固定茎干，改善通风透光条件，还可通过造型增加观赏价值。随着花苗的日渐长大，或要进行分株繁殖、更换新的培养土时，就要进行换盆。

技能训练
JINENG XUNLIAN

瓜叶菊盆花浇水、施肥技术

（一）训练目的

熟悉盆花施肥、浇水原则，掌握正确施肥、浇水技术。

（二）材料用具

沤肥水、无机肥、喷雾器、喷壶、移植铲、瓜叶菊盆花等。

（三）方法步骤

教师指导常规栽培管理中的施肥、浇水工作。

（1）盆花的根外追肥。用 0.2%的尿素稀释液喷洒花卉叶片。有机复合肥颗粒状盆土施肥。

（2）掌握花盆按见干见湿、宁干勿湿、宁湿勿干、间干间湿的原则浇水。

（四）作业

记录施肥的方法和几种浇水方法；掌握见干见湿、宁干勿湿、宁湿勿干、间干间湿情况。

知识拓展
ZHISHI TUOZHAN

常见一、二年生草花

一、瓜叶菊（*Cineraria cruenta*）

（一）生态习性

性喜温暖湿润，通风凉爽的环境，冬惧严寒夏忌高温；要求昼温 20 ℃以下，夜温 5 ℃以上，以 10～15 ℃为适，不耐高温，忌雨涝。生长期要求光线充足，空气流通，稍微干燥的环境。喜富含腐殖质，疏松肥沃，排水良好的沙质壤土。短日照促进花芽分化，长日照对花蕾发育有促进作用，适于秋播，春天开花。

（二）繁殖技术

瓜叶菊的繁殖以播种为主。对于重瓣品种为防止品种退化或自然杂交，也可采用分株或扦插繁殖。

1. 扦插　花后 5～6 月间进行，常选用生长充实的腋芽在清洁河沙中进行扦插，插时可适当疏除叶片，以减小蒸腾，插后浇足水并遮阳防晒，若母株没有腋芽长出，可将茎 10 cm 以上部分剪除，以促使腋芽发生。

2. 播种　播种的时间视选用的品种类型和需花时间而定，早花品种播后 5～6 个月开花，一般品种 7～8 个月开花，晚花品种则需 10 个月开花。一般在 7 月下旬播种，春节开花；6 月下旬播种，元旦开花。

播种采用浅盆、播种箱、穴盘，盆土由壤土1份、腐叶土3份、河沙1份，加少量腐熟基肥混合而成。播种前容器和用土要充分消毒。将种子与少量细沙混合均匀撒播在浅盆中，播后覆土，以不见种子为度，采用盆浸或喷雾法浇水，忌喷水，浸后保湿，注意通风换气，置于遮阳背阴处，发芽适温21℃，1周左右出苗，出苗后逐渐去除遮阳覆盖物，使幼苗逐渐接受阳光照射，但中午需遮阳，两周后可进行全光照。

（三）栽培管理

播种后将播种盆置于通风凉爽的环境，当幼苗长出2～3片真叶时，进行第1次移植。选用瓦盆移植，盆土用腐叶土3份、壤土2份、河沙1份配制而成，将幼苗自播种浅盆移入瓦盆中，株行距3 cm×3 cm，根部多带宿土以利成活，移栽后用细孔喷壶浇透水，将幼苗置于阴凉处。缓苗后可每隔10 d追施稀薄液肥1次，随天气转凉逐渐加大追肥浓度，气温低于10℃时，移入温室。当幼苗真叶长至5～7片时，要进行最后的定植，选直径为13～17 cm的盆，盆土用腐叶土2份、壤土3份、河沙1份配合而成，并适当施以豆饼、骨粉或过磷酸钙作基肥。定植时要注意将植株栽于花盆正中，并保持植株端正。浇足水置于阴凉处，成活后给予全光照。生长期瓜叶菊喜光，不宜遮阳。栽培中要注意经常转动花盆，保持盆株生长整齐均一。随着生长，逐步拉大盆距，使植株保持合理的生长空间，避免拥挤徒长。在单屋面温室更要注意转盆，以免影响株形。每半月可施液肥1次，在花芽分化前2周，停止追肥并控制浇水，以提高着花率。

二、蒲包花（*Calceolaria herbeohybrida*）

1. 生态习性　喜凉爽、空气湿润、通风良好的环境。不耐严寒，又畏高温，要求光照充足，但栽培中要避去夏季的强光。喜肥沃、忌土湿，宜排水良好的轻松土壤。

2. 繁殖技术　通常采用播种繁殖，也可扦插。8月下旬进行，不宜过早，因为高温易使幼苗腐烂。蒲包花种子细小，在播种时要将其与细土混合，撒播在浇过水的盆土表面。播种用土用草炭∶河沙按1∶1比例配制，盆浸法浇水后，盖上玻璃以保持湿润，放置在无日光直射处。发芽前一定要保持充分湿润，温度20℃，1周左右即可出苗。出苗后要立刻将其移至通风向阳处，及时间苗，温度降至15℃左右。

3. 栽培管理　植株长至5～6片真叶时，选择口径15 cm花盆单株上盆。盆土以沙∶壤土∶草炭按1∶2∶2配制。定植缓苗后，要见干见湿，过湿会引起根叶腐烂，空气湿度保持在80%，每周宜追肥1次，浇水、追肥勿使肥水沾在叶上，以免叶片受害腐烂。生长期温度保持在7～20℃，不宜超过25℃，当花芽分化时，温度应保持在10℃左右。每天接受不少于4 h散射光，中午强光时可适当遮阳，从11月起每天下午日落后要进行人工补光，22时结束，补光6周。

蒲包花开花后，必须严把浇水关，不要使盆土过潮或过干。停止追肥，勿放在有日光直射的地方。

三、报春花属（*Primula L.*）

报春花属约500种，我国约390种，主要产于西部和西南部。云南省是世界报春花属植物的分布中心。常见栽培有藏报春（*P. sinensis*）、四季报春（*P. obconica*）、报春花（*P. malacoides*）、多花报春（*P. polyantha*）、樱草（*P. sieboldii*）等。

1. 生态习性 性喜温暖湿润，凉爽通风环境，不耐炎热。在酸性土（pH4.9～5.6）中生长不良。藏报春抗寒性较四季报春和报春花稍弱，生长适温白天20 ℃左右，夜间5～10 ℃。喜湿润，藏报春则可稍喜干燥。四季报春日照中性，温度适宜可全年开花。

报春花10 ℃的低温处理，可以促进花芽分化。花芽分化完成后，在长日照下，温度维持在15 ℃左右，可提早开花，四季报春也具有类似的习性。

多花报春性强健耐寒，喜半阴而通风良好的环境。樱草耐寒而不耐热和干燥，喜水分充足，宜用通气、排水良好而腐殖质丰富的培养土。

2. 繁殖技术 播种繁殖，播种用土可以壤土1、腐叶土2和河沙1的比例配制。播种后，不覆土，或稍覆细土，以不见种子为度。

3. 栽培管理 在栽培中，适宜的生长温度为13～18 ℃。除了冬季需要充足日光外，其他季节应遮去日中的强光。夏季宜放荫棚下栽培，注意降温和通风。定植后应酌施追肥，注意肥液不可污及叶片，若沾染应及时用清水冲洗，以免叶片枯焦。花后将残花连梗剪去，可继续抽出新花梗开花。花期结束时天气渐热，应移凉爽遮阳处，保持湿润，注意降温通风。秋末移入温室，冬季又可开花。

四、香豌豆（*Lathyrus odoratus*）

1. 生态习性 性喜温暖、凉爽气候，要求阳光充足，忌酷热，稍耐寒，在长江中下游以南地区能露地过冬。生长温度为5～20 ℃，如气温超过20 ℃，生长势衰退，花梗变短，连续30 ℃以上即会死亡。对土壤要求不严，但在排水良好、土层深厚、肥沃、呈中性或微碱性土中生长较佳。香豌豆花色丰富、艳丽，花形优美，瓣型较多，有重瓣、半重瓣、单瓣、波状瓣、皱瓣、平直瓣等。花期3～6月。

2. 繁殖技术 香豌豆采用播种繁殖，可于春、秋进行，华北地区多于8～9月进行秋播。种子有硬粒，播前用温水浸种24 h，发芽整齐，后定植于温室中，也可9～10月份直接播种于温室的盆中，盆径10～13 cm，点播4～5粒，出苗后选留壮苗1株。香豌豆不耐移植，多直播育苗，或盆播育苗，待长成小苗时，脱盆移植，避免伤根，发芽适宜温度在20 ℃左右。除播种外，香豌豆也可用茎扦插繁殖。

3. 栽培管理 栽培期间温度不宜过高，在开花前，白天温度9～10 ℃，最高不超过13 ℃；夜间温度以5～8 ℃为宜。如温度过高时，植株尚未充分成长即出现花蕾，此时所开的花，花小梗短，品质低劣，应随时摘去。开花时温度可稍微提高，夜间温度可维持10～13 ℃，白天温度15～20 ℃。

香豌豆要求光线充足，光照不足常引起落蕾。其根系强健，不需浇水过多，室内空气应保持干燥，注意通风。香豌豆基肥过多，常使花期推迟，以追肥为主。

五、彩叶草（*Coleus blumei*）

1. 生态习性 性喜温暖湿润，阳光充足、通风良好的栽培环境。要求富含腐殖质、肥沃疏松而排水良好的沙质壤土。冬季适温20～25 ℃，不低于10 ℃，夏季高温时稍加遮阳，喜充足阳光，光线充足能使叶色鲜艳。切忌积水，以免引起根系腐烂。

2. 繁殖技术 播种繁殖。在温室内可随时播种，但多于2～3月时进行，室外则于5月播种。适温25～30 ℃，10 d左右发芽。也可扦插，四季都可进行。切取枝端5 cm左右为插

穗，插于基质中，在20℃下，约一周发根。生根后分栽于7 cm盆中。

3. 栽培管理 播种苗抽出真叶后，以（3～4）cm×（3～4）cm株行距进行分苗，当苗高6～9 cm时移入10 cm盆中。用土以壤土3、腐叶土1及河沙1的比例混合，用有机肥料作基肥。生长适温在20℃以上，生长期间要经常浇水和叶面喷水，但水量要控制以不使叶片失水而凋萎为度，以防徒长。幼苗期摘心可养成丛生的株形，如果要养成圆锥形的株形，则可主干不摘心，只是侧枝进行多次摘心。花后老株修剪可促生新枝，仍可观赏。

考核评价

KAOHE PINGJIA

考核内容	考核标准	考核分值	自我考核	教师评价
专业知识	熟悉一、二年生盆花的种类及其生态习性	5		
	熟悉一、二年生盆花种苗繁殖知识	5		
	熟悉一、二年生盆花的栽培管理知识	10		
	熟悉掌握一、二年生盆花园林、观赏应用知识	10		
技能训练	熟练操作瓜叶菊浇水、施肥技术训练	10		
专业能力	能掌握一、二年生盆花播种、扦插等繁殖技术和栽培管理技术	10		
	能制订一、二年生盆栽花卉年生产计划和实施方案	10		
	盆花栽培中能及时发现问题，分析出原因，提出解决问题的方案	10		
学习方法	网络信息查询； 专业书籍资料查询； 专业市场走访、调研； 勤于实践	10		
能力提升	学会学习，良好的交流沟通能力； 工作学习主动积极，勤于思考，助人为乐； 养成善于观察、详尽记录的好习惯	10		
素质提升	做事积极主动，与人团结合作； 学习工作勤恳努力； 工作学习中能及时发现问题，能分析、解决问题； 富有创造性思维，对待新事物好学进取	10		

任务5.3 宿根花卉

任务目标

RENWU MUBIAO

1. 了解盆栽宿根花卉的种类，熟悉其生态习性；
2. 掌握盆栽宿根花卉繁殖栽培理论知识；
3. 具备进行盆栽宿根花卉繁殖的能力；
4. 会进行常见盆栽宿根花卉的栽培管理。

任务分析
RENWU FENXI

盆栽宿根花卉大多原产于热带和亚热带，常绿，耐寒力弱，该类花卉的优点便是繁殖、管理简便，一年种植可多年开花。本任务主要是在识别常见盆栽宿根花卉的基础上，明确盆栽宿根花卉的生态习性，了解其对环境的要求，能根据生产实际和花卉种类进行培养土的配制、繁殖、栽培管理，培养优质的盆花产品。

工作过程
GONGZUO GUOCHENG

盆栽宿根花卉栽培管理过程。

1. 培养土配制 不同品种花卉培养土配制方法不同，用于一般盆花的培养土，可以用腐叶土（或草炭）、园土、河沙以 4∶3∶2.5 的比例，加少量腐熟的有机肥进行混合配制。配制培养土，要根据不同花卉的喜好，使用相应的材料和适当的量加以配制，才能使这种植物获得其所需要的养分，生长得健康茁壮、花繁叶茂。

2. 上盆与换盆 选择适宜的花盆，应掌握小苗用小盆，大苗用大盆的原则。用瓦片盖住盆底的排水孔，然后向盆底填入培养土约厚 3 cm，将植株放入盆中央，向根系四周填入培养土直至将根完全埋住，轻提植株使根系舒展，用手轻压根部盆土，使土与根系密切接触，再加培养土至离盆口 3 cm 处。上盆后第一次浇水要浇足浇透，以利于花卉成活。幼苗上盆后，随着枝叶的生长，在开花前通常要进行多次换盆。换盆前应停水，使盆土达到一定的干燥程度。然后将花盆倾倒，轻击盆壁，用手指插入排水孔推出盆土，将植株根部带土脱盆取出。剪除老根和烂根，重新将植株栽入新的大花盆中，缓苗期 4～5 d。

3. 浇水 要选用水质优良、微酸性至中性的水。水温应与植物生长环境温度一致，不要直接浇温度过低的水。井水或自来水应放入贮水池中贮放 1～2 d 再用。浇水量因宿根花卉的种类、生长发育期和季节的变化而定。如旱生、处于休眠期或生长缓慢期的花卉，需水量相对较少；湿生或处于生长旺盛期的花卉，需水量相对较多；春季气温升高、多风、空气相对湿度低，要增加浇水量，可 1～2 d 浇 1 次；夏季气温高，蒸发量大，也应增加浇水次数，早晚各 1 次，发现萎蔫现象，中午可补水 1 次；秋季气温渐低，植物生长缓慢，可减至 2～3 d 追肥 1 次；冬季，不同种类花卉需水量差异大，要区别对待。入冷室越冬者，可 5～10 d 浇水 1 次；入温室栽培者，需每天或隔天浇水 1 次。

4. 施肥 基肥多选用畜禽粪等有机肥，混入部分磷、钾肥。盆栽花卉的盆土量有限，植株所需营养还要靠追肥补充。为防止肥料发酵产生热量危害根系，多将饼肥、畜禽粪等发酵后，以液肥的方式追施。碱性土宜选用酸性肥料，如氮肥可选用铵态氮（硫酸铵、氯化铵）；磷肥可选磷酸钙或磷酸铵等水溶性肥。酸性土可选用碱性肥料，氮肥可用硝态氮；磷、钾肥可用磷矿粉、草木灰等。开始追肥时液肥宜淡不宜浓，一般半月 1 次。旺盛生长期可5～7 d 追肥 1 次，浓度也可稍微增加。追肥时也常用粉末状有机肥或化肥施于盆面上，但用量不可过多，否则会伤害根系，影响吸收，甚至造成植株死亡。

5. 遮阳 温室内栽培的宿根花卉接受的多为散射光，对外界强光照射敏感。春季移到室外需搭荫棚，遮光率在 40%～60%。

技能训练 JINENG XUNLIAN

盆栽宿根花卉肥水管理技术

（一）训练目的

熟悉宿根盆花施肥、浇水原则，正确掌握施肥、浇水技术。

（二）材料用具

沤肥水、有机复合肥、无机肥、喷雾器、喷壶、移植铲、盆花等。

（三）方法步骤

教师指导常规栽培管理中的施肥、浇水工作。

1. 盆花施肥　用0.2%的尿素稀释液喷洒花卉叶片。盆中施入有机复合肥颗粒。

2. 盆花浇水　根据不同的宿根盆花种类，按照见干见湿、宁干勿湿、宁湿勿干、间干间湿的原则进行水分管理。

（四）作业

记录施肥及浇水的方法，掌握见干见湿、宁干勿湿、宁湿勿干、间干间湿的浇水原则。

知识拓展 ZHISHI TUOZHAN

一、君子兰（*Clivia miniata*）

（一）生态习性

性喜温暖而半阴的环境，忌炎热，怕寒冷。生长适温为15～25℃，低于5℃生长停止，高于30℃叶片薄而细长，开花时间短，色淡。生长过程中怕强光直射，易出现日灼为害。喜湿润，忌排水不良和通透性差的土壤，有一定耐旱能力。

（二）繁殖技术

君子兰可采用分株、播种和组培育苗，以播种为主。

1. 分株　分株繁殖是利用根颈周围的分蘖脚芽，结合春季换盆，用利刀把脚芽切离母株，必须带1～2条幼根，又不能伤及母株叶基，切离后在伤口涂以木炭粉及杀菌剂防腐，及时分栽即成一个新植株。

2. 播种　详见项目3。

（三）栽培要点

君子兰适宜用含腐殖质丰富的微酸性土壤，用土为腐叶土5份、壤土2份、河沙2份、饼肥1份混合而成。栽培用盆随植株的生长逐渐加大，栽培一年生苗时，适用10 cm盆。第二年换16 cm盆，以后每过1～2年换入大一号的花盆，换盆可在春、秋两季进行。

君子兰具有较发达的肉质根，根内存蓄着一定的水分，经常注意盆土干湿情况，出现半干就要浇1次，但浇的量不宜多，需保持盆土湿润。

一般情况下，春天每天浇1次；夏季浇水，可用细喷水壶将叶面及周围地面一起浇，晴天每天浇2次；秋季隔天浇1次；冬季每星期浇一次或更少。但必须注意，要随着不同情况，灵活掌握。比如说，晴天要多浇；阴天要少浇，连续阴天则隔几天浇1次；雨天则不浇。气温高、空气干燥时一天要浇几次；花盆大的，因土内储水量大而不易风干，可少浇；

花盆小，水分容易蒸发掉，则应适量多浇。花盆放置在通风好、容易蒸发的地方，宜适量多浇；通气差、蒸发慢、空气湿度大的地方则应少浇。苗期可以少浇；开花期需多浇。总之，要视具体情况而定，以保证盆土柔润，以不能太干、太潮为原则。

二、鹤望兰（*Strelitzia reginae*）

1. 生态习性 原产南非。性喜温暖湿润，喜阳光充足，富含有机质的壤土；不耐寒，生长适温为18～24 ℃，冬季要求不低于5 ℃，夏季宜在荫棚下生长。花期春、夏或夏秋，出现花芽到形成花蕾需30～35 d，单朵小花可开13～15 d，整个花序可开花21～25 d，整株花期长达2个月。

2. 繁殖技术 常用播种繁殖及分株繁殖。种子采收后立即播种，播于沙床，发芽温度为25～30 ℃，播后15～20 d可发芽，半年后形成小苗，播种苗需5年具9～10叶片时才能开花。分株繁殖多于早春翻盆时进行，将植株退盆后，抖去泥土，用利刀从根茎中空缝隙开刀，每丛分株叶片不得少7～8片，伤口涂以草木灰或硫黄粉，以防其腐烂，然后进行栽植。栽后浇足水，置于庇荫处，适当养护，当年秋冬即能开花。

3. 栽培要点 盆栽用土需用肥沃疏松土壤，一般用腐殖质土，加少量的沙，上盆时盆底部放瓦片以利排水，栽植不宜过深。夏季生长期及秋冬期都需充足的水分，花期及花后要减少水分。生长期每15 d施肥1次，花蕾孕育期及盛花期需增施磷肥。花后不留种子需立即剪去花梗，以免消耗养分。成株每两年需翻盆1次，生长期要防止介壳虫为害。

三、秋海棠类（*Begonia evansiana*）

秋海棠类分为球根秋海棠、根茎秋海棠及须根秋海棠三大类。

（一）生态习性

原产南美洲和亚洲的热带、亚热带地区。喜温暖湿润的气候，喜半阴和富含腐殖质、疏松、透气性好的沙质壤土环境条件，忌强烈的日光曝晒。适宜的生长温度是20 ℃左右，夏天气温高达30 ℃时，植株生长就受到影响，35 ℃以上时，必须采取遮阳措施，才能安全度夏。冬季怕冷，气温维持在10 ℃时才能较好越冬，气温降至5 ℃时就停止生长，几乎进入休眠状态。

（二）繁殖技术

1. 播种繁殖 播种一般在早春或秋季进行。播种前先将盆土消毒，然后将种子均匀撒入，压平，再将盆浸入水，由盆底透水将盆土湿润。在温度20 ℃的条件下7～10 d发芽。待出现2片真叶时，及时间苗；4片真叶，将多棵幼苗分别移植在口径6 cm的盆内。春季播种的冬季可开花，秋播的翌年3～4月开花。

2. 扦插繁殖 此法最适宜重瓣优良品种的繁殖，以春、秋两季为最好。插穗宜选择基部生长健壮枝的顶端嫩枝，长8～10 cm。扦插时，将大部叶片摘去，插于清洁的沙盆中，保持湿润，并注意遮阳，15～20 d生根。生根后早晚可让其接受阳光，根长至2～3 cm时，可上盆培养。也可以在春、秋季气温不太高的时候，剪取嫩枝8～10 cm长，将基部浸在洁净的清水中生根，发根后再栽植在盆中养护。

3. 分株繁殖 宜在春季换盆时进行，将一植株的根分成几份，切口处涂以草木灰（以防伤口腐烂），然后分别定植在施足基肥的花盆中，分株后不宜多浇水。

（三）栽培管理

养好四季秋海棠水肥管理是关键。浇水要求“二多二少”，即春、秋季节是生长开花期，水分要适当多一些；盆土稍微湿润一些；在夏季和冬季是四季秋海棠的半休眠或休眠期，水分可以少些，盆土稍干些，特别是冬季更要少浇水，盆土要始终保持稍干状态。冬季浇水在中午前后阳光下进行，夏季浇水要在早晨或傍晚进行为好。浇水的原则为不干不浇、干则浇透。

四季秋海棠在生长期每隔 10～15 d 施 1 次腐熟发酵过的 20%豆饼水，菜籽饼水等。施肥时，要掌握“薄肥多施”的原则。如果肥液过浓或施以未完全发酵的生肥，会造成肥害。施肥后要用喷壶在植株上喷水，以防止肥液黏在叶片上而引起黄叶。夏、冬季少施或停止施肥，可避免因茎叶幼嫩或抗热、抗寒能力下降而腐烂。

秋海棠花后，要及时修剪残花、摘心，促使多分枝。如果忽视摘心修剪工作，植株容易长得瘦长，株形不美观，开花也较少。

清明后，盆栽的可移到室外荫棚下养护。华东地区 4～10 月都要在遮阳的条件下养护，但在早晨和傍晚最好稍见阳光；若发现叶片卷缩并出现焦斑，这是受日光灼伤后的症状。霜降之后，就要移入室内防寒保暖，否则遭受霜冻，就会冻死；室内摆设应放在向阳处。

四、文竹（*Asparagus setaceus*）

（一）生态习性

文竹原产南非。性喜温暖、湿润及半阴，不耐干旱及霜冻。要求土壤富含腐殖质，排水良好。

（二）繁殖技术

文竹多用播种和分株法繁殖。播种在 3～4 月进行，播前浸种 24 h，点播于 10 cm 深盆内，加盖玻璃或塑料薄膜，保持 20～25 ℃温度和盆土湿润，20～30 d 发芽。苗高 5～10 cm 定植于温室或上盆。4～5 年生大株，可于春季进行分株繁殖。

（三）栽培要点

文竹为阴性植物，不应放在光线太强的地方，否则易造成枝叶枯黄。浇水要适当，保持盆土见湿见干，一般浇水使表土湿润即可，干燥季节应多向叶面喷洒清水。文竹喜肥，每 10～15 d 施 1 次以氮、钾为主的充分腐熟的稀薄液肥。文竹生长快，要随时疏剪过弱、过密及老枝、枯茎，有利于通风及保持低矮姿态。文竹也可用竹筒栽种，其透水性、存水性都好，不必盆底钻孔。

五、一叶兰（*Aspidistra elatior*）

（一）生态习性

原产中国南方各省区，现中国各地均有栽培，一叶兰性喜温暖湿润、半阴环境，较耐寒，极耐阴。生长适温为 10～25 ℃，越冬温度为 0～3 ℃。

（二）繁殖技术

分株繁殖。可在春季气温回升，新芽尚未萌发之前，结合换盆进行分株。将地下根茎连同叶片分切为数丛，使每丛带 3～5 片叶，然后分别上盆种植，置于半阴环境下养护。

（三）栽培要点

一叶兰对土壤要求不严，耐瘠薄，但以疏松、肥沃的微酸性沙质壤土为好。盆栽时可用腐叶土、草炭和园土等量混合作为基质。生长季要充分浇水，保持盆土经常保持湿润，并经常向叶面喷水增湿，以利萌芽抽长新叶；秋末后可适当减少浇水量。春、夏季生长旺盛期每月施液肥1～2次，以保证叶片清秀明亮。可以常年在明亮的室内栽培，但无论在室内或室外，都不能放在直射阳光下；短时间的阳光曝晒也可能造成叶片灼伤，降低观赏价值。一叶兰极耐阴，即使在阴暗室内也可观赏数月之久，但长期过于阴暗不利于新叶的萌发和生长，所以如摆放在阴暗室内，最好每隔一段时间，将其移到有明亮光线的地方养护一段时间，以利生长与观赏。尤其在新叶萌发至新叶生长成熟这段时间不能放在过于阴暗处。

六、万年青（*Rohdea japonica*）

（一）生态习性

分布于我国和日本，喜在林下潮湿处或草地中生长。性喜半阴、温暖、湿润、通风良好的环境，不耐旱，稍耐寒；忌阳光直射、忌积水。要求疏松、肥沃、排水良好的沙质壤土。一般园土均可栽培，但以富含腐殖质、疏松透水性好的微酸性沙质壤土最好。

（二）繁殖技术

播种、分株繁殖均可。果实12月成熟，成熟后即可随采随播入细沙与腐叶土各半拌和的盆土内，盆上盖玻璃或扎上塑料薄膜，以保持盆土湿度、温度和光照。若温度控制在20℃，20～30 d即可发芽。待幼苗长至3～4片叶子即可分盆栽植。

1. 分株法 万年青地下茎萌率力强，可于春、秋用利刀将根茎处新萌芽连带部分侧根切下，伤口涂以草木灰，栽入盆中，略浇水，放置荫处，1～2 d后浇透水即可。亦可将整个植株从盆中倒出，视植株大小，用利刀分割为几部分，待伤口晾干一天或涂以草木灰，上盆如前述管理即可。

2. 播种法 一般在3～4月间进行。播于盛好培养土的花盆中，浇水后暂放遮阳处，保持湿润，在25～30℃的条件下，约25 d即可发芽

（三）栽培要点

万年青为肉根系植物，浇水多，易引起烂根。但必须保持空气湿润，如空气干燥，也易发生叶子干尖等不良现象。夏季每天早、晚应向花盆四周地面洒水。

生长期间，每20 d左右施1次腐熟的液肥；初夏生长较旺盛，可10 d左右追施1次液肥，追肥中可加兑少量0.5%硫酸铵，这样，能促其生长更好，叶色浓绿光亮。在开花旺盛的6～7月，每隔15 d左右施1次0.2%的磷酸二氢溶液，促进花芽分化，以利于更好地开花结果（在立夏前后应把成株外围的老叶剪去几片以利萌发新芽、新叶和抽生花葶）。

冬季，万年青需移入室内过冬，放在阳光充足、通风良好的地方，温度保持在6～18℃，如室温过高，易引起叶片徒长，消耗大量养分，以致翌年生长衰弱，影响正常的开花结果。万年青若冬季出现叶尖黄焦，甚至整株枯萎的现象，主要是根系吸收不到水分，影响生长而导致的。所以冬季也要保持空气湿润和盆土略潮润，一般每周浇1～2次水为宜。此外，每周还需用温水喷洗叶片1次，防止叶片受烟尘污染，以保持茎叶色调鲜绿，四季青翠。

七、天竺葵（*Pelargonium hortorum*）

（一）生态习性

天竺葵原产非洲南部。喜温暖、湿润和阳光充足环境。耐寒性差，怕水湿和高温。生长

适温为13～19℃，冬季温度10～12℃。6～7月间呈半休眠状态，应严格控制浇水。宜生长于肥沃、疏松和排水良好的沙质壤土。冬季温度不低于10℃，短时间能耐5℃低温。单瓣品种需人工授粉，花后40～50 d种子成熟。

（二）繁殖技术

1. 播种繁殖　春、秋季均可进行，以春季室内盆播为好。发芽适温20～25℃。天竺葵种子不大，播后覆土不宜深，2～5 d发芽。秋播第二年夏季开花。经播种繁殖的实生苗，可选育出优良的中间型品种。

2. 扦插繁殖　以春、秋季为好。选用插条长10 cm，以顶端部最好，生长势旺，生根快。剪取插条后，让切口干燥数日，形成薄膜后再插入草炭和珍珠岩的混合基质中，注意勿伤插条茎皮，否则伤口易腐烂。插后放半阴处，保持室温13～18℃，14～21 d生根，根长3～4 cm时可盆栽。扦插过程中用0.01%吲哚丁酸液浸泡插条基部2s，可提高扦插成活率和生根率。一般扦插苗培育6个月开花，即1月扦插，6月开花；10月扦插，翌年2～3月开花。

（三）栽培管理

盆栽选用腐叶土、园土和沙混合的培养土。根系不要与基肥直接接触。除夏季遮阳或放在室内，避免阳光直射外，其他时间均应该接受充足的日光照射，每日至少要有4 h的光照，这样才能保持终年开花。若光照不足，长期生长在庇荫的地方，植株易徒长，减少花芽分化。适宜生长温度16～24℃，以春、秋季气候凉爽生长最为旺盛。冬季温度应保持白天15℃左右，夜间不低于8℃，并且保证有充足的光照，仍可继续生长开花。

生长期要加强水肥管理。每月施2～3次稀薄液肥，在花芽分化后，应增加施入磷、钾肥。土壤要经常保持湿润偏干状态，不能缺水干旱，否则叶片发黄脱落，影响生长和观赏价值；但土壤过湿，会使植株徒长，影响花芽分化，开花少，甚至使根部腐烂死亡。浇水应掌握不干不浇、浇要浇透的原则。夏季气温高，植株进入休眠，应控制浇水，停止施肥。

为使植株冠形丰满紧凑，应从小苗开始进行整形修剪。一般苗高10 cm时摘心，促发新枝。待新枝长出后还要摘心1～2次，直到形成满意的株形。花开于枝顶端，每次开花后都要及时摘花修剪，促发新枝不断、开花不绝，一般在早春、初夏和秋后进行修剪3次。天竺葵花、叶兼赏，是室内观赏的好材料。由于它生长迅速，每年都要修剪整形。一般每年至少对植株修剪3次。第一次在3月份，主要是疏枝；第二次在5月份，剪除已谢花朵及过密枝条；立秋后进行第三次修剪，主要是整形。

八、吊兰（*Chlorophytum comosum*）

（一）生态习性

吊兰性喜温暖湿润、半阴的环境；较耐旱，但不耐寒，好疏松肥沃的沙质壤土；对光线的要求不严，一般适宜在中等光线条件下生长，亦耐弱光。生长适温为15～25℃，越冬温度为10℃。

（二）繁殖技术

吊兰通常采用分株繁殖，在温室内四季均可进行，也可分离走茎上产生的幼株栽植。

（三）栽培要点

吊兰对各种土壤的适应能力强，可用肥沃的沙壤土、腐殖土、草炭或细沙土加少量基肥作盆栽用土。生长期间需水肥充足，栽培容易。

考核评价
KAOHE PINGJIA

考核内容	考核标准	考核分值	自我考核	教师评价
专业知识	熟悉盆栽宿根花卉种类及其生态习性	5		
	掌握盆栽宿根花卉繁殖知识	5		
	掌握盆栽宿根花卉栽培管理知识	10		
	了解宿根盆花园林、观赏应用知识	10		
技能训练	熟练操作瓜叶菊浇水、施肥技术训练	10		
专业能力	能掌握宿根盆花分株繁殖技术和栽培管理技术	10		
	能制订宿根盆栽花卉年生产计划和管理实施方案	10		
	盆花栽培中能及时发现问题，分析出原因，提出解决问题的方案	10		
学习方法	网络信息查询； 专业书籍资料查询； 专业市场走访、调研； 勤于实践	10		
能力提升	学会学习，良好的交流沟通能力； 工作学习主动积极，勤于思考，助人为乐； 养成善于观察、详尽记录的好习惯	10		
素质提升	做事积极主动，与人团结合作； 学习工作勤恳努力； 工作学习中能及时发现问题，能分析、解决问题； 富有创造性思维，对待新事物好学进取	10		

任务 5.4 球根花卉

任务目标
RENWU MUBIAO

1. 了解盆栽球根花卉的种类，熟悉其生态习性；
2. 掌握盆栽球根花卉繁殖栽培理论知识；
3. 具备进行盆栽球根花卉繁殖的能力；
4. 会进行常见盆栽球根花卉的栽培管理。

任务分析
RENWU FENXI

盆栽球根花卉的种类和园艺栽培品种极其繁多，原产地涉及温带、亚热带和部分热带地区，其生长习性各不相同。这类花卉往往一次种植，多年开花，3～5 年后才需要更新，栽培管理比较方便，因此要在识别常见盆栽球根花卉的基础上，明确盆栽球根花卉的生态习性，掌握好地下球茎的采收、储藏、栽种时期、深浅和方式，能根据当地生产实际、应用目的和盆栽球根花卉种类进行栽培管理，培养优质的盆花球根花卉。

工作过程
GONGZUO GUOCHENG

盆栽球根花卉栽培管理过程。

1. 培养土的配制　盆栽基质选用深厚的沙质土壤，可以使用草炭：粗沙砾：壤土＝2：3：2。

2. 上盆　栽植时宜选充分成熟的球根，并在盆底施入腐熟基肥。球根栽植深度，取决于花卉种类、土壤质地和种植目的。相同的花卉，土壤疏松宜深，土壤黏重宜浅；养球宜深，观花宜浅。大多数球根花卉栽植深度是球高的2～3倍，间距是球根直径的2～3倍。但葱兰以球根顶部与地面相平为宜；朱顶红、仙客来、大岩桐应将球根1/4～1/3露出土面之上；虎眼万年青则只将不定根栽入土中，百合类的要深栽，栽植深度为球根的4倍以上。种植好后放于光线明亮而无直射光的地方。

3. 常规管理　注意保护根叶，生长期间不宜移植。由于球根花卉常常是一次性发根，栽后在生长期尽量不要移栽，花后剪去残花，利于养球，有利于次年开花。花后浇水量逐渐减少，仍要加强肥水管理，此时是地下器官膨大的时期。生长期经常保持土壤湿润，不能过度干旱后浇水，不能长期处于积水状态。休眠期应保持适当干燥。球根花卉喜磷肥，对钾肥需求量中等，对氮肥要求较少，追肥时要注意肥料的比例，以免造成徒长和花期延迟。施用有机肥必须充分腐熟，否则会导致球根腐烂。夏季应放在阴凉通风处，避免阳光直射和干热风吹拂。

4. 采收　球根花卉休眠后，叶片呈现萎黄时，即可采收球根并贮藏。一般叶1/2～2/3变黄时为适宜采收期。采收过早，球根不充实；过迟，地上部分枯落，不易确定土中球根的位置。

技能训练
JINENG XUNLIAN

百合分球繁殖技术

（一）训练目的

掌握百合分球繁殖操作技术。

（二）材料用具

各类设施花卉栽培场所、百合鳞茎等；铁锹、小铲、分生刀等。

（三）方法步骤

1. 分球时期　分球繁殖一般在每年秋季或春季百合种植期进行。

2. 苗床准备　选择凉爽的夏季，一般在7月份，平均气温不超过22℃；土质疏松肥沃，灌排方便的地方作百合鳞茎繁殖基地。一般宜选择高海拔冷凉山区、湖河水边或半岛地区为好，苗床要清除残根枯枝，精耕细作，并施入少量腐熟有机肥，苗床宽100～200 cm，长度根据具体情况而定。

3. 分球方法

（1）鳞茎的自然繁殖。百合经过一年生长后，在地下形成了新的鳞茎，兰州百合的鳞茎是两两相连的，称之为根茎形，卷丹形成的鳞茎是四个相连的，称之为集聚形。对各种类型的鳞茎都可按其自然形态加以分割，进行繁殖。

这种自然分割繁殖的鳞茎体积大，只要条件适宜即能长成开花良好的新个体，但数量有限，所以不能成为繁殖种球的主要方法。

（2）子球繁殖。许多百合（如麝香百合）地下部或接近地面的茎节上会长出许多小子球，待充分长大后，将其小心取下单独种植，都可形成新的植株。一棵麝香百合具有几十个子球，可繁殖几十棵新株。子球长成的新植株虽然开花较自然分割的母球晚，但却比较健壮。

（四）作业

完成实训报告；分析百合分球繁殖优缺点。

常见的盆栽球根花卉

一、仙客来（*Cyclamen persicum*）

（一）生态习性

仙客来原产欧洲南部。性喜凉爽气候和腐殖质丰富的沙壤土。不耐炎热，夏季高温球茎被迫休眠，甚至受热腐烂死亡。冬季温度过低，则花朵易凋谢，花色暗淡。喜湿润、怕积水。喜光，但忌强光直射。

（二）品种类型

仙客来园艺品种极为丰富，按花型可分为：

1. 大花型　花大，花瓣全缘，平展，开花时花瓣反卷。有单瓣、重瓣、银叶、镶边、芳香等品种。叶缘锯齿较浅或不显著，是仙客来的代表花型。

2. 平瓣型　花瓣平展，边缘具细缺刻和波皱，花瓣较大花型窄，花蕾尖形，叶缘锯齿显著。

3. 钟型　又名洛可可型，花蕾端部圆形，花呈下垂半开状态，花瓣不反卷。花瓣宽，顶部扇形，边缘波皱有细缺刻。花具浓香。叶缘锯齿显著。有人将平瓣型和本型合称缘饰型。

4. 皱边型　是平瓣型和钟型的改进花型，花大，花瓣边缘有波皱和细缺刻，开花时花瓣反卷。

近年来，利用杂种优势，育出许多杂种一代（F_1）品种，性状非常优良，如有的花朵大，生长势强；有的株丛紧凑，生长均一，多花性；有的花期早，最早花的品种，播种后8个月即可开花。另外，目前世界上迷你型仙客来（即小型仙客来）极为盛行，各国仙客来生产者都育出许多性状优异的品种。

（三）播种繁殖

仙客来块茎不能自然分生子球，一般采用播种繁殖。

1. 播种时期　大花系仙客来播种期在9～10月，播后13～15个月开花；中小花1～2月播种，播种后10～12个月开花。

2. 播种基质　由腐叶土、河沙、牛马粪等配制而成，pH5.8～6.5为佳。

3. 种子处理　用冷水浸种24 h或30 ℃温水浸泡2～3 h，然后洗掉种子表面的黏着物，

包在湿布中催芽，温度25℃，放置1～2 d，种子稍有萌动即可取出播种。催芽后一般要对种子进行消毒，用多菌灵或0.1%硫酸铜溶液浸泡30 min，消毒后晾干再行播种。注意播种箱也需消毒处理。

4. 播种　在播种箱底先用塑料窗纱覆盖排水孔，以利于排水和防虫，然后填一层瓦片或粗沙等透水良好的材料，厚度为1～2 cm，再填入播种用土，厚4～5 cm，用木板刮平，浇透水，以1.5～2.0 cm的距离打孔，把种子逐粒播入，覆盖0.5～1.0 cm的细沙或播种土，然后喷洒少量水使土壤湿透，盖上一层报纸或黑塑料薄膜。室温控制在15～22℃。在发芽期间不可浇水，25～30 d可发芽，40～50 d可出全苗，在发芽后应及时除去覆盖物，让幼苗逐渐见光以适应环境。

5. 移栽　播种苗长出一片真叶时进行，以株距3.5 cm移入浅盆或播种箱内，用土与播种土相同，在每千克播种土中加入复合肥3 g作基肥，N∶P∶K=1∶1∶1。栽植时应使小球顶部与土相平，栽后浸透水，置于阴凉处，当幼苗恢复生长时，逐渐给予光照，加强通风，勿使盆土干燥，保持室温15～18℃，此时可适当增施氮肥，施肥后浇1次清水，以保持叶面清洁。

当小苗长至3～5片叶时，把小苗移入8 cm左右的盆中。移栽时尽量不要将原土抖落，以免伤根。上盆前几天浇透水，挖出幼苗植入盆中，球根必须露出表土1/3～1/2。生长发育不良的苗，可再集中于育苗箱中继续培养。上盆后充分浇水，遮光2～3 d，以后加强光照，两周后开始每半月施1次N∶P∶K=6∶6∶19的1 000倍液体肥料。随着植株的生长，常在6月份进行换盆以增加植株的营养面积，盆土配方一般以沙∶腐叶土∶干牛粪∶园土=9∶7∶4∶2为宜，每千克盆土加入N∶P∶K=6∶4∶6的复合肥料，以促进球茎的发育及芽的分化。

(四) 栽培管理

1. 定植　9月仙客来随着气温降低再次进入旺盛生长期，这时需要进行定植，即最后一次换盆。此次换盆一般选用15～18 cm的盆，中小花者用12～14 cm的盆。换盆时将仙客来从原盆中磕出植入新盆中，不要抖掉原土，从两边加入新土。要求将苗扶正，不要使芽的部位盖上土，以球茎露出土面1/2为宜。换盆后立刻浇透水，进行2～3 d遮阳缓苗，一周后即可施肥。

2. 四季管理

(1) 秋季管理。秋季管理重点是上盆、浇水、施肥、转盆和光照四个方面。

上盆时注意盆土应加入3 g迟效复合肥，对休眠株应用清水洗去根部干土，剪去2～5 cm以下老根，用百菌清、多菌灵等药液浸泡30 min后晾干，然后定植于大一号的盆中。上盆后30 d内应给予轻度遮阳，一个月后可施1次复合肥（N∶P∶K=6.5∶6∶19）1 000倍液肥。

10月转盆是管理的关键，在单屋面温室中由于光照分布不均匀，应通过转盆来调整花叶关系，满足商品盆花的要求。

仙客来表土不干不浇，浇水量须根据环境条件的变化和植株的生长状态确定；浇水的最佳时期可根据叶片来判断，当用手触摸叶片无弹性时是缺水初期，浇水最好。浇水一般应在上午进行，水温以15～20℃为好。施肥用1份尿素、2份磷酸二氢钾配成0.1%的溶液每周浇施1次，10 d左右叶面施1次1份氯化钾、2份磷酸二氢钾配成的0.1%的溶液。秋季仙客来的水分蒸发较少，每次施肥的水分已经足够其生长发育的需要，同时应每隔 3～5 d 叶面喷清水 1 次，保持空气湿度和叶面清洁。若叶大肥厚应及时停施氮肥。当花蕾显色含苞欲放时，增施 1 次充足的磷钾肥，促进花大色艳。

10 月以后，室温 16～20 ℃时要尽量打开覆盖物让植株得到充足的阳光。11 月显蕾以后，停止追肥，继续给予充足光照，到 12 月初即可开花。此时若阴天多，日照短，或气温低，光照不足，可用 100～200 W/m^2 白炽灯泡在离植株 80～150 cm 处补光、增温。随着植株的生长，下面的芽往往被上面叶片遮挡，不易见光，造成后续芽发育不良，开花少，应注意把中心叶子向四周扩散，让中心见光，以保证花蕾发育一致，花期一致，开花高度整齐。

（2）冬季管理。1～2 月是仙客来的主要花期，这个季节的管理要点如下：

仙客来适宜的白天温度 18～22 ℃，夜间 10～12 ℃，在温室大规模生产中，除了加温外，保温也是防止仙客来受冻所不可缺少的，如北方用草苫覆盖、在温室内增加 1～2 层塑料膜或无纺布覆盖，可提高室温 2～5℃。

花期仙客来严禁缺水，在盆土表面发白时应及时供水，浇水一次要浇透，避免因植物根部缺水引起花茎倒伏，叶片萎蔫，有碍观赏。注意保持环境湿度，北方冬天室内干燥，要通过向地面洒水、喷雾等措施提高空气湿度。

仙客来花期长，缺肥会使花数、花的质量、叶数都受到影响。仙客来花叶比一般为 1∶1，若到开花期叶片稀少或无叶，就得施肥。一般大花仙客来每两个月增施 1 次复合肥或发酵过的农家肥，氮、磷、钾之比为 1∶1∶1。

为了集中营养供植株开花，延缓植株老化，要求在仙客来花瓣开始变色时连同花梗及时摘除，摘后涂上杀菌液。此后，施 1～2 次磷钾肥促进继续开花。秋冬季温室密闭，经常会出现 CO_2 亏缺，应注意通风，CO_2 施肥可提前花期。

（3）春季管理。春季仙客来开花慢慢结束，一般此季的管理工作是延长花期和为越夏准备。一般 4 月中旬换盆准备越夏，盆土可为定植用土，换盆后可将花盆埋入土中降低根部温度，培养 4～6 周，就可以安全越夏。

（4）夏季管理。夏季是植株自然休眠阶段，花后停止浇水，植株叶片脱落，可搬到室外置于阳光不能直射、雨淋不到的通风阴凉处休眠。对于幼小的植株，夏季温室内管理的关键是降温、透光和浇水。

仙客来大规模栽培宜采用蒸发冷却的方法进行降温，如湿帘降温等。

北方一般从 5 月下旬起需遮光，大约至 9 月上旬结束，遮光一般采用黑色遮阳网遮去 40％左右直射光。继续生长的仙客来应适当浇水，盆土表面干燥时需浇一次透水，如叶柄过度伸长，应增加光照，控制浇水。

仙客来在整个生长期间，尤其是商品盆花出售前都应进行整形管理，摘去黄叶、老叶，促进新叶生长，提高观赏价值。

二、马蹄莲（*Zantedeschia aethiopica*）

（一）生态习性

原产非洲南部，性喜温暖气候，不耐寒，不耐高温，生长适温为 20 ℃，0 ℃时根茎就会受冻死亡。冬季需要充足的日照，光线不足着花少，稍耐阴。喜潮湿环境，不耐干旱。喜疏松肥沃、腐殖质丰富的黏壤土。休眠期随地区不同而异。

(二）繁殖技术

1. 分球繁殖 花后植株进入休眠期，剥下块茎四周形成的小球，另行栽植。培养一年，第二年便可开花。

2. 播种繁殖 种子成熟后进行盆播。发芽适温20 ℃左右。

(三）栽培管理

马蹄莲适宜在8月下旬至9月上旬栽植。每盆栽大球2～3个，小球1～2个，盆土可用园土加有机肥，栽后置半阴处，出芽后置阳光下，室温保持10 ℃以上。生长期要经常保持盆土湿润，通常向叶面、地面洒水，以增加空气湿度。每半月追施液肥1次。开花前宜施以磷肥为主的肥料，以控制茎叶生长，促进花芽分化。施肥时切勿使肥水流入叶柄内，以免引起腐烂。生长期间若叶片过多，可将外部少数老叶摘除，2～5月是开花盛期。5月下旬天热后植株开始枯黄，应渐停浇水，适度遮阳，预防积水。叶子全部枯黄后可取出球根，晾干后贮藏于通风阴凉处。秋季栽植前将球根底部衰老部分削去后重新栽培。大球开花，小球则可养苗。

三、风信子（*Hyacinthus orientalis*）

(一）生态习性

原产欧洲南部地区，现世界各国多有栽培，以荷兰最负盛名。喜温暖、湿润和阳光充足，较耐寒，畏高温炎热，夏季休眠。要求土壤疏松、肥沃、排水良好，忌低湿黏重土壤。

(二）繁殖技术

通常采用播种、分球、组织培养等方法进行繁殖，以分球为主。

(三）栽培管理

种球一次性栽植在口径15 cm的花盆中，盆土以草炭和河沙等量混合配制而成。种植深度以土层高出球茎2 cm左右为宜，种植后，在放入生根冷室前应充分浇透水，生根冷室温度以9 ℃左右为宜，根系充分发育后移入栽培室，环境温度控制在8～18 ℃，不宜低于0 ℃，给予充足的光照，平时浇水不要过多，保持微潮的土壤环境。因风信子商品种球鳞茎中贮存了大量的营养物质，可不另行施肥，也可在旺盛生长期半个月施1次稀薄液肥，开花前后各施1～2次液肥，以利子球生长。花朵开放后，应将风信子置于无日光直射的明亮之处，保持环境通风，温度10 ℃左右，可延长观赏期。

四、大岩桐（*Sinningia speciosa*）

(一）生态习性

原产巴西，生长期喜高温、湿润和半阴环境，1～10月适宜温度在18～23 ℃，10月至翌年1月为10～12 ℃。夏季高温多湿，对植株生长不利，需适当遮阳。生长期要求空气湿度大，叶片生长繁茂葱绿。冬季休眠期保持干燥，如湿度过大，温度又低，块茎易腐烂。冬季温度不低于5 ℃。要求肥沃、疏松而排水良好的富含腐殖质土壤。

(二）繁殖技术

1. 播种繁殖 春秋两季播种均可。播种不宜过密，播后将盆置浅水中浸透后取出，盆面盖玻璃，置半阴处。温度在20～22 ℃时，约两周出苗，一般从播种到开花约需18周。

2. 叶插 花后选取优良单株，剪取健壮的叶片，留叶柄1 cm，斜插入干净的河沙中（珍珠岩和蛭石混合的基质更好），适当遮阳，保持一定的湿度，在22 ℃左右的温度下，

15 d便可生根，小苗后移栽入小盆。也可用芽插，在春季种球萌发新芽长达 4～6 cm 时进行，将萌发出来的多余新芽从基部取下，插于沙床中，并保持一定的湿度，经过一段时间的培育，翌年 6～7 月开花。

3. 茎插 大岩桐块茎上常萌发出嫩枝，扦插时剪取 2～3 cm 长，插入细沙或膨胀珍珠岩基质中，注意遮阳，维持室温 18～20 ℃，15 d 即可发根。

4. 分球繁殖 选经过休眠的 2～3 年老球茎，于秋季或 12 月至翌年 3 月先埋于土中浇透水并保持室温 22 ℃进行催芽。当芽长到 0.5 cm 左右时，将球掘起，用利刀将球茎切成2～4块，每块上须带有一个芽，切口涂草木灰防止腐烂。每块栽植一盆，即形成一个新植株。

（三）栽培管理

大岩桐宜选用富含腐殖质、疏松的微酸性土壤栽培。常用 1 份珍珠岩、1 份河沙和 3 份腐叶土加少量腐熟、晒干的细碎家禽粪便配制。大岩桐生长温度在不同的季节又有不同的要求，1～10 月在 18～25 ℃；10 月到翌年 1 月在 10～12 ℃。适宜的温度，可使叶片生长繁茂、碧绿，花朵大而鲜艳。当植株枯萎休眠时，将球根取出，藏于微湿润沙中。大岩桐要适当遮阳，避免强光直射大岩桐。冬季幼苗期应阳光充足，促进幼苗健壮生长。生长期光照不能太强，否则会抑制生长。开花时宜适当延长遮阳时间，利于延长花期。

大岩桐花、叶生有绒毛，一旦沾上水滴，极易腐烂，因此忌向花、叶上喷水。平时浇水要适量，过多极易造成块茎腐烂，叶片枯黄，甚至整株死亡。夏季每天浇水 1～2 次。空气干燥时要经常向植株周围喷水，增加环境的湿度。浇水要均匀，不可过干过湿，忽冷忽热。开花期间必须避免雨淋。冬季盆土宜干燥。从展叶到开花前，每周施一次腐熟的稀薄有机液肥，花芽形成后需增施磷肥。施肥时切不可沾污叶面，否则会使叶片腐烂。摘心促发更多的侧枝，有利于早日成型、开花，达到“花团锦簇”的观赏效果。

五、朱顶红（*Amaryllis vittata*）

（一）生态习性

朱顶红原产秘鲁、巴西，现世界各国广泛栽培。喜温暖湿润气候，生长适温为 18～25 ℃，忌酷热，阳光不宜过于强烈，应置荫棚下养护。怕水涝。冬季休眠期，要求冷凉的气候，以 10～12 ℃为宜，不得低于 5 ℃。喜富含腐殖质、排水良好的沙壤土。

（二）繁殖技术

1. 播种繁殖 朱顶红种子扁平、极薄，易失水，丧失发芽力，应采后即播。在 18～20 ℃情况下，发芽较快；幼苗移栽时，注意防止伤根，播种留经二次移植后，便可上入小盆，当年冬天须在冷床或低温温室越冬，翌年春天换盆栽种，第 3 年便可开花。

2. 分球繁殖 3～4 月进行。将母球周围的小球取下另行栽植，栽植时覆土不宜过多，以小鳞茎顶端略露出土面为宜。此法繁殖，需经 2 年培育方能开花。

3. 分割鳞茎 7～8 月进行。先将鳞茎纵切数块，然后再按鳞片进行分割，外层以 2 鳞片为一个单元，内层以 3 鳞片为一个单元，每个单元均需带有部分鳞茎盘。将分割的鳞茎斜插于基质中（pH8 左右），保持 25～28 ℃和适当的空气湿度，30～40 d 后，每个插穗的鳞片之间均可产生 1～2 个小鳞茎，培养 3 年左右才可开花。

4. 组培繁殖 常用 MS 培养基，以茎盘、休眠鳞茎组织、花梗和子房为外植体。经组培后先产生愈伤组织，30 d 后形成不定根，3～4 个月后形成不定芽。

（三）栽培管理

朱顶红球根春植或秋植皆宜。盆栽朱顶红宜选用大而充实的鳞茎，栽种于 18～20 cm 口径的花盆中，4 月盆栽，6 月开花；9 月盆栽，翌年 3～4 月开花。盆栽朱顶红花盆不宜过大（16～20 cm 口径花盆），以免盆土久湿不干，造成鳞茎腐烂。用含腐殖质肥沃壤土混合细沙作盆栽土最为合适，盆底铺沙砾，以利排水。鳞茎栽植时，顶部要稍露出土面 1/3 左右。将盆栽植株置于半阴处，避免阳光直射。生长和开花期，宜追施 2～3 次肥水。鳞茎休眠期，浇水量减少到维持鳞茎不枯萎为宜。若浇水过多，温度又高，则茎叶徒长，妨碍休眠，影响正常开花。

朱顶红花后，要及时剪掉花梗，使其充分吸收养分，让鳞茎增大和产生新的鳞茎。花后除浇水量适当减少外，还应注意盆土不能积水，以免烂鳞茎球。花后仍需间隔 20 d 左右施 1 次饼肥水，以促使鳞茎球的增大和萌发新的鳞茎。

六、小苍兰（*Freesia refracta*）

（一）生态习性

原产南非，喜凉爽湿润与光照充足的环境，耐寒性较差，生长适宜温度为 15～20 ℃，越冬最低温为 3～5 ℃。宜于在疏松、肥沃的沙壤土中生长。

（二）繁殖技术

常用播种和分球繁殖，以分球繁殖为主。

（三）栽培管理

通常用 2/3 草炭加入 1/3 细沙配制的人工培养土栽种。花芽分化要求8～13 ℃的低温，花芽发育期要求适宜温度为 13～18 ℃，低于 18 ℃会推迟花期，花茎缩短。较高的温度可以促进提早开花，但植株生长衰弱。短日照条件有利于小苍兰的花芽分化，而花芽分化之后，长日照可以使之提早开花。

生长期要求肥水充足，每两周施 1 次有机液肥，亦可适量施用复合肥。盆土要求见干见湿，不可积水或过于干燥。通常 9 月种植，约在 11 月上旬花芽开始分化，11 月下旬分化完成。植株到翌年 5 月后，叶片逐渐枯萎，球茎进入休眠期。

七、文殊兰（*Crinum asiaticum*）

（一）生态习性

文殊兰性喜温暖、湿润、光照充足、肥沃沙质土壤环境，不耐寒，耐盐碱，但在幼苗期忌强直射光照，生长适宜温度 15～20 ℃，冬季鳞茎休眠期，适宜贮藏温度为 8 ℃左右。盆栽以腐殖质含量高、疏松肥沃、通透性能强的沙质培养土为宜。

（二）繁殖技术

常采用分株和播种繁殖。

1. 分株繁殖　在春、秋季进行，以春季结合换盆时进行。将母株从盆内倒出，将其周围的吸芽分离，勿伤根系，另行栽植。

2. 播种繁殖　以 3～4 月为宜，采后即播。可用浅盆点播，覆土约 2 cm，浇透水，在 16～22 ℃温度下，保持适度湿润，约 2 周后可发芽。待幼苗长出 2～3 片真叶时，即可移栽于小盆中，3～4 年可以开花。

（三）栽培管理

在栽培时，应选择较大的花盆，不宜过浅，以不见鳞茎为度。栽后充分浇水，置于庇荫处。生长期应经常保持盆土湿润，追施液肥。花前追施磷肥，以使开花美而大。花后及时剪去花葶，以免影响鳞茎发育。夏天移植荫棚下，冬季在温室中越冬。休眠期停止施肥，控制浇水。

考核评价
KAOHE PINGJIA

考核内容	考核标准	考核分值	自我考核	教师评价
专业知识	熟悉球根盆花的种类及其生态习性	5		
	熟悉球根盆花种苗繁殖知识	5		
	熟悉球根盆花的栽培管理知识	10		
	熟悉球根盆花园林、观赏应用知识	10		
技能训练	熟练操作宿根花卉浇水、施肥技术训练	10		
专业能力	能掌握球根盆花分株繁殖技术和栽培管理技术	10		
	能制订球根盆栽花卉年生产计划和管理实施方案	10		
	盆花栽培中能及时发现问题，分析出原因，提出解决问题的方案	10		
学习方法	网络信息查询； 专业书籍资料查询； 专业市场走访、调研； 勤于实践	10		
能力提升	学会学习，良好的交流沟通能力； 工作学习主动积极，勤于思考，助人为乐； 养成善于观察、详尽记录的好习惯	10		
素质提升	做事积极主动，与人团结合作； 学习工作勤恳努力； 工作学习中能及时发现问题，能分析、解决问题； 富有创造性思维，对待新事物好学进取	10		

任务 5.5　室内观叶植物

任务目标
RENWU MUBIAO

1. 了解常见室内观叶植物的种类；
2. 能识别常见的室内观叶植物，熟悉其生态习性；
3. 会常见室内观叶植物的繁殖；
4. 能进行常见室内观叶植物的栽培管理。

任务分析
RENWU FENXI

室内观叶植物不仅具有形状各异、色彩丰富的叶片、潇洒多姿的株型，而且四季常绿、

净化空气，能适应室内光照较弱的环境，再配以不同质地、不同形状的花盆进行各种组合来布置装饰厅堂，日益受到人们的热宠和青睐。盆栽观叶类花卉虽然品种很多，原产地不同，但它们对生长的环境条件都有一些共同的特点和要求，而室内气候也有一些共同的特点，本任务主要是在识别常见室内观叶植物的基础上，明确室内观叶植物的生态习性，能根据生产实际、应用目的和花卉种类进行繁殖、栽培管理。

相关知识
XIANGGUAN ZHISHI

一、室内观叶植物的概念和作用

在室内条件之下，经过精心养护，能长时间或较长时间正常生长发育，用于室内装饰与造景的植物，统称为室内观叶植物。这类植物是目前市场上最受欢迎的一大类，以阴生植物为主，也包括部分既观叶又观花、观果或观茎的植物。

室内观叶植物除具有美化家居的观赏功能之外，还可以吸收二氧化碳、甲醛等有害气体，起到净化室内空气的作用，能营造一个良好的生活环境。室内观叶植物几乎能周年观赏，深受人们的喜爱，用于装饰家庭、宾馆、大厦、办公室和餐厅等公共场所。

二、室内观叶植物分类

室内观叶植物种类多，差异也很大，室内不同位置的生长环境也存在很大差异。所以室内摆放植物，必须根据具体位置、具体条件选择适合的品种，满足该植物的生态要求，使植物能正常生长，充分显示其固有特征，达到最佳观赏效果。

室内观叶植物绿化装饰方式除要根据植物材料的形态、大小、色彩及生态习性外，还要依据室内空间的大小、光线的强弱和季节变化，以及气温而定。其装饰方法形式多样，主要有陈列式、攀附式、悬垂式、壁挂式、栽植式等。

（一）根据室内观叶植物对光照的要求分

1. 极耐阴室内观叶植物　在室内极弱的光线下也能供较长时间观赏，适宜放置在离窗台较远的区域，一般可在室内摆放2～3个月，如蜘蛛抱蛋、蕨类、虎皮兰等。

2. 耐半阴室内观叶植物　适宜放置在北向窗台或离有直射光的窗户较远的区域，一般可在室内摆放1～2个月，如千年木、竹芋类、喜林芋、绿萝、凤梨类、巴西木、常春藤、发财树、橡皮树、苏铁、朱蕉、吊兰、文竹、花叶万年青等。

3. 中性室内观叶植物　要求室内光线明亮，每天有部分直射光线，是较喜光的种类，适宜放置在向有光照射的区域，一般可在室内摆放3～4个月，如彩叶草、花叶芋、散尾葵、鹅掌柴、榕树、棕竹、长寿花、一品红、仙人掌类等。

4. 阳性室内观叶植物　要求室内光线充足，如变叶木、鱼尾葵等。在室内摆放10 d左右。

（二）根据室内观叶植物对光照的要求分

1. 耐寒室内观叶植物　能耐冬季夜间室内3～10 ℃的室内观叶植物，如八仙花、芦荟、八角金盘、报春、酒瓶兰、仙客来、吊兰、常春藤、波斯顿蕨、虎尾兰等。

2. 半耐寒室内观叶植物　能耐冬季夜间室内10～16 ℃的室内观叶植物，如蟹爪兰、君子兰、水仙、倒挂金钟、杜鹃、天竺葵、棕竹、蜘蛛抱蛋、南洋杉、文竹、鱼尾葵、鹅掌柴、喜林芋、朱蕉、莲花掌、风信子、球根秋海棠。

3. 不耐寒室内观叶植物 室内16～20 ℃才能正常生长的室内观叶植物，如蝴蝶兰、富贵竹、变叶木、一品红、凤梨类、豆瓣绿、竹芋类、火鹤花、铁线蕨、观叶海棠、万年青等。

（三）根据室内观叶植物对湿度的要求分

1. 耐旱室内观叶植物 叶片或茎秆肉质肥厚，细胞内贮有大量水分；叶面有较厚的蜡质层或角质层，能够抵抗干旱环境，如金琥、龙舌兰、芦荟、景天、莲花掌、生石花等。北方干旱、多风或冬季取暖的季节，室内空气湿度很低时栽植效果较好。

2. 半耐旱室内观叶植物 肥胖的肉质根，根内贮存大量水分；叶片呈革质、蜡质状或呈针状，蒸腾作用较小，短时间的干旱不会导致叶片萎蔫，如苏铁、吊兰、文竹、天门冬等。

3. 中性室内观叶植物 生长季节需充足的水分，干旱会造成叶片萎蔫，严重时叶片凋萎、脱落；土壤含水量60%左右，如巴西铁、棕竹、散尾葵等。

4. 耐湿室内观叶植物 根系耐湿性强，稍缺水植物就会枯死；需要高空气湿度，如花叶万年青、花叶芋、虎耳草等。

需要高空气湿度的室内观叶植物，有兰花、竹芋类、鸟巢蕨、铁线蕨等，需要通过喷雾、组合群植来增加空气湿度。

适合水培的观叶植物有绿巨人、富贵竹、绿萝、常春藤、万年青、一叶兰、红鹤芋、袖珍椰子、合果芋、喜林芋、旱伞草、龟背竹等。

三、室内观叶植物的繁殖

室内观叶植物的繁殖可分为有性繁殖和无性繁殖，大部分室内观叶植物均采用扦插、压条、分株等无性繁殖方法。但有些棕榈科植物无性繁殖有一定困难，要获得批量植株，只能用种子繁殖。

有些室内观叶植物可用播种繁殖，但实生苗根颈处特别膨大，特意栽入浅盆中突出肥大的根颈部位，具有特殊的观赏价值，往往采用播种法繁殖，如马拉巴栗、榕树、沙漠玫瑰等。

实际生产中某些室内观叶植物种苗需求量较大，进行大规模集约化生产时，采用组培技术能保证生产的顺利进行，因此，利用组织培养技术大规模繁殖室内观叶植物具有很好的市场前景。

工作过程
GONGZUO GUOCHENG

室内观叶植物栽培管理过程。

一、栽培基质准备

室内观叶植物栽培容器小，土层浅，因此要求栽培基质水、肥供应能力较强，持水性好，但不会因积水导致烂根；通气性能良好，有充足的氧气供给根部；疏松轻便，便于操作；含营养丰富；无病虫害。

二、栽培容器选择

栽培室内观叶植物的容器，虽然从外形、质地还是审美学的观点看，有多种选择，但都不得违背植物正常生长并与植物在形式和色彩上协调的基本原则。因植物种类和栽培用途不同，常用的容器依构成的原料分为素烧泥盆、塑料盆、陶盆、玻璃钢盆、金属盆、木桶、吊篮和木框等，每类都有不同大小、式样和规格，可依需要选用。

三、室内观叶植物栽培方式选择

由于室内观叶植物主要是用于装饰室内环境的，要求有较高的艺术观赏价值。对室内观叶植物进行造型及艺术栽培，可大大提高观赏效果。主要栽培方式有：

（一）艺术整形

1. 单干树形 即选一枝干，保留顶芽，去侧芽、侧枝，当顶芽向上直立生长到一定高度形成主干后，再对顶芽摘心，促使由一定高度附近发出数个侧芽，然后再对长成的侧枝进行1～2次摘心，以形成具茂密分枝的树冠，如月季、杜鹃、扶桑、垂叶榕等。

2. 编绞造型 也是单干树形的姿态，将几株植株编绞成螺旋状、辫状，成为三辫、五辫、七辫编织盆栽和猪笼辫等，常用于发财树、垂叶榕等。

3. 图腾式造型（柱式栽培） 对于植株直立性不强、易倒伏的可在盆中心设支柱供植株攀附，如绿萝、长心叶蔓绿绒等。

4. 宝塔式造型 富贵竹的茎秆切段可组合造型，组合的“富贵塔”形似我国古代的宝塔，称为“开运塔”。

（二）组合盆栽

利用花艺设计的理念，将各种不同形态（如直立、团状焦点、下垂、星状填充等）的室内观叶植物进行设计造型，组合在一起，可制作成盘皿庭院、针叶树木箱、沙漠公园、彩石组合栽培、吊篮组合栽培等，大大提高室内观叶植物的艺术观赏价值。

（三）瓶景

在封闭或半封闭的瓶中种植植物而形成的景观称为瓶景，用底部没有排水孔的容器水培植物，结合沙艺技术，选择蕨类、冷水花、袖珍椰子、薜荔等阴生观叶植物制作瓶景，可形成优美独特的植物景观。

四、趋光性管理和除尘

1. 趋光性管理 由于植物生长素分布不匀，常使植物趋向光源弯曲，因此应每经3～5 d转盆90°，以保持株形直立。

2. 除尘 室内观叶植物放在室内不同环境中，叶面上常落灰尘甚至被油烟玷污，宜用软布擦拭、软刷清除或喷水冲除，并应定期执行。为增加室内观叶植物叶片的光亮度，可在清洗后喷植物光亮剂，提高观赏效果。

室内观叶植物整形、修剪技术

（一）训练目的

熟悉花卉生长发育规律，掌握室内观叶植物整形、修剪技术方法。

（二）材料用具

春羽等室内观叶植物、剪枝剪、小刀、塑料绳等。

（三）方法步骤

选定某一室内观叶植物为材料，由教师指导学生分组进行整形修剪。

（1）根据室内观叶植物种类，确定修剪方法（如摘心、折梢、除芽、曲枝等）和整形方式（如单干形、多干形、编绞造型、图腾式造型、宝塔式造型等）；

（2）具体操作，先修剪枯枝，残花，残叶，再徒长枝，过弱枝，砧木萌蘖。

（3）根据株形培养计划，去除多余枝或叶，根据花期及花枝数，确定摘心、抹芽、摘蕾时间和数量。

（4）每次整形修剪后加强管理，确保植物正常生长，有利于成形。

（四）作业

记载整形修剪过程；分析操作过程中出现的问题和解决的措施。

知识拓展
ZHISHI TUOZHAN

一、观赏蕨类（*Pteridophyte*）

蕨类植物是植物界的一大类群，广泛分布于世界南北各地，但大多生长在温暖、湿润的环境中。热带和亚热带最为繁茂，多见于阴湿地或树干附生。蕨类植物多为多年生草本，叶美丽多姿，耐阴性强，常用于室内栽培观赏。常用的有以下几种：

1. 翠云草（*Selaginella uncinata*） 枝柔软细弱，匐地蔓生。营养叶异形，中叶长卵形，侧叶卵状三角形。孢子囊穗四棱形，孢子囊卵形，分布于我国中、南部各省。喜生林下阴湿处，忌烈日。常用分株繁殖。根浅，栽植时可先耙松盆土，平铺植株后再以细土覆根，常用于兰花及盆景的盆面覆盖，使满盆翠绿有生气，且有利于保蓄水土，南方栽培较多。

2. 肾蕨（*Nephrolepis cordifolia*） 又称凤尾田草。根部有半透明球形块根，被黄色绒毛。羽叶丛生，羽片矩圆形，密生梢互相重叠。孢子囊位于叶缘及中筋间。分布于我国南方各省，生于林下阴湿处或树干上。

分株繁殖，亦可采孢子撒于草炭或腐殖土上，撒后喷水保持阴湿，2个月可萌发，幼苗生长缓慢。栽培养护较简便，栽培土壤用壤土，腐叶土各4份，沙2份混合。冬季室温不低于5℃。可供室内观赏或剪叶作切花陪衬材料。

同属常见栽培的有：碎叶肾蕨（*Nephrolepis exaltata* var. *scottii*），叶短而多，二回羽状复叶。细叶肾蕨（*Nephrolepis exaltata* var. *marshallii*），叶细而分裂，三回羽状复叶。

3. 铁线蕨（*Adiantum capillus veneris*） 又称铁线草。根茎横走，黄褐色，被褐色鳞片。二回羽状复叶丛生，叶柄细长，较硬，黑褐有光泽。羽片互生，斜扇形，上缘浅裂至深裂。叶脉扇状。孢子囊生于叶脉顶端。广泛分布于热带、亚热带地区林下阴湿处，繁殖栽培方法同肾蕨。盆栽供观赏。

同属常见栽培的有鞭叶铁线蕨（*A. caudatum*），一回羽状复叶，羽片斜三角形，叶轴前端延长成鞭状，鞭梢着地生根。

4. 鹿角蕨（*Platycerium bifurcatum*） 又称蝙蝠蕨。叶丛生下垂，幼时灰绿，成熟时深绿。外部叶呈扁平盾形，边缘具波状浅裂，覆瓦状，附生于树干之上，内有贮水组织。内

部叶片直立丛生，裂片不规则椭圆形，似鹿角状。孢子囊生于裂片顶部。原产澳洲热带，喜暖湿通风环境。常悬挂栽培。多用分株繁殖，小株可扎附于朽木、棕皮上，亦可盆栽，需经常喷水保湿。悬挂于廊下、室内供观赏。

5. 鸟巢蕨（*Neottopteris nidus*）根状茎短，顶部有条形鳞片，呈纤维状分枝。叶辐射丛生，叶丛中空如巢。叶片革质披针形，全缘，长70～90 cm，叶柄棒状长约5 cm。孢子囊狭条形，着生于叶脉上侧。原产亚洲热带，我国台湾、海南亦有分布。大丛附生于雨林中的树干或岩石上，喜阴湿。用分株繁殖，可用棕皮将株丛的根茎包扎，悬挂于室内或临水池旁。须经常喷水，越冬室温不低于10 ℃，空气湿度保持80%以上。

二、凤梨类（Bromeliaceae）

凤梨科花卉属单子叶植物。种类繁多，主要多分布在中美洲。多数种类喜温暖湿润，半阴环境。喜疏松肥沃，富含腐殖质的酸性土壤。植株单茎丛生，茎短，叶片狭长形。大多数叶缘有锯齿，茎顶叶片的基部常相互紧叠成向外扩展的莲座状，犹如水塔，故又把凤梨类称为水塔花；叶片革质，色泽绚丽多彩；花朵更是千奇百怪，具有很高的观赏价值。

常用的有以下几种：

1. 果子蔓（*Guzmania lingulata*） 又名红星凤梨、红杯凤梨、擎天凤梨，果子蔓属多年生附生常绿草本花卉。叶基生，全缘，绿色具光泽。总花梗不分枝，挺立叶丛中央，周围是鲜红色的苞片，可观赏数月之久。原产哥伦比亚，喜半阴、温暖湿润的环境，可用开花后的萌生侧芽扦插繁殖，30 d后便可生根；夏季应置荫棚下养护，加强通风。生长旺季，一个月追施稀薄液肥1次，也可喷施0.3%的尿素。秋末温室栽培，生长适温16～18 ℃，最低温度应在7 ℃以上。果子蔓叶色终年常绿，花梗挺拔，色姿优美，是室内摆放的佳品。

2. 水塔花（*Billbergia pyramidalis*） 又名红笔凤梨、火焰凤梨，水塔花多年生常绿草本植物。叶丛莲座状基生，形成贮水叶筒，叶缘上部具小点，穗状花序，直立；苞片披针形，粉红色。花冠鲜红色，边缘带紫色。花期4～5月。原产巴西，耐半阴，喜温暖湿润环境，要求疏松肥沃、排水良好的酸性土壤。切取植株基部蘖芽进行繁殖。盆栽时，夏季置于荫棚下养护，生长适温20～25 ℃。秋末入温室，冬季最低温度不能低于10 ℃。生长季节保持盆土湿润，冬季减少浇水。

3. 五彩凤梨（*Neoregelia carloinae*） 又名艳菠萝、五彩菠萝，彩叶菠萝属多年生常绿草本花卉。植株高25～30 cm，茎短。叶呈莲座状互生，长带状，长20～30 cm，宽3.5～4.5 cm，顶端圆钝，叶革质，有光泽，橄榄绿色，叶中央具黄白色条纹，叶缘具细锯齿。成苗临近开花时，心叶变成猩红色，甚美丽。穗状花序，顶生，与叶筒持平，花小，蓝紫色。五彩凤梨原产于巴西，性喜温暖、半荫蔽的气候环境，在疏松肥沃、富含腐殖质的土壤中生长最好。花后老植株萌蘖芽后死亡；耐荫蔽和干旱，怕涝，不耐高温，生长适温为18～25 ℃。五彩凤梨采用分株和组织培养繁殖。分株繁殖数量少，时间长。生产上采用组织培养育苗，可满足市场的需求。五彩凤梨夏季应在半荫蔽条件下养护，防雨水过多，防止因高温、高湿而诱发的心腐病，尤其是幼苗。入秋后，成年植株花芽开始分化，心叶变艳，亦是蘖芽萌发之时，此时，应适当增加光照，控制浇水量，增施磷钾肥，以增强幼苗的生活力，提高幼苗的移植成活率。

五彩凤梨叶色艳丽、观赏期长、耐阴、抗尘，是室内盆栽观叶佳卉，成片布展，效果极佳；可作切花配叶。

4. 七彩菠萝（*Neoregelia carolinae* var. *tricolor*） 又名三色彩叶凤梨、七色彩叶凤梨，彩叶菠萝梨属，是五彩凤梨的变种。植株呈放射状，叶丛生，密集于基部。成年后，心叶具有粉红斑块色。夏季开花，临近开花时，杯状叶片的基部变为红色，花的观赏期可达2～3个月之久。喜温暖湿润，忌烈日曝晒，越冬温度不能低于4℃。切取小芽扦插，约25 d生根，40 d左右可以上盆。盆土按草炭：腐叶土：珍珠岩=3：2：1的比例配制为好。保持盆土湿润，不可积水，过湿。常向叶面喷水或把水灌入叶筒以增加湿度。

三、绿萝（*Scindapsus aureus*）

绿萝，天南星科藤芋属，为多年生常绿攀缘草本花卉。

1. 形态特征 茎蔓长达数米，靠茎上的气生根吸附攀缘生长。叶互生，心脏形，长15～30 cm，宽8～15 cm，有光泽，嫩绿色或橄榄绿色，上具不规则黄色斑块或条纹，全缘；叶柄及茎秆黄绿色或褐色。

2. 生态习性 绿萝原产于所罗门群岛，现世界各地广为栽培。其性喜温凉空气湿度较大的半荫蔽环境。夏季忌曝晒，较耐干旱，耐瘠薄，较耐寒冷，生长适温20～28℃。

3. 繁殖技术 扦插繁殖。插穗选择健壮带叶枝蔓，长度25～30 cm，插于沙床或直接上盆栽培，保持85%～90%的湿度，柱式栽培最好选用顶芽，每盆3～4株。

4. 栽培要点 绿萝生长较快，栽培管理粗放。在栽培管理的过程中，夏季应多向植株喷水，每10 d进行1次根外追肥，保持叶片青翠。盆栽苗，当苗长出栽培柱30 cm时，应剪除。绿柱式盆栽是庭院门柱、墙面绿化的理想植物，其叶亦是插花配叶的佳品。

四、绿巨人（*Spathiphyllum floribundum*）

绿巨人为天南星科苞叶芋属，多年生常绿草本花卉。

1. 形态特征 植株单生，高100～130 cm，茎叶粗壮。叶呈莲座状基生，阔椭圆形，顶端急尖，长50～70 cm，宽25～35 cm，厚革质，有亚光，腹面墨绿色，背面绿色，全缘，墨绿色。佛焰花序，腋生，花序总苞片初开时为白色，后转为绿色长勺状，长30～35 cm，宽10～13 cm；芳香。成年植株每年开1～3枝花，每枝花可开放20～25 d。花期4～7月，花后不易结实。

2. 生态习性 绿巨人为银苞芋的园艺杂交种，原产于南美洲的哥伦比亚。其性喜温暖、湿润、半荫蔽的气候环境，喜大肥大水，宜在富含腐殖质的、排水良好的中性至微酸性的土壤栽培。忌干旱，忌阳光直射，较耐低温，生长适温为18～25℃。

3. 繁殖技术 采用分株和组织培养繁殖。绿巨人分蘖芽较少，由于自然伤害破坏中心生长点，方可长出3～5棵腋芽，待苗长出4～6片叶时，可切离母株另栽。目前，生产上采用组培育苗，可培养出大量无病毒的、生长势健壮、整齐的植株。组培苗需经过2年的栽培，2～3次的换盆，方可开花。

4. 栽培要点 绿巨人的根系发达，吸水吸肥能力特强，喜大肥大水，故应选择疏松、肥沃、富含有机质、保肥保水能力强的培养土栽培。培养土可用厩肥、塘泥、椰糠、火烧土，按3：4：2：1配制。置于荫蔽度为70%～80%的环境下培养，生长期间每日浇水1～2次，每周追1次液体肥料，每月喷施1次波尔多液或甲基托布津，防病治病，每月转盆和调

整其密度，保持植株匀称、端庄而健壮。

绿巨人植株健壮，叶片硕大，气度非凡，耐阴性好，是室内观叶植物的佳品，适宜布置厅堂、会场、商场、办公楼等室内公共场所；其花可作切花材料。

五、花叶竹芋（*Maranta bicolor* Ker.）

花叶竹芋，别名孔雀草，为竹芋科竹芋属，多年生常绿草本花卉。

1. 形态特征　株高30～40 cm，具根状茎，肉质白色，叶片卵状矩圆形，叶面绿白色，中筋两侧叶脉间有褐红色斑纹，叶柄鞘状，总状花序，花小筒状白色。

2. 品种类型　竹芋品种很多，同属常见的有：①斑马竹芋（*M. zebrina*），叶长椭圆形，叶面绿色似天鹅绒，中筋两侧有淡黄绿色，深绿色交互横斑，叶背紫红色，原产巴西。②花叶葛郁金（*M. picta*），株高30 cm，全株被生天鹅绒软毛，中筋两侧具淡黄色羽状斑纹，叶背深紫色。③红背葛郁金（*M. insignis*），叶广椭圆形，表面绿色，斑纹不明显，叶背紫红色。④白脉竹竽（*M. leuconeura*），茎短，叶广椭圆形，叶表面淡绿色，中筋两侧具白色斑纹，背面青绿色。

3. 生态习性　原产巴西。性喜高温多湿，喜半阴，不耐寒，要求土壤疏松排水良好，生长适温10～24 ℃，如超过32 ℃或低于7 ℃则生长不良。花期夏季。

4. 繁殖技术　分株繁殖。春季3～4月结合翻盆进行分株，将老盆脱出后，抖去陈土，将植株自然分离后上盆种植即可。

5. 栽培要点　栽培竹竽用腐叶土、草炭及沙配制的培养土，生长期每周施肥1次，夏季少施肥，每月2次，生长季节要注意每天给1次水，宜多喷水，保温。冬季盆土宜保持较干燥，不宜过湿。夏季庇荫，冬季需阳光充足。

六、豆瓣绿（*Peperomia magnolifolia*）

豆瓣绿，别名椒草、翡翠草，为胡椒科豆瓣绿属，多年生常绿草本花卉。

1. 形态特征　茎圆，多分枝。叶互生，稍肉质，浓绿色，具光泽。叶柄短，穗状花序。花小，绿白色，总花梗比穗状花序短。浆果，具弯曲锐尖的喙。其观赏品种有：花叶豆瓣绿（cv. Variegafa），茎上有红色斑点，叶片深绿色，叶缘具黄色斑，后变白色；绿金（cv. Green and Gold），叶具黄斑。

2. 生态习性　原产南美洲北部、西印度群岛、巴拿马。生长适温25 ℃，最低不可低于10 ℃，不耐高温，喜湿润环境，忌阳光直射，要求疏松、肥沃、湿润的土壤。

3. 繁殖技术　多用扦插，分株繁殖。

扦插繁殖，4～5月选健壮的顶端枝条，长约5 cm，上部保留1～2枚叶片，待切口晾干后，插入湿润的沙床。也可叶插，用刀切取带叶柄的叶片，晾干后斜插于沙床上，10～15 d生根。分株繁殖主要用于彩叶品种的繁殖。

4. 栽培要点　盆土可用腐叶土、草炭，加部分珍珠岩或沙配成，并少量加入蹄片。生长期每半月施1次追肥，浇水用已晒过的为好。冬季少浇水。彩叶类冬季适温18～20 ℃；绿叶种为15 ℃，夏季放荫棚下喷水降温，过热、过湿都会引起茎叶变黑腐烂。每2～3年换盆1次。土壤过湿常发生叶斑病和茎腐病。

豆瓣绿叶形优美，叶肥厚而光亮，色彩浓绿或具斑纹，光彩照人，是书房、卧室装饰的

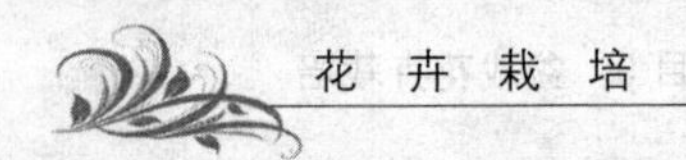

极美丽的小型盆栽花卉。

七、喜林芋类（*Philodendron* spp.）

喜林芋类为天南星科蔓绿绒属，多年生常绿草本花卉。喜林芋类花卉大多数呈蔓性或半蔓性，茎易生气生根，攀附其他植物生长。叶型变化较大。因品种而异，有掌状裂叶、羽状裂叶、卵三角形、长心形、戟形等等，叶有绿、褐红、金黄色等。

喜温暖湿润半阴的环境，要求较高的空气湿度，宜富含腐殖质疏松肥沃的沙质壤土。喜林芋类花卉叶美丽多姿，耐阴性强，常用于室内栽培观赏，极富南国情调。

常用的有以下几种：

1. 春羽（*Philodendron selloum*） 又名裂叶喜林芋、春芋、羽裂蔓绿绒。茎木质化，有气生根，叶片浓绿色，宽心脏形，羽状深裂，佛焰苞革质，白色或淡黄色；肉穗状花序直立。原产于巴西、巴拉圭。喜温暖、多湿环境。耐阴而怕阳光直射，常用分株和播种繁殖。春羽叶片巨大，叶色浓绿色有光泽。株型优美，且又耐阴，是室内极好的观叶花卉，适于布置宾馆的大厅，室内花园，办公室及家庭客厅、书房等。

2. 羽叶蔓绿绒（*Philodendron pittieri*） 又名小天使，叶三角状心形，羽状深裂，先端渐尖，浓绿色，生长较慢。原产南美地区。喜明亮散射光，忌强光直射，耐阴性强，喜温暖湿润环境，越冬温度 4 ℃，盆栽基质可用腐叶土、草炭加少量河沙配成。春季换盆时可施足基肥，生长期可每月施 1～2 次稀薄液肥，不要盆土积水，夏季高温干燥天气，应经常向叶面喷水有利于生长，并保持叶面亮泽。常用分株繁殖，一般于春季结合换盆进行。株形丰满，叶色浓绿有光泽，是室内优良的观叶花卉。

3. 小龟蔓绿绒（*Philodendron pertusum*） 又名小龟背竹，低矮灌木状，节处有气生根，具攀爬能力。叶阔心形，幼时全缘，成长后则叶缘羽裂，叶脉两侧有穿孔，叶浓绿色，具光泽。喜温暖潮湿半阴环境，忌强光直射，越冬温度 8 ℃以上，喜富含腐殖质、排水良好的壤土。扦插及分株繁殖，春、夏每天浇 1 次水，秋季可 2～3 d 浇 1 次，冬季则减少浇水量，但不能使盆土完全干燥；生长季节每 20～30 d 施肥 1 次，冬季应停止施肥。小龟绿蔓绒株形小巧玲珑，叶色浓绿；尤其是叶片上的块块穿孔佛如镂空的刺绣品，显得极为雅致，具很高的观赏价值。

4. 绿宝石喜林芋（*Philodendron erubescens* cv *Green. Emerald*） 又名红柄喜林芋。常绿藤本花卉，茎粗壮，具气生根。叶长心形，基部深心形，绿色全缘，具光泽。原产美洲热带和亚热带地区，性喜温暖湿润和半阴环境，生长适温为 20～28 ℃。越冬温度为 5 ℃。多用扦插繁殖。一般于 4～8 月间切取茎部 3～4 节，摘去下部叶，插入腐叶土，经 2～3 周即可生根上盆。夏季每天浇水 1 次，秋季可 3～5 d 浇 1 次，冬季少浇水，生长季节每月施肥 1～2 次。绿宝石喜林芋攀附栽培可形成一绿色圆柱，株形规整雄厚，富有热带气派，是室内优良的观叶花卉。

八、变叶木（*Codiaeum variegatum* var. *pictum*）

变叶木，别名洒金榕，为大戟科变叶木属，常绿亚灌木或小乔木花卉。

1. 形态特征 茎干上叶痕明显。叶形多变，有条状倒披针形、条形、螺旋形扭曲叶及中断叶，叶片全缘或分裂，叶质厚或具斑点。总状花序腋生，花小，蒴果球形。

2. 生态习性　原产南洋群岛及澳洲。性喜高温、湿润、阳光充足。要求夏季 30 ℃以上，冬季白天25 ℃左右，晚间不低于 15 ℃，气温 10 ℃以下可产生落叶现象。

3. 繁殖技术　多用于扦插繁殖，生根适温为 24 ℃。

4. 栽培要点　生长季节注意肥水，每周追肥 1 次，叶面多喷水保湿，冬季浇水宜少，每年春可翻盆 1 次，冬季进温室养护。变叶木叶形奇特多变，宜盆栽观赏，南方可作为庭园布置用，常作绿篱。

九、橡皮树（*Ficus elastica*）

橡皮树，别名印度橡皮树、印度榕树、橡胶榕，为桑科榕属，常绿小乔木花卉。

1. 形态特征　树皮平滑，树冠卵形，叶互生，宽大具长柄，厚革质，椭圆形或长椭圆形，全缘，表面亮绿色。幼芽具红色托叶。夏日由枝梢叶腋开花。隐花果长椭圆形，无果梗，熟时黄色。其观赏变种有：黄边橡皮树，叶片有金黄色边缘，入秋更为明显。白叶黄边橡皮树，叶乳白色，而边缘为黄色，叶面有黄白色斑纹。

2. 生态习性　印度橡皮树为热带树种。原产印度，性喜暖湿，不耐寒。喜光，亦能耐阴。要求肥沃土壤，宜湿润，亦稍耐干燥。生长适温为 20～25 ℃。

3. 繁殖技术　以扦插为主，也可压条繁殖。

4. 栽培要点　幼苗盆栽需用肥沃疏松、富含腐殖质的沙壤土或腐叶土。刚栽后需放在半阴处。生长期，盛夏每天需浇水外，还应喷叶面水数次，秋、冬季应减少浇水。在天气较寒之地区，冬季应移入温室内。施肥在生长旺盛期，每 2 周施 1 次腐熟饼肥水。越冬温度达到 13 ℃即可，黄边及斑叶品种，越冬温度要适当高些。

印度橡皮树叶大光亮，四季葱绿，为常见的观叶树种。盆栽可陈列于客厅、卧室中，在温暖地区可露地栽培作行道树或风景树。

十、苏铁（*Cycas revoluta*）

苏铁，别名铁树、凤尾蕉，为苏铁科苏铁属，常绿棕榈状植物。

1. 形态特征　茎干圆柱形，由宿存叶柄基部所包围，全株呈伞形。叶丛生茎端，为大形羽状叶，长可达 2～3 m，由数十对乃至百对以上细长小羽片所组成；小羽片线形，初生时内卷，成长后挺直刚硬，深绿色，有光泽。球花顶生，雌雄异株，雄球花圆柱状，黄色；雌球花头状扁球形，密生褐色绒毛。种子倒卵圆形，略扁，橘红色。花期 6～7 月。

2. 生态习性　苏铁为热带及亚热带南部树种。全国各地均有栽培，喜光，喜温暖、干燥及通风良好的环境。土壤以肥沃、疏松、微酸性的沙质壤土为佳。不耐寒，生长缓慢。

3. 繁殖技术　播种或分蘖繁殖。种子成熟后，随采随播或翌春再播。由于种粒大而皮厚，最好在室内盆播，覆土要深些，约 3 cm，在 30～33 ℃高温下，约 2 周即可发芽。分蘖可于冬季停止生长时或初夏进行，从母株旁生的蘖株处扒出，切割时尽量少伤茎皮，切口稍干后，栽于含多量粗沙的腐殖质土的盆钵内，放于半阴处养护，温度保持在 27～30 ℃，易于成活。也可将茎部切成 15～20 cm 的块片，埋于沙质土壤中，使其周围发生新芽，再行分栽培养。

4. 栽培要点　华南温暖地区可露地栽于庭园中，南北各地均多盆栽苏铁，栽时盆底要多垫瓦片，以利排水，并培以肥沃壤土，压实栽植。春、夏生长旺盛时，需多浇水；夏季高温期还需早晚喷叶面水，以保持叶片翠绿新鲜。每月可施腐熟饼肥水 1 次。入秋后应控制浇水。日常管理要掌握适量浇水，若发现倾倒现象，应于根部开排水沟，并暂时停止浇水，因水分过多，易发生根腐病。苏铁生长缓慢，每年仅长 1 轮叶丛，新叶展开生长时，下部老叶应适当加以剪除，以保持其整洁古雅姿态。

苏铁树形古雅，主干粗壮，坚硬如铁，羽叶洁滑光亮，四季常青，为珍贵观赏树种。南方多植于庭前阶旁、草坪内；北方宜作大型盆栽，布置庭院、屋廊、厅室，殊为美观。

十一、香龙血树（*Dracaena fragrans*）

香龙血树，别名巴西铁树、巴西木、巴西铁，为龙舌兰科龙血树属，常绿小乔木。

1. 形态特征 高 5～6 m，盆栽 0.5～1.5 m，多不分枝，有时枝端有分枝。叶簇生顶端，椭圆状披针形，无叶柄。叶缘呈波状起伏；叶鲜绿色，具光泽。穗状花序，花小，芳香。浆果球形。常见栽培的园艺品种有金边龙血树（cv. Victoriae），叶边缘有数条金黄色的阔纵纹，中央为绿色。金心龙血树（cv. Massangeana），叶中央有一金黄色宽纹，两边绿色；黄边龙血树（cv. Lindenii），叶缘淡黄色或乳白色，故又称银边龙血树，中央为绿色。

2. 生态习性 原产非洲，喜温暖湿润的半阴环境，不耐寒，低于 13 ℃停止生长进入休眠；较耐水湿，具一定的耐寒性，萌芽力强。

3. 繁殖技术 多用扦插繁殖。5 月中旬以后，切取发育充实的茎段 7～8 cm，稍晾干，2～3 h 后扦插于沙床中，温度保持在 20～25 ℃。20 d 后发根，40 d 移植上盆。

4. 栽培要点 盆栽用土用腐叶土 1 份、园土 2 份混合而成的培养土，生长期每 10 d 施 1 次稀薄的有机肥，夏季置荫棚下栽培，忌强光直射，以免灼伤叶片。室内应置于光线充足处。光线不足会使叶片褪色；保持空气相对湿度 80%以上，秋末移入温室，室温在 15 ℃以上，要经常保持盆土湿润，忌积水，过湿易烂根。

香龙血树株型丰满，叶片宽大，具光泽，苍翠欲滴，是著名的新一代观叶花卉。

十二、其他观叶花卉盆栽要点列表

表 5-3 其他观叶花卉盆栽要点

序号	中 名	学 名	科 属	习 性	繁殖	栽培应用
1	龟背竹	*Monstera deliciosa*	天南星科	喜温暖湿润环境，不耐寒，不耐干燥，忌阳光直射	扦插	冬季气温不得低于 12 ℃；适于室内布置应用
2	瓶儿花	*Cestrum purpureum*	茄科	喜阳光充足和温暖的环境，要求排水良好的土壤	扦插	盆栽观赏
3	常春藤	*Hedera helix*	五加科	极耐阴，喜温暖湿润，不耐寒，不耐碱	扦插	室内垂直绿化材料
4	南洋杉	*Araucaria heterophylla*	南洋杉科	喜温暖，疏荫光照，不耐寒，生长适温 10～25 ℃	扦插 播种	盆栽观赏，宜布置会场
5	鸭嘴花	*Adhatoda vasica*	爵床科	喜温暖，较耐阴，对土壤要求不严，冬季室温不可低于 5 ℃	扦插	盆栽观赏

（续）

序号	中　名	学　名	科　属	习　性	繁殖	栽培应用
6	棕竹	*Rhapis excelsa*	棕榈科	喜温暖，湿润的气候，耐阴性强，怕阳光直射	播种 分株	室内观叶植物
7	八角金盘	*Fatsia japonica*	棕榈科	喜温暖和湿润，忌阳光直射，干旱	扦插	室内观赏
8	红背桂	*Excoecaria cochinchinensis*	大戟科	喜温暖，不耐寒，怕水湿，夏季喜半阴和湿润的环境，要求酸性土	扦插	盆栽室内观叶植物
9	网纹草	*Fittonia verschaffelt-ii*	爵床科	喜疏松土壤疏阴光照，湿润气候	分株	室内观赏
10	白鹤芋	*Spathiphyllum floribundum*	天南星科	喜高温、多湿、半阴环境，要求排水良好土壤	分株	室内观赏
11	银瓣椒草	*Peperomia argyreia*	胡椒科	喜疏松土壤，半阴光照，湿润气候	分株 扦插	室内观赏
12	马拉巴栗	*Pachira macrocarpa*	木棉科	适温 26 ℃，喜阴，酸性土耐旱不耐积水	扦插	室内观赏
13	酒瓶兰	*N. recuroata*	龙舌兰科	喜温暖湿润气候，耐旱，不耐积水	播种	室内观赏
14	旱伞草	*Cyperus altrnifolius*	莎草科	喜温暖湿润气候，疏松土壤，喜肥水	扦插 分株	室内观赏

考核评价
KAOHE PINGJIA

考核内容	考核标准	考核分值	自我考核	教师评价
专业知识	熟悉观叶植物盆栽的种类及其生态习性	5		
	熟悉观叶植物盆栽种苗繁殖知识	5		
	熟悉观叶植物盆栽的栽培管理知识	10		
	熟悉观叶植物盆栽园林、观赏应用知识	10		
技能训练	熟练操作观叶植物浇水、施肥技术训练	10		
专业能力	能掌握观叶植物繁殖和栽培管理技术	10		
	能制订观叶植物盆栽年生产计划和管理实施方案	10		
	观叶植物盆栽中能及时发现问题，分析原因，提出解决问题的方案	10		
学习方法	网络信息查询； 专业书籍资料查询； 专业市场走访、调研； 勤于实践	10		

（续）

考核内容	考核标准	考核分值	自我考核	教师评价
能力提升	学会学习，良好的交流沟通能力； 工作学习主动积极，勤于思考，助人为乐； 养成善于观察、详尽记录的好习惯	10		
素质提升	做事积极主动，与人团结合作； 学习工作勤恳努力； 工作学习中能及时发现问题，能分析、解决问题； 富有创造性思维，对待新事物好学进取	10		

任务 5.6 兰科花卉

任务目标
RENWU MUBIAO

1. 熟悉常见兰科花卉的种类及类型；
2. 掌握中国兰与西洋兰的形态特征、习性；
3. 能掌握兰科植物繁殖技术；
4. 掌握兰科植物栽培管理技术。

任务分析
RENWU FENXI

兰科花卉生产既有传统的国兰栽培，也包括现代化的洋兰生产。人们常说“兰花难养”“兰花是一种让人又爱又怕的植物”，怕的就是兰花不易管护，因为兰科花卉对环境敏感，稍有不慎就会出现适应不良的征兆，进而影响开花甚至植株死亡。出现上述情况的主要原因是不了解兰科花卉的生长习性和生态需求，因此养好兰花首先要在识别常见兰科花卉的基础上，明确不同种类兰科花卉本身具有怎样的生态习性，然后结合当地的环境条件，选择适宜的场址、合适的基质、恰当的栽培方式，采取合理的技术措施，才能满足兰科花卉的需要。

相关知识
XIANGGUAN ZHISHI

一、含义及类型

兰花广义上是兰科（*Orchidaceae*）花卉的总称。兰科是仅次于菊科的一个大科，是单子叶植物中的第一大科。有悠久的栽培历史和众多的品种。自然界中尚有许多有观赏价值的野生兰花有待开发、保护和利用。兰科植物分布极广，但85%集中分布在热带和亚热带。主要有中国兰和洋兰两大类。

1. 中国兰 中国兰是指原产我国、日本及朝鲜的地生兰种类，并被列为中国十大名花之首。可分为蕙兰、春兰、建兰、寒兰、墨兰五大类。因在我国具有悠久的栽培历史，所以称为中国兰。

2. 洋兰 主要是对中国兰以外兰花的称谓。它的种类很多，如卡特兰、蝴蝶兰、大花

蕙兰、石斛兰、文心兰、兜兰、万代兰等。热带兰花朵硕大、花形奇特多姿、绚丽；花期长，可达3个月左右；栽培介质不是土壤而是树皮、苔藓等，很少发生病虫害，能够保持家庭的卫生整洁等特点，因此成为近年来深受市民喜爱的年宵盆栽花卉。

二、形态特征

1. 根　粗壮，根茎等粗，无明显的主次之分，分枝或不分枝。没有根毛，具有菌根起根毛作用，也称兰菌，是一种真菌。

2. 茎　因种不同，有直立茎、根状茎和假鳞茎。直立茎更接近于常见的一般植物；根状茎一般成索状，较细；假鳞茎是变态茎，是由根状茎上生出的芽膨大而成。地生兰大多有短的直立茎；热带兰大多为根状茎和假鳞茎。

3. 叶　中国兰为线、带或剑形；热带兰多肥厚、革质，为带状或长椭圆形。

4. 花　花常美丽或有香味，一般两侧对称；花被6片，均花瓣状；外轮3枚称萼片，3枚花瓣，其中1枚成为唇瓣，颜色和形状多变；具有1枚蕊柱。

5. 果实及种子　开裂蒴果，每个蒴果有数万粒种子，种子通常无胚乳。

三、生态习性

地生兰要求疏松、通气、排水良好、富含腐殖质的中性或微酸性（pH5.5～7.0）土壤。热带兰附着于树干、岩壁、湿石、苔藓，靠裸露在空气中的根系从空气中吸收游离的养分和水分来生长，喜高温高湿、通风透气环境。

热带兰温度要求18～35℃，湿度70%～90%；原产亚热带地区的种类白天温度18～20℃，夜间12～15℃；原产亚热带和温暖暖地区的地生兰，白天10～15℃，夜间5～10℃。

一般冬季要求充足的光照，夏季要遮阳。栽培中一般可50%～60%遮阳，但不能当作阴生花卉一样对待。卡特兰、万带兰属高光照种，蝴蝶兰、文心兰和大花蕙兰属中光照种，兜兰属低光照种。

兰花生长周期长，自然界中的热带兰由小苗到长枝开花需3～10年，一些合轴类的兰花每年仅长出1～2片叶片，如卡特兰需要4～5年；而单轴类兰花生长周期较短，蝴蝶兰在适宜的环境下需1～2年。大部分的兰科植物属于虫媒花，进行异花授粉。

工作过程
GONGZUO GUOCHENG

不同属、种的兰花，原产地的自然环境很不一致，或产于海边阳光充足处，或生于高山丛林下，或根生土中，或附着于树枝岩壁上。欲种好兰花，必须使栽培环境近似于原产地，不同属、种便应分别对待。这里仅概括阐述一般的要求与管理。

1. 基质选择　基质是盆栽兰花的首要条件，它的组成在很大程度上影响了根部的水、气的平衡。大部分兰花，特别是附生种类，在自然环境中根均处于通气良好、空气中决不渍水的条件下，陆生种类根也多数处于质地疏松、排水通气良好、富含有机质的土壤中。传统的栽培基质有壤土、水藓、木炭等，蕨类的根茎和叶柄、树皮、椰子壳纤维和碎砖屑等都是很好的栽培材料。

基质应具备的首要特性是排水、通气良好，以既能迅速排除多余的水分、使根部有足够的空隙透气，又能保持中度水分含量为最好。附生兰类更需要良好的排水透气条件。兰花只需低肥，且肥料多是在生长期间不断施用，所以基质一般不考虑肥力因素。

2. 上盆 盆栽兰花一般用透气性较好的瓦盆或专用的兰花盆。兰花盆除底部有一至几个孔以外，侧面也有孔，排水透气性好，更适于附生兰类生长，有时气生根还从侧孔伸至盆外。也可用直径2 cm的细木条钉成各式的木框、木篮种植附生性兰花。

上盆时，盆底要垫足一层瓦片、大块木炭或碎砖块，保证排水良好；要严格小苗小盆、大苗大盆原则；浅栽，茎或假鳞茎需露出土面；浇水不宜过多；上盆后宜放无直射日光及直接雨淋处一段时间；操作要细心，不伤根和叶；幼苗移栽后可喷一次杀菌剂。

3. 水分管理 兰花种类、基质、容器、植株大小等的不同，浇水的次数、多少、方法均不同。因此，在生产上不要将不同的兰花混放在一起，否则会增加浇水的难度。浇兰应用软水，以不含或少含石灰为宜。浇水的时间与其他花卉相同，待基质表面变干时浇。种兰基质透水性好，盆孔多，蒸发快，浇水周期短，具体视当地气候、季节、基质种类、粗细及使用年限、盆的种类及大小、苗的大小及兰花的种类而定。如气温高，用木炭作基质，要早晚各浇水1次，若用椰子壳纤维作基质，每天只需浇1次水。浇水宜用喷壶，小苗宜喷雾，忌大水冲淋。每次连叶带根喷匀喷透。

4. 施肥管理 兰花栽培基质多不含养分或含量很少，如蕨类根茎或叶柄、椰壳纤维、树皮、草炭、木屑等，能缓解并释放出一些养分，但量微而不能满足兰花旺盛生长的需要，生长季节要不断补充肥料。附生兰类的自然生态环境中肥料来源少、浓度低，故需补充低浓度肥料。

兰花施肥以氮、磷、钾为主，适当补充微量元素。肥料的成分依基质的成分及兰花的生长发育时期而定。地生兰类在营养生长期间，基质为蕨类根茎或草炭等含氮的材料时，氮、磷、钾可按1∶1∶1配合；基质为不含氮的木炭、砖块、树皮时，按3∶1∶1配合；在花形成期间，多用磷、钾肥，按1∶3∶2配合，对花的形成有利。

兰花宜于叶面施肥，因兰花需经常在叶面及气生根上喷水以保持湿度，在喷水时加入极稀薄的肥料，效果比常规施肥更好。

有机肥取材方便，价格低廉，兼具生长调节物质与有机成分，能改良地栽兰花的土壤结构。有机肥料要充分腐熟，未经发酵或用量过浓常伤根，要慎用。

总体而言，兰花施肥宜稀不宜浓。兰花的根吸收肥料快，高浓度肥料易伤根或使根腐烂。生长旺季，可10～15 d施1次，肥料低浓度可每5 d施一次或每次浇水时作叶面喷洒。缓释性肥料与速效肥料配合使用，化肥和有机肥交替使用，效果更好。

5. 光照管理 光照度是兰花栽培的重要条件，光照不足常导致不开花、生长缓慢、茎细长而不挺立及新苗或假鳞茎细弱，光照过强又会使叶片变黄或造成灼伤，甚至使全株死亡。不同属、种对光照的要求不一：兰属除夏天外可适应全光照，夏天需较低温度；蝶兰属每天只需全光照的40%～50%，强光照易使叶受伤；卡特兰属、带状叶万带兰属、燕子兰属等需全光照的50%～60%；蜘蛛兰属等不需遮光。

6. 温度管理 温度是兰花栽培的最重要条件。各类兰花对温度的要求不同。在自然或栽培环境中，温度、光照及降雨是相互联系又相互影响的，在兰花栽培中必须使之协调平衡才能取得良好效果。温度不适宜，兰花虽然也能生活，但生长不良甚至不开花。如卡特兰，若昼夜温度均保持在21 ℃以上，始终不开花，若昼温在21 ℃以下，夜温在12～17 ℃，经

过几周，幼苗能提早半年开花。昼夜温差太小或夜间温度高，对兰花都很不利。

兰科植物上盆技术

(一) 训练目的

熟练掌握兰科花卉的上盆技术。

(二) 材料工具

培养土、苔藓、花盆、镊子、剪刀、纱网、喷壶等。

(三) 方法步骤

1. 选盆　一般兰丛小的取小盆，兰丛大的取大盆。花盆比兰丛的根系稍大些。若把小兰丛种在大盆中，则对兰花的生长有害而无益。过小的花盆则难以容纳兰花根系，不适于兰花生长。

2. 盆底排水孔处理　盆底的排水孔可反扣上打孔的半截塑料瓶或用碎盆瓦片盖住，再用碎砖块、瓦片等填在上面，至盆深的1/4～1/3，以利于排水。

3. 栽植

(1) 根据植株与花盆大小，可以单株种植或单丛（2～3株）、2丛、3丛种在一盆中。

(2) 一盆栽一丛的，将老假鳞茎偏向一边，使新生芽在中间，这样可使新芽有发展余地，不致新芽碰盆壁；一盆栽数丛的大盆，则要将老假鳞茎放在中央，使新芽向外发展。

(3) 兰花放在盆内后，一手扶住兰花基部，一手向盆内填培养土，边填边摇动兰盆，至土掩住根部时，将假鳞茎往上稍微提一下，使根系舒展。继续加土，务必使盆内无缝隙，所有根系都要与土壤接触。调整兰丛的位置和高度，填至高出盆面时，用手沿盆边按压，但不要用力过度，以免挤断兰根。

填土的高度，一般认为春兰宜浅，蕙兰宜深，以稍露出假鳞茎为宜。种好之后，在盆面铺上一层水苔或粗沙，以保护盆内清洁。

4. 栽后处理　新种兰花在1～2个月内都应由盆底浸水，一经浸透，即可取出。同时用细孔喷水壶喷洒叶面冲洗尘土。最后移入阴凉处，7～10 d后正常管理。

(四) 作业

完成实训报告，记录上盆过程。

常见的兰科花卉

一、中国兰（*Cymbidium* spp.）

兰花，又名地生兰、兰草，兰科兰属，为多年生草本花卉。

(一) 形态特征

兰花是一大类地生或附生的多年生草本植物，在形态、构造上变化甚大。兰花的根较粗壮肥大，一般呈丛生须根状，分枝少，无根毛。兰花茎有两种形式，一是根茎，生在根叶交接处呈假鳞茎形；另一是花茎，别称花梗，其上着生苞叶和花。兰花的叶是营养器官，分为两种形式，一种是从假鳞茎抽生的寻常叶，叶带形或线形，革质，上下几乎等宽，基部较窄；另一种是叶片从假鳞茎上抽生，叶片椭圆形或卵状椭圆形，宽阔而短，下部狭窄或有长柄。兰花的花单生或排成总状花序。花被共有6瓣，内外两层，外层为萼片已瓣化，形状基本相似；内层为花瓣，上侧两瓣同形，平行直立，而下方一瓣较大，是高度特化花瓣，最具观赏价值，常称为唇瓣。此外，兰花中心还有1个蕊柱，上部为雄蕊3枚，无柄；下部为雌蕊，柱头内凹，有黏液。果为蒴果，三角或六角形，种子粉末状，细小。

（二）品种类型

兰属有40～50种，分布在我国有20多种，按生态不同分为地生兰、附生兰和腐生兰三类，中国兰花属于地生兰。按开花时期中国兰分为四大类：春季开花类的春兰、台兰，夏季开花类的蕙兰，秋季开花类的建兰、漳兰，冬季开花类的墨兰、寒兰等。此外还有附生类的黄蝉兰、红蝉兰、虎头兰、大雪兰、西藏虎头兰等。

（三）生态习性

中国兰花一般要求温度比较低，白天在10～12℃，夜间5～10℃，冬季温度、湿度不能太高，夏季不超过30℃。附生兰类对温度要求较高，白天12～16℃，夜间8～12℃。兰花是喜阴植物，种类不同，生长季节不同，对光的需求也不同，一般冬季光照要充足，夏季要遮阳。空气湿度要在70%以上，休眠期在冬季，一般要求湿度50%左右。兰花相对较耐旱，叶及假鳞茎能贮水，气生根能吸收空气中水分，喜水而怕涝。栽培兰花的基质要求pH5.4～6.4的酸性土，疏松细软、富含腐殖质、排水良好。兰花要求环境空气清新无污染，通风良好。

（四）繁殖技术

兰花繁殖多采用分株和组织培养，培育品种采用播种法。

1. 分株繁殖 分株在春秋两季进行，因种类而异一般每隔2～3年分株1次，凡是植株生长健壮，假鳞茎密集的都可以进行分株，分株后每丛至少要保存5个连接在一起的假鳞茎，而这些假鳞茎至少有3个是叶片生长健壮的。分株前要减少灌水，使盆土较干，出盆时除去根部土壤，以清水洗净，剪除枯叶及腐根烂叶，晾晒2～3 h，待根部发白微软后，再以利刀在假鳞茎间切割，切口处涂以草木灰防腐。操作时防止碰伤叶芽和肉质根。

2. 组织培养 组培繁殖兰花苗主要应用于原球茎培养增殖快繁技术。近几年，在东南亚国家应用普遍，我国已大量组培生产，尤其在蝴蝶兰、大花蕙兰、石斛兰等应用较多。

（五）栽培管理

1. 场地、花盆选择 兰花多采用盆栽，栽培环境应通风良好，靠近池塘或小溪，空气湿润，无污染，四周如有竹林或大树更佳。兰盆比一般花盆要高，细脚粗门，排水孔多，或在盆壁另设排水孔，兰盆本身也具有观赏价值。

2. 培养土配制 兰花用土应以腐殖质为主，采用山林地表的枯枝叶，去除粗大枝段石头。在南方用原产地的腐殖土，俗称兰花泥；也可以用塘泥、草炭、蛭石、珍珠岩、苔藓等有机或无机基质，人工配制成疏松通透的培养土。

3. 上盆栽植 栽兰花时选盆大小应合适，在盆底垫瓦片盖住水孔，再铺一层粒石以利于排水，之后填培养土，把兰苗根系舒展自然，尽量别碰到盆壁，分层填培养土，调整兰苗高度，使鳞茎在盆中心，略平于盆面，填土成小土丘状，四周留出2 cm深沿口。

4. 肥水管理 兰花浇水润而不湿，干而不燥，水不能过多过少，并注意秋不干、冬不

湿的季节差异。浇兰以雨水最好，如用自来水，应进行困水，并要调 pH5.5～6.0。兰花施肥一是在培养土中施入基肥，二是生长期追肥。多用液肥或叶面肥，浓度必须比其他花低，生长季节每 15～20 d 追施 1 次，其他季节应少施，并且施肥后第 2 天要浇水。

5. 护叶　兰花老叶枯黄时，应及时剪去，以利于通风，部分叶尖发枯也可剪去尖端或全疏去，病虫害叶应及时摘除。花芽过多时也要留强去弱，开花后要去除花葶。夏季遮阳降温，在秋末必须保持见光，中午时可适当遮阳。洋兰的栽培管理应注意温度和光照的季节变化，不能受寒害，在低温条件下洋兰极易染病。

二、蝴蝶兰（*Phalaenopsis amabilis*）

（一）形态特征

蝴蝶兰，别名蝶兰，属兰科蝴蝶兰属，为附生类植物，茎短而肥厚，顶部为生长点，每年生长时期从顶部长出新叶片，下部老叶片枯黄脱落。叶片为长椭圆状带形，肥厚多肉。根从节部长出来，从叶腋间抽生花序，每个花序可开花七八朵，多则十几朵，依次绽放像蝴蝶似的花，可连续观赏六七十天。每花均有 5 萼，中间镶嵌唇瓣。花色鲜艳夺目，常见的有白色、紫红色，也有黄色、微绿色或花瓣上带有紫红色条纹者。花期 2～4 月。

（二）生态习性

性喜温暖，畏寒，栽培白天最适温度为 25～28 ℃，夜温为 18～20 ℃。开花最适温为 28～32 ℃，忌温度骤变。喜潮湿半阴环境，忌强光照射。夏季遮阳量为 60%，秋季为 40%，冬季为 20%～40%。空气相对湿度保持在 70%～80%。

（三）繁殖技术

蝴蝶兰可通过无菌播种、组织培养和分株等技术繁殖。

经过人工授粉得到种子后采用无菌播种的技术可得到大批量的种苗。

组织培养技术是将灭菌茎段接种相关培养基上，经试管育成幼苗移栽，大约经过两年便可开花。

分株繁殖是利用成熟株长出分枝或株芽，待长到有 2～3 条小根时，可切下单独栽种。

（四）栽培管理

1. 选盆　大规模生产蝴蝶兰主要用盆栽，要求透气性好，多孔盆为好，宜用浅盆。一般用特制的素烧盆或塑料盆。

2. 上盆与换盆　盆栽蝴蝶兰的栽培基质要求排水和通气良好。一般多用苔藓、蕨根、蛇木块、椰糠、蛭石等材料，而以苔藓或蕨根为好。用苔藓盆栽时，盆下部要填充煤渣、碎砖块、盆片等粗粒状的排水物。将苔藓用水浸透，用手将多余的水挤干，松散的包裹在幼苗的根部，苔藓的体积约为花盆体积的 1.3 倍，然后将幼苗及苔藓轻压栽入盆中，不可压得过紧。

蝴蝶兰栽培过程中要及时换盆。一般用苔藓栽植的蝴蝶兰每年换盆一次。换盆的最佳时期是春末夏初之间，此时花期刚过，新根开始生长。换盆时温度以 20 ℃以上为宜。蝴蝶兰的小苗生长很快，一般春季种在小盆的试管苗，到夏季就要换大一号的盆，以后随着苗株的生长情况再逐渐换大一号的盆，切忌小苗直接栽在大盆中。小苗换盆时为避免伤根，不必将原植株根部的基质去掉，只需将根的周围再包上一层苔藓，栽到大一号的盆中即可。生长良好的幼苗 4～6 个月换一次盆。新换盆的小苗在 2 周内需放在荫蔽处，不能施肥，只能喷水或适当浇水。蝴蝶兰的成苗每年换一次盆，换盆时先将幼苗从盆中扣出，用镊子把根系周围的旧基质去掉，用剪刀剪去枯死老根和部分茎秆，再用新基质将根均匀包起来，栽在盆中。

3. 温度管理 蝴蝶兰生产栽培中要求比较高的温度，白天 25～28 ℃，夜温 18～20 ℃，在这种温度环境中，蝴蝶兰全年处于生长状态。在春季开花时期，温度要适当低一些，这样可使花期延长，但不能低于 15 ℃，否则花瓣上易产生锈斑。花后夏季温度保持在 28～30 ℃，加强通风，调节室温，避免温度过高，30 ℃以上的高温会促使其进入休眠状态，影响将来的花芽分化。

蝴蝶兰对低温特别敏感，长时间处于 15 ℃的温度环境会停止生长，叶片发黄、生黑斑脱落，极限最低温度为 10～12 ℃。

4. 光照管理 蝴蝶兰生产栽培忌阳光直射，喜欢庇荫和散射光的环境，春、夏、秋三季应给予良好的遮阳条件，通常用遮阳网、竹帘或苇席遮阳。当然，光线太弱也会使植株生长纤弱，易得病。开花植株适宜的光照度为 2 000～3 000 lx，幼苗 1 000 lx 左右。如春季阴雨过多，晚上要用日光灯管给予适当加光，以利于日后开花。

5. 水分管理 蝴蝶兰根部忌积水，喜通风干燥，如果盆内积水过多，易引起根系腐烂。一般应在看到盆内的栽培基质已变干，盆面呈白色时再浇水。盆栽基质不同，浇水间隔时间也不大相同。通常以苔藓作栽培基质的，可以间隔数日浇水 1 次，而蕨根、树皮块等作基质时则每日浇水 1 次。还有其他因素也影响浇水，如高温时多浇水，生长旺盛时多浇水，温度降至 15 ℃以下时要控水，冬季应适时浇水，刚换盆或新栽植株应相对保持稍干，少浇水，这样会促进新根萌发。花芽分化期需水较多，应及时浇水。晚上浇水时注意不要让叶心积水。

蝴蝶兰需要潮湿的环境，一般来说全年均需保持 70%～80%的相对湿度。在气候干旱的时候，可采取向地面、台架、暖气洒水或向植物叶片喷水来增加室内湿度。有条件的可安装喷雾设施。当温度低于 18 ℃时，要降低空气湿度，否则湿度太大易引发病害。

6. 施肥 蝴蝶兰生长迅速，需肥量较大，施肥的原则是少量多次，薄肥勤施。春天少量施肥；开花期完全停止施肥；换盆后新根未长出之前，不能施肥；花期过后，新根和新芽开始生长时再施以液体肥料，每周 1 次，用“花宝”液体肥稀释 2 000 倍喷洒叶面和盆栽基质中。夏季高温期可适当停施 2～3 次。秋末植株生长渐慢，应减少施肥。冬季停止生长时不宜施肥。营养生长期以氮肥为主，进入生殖生长期，则以磷肥为主。

7. 花期管理 蝴蝶兰花芽形成主要受温度影响，短日照和及早停止施肥有助于花茎的出现。通常保持温度 20 ℃两个月，以后将温度降至 18 ℃以下，约经一个半月即可开花。因蝴蝶兰花序较长，当花葶抽出时，要用支柱进行支撑，防止花茎折断。设立支架时要注意，不能一次性地把花茎固定好，而要分几次逐步进行。蝴蝶兰花朵的寿命较长，一般可达 10 d 以上，整枝花的花期可达 2～3 个月。当花朵完全凋萎之后，一般要将花茎从基部剪掉，特别是小植株或组合在一起的栽培植株，不要让其二次开花。但对于有 5 片以上的健壮植株，可留下花茎下部 3～4 节进行缩剪，日后会从最上节抽出二次花茎，开二次花。

另外，蝴蝶兰喜通风良好环境，忌闷热。通风不良易引起腐烂，且生长不良。在设施栽培中最好有专用的通风设备。可采用自然通风和强制通风两种形式。自然通风是利用温室顶部和侧面设置的通风窗通风，强制通风是在温室的一侧安装风机，另一侧装湿帘，把通风和室内降温结合起来。

三、大花蕙兰（*Cymbidium hybrida*）

（一）形态特征

大花蕙兰，别名虎头兰、西姆比兰，兰科兰属，常呈大丛附生于树干和岩石上。假鳞茎粗壮，长椭圆形，稍扁。叶片带形革质，长 70～90 cm，宽 2～3 cm，浅绿色，有光泽。花茎直立或稍弯曲，长 40～90 cm，有花 6～12 朵或更多。花大型，淡黄绿色，花瓣较小，花瓣及萼片茎部有紫红色小斑点，唇瓣分裂，黄色，有紫红色斑。花期 11 月至翌年 4 月。

（二）生态习性

生长适温 10～25 ℃。花芽分化温度十分严格，白天 25 ℃，夜间 15 ℃，越冬温度夜间 10 ℃左右。花芽耐低温能力较差，若温度太低，花及花芽会变黑腐烂。若夜间温度高至 20 ℃，虽叶丛繁茂，但花芽枯黄不开花。

大花蕙兰喜微酸性水，pH5.4～6.0，对水中的钙、镁离子比较敏感，最好能用雨水浇灌。喜较高的空气湿度，最适宜的湿度为 60%～70%，湿度太低会使生长不良，根系生长缓慢，叶厚窄小，色偏黄。喜半阴的散射光环境，忌日光直射，过阴会使植株生长纤弱，影响花芽分化，减少花量。要求湿润、腐殖质丰富的微酸性土壤。

（三）繁殖技术

分株繁殖，花后新芽未长大前进行，分株前使基质适当干燥，根略发白、绵软。将兰株从原盆中脱出，避免碰伤新芽。剪除枯黄的叶片、过老的鳞茎和已腐烂的老根，用消过毒的利刀将假鳞茎切开，每丛苗带有 2～3 枚假鳞茎，其中一枚为前一年新形成的，伤口涂硫黄粉，干燥 1～2 d 后上盆，如太干可向叶面及盆面喷少量的水。

大量繁殖和生产采用茎尖培养的组织培养方法。若种苗不足，也可将换盆时舍弃的老兰头保留下来，剪除枯叶和老根，重新加以培植，不久它就能萌发新芽，长成幼苗。

（四）栽培管理

1. 上盆与换盆　栽培容器可选用四壁多孔的陶质花盆或塑料盆，基质可采用水苔 1 份、蕨根 2 份混合使用，也可用直径 1.5～2 cm 的树皮块、碎砖、木炭或碎瓦片等粒状物。一般盆栽大花蕙兰常用 15～20 cm 的高筒花盆，每盆栽 2～4 株。如果假鳞茎已长满整个盆面，就要换大一号的盆了，以免根部纠结。通常在 5 月上旬进行分株换盆。

2. 温度管理　生长适温 10～25 ℃。冬季保持 10 ℃左右的温度，2～3 月开花。如果温度低于 5 ℃，则叶片呈黄色，花芽不生长，花期会推迟到 4～5 月，而且花葶不伸长，影响开花质量。如果温度在 15 ℃左右，花芽会突然伸长，1～2 月开花，花葶柔软不能直立。大花蕙兰花芽形成、花葶抽出和开花，都要求较大的昼夜温差，当花芽伸出之后，夜间要把花盆放到低于 15 ℃的地方，否则会使花蕾脱落。

3. 光照管理　大花蕙兰比较喜光，充足光照有利于叶片生长，形成花芽和开花，但不宜强光直射。过多的遮阳，会使叶片细长而薄，不能直立，假鳞茎变小，容易生病，影响开花。一般盛夏需遮光 50%～60%，秋季可稍遮些，冬季温室栽培一般不遮光。

4. 肥水管理　大花蕙兰比较喜水，怕干不怕湿，高的空气湿度和基质微湿的水分最适合它的生长要求，忌根部极端干燥。浇水应由植株、基质、天气等因素来决定，基质干了才浇水，浇则浇透。在盆中基质湿润不需浇水时，可在早、晚给叶片喷一些水，以增加空气湿度。冬季加温后，夜间室内湿度会较低，应设法增加室内的湿度。开花后有短时间的休眠，要少浇水，春、夏生长旺盛，要保持水分充足。

大花蕙兰植株大，生长繁茂，需肥较多，要低浓度，常供应。生长期可每1～2周施肥1次，使假鳞茎充实肥大，促使花芽分化，多开花。可置缓效肥料于基质中，同时每周施液体肥料1次，氮磷钾的比例为：小苗2∶1∶2，中苗1∶1∶1，大苗1∶2∶2。在花期前半年应停止施氮肥，以促进植株从营养生长转向生殖生长。

5. 花期管理 大花蕙兰通常在11月份就会伸出花茎，当花茎长到20 cm长时，要设置花茎支柱。因为这时的花茎特别容易折断，所以在设置支柱时要格外小心，不要靠得太近，绑扎叶不能太紧。支柱与花茎之间用简易8字结固定，这样不会影响花茎的生长。所打的简易8字结要根据花茎的生长速度及时调整。

四、卡特兰（*Cattleya hybrida*）

（一）形态特征

兰科卡特兰属常绿草本，为附生植物。茎棍棒状，有时稍扁，具1～2枚革质厚叶。花单朵或数朵，直径18～20 cm，花色极为多彩而艳丽，有白、粉红、朱红色，也有绿色、黄色以及过渡色和复色；单叶类冬、春开花，双叶类夏末秋初开花。

（二）生态习性

性喜温暖湿润环境，越冬温度，夜间15 ℃左右，白天20～25 ℃，要求昼夜温差大，不可昼夜恒温。喜半阴环境，春、夏、秋三季应遮去50%～60%的光线。

（三）繁殖技术

常用的是分株繁殖，结合换盆，一般于3月份进行。先将植株由盆中磕出，剪去腐朽的根系和鳞茎，将株丛分开，分后的每个株丛保留3个以上的假鳞茎，并带有新芽。新栽的植株应放于较荫蔽的环境中10～15 d，并每日向叶面喷水。栽培基质以苔藓、蕨根、树皮块或石砾为好，而且盆底需要放一些碎砖块、木炭块等物。要注意通风、透气。

（四）栽培管理

1. 栽培基质 培养土通常用蕨根、苔藓、树皮块、水苔、珍珠岩、草炭、煤炉渣等混合配制。生长旺盛的植株，每隔1～2年更换一次基质，时间最好在春季新芽刚抽生时或花谢后，结合分株进行换盆。

2. 温度管理 生长适温3～10月为20～30 ℃，10月至翌年3月为12～24 ℃，其中白天温度25～30 ℃，夜间温度15～20 ℃，日较差在5～10 ℃较合适。冬季设施内温度应不低于10 ℃，否则植株停止生长进入半休眠状态，低于8 ℃时，一般不耐寒的品种易发生寒害，较耐寒的品种能耐5 ℃的低温。夏季当气温超过35 ℃时，要通过遮阳、环境喷水、增加通风等措施，为其创造一个相对凉爽的环境，使其能继续保持旺盛的长势，安全过夏。

3. 光照管理 喜半阴环境，若光线过强，叶片和假球茎易发黄或被灼伤，并诱发病害。若光线过弱，又会导致叶片徒长、叶质单薄。一般情况下，春、夏、秋三季可遮阳50%～60%，冬季设施内不遮光。

4. 肥水管理 卡特兰不仅要基质湿润，而且要求有较高的空气湿度。根系呈肉质，宜采用排水透气良好的基质，以免积水烂根。生长季节要求水分充足，但也不能浇水过多，特别是在湿度低、光照弱的冬季，植株处于半休眠状态，要控制浇水。卡特兰花谢后有40 d左右的休眠期，此时应保持基质呈湿润状态。春、夏、秋三季每2～3 d浇水1次，冬季每

周浇水1次，当盆底基质呈微润时，为最适浇水时间，水质以微酸性为好。卡特兰一般应维持60%～65%的空气湿度，可通过加湿器每天加湿2～3次，外加叶面喷雾，为其创造一个湿润的适生环境。

卡特兰需肥相对较少，忌施入粪尿，也不能用未经充分腐熟的有机肥，否则易导致植株烂根坏死。生长季节，每半月用0.1%的尿素加0.1%的磷酸二氢钾混合液喷施叶面一次。当气温超过32℃、低于15℃时，要停止施肥，花期及花谢后休眠期间，也应暂停施肥，以免肥害伤根。

五、石斛兰属（*Dendrobium nobile*）

（一）形态特征

石斛兰为兰科石斛兰属植物，假鳞茎丛生，圆形稍扁，株高25～60 cm，有节。叶卵状披针形，花2～3朵，直径5～12 cm，白色带淡紫色斑块，花瓣卵圆形，边波状，尖端紫色；唇瓣圆形，乳黄色，唇盘有紫色斑块。花期1～6月。

（二）生态习性

石斛原产我国。喜温暖、湿润和半阴环境，不耐寒。生长适温18～30℃；忌干燥、怕积水；低温潮湿，易引起腐烂。忌强光直射，光照过强茎部会膨大、呈黄色，叶片黄绿色。

（三）种类与品种

石斛属按其生物学特性对生态环境的要求，可分成为两大类：

1. 落叶类石斛　每年从假鳞茎的基部长出新芽，当年生长成熟为新的假鳞茎，如报春石斛、兜石斛、紫瓣石斛、齿瓣石斛、金钗石斛、短唇石斛、束花石斛等。在前一年生长的假鳞茎上部的节上抽出花序，2～3朵花为一束。花后从假鳞茎基部长出新芽，当年发育成新的假鳞茎，老茎则逐渐皱缩，一般不再开花。

2. 常绿类石斛　无明显的休眠期，叶片可维持数年不脱落。花序常从假鳞茎的顶部及附近的节上抽出，有时一个假鳞茎连续数年开花，如密花石斛、球花石斛、鼓槌石斛和蝴蝶石斛等及其杂交种。

（四）繁殖技术

1. 分株繁殖　从丛生茎的基部切开或掰开，一分为二，分别种于不同的盆中，即可达到分株的目的。有些石斛种类在茎的顶端或基部生有小植株。小植株根、茎、叶俱全，待长到一定程度时，可切下栽于盆中。

2. 扦插繁殖　将肉质茎切成许多小段，每段带2～3个节，插在用草炭、水苔、腐殖质组成的基质中，置于湿润、温暖、荫蔽的环境中，经过几个星期后可以看到长出1～2个小根，此时可移栽于小盆中。

此外，生产中大量育苗采用组织培养繁殖。

（五）栽培管理

1. 上盆与换盆　盆栽石斛通常采用四壁多孔的花盆栽植，视苗的大小选用不同规格的花盆，宁小勿大。用蕨根、树蕨块、水苔、树皮块、碎砖块和木炭等作基质，栽植时盆底先放较大的砖块（直径2～3 cm），然后加碎砖及木炭块（直径1～1.5 cm）至盆2/3处。植株的新芽放在盆中央，另插一小竹竿以支持固定，再将混有碎蕨根的碎砖块（直径小于1 cm）放在植株周围，并在盆边轻轻压紧至苗不再松动为止。栽植时注意不要伤新芽和新根。

栽培两年以上的盆栽石斛，植株长大，根系过满，盆栽材料已腐烂，应及时更换。通常在花后、新芽尚未生长出来之前换盆或更换栽培材料，并结合换盆进行分株。换盆时，首先将植株从盆中倒出，细心去掉旧的栽培材料，剪去腐烂的老根。将植株分切成2～3簇，每簇最好保持4条假鳞茎，单独栽植，即成新株。栽后置于庇荫处，控制浇水。可经常向叶面及栽培材料表面喷雾。随植株生长，逐渐增加浇水和光照度并施肥。

2. 温度管理 石斛属植物喜高温、高湿，落叶种类越冬的温度夜间可低至10℃左右或更低，常绿种类则不可低于15℃。另外，石斛类对于昼夜温差比较敏感，最好应保持10～15℃的温差。温差过小，如4～5℃，则无法使枝叶繁茂。

3. 光照管理 石斛属植物栽培中，上午10时前有直射阳光，其余时间遮去阳光的70%～80%，对生长比较有利。春、夏旺盛生长期光可少些；冬季休眠期喜光线强些。北方温室栽培，冬季可不遮光或只遮去阳光的20%～30%。

4. 肥水管理 石斛在新芽开始萌发至新根形成时期，既需要充足的水分，又怕过于潮湿，这时气温才开始回升，温度不太高，过于潮湿会引起腐烂。旺盛生长季节注意盆中不要积水，如遇天晴干热，应及时在兰花四周喷水，以保持较高的空气湿度。落叶种类在冬季可适当干燥，少浇水，但盆栽材料不宜过分干燥，空气湿度不应太低。常绿种类冬季只要温室温度高，则仍需保持充足水分；温度低可适当少浇水，但盆栽材料仍需保持湿润。

生长期每周施1次追肥，可用氮磷钾复合化肥叶面喷洒或根部施用，浓度在0.1%以下，可以施用经过腐熟的各种液体农家肥，但不可太浓。落叶种类冬季休眠期停止施肥。常绿种类冬季温度高，仍在继续生长的还要施肥；若温度低，处于强迫休眠的，要停止施肥。

考核评价
KAOHE PINGJIA

考核内容	考核标准	考核分值	自我考核	教师评价
专业知识	熟悉兰科花卉盆栽的种类及其生态习性	10		
	熟悉兰科花卉繁殖方法	10		
	熟悉兰科花卉盆栽的栽培管理知识	10		
技能训练	熟练操作兰科花卉上盆技术训练	10		
专业能力	能掌握兰科花卉盆栽繁殖技术和栽培管理技术	10		
	能制订蝴蝶兰或大花蕙兰盆栽年生产计划和实施方案	10		
	在栽培中能够发现问题，能分析原因，提出解决方案	10		
学习方法	网络信息查询； 专业书籍资料查询； 专业市场走访、调研； 勤于实践	10		
能力提升	学会学习，良好的交流沟通能力； 工作学习主动积极，勤于思考，助人为乐； 养成善于观察、详尽记录的好习惯	10		
素质提升	做事积极主动，与人团结合作； 学习工作勤恳努力； 工作学习中能及时发现问题，能分析、解决问题； 富有创造性思维，对待新事物好学进取	10		

任务 5.7　木本花卉

任务目标
RENWU MUBIAO

1. 了解盆栽木本花卉的特点；
2. 掌握常见盆栽木本花卉的种类及生态习性；
3. 掌握盆栽木本花卉的繁殖技术；
4. 会盆栽木本花卉栽培管理。

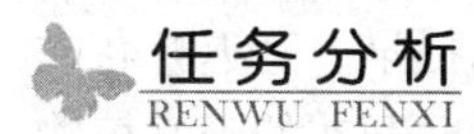

任务分析
RENWU FENXI

盆栽木本花卉种类繁多，原产地不同，生态习性各异，从幼苗栽植到开花需要较长的时间，但条件适宜时每年都能开花；生产和摆放时间长，植株逐年生长，不断长高、分枝和增粗，每年进行必要的整形和修剪，同时，生长过程在人为控制的条件下完成，这类花卉的管理要也比露地木本花卉复杂得多。因此要在识别常见盆栽木本花卉的基础上，明确盆栽木本花卉的生态习性和生长特点，根据生产实际、应用目的进行繁殖、栽培管理，培养优质的木本盆栽花卉。

相关知识
XIANGGUAN ZHISHI

一、盆栽木本花卉的涵义

盆栽木本花卉是指耐寒性较弱，可观花、观叶或观果的木本植物，通常具有翠绿的枝叶、优美的花形、鲜艳的花色或浓郁的花香。盆栽木本花卉种类繁多，原产地不同，生态习性各异，从幼苗栽植到开花需要较长的时间，但条件适宜时每年都能开花；随植株逐年生长，不断长高、分枝和增粗，每年进行必要的整形和修剪。

二、盆栽木本花卉的种类

根据形态分为 3 类。

1. 乔木类　地上部有明显的主干，侧枝由主干发出，树干与侧枝有明显区别的花卉。如杜鹃、山茶、桂花、橡皮树等。

2. 灌木类　地上部无明显主干，由地面萌发出丛生状枝条的花卉。如紫背桂、狗尾红、扶桑、栀子、八角金盘等。

3. 藤木类　植物茎木质化，长而细弱，不能直立，需缠绕或攀缘其他植物体上才能生长的花卉。如叶子花、络石等。

三、繁殖技术

1. 播种繁殖　方法简便，繁殖量大，但变异性大，且开花结实较迟，特别是木本花卉，播种后需 3～5 年才能开花。花卉播种时期大致分为春播和秋播。

2. 扦插繁殖 不同的花卉种类可采用不同的扦插方法。紫薇、芙蓉、石榴等采用生长成熟的休眠枝条进行扦插；米兰、杜鹃、月季、山茶、桂花等在夏季以发育充实的带叶枝梢进行扦插；秋海棠、非洲紫罗兰等叶片肥厚多汁的花卉可采用一片叶或叶的一部分作为插条进行繁殖；洋丁香、美国凌霄等可用其根段进行扦插繁殖。

3. 嫁接繁殖 主要有切接法、劈接法、靠接法、嫩枝嫁接法、盾形芽接法、方块形芽接法等。嫁接繁殖的成功，除选择好砧木及适宜的嫁接时期外，还要有熟练的操作技术及良好的接后管理。某些不易用扦插、压条、分株等无性繁殖的花卉，如山茶、白兰花、梅花、桃花、樱花等，常用嫁接法大量繁殖。

四、花期调控技术

人为改变环境条件或采取一些特殊的栽培管理方法，使一些观赏植物提早、延迟开花或花期延长的技术措施称为花期调控。应用花期调控技术，可以增加节日期间开花的观赏植物的种类；延长花期，满足人们对花卉消费的需求；提高观赏植物的商品价值，对调整产业结构、增加种植者收入有着重要的意义。

（一）影响花芽分化与开花的因素

木本花卉的花芽分化与开花涉及很多因素，如有较长的幼年期，进入成年期后在同一树体上往往幼年期与成年期并存，成花诱导与花芽分化要经过较长时间，还有成花与营养生长交替的复杂性等。木本花卉进入花熟状态后，在同一树体上或是在同一枝条上，成花过程与枝条的生长可以同时进行，也可以先后交替进行。主要包括三种类型：

一种类型是花的发育是在头一年抽梢结束的夏、秋季与冬季休眠期进行的，或是在当年枝梢抽生之前的春季进行的，也可以在当年春季新梢抽生的早期和与抽梢同时进行的。这一类型花木的花期大多集中在春季，如梅花、蜡梅、桃花等；第二种类型是花的发育是在新抽枝梢叶腋处的分生组织内进行的，它们的花期在抽梢的最旺季节内，如桂花等；第三种类型是花的发育是在枝叶旺盛生长快要结束或已经完全结束后进行的，这类花木的顶端花序或单生花，着生在当年生新枝的顶端，花期在春季，如山茶、瑞香、木绣球等。

诱导成花的因素也是复杂的。木本花卉成花是受内因或外因同时控制的，内因是指成花受着细胞内和细胞外机体内两种控制因素的操纵，决定是否能成花；外因就光照、温度条件来说，大多数木本花卉成花的过程，对光周期与低温春化的反应不敏感，只有少数种类在成花过程中要求光周期诱导和低温春化。

（二）花期调控技术措施

1. 温度调节 许多落叶木本花卉，冬季进入休眠期，花期在春季。花芽分化大多是在头一年夏、秋季进行的。早春天气渐暖后即能解除休眠而陆续开花。在它们的休眠后期给予低温处理，然后再移入温室内增温，即可解除休眠提早开花；也可在早春解除休眠之前采用继续降温的方法延长休眠推迟花期。多数花卉，在开花初期只要稍稍降低温度，即可延长开花时间。通过冬季增温、夏季降温的方法，可使月季等落叶花木周年开花。降低温度，强迫植株提早休眠，可使贴梗海棠等落叶花木提早开花。此外，还可采用降温方法促使桂花等提早开花。

2. 控制光照 一般花卉在植株长成到开花需要一个光周期诱导阶段。在此期间，花卉即使处在非常适合的温度条件下，但光照时间不合适，也会影响花芽的形成，这与花卉在原

产地长期形成的适应性有关。对于这类花木，当其植株进入“成熟阶段”，通过人工增加或是减少光照时数的方法，可以促进植株成花的转变，从而达到控制开花时期的目的。按对光照时间的需要可将花卉分为短日照、长日照和中日照花卉3类。如果在非开花季节，按照花卉所需的光照长度人为地给予处理，就能使其开花。例如可用于短日照处理的花卉一品红、叶子花、八仙花等在长日照季节里可将此类花卉用黑布、黑纸或草帘等遮暗一定时数，使其有一个较长的暗期，可促使其开花。一般在短日照处理前，枝条应有一定的长度，并停施氮肥，增施磷钾肥，以使组织充实，见效会更快。

3. 应用植物生长调节剂　目前利用植物生长调节剂调控花期在木本花卉中应用较为普遍。使用激素既要注意选择适宜的激素种类与适宜的浓度，又要注意选择合适的花卉品种。如一品红在短日照自然条件下，用40 mg/kg赤霉素喷洒叶面，可延迟开花。

4. 栽培技术措施　对一些枝条萌发力较强，又具有多次开花习性的木本花卉，通过及时摘心、摘叶、剪除残花等措施，既可起到修剪整形的作用，又可达到控制花期的目的，如月季、茉莉、夹竹桃、蜡梅、倒挂金钟等。

工作过程
GONGZUO GUOCHENG

以一品红为例介绍盆栽木本花卉的栽培管理过程。

一品红（*Euphorbia pulcherrima*），又名圣诞红，易进行花期调节，可实现周年开花。由于其花期长、摆放寿命长、苞片大、颜色鲜艳而深受人们喜爱，特别是红色品种，苞叶鲜艳，极具观赏价值，是全世界最重要的盆花品种之一。

一、栽培品种

一品红主要根据苞片颜色进行分类。目前栽培的主要品种有一品白、一品粉和重瓣一品红。其中，重瓣一品红观赏价值最高，最受市场欢迎，如自由（Freedom）、彼得之星（Peterstar）、成功（Success）、倍利（Pepride）、圣诞之星（WinterRose）等。

二、生态习性

原产于中美洲墨西哥，广泛栽培于热带和亚热带。一品红不耐寒，栽培适温为18～28 ℃，花芽分化适温为15～19 ℃，环境温度低于15 ℃或高于32 ℃都会产生伤害，5 ℃以下会发生寒害。

一品红为短日照植物，夏季高温日照强烈时，应遮去直射光，并采取措施增加空气湿度，冬季栽培时，光照不足也会造成徒长、落叶。生产上通过遮光处理进行花期调节，处理时要连续进行，不能间断，而且不能漏光。

土壤水分过多容易烂根，过于干旱又会引起叶片卷曲焦枯。浇水要见干见湿，浇则浇透。一般春季1～2 d浇水1次，夏天每日浇水1次，还可向叶面喷水，开花后温室湿度不可过大，否则，苞片及花蕾上易积水、霉烂。

三、繁殖技术

以扦插繁殖为主，分为硬枝扦插和嫩枝扦插。硬枝扦插时间为春季，选取一年生木质化枝条剪成10 cm小段，剪口沾草木灰稍阴干后扦插于河沙或蛭石内，扦插深度为4～5 cm，遮阳保湿，温度20℃左右，约1个月生根。嫩枝扦插时间为5～6月，剪取长约10 cm的半木质化嫩枝，剪掉下面3～4片叶，浸入清水，阻止汁液外流，其他操作与硬枝扦插相同。为促使扦插生根，可以用0.1%的高锰酸钾溶液或100～500 mg/L的NAA或IBA溶液处理插穗。

四、栽培管理

1. 定植 扦插成活后，应及时上盆。开始时可上5～6 cm的小盆，随着植株长大，可定植于15～20 cm的盆中。为了增大盆径，可以2～3株苗定植在较大的盆中，当年就能形成大规格的盆花。盆土用酸性混合基质为好，上盆后浇足水置阴处，10 d后再给予充足的光照。

2. 肥水管理 一品红定植初期叶片较少，浇水要适量。随着叶片增多和气温增高，需水逐渐增多，不能使盆土干燥，否则叶片枯焦脱落。一品红的生长周期短，且生长量大，从购买种苗到成品上市只需100～120 d。肥料的管理对一品红的生长非常重要。一品红对肥料的需求量大，稍有施肥不当或肥料供应不足，就会影响花的品质，生长季节每10～15 d施一次稀薄的腐熟液肥。当叶色淡绿、叶片较薄时施肥尤为重要，但肥水也不宜过多，以免引起徒长，影响植株的形态。氮素化肥前期用铵态氮，花芽分化的开花期以硝态氮为主。

3. 高度控制 传统的一品红盆花高度控制采用摘心和整枝做弯的方法，现在国内生产上使用的一品红盆栽品种多是一些矮生品种，其高度控制主要是根据品种的不同和花期的要求采用生长抑制剂处理，常用的生长抑制剂有矮壮素（CCC）、比久（B_9）和多效唑（PP_{333}）。当植株嫩枝长为2.5～5.0 cm时，可用2 000～3 000 mg/L的B_9进行叶面喷洒，而在花芽分化后使用B_9叶面喷洒会引起花期延后或叶片变小。在降低植株高度方面，用CCC和B_9混合液在花芽分化前喷施比分开使用效果更加显著，可以用1 000～2 000 mg/L的CCC和B_9混合液在花芽分化前喷施。在控制一品红高度方面，PP_{333}的效果也十分显著，叶面喷施的适宜浓度为16～63 mg/L。在生长前期或高温潮湿的环境下，使用浓度高，而在生长后期和低温下，一般使用较低浓度处理，否则会出现植株太矮或花期推迟现象。

技能训练
JINENG XUNLIAN

一品红国庆节花期控制技术

（一）训练目的

学会花卉花期调节控制技术措施。掌握一品红国庆节开花花期控制关键技术——短日照处理的时间、方法。

（二）材料用具

盆栽一品红、遮光暗室、花盆、花肥、农药、喷雾器等。

（三）方法步骤

1. 种苗选择 在实际栽培中多采用三年生以上的大株进行花期控制，通常使用上口直径28 cm、高20 cm、底部直径18 cm的花盆作为定植容器。宜选用沙质壤土作为栽培基质。用扦插法繁殖的种苗必须长出6～7片以上的叶子，其苞片才能变红。为了使植株具有更高的观赏价值，所使用的一品红植株通常要在每年3～4月换盆1次，并除去部分老根，同时

将枝条截短。

2. 短日照处理　一品红为典型的短日照植物。当完成营养生长阶段后，每日给予9～10 h自然光照，遮光14～15 h，即可形成花芽而开花。一般单瓣品种经45～50 d，重瓣品种经55～60 d即可开花。国庆节开花，一般于8月1日开始在暗室中进行短日处理即可。在短日处理期间应注意以下几点：

(1) 遮光绝对黑暗，不可有透光漏光点。遮光应连续不可间断；

(2) 短日处理时间应准确，不可过早或过迟。

一品红花期虽长，但以初开10 d内花色最鲜艳，10 d以后花色逐渐发暗，特别是单瓣品种。所以不宜过早进行短日处理，如发现处理过早，而欲推迟是无法挽回的，因短日处理一旦间断，已变红的苞片与叶片，在长日下会还原变为绿色，前期处理完全无效。

3. 温度管理　喜高温、忌严寒，是一品红对温度的基本要求。植株在25～35 ℃的温度范围内生长良好。在其花期控制过程中，环境温度不宜低于15 ℃，环境温度高于35 ℃会使其花期后延。遮光暗室或棚内温度不可高于30 ℃，否则叶片焦枯甚至落叶，影响开花质量。

4. 水分管理　在入室后一段时间里，应适当减少浇水量，因为在温室里水分散失要比在露天中慢得多，如果还像以往那样浇水，则植株容易发生烂根现象。

5. 施肥管理　短日处理期间应正常浇水施肥，并加施磷、钾肥。一品红不喜铵态氮，而喜硝态氮，因此在施用肥料时应该考虑此问题。尽量不要施用氯化铵这类氮肥，最好施用硝酸钾氮肥。

(四) 作业

完成实训报告，记录一品红国庆节开花花期调节工作过程，分析一品红花期调节控制成功与否及其原因。

知识拓展
ZHISHI TUOZHAN

一、米兰

米兰 (*Aglaia odorata*)，别名米仔兰、树兰、碎米兰、伊兰，为楝科米仔兰属，常绿小乔木花卉。米兰为优良的香花植物，花香馥郁，花期长且略耐阴，故深受人们喜爱，常盆栽以供观赏。

(一) 生态习性

原产我国及亚洲东南部。性喜温暖多湿的气候，不耐寒，怕干旱，土质要求肥沃、疏松、微酸性。略耐阴。米兰四季开花，但以夏季开花最盛。

(二) 繁殖技术

采用高枝压条法和扦插法繁殖。

1. 高枝压条法　多在春季4～5月选1～2年枝条环剥后，经50～60 d即可生根。秋后即可断离母株上盆。

2. 扦插法　扦插生根比较困难，在6～8月间采当年生绿枝为插条，长约10 cm，插后保持95%的相对湿度和28 ℃的温度，约2个月开始生根。如于扦插前使用50 mg/L吲哚乙酸浸条15 h，有促进生根效果。

（三）栽培要点

盆栽米兰秋季于霜前入温室养护越冬，室温保持 15 ℃，低于 5 ℃易受冻害。要注意通风并受直射光照。停止施肥，节制浇水，到翌年春季气温稳定在 12 ℃以上再出室。置于阳光充足处，但夏季需防烈日曝晒。盆栽米兰每 1～2 年需翻盆 1 次。新上盆的花苗不必施肥，生长旺盛的盆株可每月施饼肥水 3～4 次，要经常保持盆土湿润，但过湿易烂根，夏季可经常向叶面喷水或向空间喷雾增加空气湿度。

二、杜鹃

杜鹃属于杜鹃花科（Ericaceae）杜鹃属（Rhododendron）。杜鹃花科有 75 属 2 250 余种。杜鹃属有 850 余种，分布于亚洲、欧洲和北美洲，亚洲最多。我国有 530 余种，主要集中于云南、贵州、西藏和四川等省（区）；从海南岛到黑龙江，从新疆到山东半岛均有野生杜鹃分布。

（一）品种类型

栽培杜鹃在我国已有悠久的栽培历史。18～19 世纪欧洲和北美从我国大量引种，并进行分类、栽培和育种，近百年中取得重大成果，培育出数以千计的新品种，使杜鹃在园林和花卉事业中占有重要的地位。我国从 19 世纪 20 年代开始从国外引进园艺品种，至今已遍及全国各地。我国目前广泛栽培的园艺品种有 200～300 个。根据亲本、来源和形态特征及性状通常将其分为东鹃、毛鹃、西鹃和夏鹃 4 个类型。

1. 东鹃 即东洋鹃，又称春鹃小叶种。原产日本。该种类主要包括石岩杜鹃（*R. obtusum*）及其变种，品种甚多。特征是体型矮小，高 1～2 m，分枝散乱，叶片薄而色淡，毛少有光亮；4 月份开花，着花繁密，花朵最小，一般直径 2～4 cm，最大 6 cm，单瓣或由花萼瓣化而成套筒瓣，少有重瓣；花色多种。传统品种有雪月、新天地及春秋两季开花的四季之誉等。

2. 毛鹃 又称毛叶杜鹃、春鹃大叶种。本类包括锦绣杜鹃（*R. pulchrum*）、白花杜鹃（*R. mucronatum*）及其变种、杂交种。体型高大，高达 2～3 m，生长健壮，适应能力强。常用作嫁接西鹃的砧木。幼枝密被棕色毛；叶大，多毛，长约 10 cm；花大、单瓣，宽漏斗状，少有重瓣；花色有红紫、粉、白及复色。品种较少，栽培较多的有玉蝴蝶、紫蝴蝶、玉铃等。

3. 西鹃 最早在西欧的荷兰、比利时育成，故称西鹃，由皋月杜鹃（*R. indicum*）、映山红及白花杜鹃等杂交、选育而成，是花色、花型最多，最美丽的一类。主要特征是体型矮壮，树冠紧密，习性娇嫩，怕晒、怕冻。叶片浓绿色，较厚，有光泽，毛少。花期在 4～5 月。多数为重瓣，少有单瓣，有皱边、卷边、波浪等；花色十分丰富；花直径在 6～8 cm，最大可达 10 cm。传统品种有皇冠、锦袍、四海波等。

4. 夏鹃 原产印度和日本，日本称皋月杜鹃。先发枝叶，后开花。是开花最晚的种类，花期在 5～6 月。分枝多而密，枝叶纤细，树冠丰满、整齐，高 1 m 左右，花宽漏斗状，直径在 6～8 cm，花色和花形和西鹃一样丰富。也是制作桩景的好植物材料。传统品种有长华、大红袍、五宝绿珠等。

（二）生态习性

一般来说，杜鹃喜阴湿凉爽，宜半阴的环境，忌烈日曝晒和浓肥。适温 25 ℃，如温度

超过35 ℃，易枯萎。土壤以疏松、排水良好，偏酸性的森林腐叶土为好，pH4～6，如大于6，极易死亡。忌浇盐碱水，可浇偏酸性的矾肥水。

(三) 种苗繁殖技术

可用播种、扦插、嫁接及压条等方法。

播种主要用于培育新品种和繁殖砧木。通常春季播种，盆播，盆土宜用疏松、排水良好的腐叶土或草炭，撒播后薄覆一层细土，表面覆盖保湿，置于阴处。保持盆土湿润，适温15～20 ℃，约20 d出苗。待长出3片以上真叶时可分苗移栽；以后根据苗的生长情况，逐步移栽到小盆中，一般应移植2次；苗期土壤不能太湿，避免强光、强风、大雨，经常喷雾。一般3～4年后可以开花。

扦插繁殖是杜鹃栽培中应用最多的繁殖方法。一般在5～6月进行，剪取当年生刚木质化或半木质化的嫩枝作为插穗，长5～8 cm，去除基部叶子，保留上部4～5枚叶片，扦插在以蛭石为基质的插床上，插入深度为插穗的1/3。插床顶部用塑料膜密封保湿。保持温度18～20 ℃，经常喷水，保持蛭石中有充分湿度，30～50 d可以生根。若大批量扦插繁殖，最好采用加底温喷雾扦插床。用300×10^{-6}～500×10^{-6} kg/L吲哚丁酸浸泡插条基部，有促进生根的作用。

嫁接繁殖砧木通常选用毛鹃，其适应性强，亲和力好。接穗选用优良品种的西鹃嫩枝，剪成3～4 cm长，去掉下部叶片，保留顶部3～4枚小叶，将基部用利刀削成楔形，削面长0.5～1.0 cm。在砧木嫩枝顶端的新梢2～3 cm处截断，摘除该处的叶片，从切口横截面的中心部位纵切1 cm深，然后将削好的接穗插入砧木，注意使形成层对齐，用塑料膜条绑扎好。如果砧木或接穗粗细不一致，则必须使一侧的形成层对好。最后，用塑料袋将接穗和砧木一起罩住，保湿。放半阴处，忌直射阳光。如果接穗上的小叶1周左右不凋萎就有可能成活。接穗成活后，逐步将砧木上的非嫁接枝条去掉，以促进接穗的快速生长。

杜鹃的压条繁殖通常在花后进行。4～7月间，结合整枝，选取1～3年生的旺盛枝条，在适当位置进行环状剥皮；粗枝可宽些（0.5～1 cm），细枝宜窄。用塑料薄膜（黑色最好，有利生根）圈成圆桶形，围在环剥处的下部，用细绳扎紧在枝条上；将调制好的培养土填入塑料薄膜桶内，使其紧紧围绕在环剥处，填实后将塑料薄膜围紧，用细绳紧扎在环剥处的上部。注意保持塑料袋内土壤的适度湿润，如变干，可打开上部扎口适当注水，太湿也会延迟生根或造成腐烂。当根系生长达1 cm以上时，可在塑料袋下端将枝条剪断，揭开塑料袋，上盆栽植。

(四) 栽培管理

盆栽杜鹃宜用腐殖质含量丰富、疏松、透气的微酸性土壤，常用的有落叶松叶片及其形成的松针土、草炭、腐叶土、兰花泥等。避免使用含有钙质（石灰）的土壤和肥料。

换盆通常在春季进行，小盆每年换1次；5～10年生的老株，2～3年换1次盆。盆栽或换盆后的植株需先放在庇荫处恢复1～2周后再放到适当的地方，进行常规养护。

盆栽时盆底部应填充一层粗颗粒状物，以利排水；上面再用培养土栽植。杜鹃的根系十分纤细、软弱，栽植时不可过于粗放，应细心地使其根系均匀松散在盆土中。

盆栽的杜鹃的整个栽培过程，均需要半阴的环境。春、夏、秋三季在室外荫棚下栽培，需遮阳50%～60%；冬季在温室内不遮阳或少遮阳，但也应避免烈日曝晒。喜欢湿润和凉爽的环境，北方气候干燥，对于杜鹃的生长十分不利，应在栽培过程中注意保持其环境中有较高的空气湿度。冬季放在冷温室中越冬，地面必须是土地，不可用水泥或其他材料铺装。

其他季节在荫棚中，需经常向地面、台架等处喷水，以增大空气湿度。杜鹃是喜肥的植物，但忌浓肥，宜薄肥勤施。旺盛生长时期每2周左右施液体肥1次。可用各种发酵好的有机肥或化肥，避免施用含钙质的肥料。杜鹃喜欢微酸性、不含钙镁的水和土，而北方大部分地区水质中性偏碱，水中钙镁的含量比较高，不适于长期用作杜鹃灌溉用水。

少量盆栽时可在下雨时贮存一些雨水，用来浇水。若大批量盆栽，可用浇灌矾肥水的方法来栽培杜鹃，效果较好。在旺盛生长季节，应保持盆土中有充足的水分，发现盆土表面1 cm深已变干时即应浇水，每次浇水要浇透。冬季冷室温度低，水分消耗很慢，可数日不浇，待盆土表面2 cm左右变干时再浇水。注意水温应与室温接近，不可太低。

杜鹃比较耐寒，盆栽的西鹃均需冷室越冬。夜间最低温度可以低至0～5 ℃，白天10～15 ℃。若想节日开花，可通过调节室温来控制花期。

三、白兰花

白兰花（*Michelia alba*），别名白兰、缅桂，为木兰科含笑属，常绿乔木花卉。

（一）生态习性

原产喜马拉雅山南麓及马来半岛。喜阳光充足及暖热湿润气候，很不耐寒。喜富含腐殖质、排水良好、微酸性的沙质土壤，根肉质忌积水。

（二）繁殖技术

多采用高枝压条法和嫁接繁殖，扦插不易生根。

1. 高枝压条法 一般在6月进行。选二年生发育充实的枝条作压条，60 d左右可生根。

2. 嫁接法 多以紫玉兰、黄兰为砧木。在夏季生长期间进行靠接，经90 d即能愈合，而后再切离母株。

（三）栽培要点

盆栽的白兰花要求盆、土的通透性良好，因此盆底排水孔要大，盆内要作排水层。使用酸性腐殖质培养土上盆，可施以马蹄片、牛羊角片等作基肥。浇水应掌握盆土不宜过湿，尤其是生长势较弱的植株应节制浇水，使它处于较干燥的状态，经常喷水以增加空气湿度。夏季应多施充分腐熟的液肥，在北方及其他碱性土地区，可沤制矾肥水施用。开花期每3～5 d施追肥1次，植株生长旺盛，叶色滋润。10月上、中旬移入温室，冬季室温不低于12 ℃。在室内停止施肥，控制浇水，并置于阳光充足处，注意通风。春季气温转暖稳定后再出室，出室后进行翻盆，小株1～2年翻盆1次，逐年换入大盆，以后隔几年翻盆1次。

白兰花是很好的香花植物，宜作盆栽观赏。其花朵芳香常切作佩花，并可熏制花茶。在南方温暖地区可露地栽植作庭荫树及行道树。

四、含笑

含笑（*Michelia figo*），别名香蕉糖子花，木兰科含笑属，常绿灌木或小乔木花卉。

（一）生态习性

原产广东、福建，为亚热带树种。喜温暖湿润气候，不甚耐寒，长江以南地区能露地越冬。喜半阴环境，不耐烈日，适生于肥沃疏松、排水良好的酸性壤土上，不耐碱性土，亦不耐干燥瘠薄。

(二) 繁殖技术

以扦插、嫁接为主，也可播种和压条繁殖。

(三) 栽培管理

含笑移栽宜在3月中旬至4月中旬进行，最好带土球。盆土以土质疏松、腐殖质丰富、排水良好的沙质壤土为佳。含笑为肉质根，忌水涝和施浓肥，水多和肥浓易烂根。施肥以腐熟稀释的豆饼水为好，不宜施入粪尿。春季萌芽前可适当疏枝，修整树形，既有利于通风透光，又可促使花繁叶茂。长江以北地区只能盆栽，冬季移入室内越冬。

含笑枝叶扶疏，四季葱茏，苞润如玉，香幽若兰，花不全开，有含羞之态，别具风姿，清雅宜人。一盆置案，满室芳香，为家庭养花之佳品。

五、瑞香

瑞香（*Daphne odora*），别名千里香、瑞兰、睡香，瑞香科瑞香属，常绿小灌木。

(一) 种类

瑞香有栽培变种：毛瑞香（var. *atrocaulis*），花白色，花瓣外侧具绢状毛；蔷薇瑞香（var. *rosacea*），花淡红色；金边瑞香（var. *marginata*），叶缘金黄色，花淡紫，花瓣先端5裂白色，基部紫红，浓香，为瑞香中的珍品。

(二) 生态习性

原产我国长江流域及以南各省。喜阴，忌强光直晒，怕寒及高温、高湿，尤其是金边瑞香，烈日后潮湿易引起蔫萎，甚至死亡。

(三) 繁殖技术

扦插繁殖为主，也可压条繁殖。早春叶芽萌动前，选用1年生壮枝，按10～12 cm的长度剪截插穗，顶梢保留一对叶片。入土深约枝条的1/2，21 d后即生根，7～8月可进行嫩枝扦插，注意遮阳保温。压条在3～4月进行。

(四) 栽培要点

盆栽宜用疏松、肥沃、酸性培养土，注意排水、通气，置荫棚养护。冬季移入温室，室温不得低于5 ℃。春季对过密枝条要进行疏剪。地栽时宜于半阴，表土深厚，排水良好处栽种，最好与落叶乔灌木间种，在夏季可提供林阴的环境，冬季又能增加光照。栽种穴内用堆肥作基肥，切忌用人粪尿，6～7月追肥水2次，入冬后再施有机肥。根软且有香味，易蚯蚓翻土而影响生长，应注意防止。

宜在林下、路缘、建筑物及假山的背阴处丛植。常作盆栽观赏，园林栽种。

六、茉莉

茉莉（*Jasminum sambac*），别名抹丽，为木樨科茉莉花属，常绿小灌木。

(一) 生态习性

原产我国西部及印度。喜光，略耐阴。喜温暖湿润气候，不耐寒，怕旱，亦不耐涝湿。适生于富含腐殖质、肥沃而排水良好的酸性土。冬季低于3 ℃易受冻害。

(二) 繁殖技术

多采用扦插、分株及压条繁殖。扦插于4～10月进行，易成活。

（三）栽培要点

盆栽茉莉需用有机质丰富、透水、通气性良好的培养土。栽后置于阴处，1周后移至庇荫处。要适时浇水，保持盆土湿润。春季正抽枝长叶时，可2～3 d浇1次水，以中午前后为宜；5～6月为生长旺盛期，浇水可勤，夏季高温期，也是茉莉的盛花期，需早晚各浇1次水；冬季要严格控制浇水，不干不浇，否则对越冬不利。茉莉喜肥，在花期要薄肥勤施，施肥忌浓，以防烂根。施肥时间以傍晚为好，松土后再施，应注意不要在盆土过干或过湿时施肥。茉莉喜酸性土，平时可适当施矾肥水为追肥。开花时施少量骨粉、磷肥，可使花香增浓。秋后少施或停施肥，有利于越冬。茉莉安全越冬应注意：秋后要扣水扣肥，控制生长，降低组织中含水量；冬季控制浇水，盆土干后再浇；注意越冬温度、光照条件，避免寒冻。到清明回暖时再出房。春季结合换盆，换上新的培养土，并进行修枝整形，疏去细弱枝，每枝只留4对叶片予以短截，以利生长、孕蕾、开花。盛花后要进行1次重剪，促发新枝，使植株生长健壮。

茉莉花色洁白，香气袭人。南方可露地栽培于庭院中、花坛内。长江流域多盆栽，开花时可放置阳台或室内窗台，以资点缀。

七、叶子花

叶子花（*Bougainvillea spectabilis*），别名毛宝巾、三角梅、九重葛，为紫茉莉科毛宝巾属，常绿木质藤本花卉。

（一）生态习性

原产巴西，南方栽培较多。性喜温暖、湿润气候，不耐寒。喜光照充足。喜肥，喜水，不耐旱。对土壤要求不严，生长强健，属短日照植物，在长日照条件下不能进行花芽分化。

（二）繁殖技术

以扦插繁殖为主，夏季扦插成活率高。选1年生半木质化的枝条为插穗，嫩枝扦插。插后经常喷水保湿，25 ℃时20 d即可生根。再经40 d分苗后上盆，第二年开花。在华南地区当年即可开花。

（三）栽培要点

叶子花适合在中性培养土中生长，可用腐叶土上盆。因其生长迅速，每年需翻盆换土1次。换盆时宜施用骨粉等含磷、钙的有机肥作基肥。在生长期每15 d施液肥1次，氮肥量要控制。夏季植株生长旺盛、需水量大，因此盆土不宜过满，留出足够的浇水余地，不使其干旱。花期过后应对过密枝、内膛枝、徒长枝进行疏剪，对其他枝条一般不修剪，切忌重剪，防止因形成徒长枝而影响花芽的形成。盆栽大株叶子花常绑扎成拍子形以提高观赏性。

八、金苞花

金苞花（Pachystachys lutea），别名金苞虾衣花、黄花后穗爵床、鸭嘴花，为爵床科厚穗爵床属，常绿小灌木。

（一）生态习性

原产秘鲁、墨西哥一带。近年来，我国南北各地有引栽。喜半阴，温暖湿润的环境，生长适温20 ℃左右，越冬温度10 ℃，冬季需要充足光照，要求疏松、富含腐殖质的土壤。

（二）繁殖技术

常用扦插繁殖。春秋扦插较适宜，选择没有花苞发育充实的半质化顶芽或枝条，剪3～5节，除去下部叶片，插入沙床，保持湿润，遮阳，15～20 d便可生根。若将插穗基部在维生素B_{12}药液中浸1～2 min再插，能提高生根的成活率。

（三）栽培要点

扦插苗成活生长约40 d即可上盆；用黏性培养土，施入基肥，待缓苗后给予散射光，生长期每隔20 d追肥1次。夏季将盆株置于荫棚下，并常向叶面洒水，要通风良好的环境，要及时打顶，整形，促发新枝，保持株型圆满，增加着花量。深秋入中温温室养护，给予充足光照，为明年开花奠定基础，成龄植株每年3月间换盆。

金苞花花形奇特，金黄嫩艳，叶色浓绿，观赏期长，易盆栽观赏。

九、其他木本花卉盆栽要点列表

表5-4　其他木本花卉盆栽要点

序号	中　名	学　名	科　属	习　　性	繁殖	栽培应用
1	红桑	*Acalypha wilkesiana*	大戟科	喜温暖强光，不耐寒忌水湿，土壤肥沃	扦插、分株	土壤湿润，花、叶色美丽。室内观赏
2	鸳鸯茉莉	*Brunfelsia acuminata*	茄科	喜温暖水润，耐寒差，喜疏松、肥沃、微酸性土壤	扦插、压条	土壤湿润，不耐积水，花色变化。室内观赏
3	五色梅	*Lantana camara*	马鞭草科	喜光、不耐寒、耐干旱	扦插	栽培管理粗放。盆栽观赏
4	红千层	*Chloranthus rigidus*	桃金娘科	喜阳光，不耐寒	扦插	盆栽观赏
5	珠兰	*Chloranthus spicatus*	金粟兰科	喜温暖阴湿，土壤排水好，呈酸性	分株、压条、扦插	盆栽布置室内
6	栀子	*Gardenia jasminoides*	茜草科	喜温暖、湿润，不耐寒、喜光，忌烈日曝晒，酸性土壤	扦插	盆栽观赏，南方也可地栽
7	倒挂金钟	*Fuchsia hybrida*	柳叶菜科	喜温暖凉爽和疏荫光照，喜肥沃、疏松土壤	播种、扦插	多肥水栽培。室内观赏
8	扶桑	*Hibiscus rosa-sinensis*	锦葵科	喜温暖湿润，不耐寒怕低温，喜肥水，忌水涝	扦插	在北方冬季保持5℃以上。室内观赏
9	夹竹桃	*Herium indium*	夹竹桃科	喜温暖湿润，不耐寒，忌水涝，喜疏松、肥沃土壤	扦插、分株、压条	多肥水，花、叶兼赏
10	瓶子花	*Cestrum purpureum*	茄科	喜温暖湿润，喜光喜肥沃土壤	播种、扦插	室内盆栽观赏
11	象牙红	*Handina domestica*	蝶形花科	喜温暖湿润，喜光，耐阴，喜排水好、肥沃土壤	扦插、分株、播种	强光下叶色变红，室内观赏

考核评价
KAOHE PINGJIA

考核内容	考核标准	考核分值	自我考核	教师评价
专业知识	熟悉盆栽木本花卉的生态习性	5		
	熟悉盆栽木本花卉品种类型	5		
	熟悉盆栽木本花卉各种繁殖方法	10		
	熟悉盆栽木本花卉栽培管理知识	10		
技能训练	一品红花期调控技术训练	10		
专业能力	能掌握盆栽木本花卉各种繁殖技术	10		
	能掌握盆栽木本花卉全年性生产栽培管理技术	10		
	木本花卉种类多，在栽培中能及时发现问题，分析原因，能提出解决方案	10		
学习方法	网络信息查询； 专业书籍资料查询； 专业市场走访、调研； 勤于实践	10		
能力提升	学会学习，良好的交流沟通能力； 工作学习主动积极，勤于思考，助人为乐； 养成善于观察、详尽记录的好习惯	10		
素质提升	做事积极主动，与人团结合作； 学习工作勤恳努力； 工作学习中能及时发现问题，能分析、解决问题； 富有创造性思维，对待新事物好学进取	10		

任务 5.8 仙人掌及多浆植物

任务目标
RENWU MUBIAO

1. 熟悉仙人掌及多浆植物的特点及其类型；
2. 熟悉仙人掌及多浆植物的习性；
3. 掌握仙人掌及多浆植物的繁殖技术；
4. 掌握仙人掌及多浆植物的栽培技术。

任务分析
RENWU FENXI

仙人掌及多浆植物种类繁多，形态多姿多彩，大部分来自于美洲的热带、亚热带地区，也有少数种类分布在亚热带森林区。由于特殊的生长环境，使其不能以一般的栽培养护方法来管理，只有熟知这类花卉的生态习性，满足仙人掌及多浆植物所需要的生态环境条件，才能更好地管理好这些花卉。仙人掌及多浆植物的养护繁殖与栽培管理有许多相似之处，又各有特点，应根据大类分别掌握。

一、多浆植物的涵义

多浆植物亦称多肉植物，指这类植物具有肥厚多汁的肉质茎、叶或根。广义的多浆植物指茎、叶特别粗大或肥厚，含水量高，并在干旱环境中有长期生存力的一群植物。因为它们大部分生长在干旱地区或一年中有一段时间干旱的地区，所以这类植物多具有发达的薄壁组织以贮藏水分。其表皮角质或被蜡层、毛或刺，表皮气孔少而且经常关闭，以降低蒸腾强度，减少水分蒸发。

二、多浆植物特性与分类

（一）生物学特性

多浆植物大多为多年生草本或木本，少数为一、二年生草本植物，但在它完成生活周期枯死前，周围会有很多幼芽长出并发育成新的植株。

由于科属种类不同，多浆植物在个体大小上相差悬殊，小的只有几厘米，大的可高达几十米，但都能耐较长时间的干旱。有人做过试验：将龙舌兰科的鬼脚掌根部切除，不令其生根，经过 18 个月仍未枯萎，一旦置于培养土中，不久即生根重新生长。而只有几厘米大的番杏科生石花属植物，从盆中抠出用纸包裹数月仍然没有萎缩。

多浆植物的花变异很大，有菊花形、梅花形、星形、漏斗形、叉形等。色彩也相当丰富，有的种类花瓣带有特殊的金属光泽。花的大小相差悬殊，据记载，最小的花是马齿苋科的巴氏回欢草（*Anacampseros baeseckei*），才开 1 mm 的洋红色花；最大的花是萝藦大花犀角，花的直径可达 35 cm。由于科属不同，它们有的是单生花，有的组成大小不等的花序，果实的类型及种子的形状也各种各样。

（二）依形态特点分类

1. 仙人掌型 以仙人掌科植物为代表。茎粗大或肥厚，块状球状、柱状或叶片状，肉质多浆，绿色，茎上常有棘刺或毛丝。叶一般退化或短期存在。除仙人掌科外，还有大戟科的大戟属，萝藦科的豹皮花属、玉牛掌属（*Duralia*）、水牛掌属（*Caralluma*）等。

2. 肉质茎型 除有明显的肉质地上茎外，还具有正常的叶片进行光合作用。茎无棱，也不具棘刺。如木棉科的猴面包树（*Adansonia digitata*），大戟科的佛肚树；菊科的仙人笔及景天科的玉树等。

3. 观叶型 主要由肉质叶组成，叶既是主要的贮水与光合器官，也是观赏的主要部分。形态多样，大小不一，或茎短而直立，或细长而匍匐。常见有景天科的驴尾景天、拟石莲；番杏科的生石花、露花；菊科的翡翠珠；百合科的芦荟属、十二卷属、脂麻掌属；龙舌兰科的龙舌兰属等。

4. 尾状植物型 具有直立地面的大型块茎，内贮丰富的水分与养分由块茎上抽出一至多条常绿或落叶的细长藤蔓，攀缘或匍匐生长，叶常肉质。这一类型常见葫芦科、西番莲科、萝藦科等多浆植物中，如萝蘑科的吊金钱、葡萄科的四棱白粉藤等。

三、多浆植物的观赏价值

不少多浆植物体态小巧玲珑，适于盆栽，更宜置于当今公寓式高层建筑的室内或阳台作绿化装饰。多浆植物年生长量小，可几年不换土，不翻盆。

多浆植物大都耐旱、耐瘠薄，在少浇水、不施肥的粗放管理下也能存活不死。茎与叶形态多样，各有韵致，终年翠绿，可全年观赏。不少种类兼有十分美丽的花朵，观赏价值极高。

大都繁殖、栽培容易，更适于业余爱好者或初学养花者栽培，许多种类特别适合配置在岩石园中。

四、多浆植物生态习性

1. 光照 原产沙漠、半沙漠、草原等干热地区的多浆植物，在旺盛生长季节要求阳光适宜，水分充足，气温也高。冬季低温季节是休眠时期，在干燥与低光照下易安全越冬。与成年植株比较幼苗需较低的光照。一些多浆植物，如伽蓝菜、蟹爪兰、仙人指等，是典型的短日性花卉，必须经过一定的短日照时期，才能正常开花。

附生型仙人掌原产热带雨林，终年均不需强光直射。冬季不休眠，应给予充足的光照。

2. 温度 多浆植物除少数原产高山的种类外，都需要较高的温度，生长期间不能低于18℃，以25～35℃最适宜。冬季能忍受的最低温度随种类而异，多数在干燥休眠情况下能忍耐6～10℃的低温，喜热的种类不能低于12～18℃。原产北美高海拔地区的仙人掌，在完全干燥条件下能耐轻微的霜冻。原产亚洲山地的景天科植物，耐冻力较强。

仙人掌科的一些属种，如葫芦掌、鹿角柱属、仙人球属、丽花球属、仙人掌属、子孙球属等，越冬时在不浇水完全干燥的条件下，较低的温度能促进它的花芽分化，使其在翌年开花更茂盛。相反，次年则常不开花。

3. 土壤 沙漠地区的土壤多由沙与石砾组成，有极好的排水、通气性能。同时土壤中的氮及有机质含量也很低。实践证明，用完全不含有机质的矿物基质，如矿渣、花岗岩碎砾、碎砖屑等栽培沙漠型多浆植物，和用传统的人工混合园艺栽培基质一样非常成功。基质最适pH 5.5～6.9，不要超过7.0，某些仙人掌在超过7.2时，很快失绿或死亡。

附生型多浆植物的栽培基质也需要有良好的排水、透气性能，但需含丰富的有机质并常保持湿润才有利于生长。

4. 水分 多浆植物大都具有生长期与休眠期交替的节律。休眠期需水很少，甚至在整个休眠期可完全不用浇水，休眠期保持土壤干燥能更安全越冬。在生长期，足够的水分能保证植株旺盛生长，若缺水，虽不影响植株生存，但干透时会导致生长停止。多浆植物在任何时期，根部都应绝对防止积水，否则会很快死亡。忌用硬水及碱性水。

5. 肥料 多浆植物和其他绿色植物一样也需要完全肥料。欲使植株快速生长，生长期可每隔1～2周施液肥1次，肥料宜淡，浓度以0.05%～0.2%为宜。施肥时不要使肥料沾在茎、叶上。

休眠期不施肥，要求保持株型小巧的也应控制肥水，附生型要求较高的氮肥。

6. 空气 多浆植物原产空气新鲜流通的开阔地带。在高温、高湿下，若空气不流通对生长不利，易染病虫害甚至腐烂。

五、繁殖技术

仙人掌及多浆植物可通过扦插、嫁接、分株、播种等方法进行繁殖。

工作过程
GONGZUO GUOCHENG

仙人掌及多浆植物栽培管理过程。

一、栽培基质的选择

栽培基质要求透水、透气性好，常用基质有腐叶土、草炭、壤土、沙子、贝壳粉、谷壳炭等，基质中添加骨粉、过磷酸钙、硫酸钾有利于植物生长。

常用配方：

腐叶土2，粗沙2，谷壳炭1，适合小型多浆植物；

粗沙4，壤土3，腐叶土2，石灰石砾1，适合陆生仙人掌；

壤土3，腐叶土3，粗沙3，骨粉草木灰1，适合附生仙人掌。

二、栽培管理

1. 水分管理　多数仙人掌及多浆植物适合生活在干旱缺水的环境中，因此，在栽培管理中要适当控制水分，浇水过多易造成烂根现象。对于多绒毛及细刺的种类、顶端凹入的种类，不可自顶部浇水，否则上部存水后易造成植株腐烂甚至死亡，栽培中常采用浸盆法浇水。多数种类要求排水通畅、透气性良好的石灰质沙土或沙质壤土。

2. 温度管理　仙人掌及多浆植物中的地生类，通常在5℃以上即可安全越冬。附生类四季均需温暖，通常12℃以上为宜，空气湿度也要求相对高些。

3. 光照管理　在栽培过程中，若室内光线不足易引起地生类落刺或植株变细。而附生类除冬天需要阳光充足外，其他季节以半阴条件为好，室内栽培多置于北侧。

技能训练
JINENG XUNLIAN

仙人掌类髓心嫁接技术

(一) 训练目的

掌握仙人掌类髓心嫁接技术。

(二) 材料用具

仙人掌类砧木、仙人球、蟹爪莲等接穗、枝剪、芽接刀、绑绳、塑料袋等。

(三) 方法步骤

选取三棱剑、仙人掌、仙人球等为砧木，选彩球、蟹爪兰等为接穗。

1. 平接法　将三棱剑留根颈10～20 cm平截，斜削去几个棱角，将仙人球下部平切一刀，切面与砧木切口大小相近，髓心对齐平放在砧木上，用细绳绑紧固定，勿从上浇水。

2. 插接法　选仙人掌或大仙人球为砧木，上端切平，顺髓心向下切1.5 cm，选接穗，削一楔形面1.5 cm长，插入砧木切口中，用细绳扎紧，上套袋防水。

(四) 作业

调查嫁接成活率，分析操作过程中的问题并提出解决的措施。

知识拓展
ZHISHI TUOZHAN

一、仙人掌类

仙人掌（*Opuntia* spp.），别名仙巴掌，仙人掌科仙人掌属，多年生常绿植物。

1. 形态特征 茎直立，扁平多枝，形状因种而异，扁平枝密生刺窝、刺的颜色、长短、形状数量、排列方式因种而异，花色鲜艳，颜色因种而异。肉质浆果，成熟时暗红色。花期4～6月。

2. 生态习性 原产美洲，少数产于亚洲，现世界各地都广为栽培，喜温暖和阳光充足的环境，不耐寒，冬季需保持干燥，忌水涝，要求排水良好的沙质土壤。

3. 繁殖技术 常用扦插繁殖，一年四季均可进行，以春、夏为最好。也可用嫁接、播种繁殖。

4. 栽培要点 培养土可用园土、腐叶土、粗沙以比例1∶1∶1配制，并适当掺入石灰少许，也可用腐叶土和粗沙以比例1∶1掺合作培养土。植株上盆后置于阳光充足处，尤其是冬季需充足光照。仙人掌较耐干旱，4～10月在仙人掌生长期要保证水分供给。通常是气温越高，需水量越多，并掌握一次浇透、干透浇透的原则。11月至翌年3月，植株处于半休眠状态，应节制浇水，保持土壤不过于干燥即可，温度越低越应保持盆土干燥，通常是每1～2周浇水1次。生长季适当施肥可加速生长。

仙人掌姿态独特，花色鲜艳，常作盆栽观赏。在南方，多浆植物常建专类观赏区，各种仙人掌是重要组成部分之一。多刺的种类常用作樊篱。

二、昙花

昙花（*Epiphyllum oxypetalum*），别名琼花、月下美人，为仙人掌科昙花属，多年生常绿多浆花卉。

1. 形态特征 老枝圆柱形，新枝扁平，茎基部黄褐色。叶状枝大，长阔椭圆形，边缘波状，质厚，绿色有光泽。花着生于叶状枝边缘，无花梗，花大而长；花萼筒状，红色；花重瓣，纯白色。每朵花花期仅数小时，夜晚开花，次日清晨前凋谢。花期6～9月。

2. 生态习性 原产热带美洲及印度。喜温暖，潮湿及半阴通风的环境，不耐曝晒。要求排水透气良好、含丰富腐殖质的沙质壤土，不耐寒。

3. 繁殖技术 用叶状枝进行扦插繁殖，在温室内一年四季都可进行，但以4～9月为最好。

4. 栽培要点 上盆栽植时应施足基肥，在生长期及花前、花后可增施数次腐熟稀释的人畜粪尿或浸泡的豆饼、菜籽饼、马蹄片。但过量的肥水，尤其是过量的氮肥，往往造成植株徒长，反而不开花或开花很少。阳光过强则使变态茎萎缩，发黄，还应注意防积水。

三、仙人指

仙人指（*Schlumbergera bridgesii*），别名仙人枝，为仙人掌科仙人指属，附生常绿小灌木花卉。

（一）形态特征

茎扁平多分枝，茎节稍长，两侧呈疏浅波状，顶部钝圆或截状，凹处着生刺座。花着生

在茎节顶部，2～3朵或单生，稍下垂，花辐射对称，红色或紫红色，开花后稍反卷。浆果，种子细小。花期2～3月。

（二）生态习性

原产巴西和玻利维亚。喜温暖湿润、不耐寒，喜半阴。对土壤要求不严，以排水良好，富含腐殖质的沙壤土为好。生长适宜温度为15～25℃，短日照花卉。

（三）繁殖技术

用嫁接、叶插、播种方法繁殖。

1. 嫁接繁殖 用仙人掌、叶仙人掌、三枝箭作砧木。以叶仙人掌作砧木为好，接穗应选短而生长健壮的茎节，一般2～3个茎节为宜。首先把砧木削成楔形，然后，用嫁接刀把接穗从髓心部切入茎节的1/2，将砧木插入接穗髓心部即可，不需绑扎，然后置于阴湿处。用仙人掌作砧木，可首先把仙人掌培养成3～5层，然后，在每个基节上取2～3节仙人指，把基部削成楔形，直接插入仙人掌上即可。成活后，根据造型进一步培养。

2. 扦插繁殖 取插穗2～3节，待插穗基部干燥后再插。扦插一定要浅；也可把插穗直接平放在阴湿的基质上20 d左右生根。待茎节生根后，上盆管理。

3. 播种繁殖 多用于优良品种培育和改良品种。

（四）栽培要点

生长季节浇水见干见湿。仙人指夏季有休眠的特性，应置荫棚下，少浇水。花芽分化期应少浇水，薄肥勤施。花期每月喷施2～3次0.2%磷酸二氢钾。在管理中，应用竹竿支撑。根据株型进行修剪，多培育成宝塔形、伞形、桩景形等。

仙人指四季常绿，花期正值春节，在隆冬季节焕发春天气息，增添节日气氛。

四、芦荟

芦荟（*Aloe vera*），别名油葱、龙角等，为百合科芦荟属，多年生肉质草本花卉。

1. 形态特征 叶条状披针形，基出而簇生，叶缘疏生软刺，盆栽植株常呈莲座状。花淡黄色或有红色斑点，总状花序，夏秋开花。

2. 生态习性 原产非洲，我国云南南部也有野生。喜光，也耐半阴，喜温暖，不耐寒，喜排水良好、肥沃的沙质壤土。

3. 繁殖技术 可用分株和扦插。分株在春季3～4月，在温室中结合换盆将幼株分栽即可。扦插在3～4月，剪取插条长10～15 cm，去除基部2侧叶，放在阴凉通风处晾1 d，然后插入盛有素沙土的浅盆内，深4～6 cm，置半阴处，保持盆土湿润，经20～30 d生根。

4. 栽培要点 芦荟上盆时，宜用腐叶土与沙质壤土混合而成的培养土，垫蹄角片作底肥，在生长期内可每隔20 d追施1次豆饼液肥或麻渣液肥。夏季应置荫棚下养护，宜通风良好，并每天浇1次水；春、秋两季每1～2 d浇水1次；冬季不干不浇水。10月中旬入室越冬，室温保持10～15℃，翌年5月初出室。

五、虎尾兰

虎尾兰（*Sansevieria trifasciata*），别名虎皮兰、虎耳兰，为百合科虎尾兰属，多年生常绿草质多肉多浆花卉。

1. 形态特征 地下部分具匍匐状根茎。叶自根部发出，簇生、肉质、挺直、扁平或基部具凹沟或呈圆筒状。两面具白色和深绿色相间的横带状斑纹。花葶高60～80 cm，小花3～8朵为1束，1～3束簇生在花葶上，白色至淡绿色。夏季开花。

2. 生态习性 原产非洲，我国广东、云南等地常露地栽培。喜温暖、润湿而通风良好的环境。耐半阴，要求排水良好、富含腐殖质壤土。

3. 繁殖技术 常用分株、扦插法繁殖。分株方法简易，可在春季结合母株翻盆换土时进行。扦插在夏季进行，将叶片剪成5～10 cm长的扦穗进行扦插，约1月生根。

4. 栽培要点 虎尾兰宜丛植，分株时株丛不宜分得过小。夏季注意充分浇水，并施以腐熟稀释的有机肥料。冬季控制浇水，否则易引起叶基部腐烂，夏季光照过强时应适当遮阳。虎尾兰姿态独特，叶色美丽，可供观赏，尤宜用于室内装饰。

六、生石花

生石花（*Lithops pseudotruncatella*），别名宝石花、石头花、曲玉，为番杏科生石花属，多年生常绿草质多浆花卉。

1. 形态特征 无茎，2片叶肥厚对生，密接成缝状，形成半圆形或倒圆锥形的球体，形似卵石。灰绿色。成熟时自其顶部裂缝分成两个短而扁平或膨大的裂片，花从裂缝中央抽出。一般每年开花1次，黄色或白色，午后开放。

2. 生态习性 原产非洲。喜阳光，耐干旱，不耐寒。要求排水良好的沙质壤土。

3. 繁殖技术 播种繁殖。

4. 栽培要点 植株应放置阳光充足之处，并保持周围环境的干燥。5～6月应加大浇水量，浇水最好采用盆底浸水法，防止水从顶部浇入植株缝中而发生腐烂。

七、景天

景天（*Sedum cpectabile*），别名八宝、燕子掌、蝎子草，为景天科景天属，多年生草质多浆花卉。

1. 形态特征 株高30～50 cm。地下茎肥厚。地上茎圆柱形，直立，粗壮，略木质化。叶对生或轮生，肉质扁平，倒卵形，伞房花序密。花瓣淡红色，花期秋、冬季。

2. 生态习性 原产我国，各地园林都有栽培。喜阳光，耐干旱，忌水湿，较耐寒。对土壤要求不严。

3. 繁殖技术 以扦插、分株为主，在春季进行，也可进行播种繁殖。

4. 栽培要点 栽培管理简易，生长期适当增施液肥，可使枝叶生长旺盛。常作盆栽观赏。

八、长寿花

长寿花（*Kalanchoe blossfeldiana*），别名十字海棠，为景天科伽蓝菜属，多年生常绿多浆花卉。

1. 形态特征 植株光滑，直立。茎基部常木质化，叶肉质，交互对生，长圆形，近全缘，有光泽，绿色或带红色。花多数，红色至橙红色，排成聚伞花序；花冠具4裂片。冬、春开花。

2. 生态习性 原产非洲马达加斯加岛。耐干旱，喜阳光充足，但夏季高温（30 ℃以上）炎热时生长迟缓；冬季低温（5～8 ℃）时叶片发红，花期推迟，0 ℃以下受害。择土不严，肥沃沙壤土较利其生长。短日性花卉。

3. 繁殖技术　扦插繁殖。通常在初夏或初秋进行带叶茎插，也可剪取带柄叶片进行叶插。

4. 栽培要点　一年四季都宜放在有直射阳光的地方。浇水“见干见湿”，不可过湿，否则易烂根。定期追施腐熟液肥或复合肥，缺肥时叶片小，叶色淡。冬季宜保持12～15℃。花后剪去残花，翻盆换土，促长新枝叶。

九、虎刺梅

虎刺梅（*Euphorbia milii* var. *splendens*），别名虎刺、铁海棠、麒麟刺、龙骨花，为大戟科大戟属，常绿亚灌木花卉。

1. 形态特征　茎肉质，肥大，且多棱。茎上具硬刺。叶倒长卵形。花小，总苞片鲜红色或橘红色，十分美丽。

2. 生态习性　原产热带非洲，喜光，耐旱不耐寒。要求通风良好的环境和疏松的土壤，花期较长，自春至冬，但以春季开花较多。

3. 繁殖技术　扦插繁殖。6～8月从老枝顶端剪取8～10 cm作插穗，置阴凉处1 d，再行扦插。插后2个月生根，翌年春季分栽。

4. 栽培要点　栽培管理容易，注意盆上不能积水，浇水应掌握一次浇透、干透再浇的原则。生长期施以腐熟稀释的人畜粪尿。盆栽观赏，可扎缚成各种形状。

十、其他多浆花卉盆栽要点列表

表5-5　其他多浆花卉盆栽要点

序号	中　名	学　　名	科　属	习　　性	繁殖	栽培应用
1	令箭荷花	*Nopalxochia ackermannii*	仙人掌科	喜温暖、不耐寒、耐干旱	扦插、分株	设立支架，盆栽观赏
2	龙舌兰	*Agave americana*	龙舌兰科	喜温暖、不耐寒、喜阳光、耐干旱	分株	盆栽室内观赏
3	叶仙人掌	*Pereskia aculeata*	仙人掌科	耐阴、耐旱、怕日光曝晒	扦插	夏季在荫棚下养护。盆栽作室内观赏
4	落地生根	*Bryophyllum pinnata*	景天科	喜强光、耐旱、忌涝	叶插、分株	室内观赏
5	石莲花	*Echeveria glanca*	景天科	喜温暖和阳光充足，耐干旱	分株	不宜多浇水。盆栽观赏
6	燕子掌	*Crassula portulacea*	景天科	喜温暖，喜光，忌曝晒，耐干旱	扦插	少浇水。盆栽观赏
7	霸王鞭	*Euphorbia neriifolia*	大戟科	喜温暖，喜光，耐干旱，耐瘠薄	扦插	管理粗放，盆栽观赏
8	山影拳	*Cereus monstrosus*	仙人掌科	喜阳光充足，耐干旱，不耐寒	扦插	浇水宜少。盆栽观赏
9	仙人球	*Echinopsis tubiflora*	仙人掌科	喜光，耐旱，怕水涝，耐瘠薄	分球	室内观赏

考核评价
KAOHE PINGJIA

考核内容	考核标准	考核分值	自我考核	教师评价
专业知识	熟悉仙人掌及多浆植物的特征、生态习性	5		
	熟悉仙人掌及多浆植物品种类型	5		
	熟悉仙人掌及多浆植物繁殖方法	10		
	熟悉仙人掌及多浆植物栽培管理知识	10		
技能训练	熟练对仙人掌与蟹爪莲进行嫁接	10		
专业能力	能掌握仙人掌及多浆植物的繁殖技术	10		
	能掌握仙人掌及多浆植物栽培管理技术	10		
	仙人掌及多浆植物种类繁多，在栽培中能及时发现问题，分析原因，能提出解决方案	10		
学习方法	网络信息查询； 专业书籍资料查询； 专业市场走访、调研； 勤于实践	10		
能力提升	学会学习，良好的交流沟通能力； 工作学习主动积极，勤于思考，助人为乐； 养成善于观察、详尽记录的好习惯	10		
素质提升	做事积极主动，与人团结合作； 学习工作勤恳努力； 工作学习中能及时发现问题，能分析、解决问题； 富有创造性思维，对待新事物好学进取	10		

项目6 鲜切花栽培

【项目背景】

从花卉植物上切取的，用于制作插花或花艺装饰的新鲜茎、叶、花、果等植物材料称为鲜切花，鲜切花包括切花、切叶、切枝。鲜切花栽培技术是指经设施（日光温室、塑料大棚等）栽培或露地栽培，按照鲜切花采收供花标准要求，经过规范的技术操作过程而进行种植，达到周年生产的栽培方式。

随着生活水平的提高，鲜切花已经成为大众消费的热点。尤其婚嫁庆典，鲜花的装扮，烘托出喜庆浪漫的色彩；奠基开业营造红红火火的开门红；走亲探访体现出温馨和关怀。我国的鲜切花除满足国内市场的需求之外，大部分出口到日本、泰国、马来西亚、新加坡等国家，获取较高的经济效益。云南是我国鲜切花生产量最多，生产面积最大的栽培基地，年生产量约占全国的40%。生产的鲜切花一方面通过国际花卉拍卖市场供应东南亚和欧美市场，另一方面满足国内市场需求。随着鲜切花的普遍消费和应用，现在北京、上海、山东、海南等地都开发鲜切花生产基地，满足国内外市场需求。

【知识目标】

1. 了解切花的基础知识；
2. 掌握切花、切叶、切枝的繁殖技术；
3. 掌握切花、切叶、切枝的栽培技术。

【能力要求】

1. 熟悉各种鲜切花的种类、生态习性和栽培方式；
2. 根据鲜切花的栽培季节、栽培地域，选择适宜的栽培设施；
3. 熟练运用播种、扦插、嫁接、组培快繁等技术进行鲜切花种苗的繁育；
4. 能制订切花周年生产计划，并能组织实施鲜切花栽培生产；
5. 熟悉主要鲜切花产品质量标准等级。

【学习方法】

采取多种学习方法。通过网络查询相关资讯，获取较为先进的新技术信息，启发切花栽培生产创造性。通过专业书籍查阅，改良栽培生产技术路线，提高产量效益。通过市场产品调研，预测切花产品销售走向，调整切花种类栽培生产方向。

任务6.1 切花栽培技术

任务目标
RENWU MUBIAO

1. 了解切花种类、栽培形式和栽培设施；

2. 掌握切花种苗繁殖技术；

3. 会进行切花的栽培管理。

任务分析
RENWU FENXI

随着切花花卉在鲜切花市场中所占的比重越来越大，生产优质的切花对于满足市场需求具有重要意义。本任务从栽培设施、品种的选择、栽培技术、管理、切花采收阐述切花花卉生产栽培技术流程，为切花花卉生产奠定理论基础。

相关知识
XIANGGUAN ZHISHI

作鲜切花栽培的植物种类很多，有世界四大鲜切花有切花月季、切花菊、切花唐菖蒲、切花香石竹。除此之外大花种类还有百合、马蹄莲、非洲菊等；多头小花切花有丝石竹、勿忘我、洋桔梗、金鱼草、紫罗兰等。

鲜切花栽培是根据切花的生物学特性，创造适合其生长发育的环境条件，达到周年均衡地供应市场。鲜切花生产的特点是生产单位面积产量高，收益大。例如月季为100～150枝/m^2，菊花60～80枝/m^2，切花的经济效益是其他栽培方式的3～4倍。鲜切花规模化生产，技术规范，栽培生产设施人为控制，生产周期快，可周年供应；鲜切花的生产、采收、包装技术规范，便于国际间的贸易交流；这类花卉生产投入多、风险大、经济效益高。

鲜切花栽培的方式是有露地栽培和设施栽培两种。露地栽培季节性强，管理粗放，切花质量难保证。设施栽培，切花产量高、质量好，可实现周年生产。

鲜切花的保鲜是指切花采收后，用低温冷藏或用保鲜剂来延长保鲜的方法。鲜切花的采收、运输、出售时间相对集中，为保证鲜花的质量，采收后的鲜花经整理及时进入5～10 ℃低温库冷藏。如果冷藏的时间长，可配制各种保鲜液浸泡花枝，延长保鲜效果。

一、切花栽培设施

所谓鲜切花的周年生产，就是一年四季都能进行鲜切花生产，云南昆明能满足鲜切花栽培的室温要求。其他省份一年四季的温度不一样，通过生产设施和环境的人为调节，达到鲜切花生产所需的温度条件，就能正常周年生产，满足市场的需求。

1. 温室 在北方冬季自然温度比较低，不能满足鲜切花生产的需要，通过日光温室或智能温室栽培才能进行鲜切花的栽培生产。温室性能、结构形式、建筑材料、生产成本都不一样，可根据切花栽培所需要的温度和不同地域自然温度来选择温室类型，满足切花栽培生产的需求。温室性能、结构形式、建筑材料、生产成本以及节能性、实用性等内容详见项目3。

2. 塑料大棚 在闽南、广东、海南等地大多为露地栽培，冬季应用塑料大棚栽培。塑料大棚性能、结构形式等内容详见项目3。

3. 凉棚 凉棚指用于鲜切花采收后整理场所。凉棚选择温室附近，通风良好，地势高燥不积水。鲜切花采收后整理方便。

4. 冷库 冷库是指人为地调低温度以贮存鲜花或种子、球根等花卉产品的设施，是鲜切花低温保鲜常用的设备。冷库可分内外两间，内间保持0～5 ℃，用于低温贮藏；外间10 ℃左右，为缓冲间。在切花出入冷库时，先在缓冲间过渡一段时间，以免温度骤变，使其受到伤害。同时，缓冲间亦适用于催延花期。

5. 工具材料仓库　花卉栽培需要多种工具，机具设备，各种肥料，花盆等，都需井井有条地贮存在工具材料仓库中，便于生产。

二、切花栽培环境调节设备

（一）加温设备

温室加温的主要方法有热水、蒸汽、热风、电热等。最常用的是热风加温，也称暖风加温，用风机将燃料加热产生的热空气输入温室，达到升温的一种加温方式。

（二）降温设备

夏季温室温度很高，需降温处理。智能温室将顶部和侧面通气窗打开通风；或者采用湿帘空气对流降温；再就是将室外遮阳帘展开遮阳降温。日光温室将顶部和前面的薄膜打开，通过空气的流动通风。

（三）调光设备

有些鲜切花光照时间的长短影响其开花效果。切花菊是短日照花卉，在春、夏季栽培生产，人为地给予遮光短日照处理才能使花芽分化和开花。唐菖蒲是长日照花卉，秋冬季节栽培生产采用补光措施才能使花芽分化和开花。鲜切花栽培要求光照质量好、光饱和度强，能促进植物花青素的产生，花色靓丽、鲜艳。补光系统由白炽灯加反光罩组成，白炽灯所发射的光谱与日光光谱成分接近。

（四）滴灌与喷灌设备

1. 滴灌　鲜切花温室栽培的灌溉方式之一，优点是①减少了灌溉水的用量。②维持稳定的土壤水分状况，解决了土壤中水气之间的矛盾。③避免土壤板结，避免因土壤水分蒸发而造成空气湿度大，减少病害的发生和传播。④滴灌通常与施肥结合进行，可以提高肥料的使用效率，降低生产成本，减少环境污染。

2. 喷灌　鲜切花育苗的补水方式。提高环境的湿度，增加育苗保鲜度，提高成活率。

工作过程
GONGZUO GUOCHENG

以切花月季、切花菊、切花唐菖蒲、切花香石竹四大切花为例阐述栽培技术工作过程。

一、切花月季

切花月季（*Rosa hybrida*），属于蔷薇科、蔷薇属多年生木本花卉，是世界四大切花之一。在国外人们习惯将月季称为“玫瑰”（Rose），主要是由于谐音所造成。其实月季、玫瑰和蔷薇都是蔷薇科、蔷薇属，不同种的植物。

表 6-1　月季与玫瑰的区别

种类	形态特征	枝条	叶	花	用途
月季	落叶小灌木	有倒钩皮刺	奇数羽状复叶，小叶3～5片，叶色绿有光泽	花单生，花重瓣，香味、紫红、粉黄；四季开花	鲜切花、盆栽或庭院绿化
玫瑰	落叶灌木，株高1～2 m	小枝密生绒毛和皮刺	奇数羽状复叶，小叶5～11片，叶色深绿；叶片多皱，无光泽	花单生，玫红色；一般一季开花	庭院绿化或提取香精油

（一）品种类型

切花月季是落叶小灌木，与庭院月季不同的是切花品种株型直立，花枝硬挺顺直支撑力强，有足够的长度。花朵单生茎顶，高心卷边杯状，花色齐全。切花月季新品种推介很快，最近推出的新品种红色系列有卡罗拉、黑玫瑰、紫皇后、水蜜桃等；粉色系系列有婚玛利亚、尤美、蜜桃雪山、糖果雪山等；黄色系品种有假日公主、金香玉等。

（二）生态习性

喜阳光充足，空气流通，相对湿度60%～75%的种植环境。要求土壤疏松肥沃，排水良好，pH6～7为宜。生长适温白天20～27℃，夜间15～22℃，在5℃左右也能缓慢生长，超30℃或低于5℃处于半休眠状态。耐干旱，怕涝。

（三）繁殖技术

1. 扦插繁殖 春季采取花谢的枝条。将枝条剪成7～10 cm插段，上剪口近下芽基部0.1～0.3 cm，剪去枝段下面的两片叶，上面留2片叶，每叶上留2～4个小叶，其余剪除。然后在插穗最下面一个芽直下方，与芽相反方向，用刀片以45°角斜切一刀，再沾上200 mg/L的生根粉溶液，插入苗床中，深度为插条的1/2～1/3，株行距（4～5）cm×（4～5）cm，压实浇透水。插床基质采用蛭石和珍珠岩为佳，上扣拱棚，保温保湿，20℃左右。半月后生根，一个月后可移苗，加强光照及肥水管理成苗备用。

2. 嫁接繁殖 选用根系发达，生长旺盛，抗病性的蔷薇作砧木嫁接优良的切花月季新品种。通常用芽接或枝接。

（四）栽培管理

1. 整地作畦 切花月季栽培要选择阳光充足，地势高燥，有排水条件的肥沃场地。土壤要深翻40～50 cm，施入腐熟有机肥或生物有机肥或能疏松土壤性能的稻壳、秸秆等有机物，施入牛粪或菜籽饼等，使肥料营养全面。土壤pH5～8。畦宽60～70 cm，高15～20 cm，按2行种植，行距35～40 cm，株距为20～25 cm。一般为5～6株/m^2。月季定植后可连续开花3～6年。

切花月季的周年生产，需进行保护地栽培。南方以单栋和连栋大棚为主，北方以日光温室为主。连栋大棚操作空间大，气体交换性能好，病虫害少，但冬季生产时的催花温度不能保证。日光温室空间小，但光照充足，昼夜温度都能达到生产栽培的要求。

2. 定植 最佳时间是3～4月，9～10月可产花。定植后及时浇透水，在30 d内掌握保护地地温高于气温，使气温在10～15℃为宜。定植后3～4个月为营养养护阶段，在此期间的花蕾要摘除，控制生殖生长，最大限度地维持营养生长，培养粗壮的母枝。由母枝长出的新枝条直径在0.6 cm以上的可留作主枝，在主枝条50 cm处剪去上部枝条，再萌发未开花枝。每株月季要培养3～5条主枝，可年产花120～150枝。

3. 肥水管理 定植时铺设滴灌设施。没采收花枝或修剪后及时水肥管理，定期松土和追肥。施肥配比为N∶P∶K＝1∶1∶2，并结合叶面肥交替进行，叶面肥中加施铁盐、镁肥、钙肥等。

4. 整枝修剪 修剪是提高产花量的主要措施。日常管理把不能形成花枝的短枝、弱枝、病枝剪掉，对合格的产花枝剔蕾而不剪枝，以保持植株的营养面积，增强树势，生长旺盛。到8月下旬或9月初进入盛花期，成花枝低位修剪，使植株营养集中供给其他陆续成熟的花枝。

5. 剥芽、剥蕾 切花月季萌芽能力很强，经修剪后，当新芽的第一片真叶完全展开后进行疏芽。产花枝在生长过程中萌发的侧芽、副芽及时剔掉，集中营养供给端部主蕾发育至开花。小苗生长期随时有花蕾形成，要及时剥蕾，以增强花枝向上生长的能力。

6. 采收与保鲜 大多数红色与粉红色品种的花朵开放度为：萼片已向外反折到水平位置，花枝外围1～2枚开始向外松展，此时为适度标准。采收时间以早晨和傍晚为好，通常的采收剪切部位是保留5片小叶的2个节位，俗称为"5留2"。采收后应立即吸水，去除切口以上15 cm内的叶片和皮刺，只留3～4枚叶，再分级绑扎，20支或12支为一束。在吸水或保鲜液后，保存在4～5 ℃条件下待运。

二、切花菊

（一）品种类型

切花菊（*Chrysanthemum morifolium*）是菊科菊属多年生宿根花卉。切花菊与盆栽菊花不同的是株高60～130 cm，茎直立，花型紧凑，花色以黄色、白色为主。主要品种有神马系列和秀芳系列等。

（二）生态习性

切花菊喜阳光充足，地势高燥，通风良好的种植环境。土壤要求含腐殖质多、肥沃疏松和排水良好，pH6.5～7.2。耐寒，怕涝积水，忌重茬。属短日照花卉，花芽分化温度为10～15 ℃。生长适温一般为15～25 ℃。

（三）繁殖技术

切花菊多用于嫩枝扦插繁殖。

1. 母株培育 9～10月，将脱毒组培苗定植于圃地，施足基肥，株行距25 cm×25 cm肥水管理，当顶芽长至15 cm时，进行一次摘心。20 d后进行第二次摘心或第三次摘心，培育母株萌发较多的根蘖芽和顶芽。获取足够的插穗。

2. 采芽扦插 采摘顶芽扦插繁殖生产苗。在母株上选嫩梢的顶芽长5～8 cm，带5～7片叶，下部茎粗0.3 cm左右。用刀片去除下部叶，保留上部2～3片叶，20支为一束，将下切口速蘸100～200 mg/L的NAA或50 mg/L的生根粉2号，促进生根。用细沙或蛭石作插床，株行距3 cm×4 cm，插入沙中2～3 cm，保持温度15～20 ℃，空气湿度在80%～90%，10 d左右可生根，20 d后可移植成苗。每母株可采穗3～4次，次数过多影响插穗的质量。

（四）秋菊栽培

1. 整地作畦 切花菊生长旺盛，根系大，植株高度达到90～130 cm，要求土壤肥沃。在整地作畦前应在圃地施入腐熟有机肥或生物有机肥，一般为5 kg/m^2，改善土壤物理性状，增加通透性。以南北方向作高畦，高15 cm，长10～20 cm，宽1～1.2 m，操作间50 cm，操作方便。

2. 定植 秋菊一般在5月中下旬至6月上旬定植，选择阴天或傍晚进行。单花型品种栽植60株/m^2，以宽窄行种植为例，一畦4行。两侧留15 cm，中间留30 cm，行距10 cm，株距5 cm。定植深度4～5 cm，植后压紧扶正，并随即浇透水。

3. 肥水管理 切花菊种植后铺设滴灌设施，既节水又保持土壤要求的湿度。结合滴灌每10～15 d追肥1次，在营养生长阶段追施复合肥，生育后期增施磷钾肥，使菊花茎秆生长健壮、挺拔，达到切花菊所需高度。土壤持水量在50%～60%的土壤湿度即可，切记旱涝不均。

4. 立柱、架网 当菊花苗生长到30 cm高时，架第一层网，网眼为10 cm×10 cm，每网眼中1枝；以后随植株生长30 cm架第二层网；出现花蕾时架第三层网。立柱要稳，架网平展，起到抗倒伏的作用。

5. 剔芽、抹蕾 菊花在生长的过程中，当植株侧芽萌发后及时剔侧芽。菊花现蕾后及时的去除副蕾和侧蕾，集中营养供给顶部主蕾。

6. 采收、包装 切花菊采收的时间，应根据气温、贮藏时间、市场和转运地点综合考虑。采收时间最好在早晨或傍晚进行。采收剪口距地面10 cm，切枝长60～85 cm以上。采收后浸入清水中，按切花质量分级标准进行分级包装，10支或20支为一束，花朵用尼龙网套或塑膜保鲜，放入温度2～3 ℃，湿度90%的环境中保鲜贮藏。

三、切花唐菖蒲

（一）品种类型

唐菖蒲（*Gladiolus hybridus*），又称剑兰、菖兰、扁竹莲。属于鸢尾科、唐菖蒲属，为多年生球根类花卉，是世界四大鲜切花之一。唐菖蒲的茎是球状地下茎，扁圆形，在球茎上方中央有明显的生长点，周边有2～3个副茎点。球茎的底部有一圆形的凹陷，称为茎盘，球茎外被褐色膜质外皮。基生叶剑形，互生，成两列，嵌叠状排列，花葶自叶丛中抽出，高50～80 cm单生，穗状花序顶生，每穗花8～24朵，通常排成两列，自下而上依次开花。花冠呈膨大漏斗形，花径12～16 cm，花色有红、粉、白、橙、黄、紫、蓝、复色等。

唐菖蒲栽培品种已有450多个，以习性、生育期、花形、花径、花色不同而形成品种特色。唐菖蒲切花种球有荷兰进口品种和国产品种。进口品种白色系有白友谊、白雪公主、白花女神、繁荣等；粉色系有魅力、粉友谊、夏威夷人、玛什加尼等；黄色系有金色原野、金色杰克逊、荷兰黄、新星、豪华等；红色系有红美人、红光、奥斯卡、胜利、青骨红、玫瑰红、戴高乐、乐天、钻石红等。国产品种产于吉林、辽宁、甘肃等地。切花品种有含娇、大红袍、藕荷丹心、鸳鸯锦、紫英华、玉人歌舞、烛光洞火、黄金印、琥珀生辉、桃白、金不换、冰罩红石、红婵娟、赛明星、玫雪青、映月、红星、丹凤、红晕、红颜佳人、满江红、朝霞等。

（二）生态习性

唐菖蒲性喜阳光、温暖湿润的种植环境。属喜光的长日照植物，不耐寒，不耐炎热，怕涝，要求通风良好。日温20～25 ℃，夜温10～15 ℃时生长最好，降至3 ℃以下则生育停止，到−3 ℃时受冻害。土壤以肥沃而排水良好的沙壤土为好，pH以5.5～6.5为宜。

（三）繁殖技术

切花种植以球茎为主，辽宁繁育球茎较多，甘肃、宁夏也有繁育。唐菖蒲切花球茎多数是采用荷兰进口球茎种植，品种纯正，球茎大小一致，且经过严格休眠技术处理，切花质量很好。

（四）栽培管理

1. 整地作畦 唐菖蒲切花栽植前应深翻地40 cm，施入腐熟有机肥10 kg/m^2，并进行杀虫处理。种植床采用高垄作畦，垄宽0.5 m左右，高20～30 cm，避免连作。

2. 种球处理　根据采花时间和品种特性确定栽植时期，一般在栽后 90 d 左右见花，在栽植前应对球茎进行消毒及催芽处理，把球茎按规格分开，以 2.5～5 cm 的球用于切花最好，先去除外皮膜及老根盘，在 50%多菌灵 500 倍液中浸泡 50 min，或 0.3%～0.5%高锰酸钾中浸泡 1 h，在 20 ℃左右条件下遮光催根催芽，当根和芽露出即可种植。

3. 定植　种植株距为 10～20 cm，行距 30～40 cm，根据球大小及垄宽可灵活安排，种植深度为 5～12 cm，根据球茎大小，土壤质地及气温而改变。栽植后及时浇水，待出芽后控水 2 周，以利于根系生长。

4. 肥水管理　定植时设滴灌设施。阳光充足，通风及时，拉网防倒伏。种植 4～6 周后，要追肥，在球茎生长 3～4 叶前施营养生长肥，3～4 片叶后花芽分化期，既有茎秆直立挺拔，又有花朵开放充分。

5. 采收与保鲜　最适宜的采收时期是花穗下部第 1～3 朵小花露出花色时，以清晨剪切为好。剪取后剥除花枝基部叶片，按等级花色分级包扎，20 支为一束。通常花枝 70 cm 以上，小花不少于 12 朵才可定级，切口浸吸保鲜液，花束在 4～6 ℃条件下贮藏。

四、切花香石竹

（一）品种类型

香石竹（*Dianthus caryophyllus*），又名康乃馨，石竹科石竹属，多年生草本花卉。植株茎直立，多分枝，株高 30～100 cm，基部半木质化。花单生或 2～6 朵聚生枝顶，有短柄，花冠石竹形，萼长筒形，萼端 5 裂，裂片剪纸状；花瓣扇形，花朵内瓣多呈皱缩状，多为重瓣；花色有红、玫瑰红、粉红、深红、黄、橙、白、复色等，花径为 3～9 cm，花有香气。

香石竹为世界四大鲜切花之一，每年都有新品种推出，如以色列品种、荷兰品种等，有适宜露地栽培品种，也有适宜温室栽培品种。香石竹按花朵数目和花径大小分为单花型和多花型，单花型为大花型，每枝上着生 1 朵花，是市场消费最受欢迎的栽培类型。多花香石竹主枝有数朵花，花径较小，3～5 cm，为中小型花，近几年市场走俏。

（二）生态习性

香石竹喜温暖凉爽气候，忌严寒、酷暑，适宜的生长温度为 15～28 ℃，气温低于 10 ℃，生长停滞；气温高于 30 ℃，生长受到抑制。夏季连续高温，极易发生病害，很难正常生长发育。香石竹喜干燥通风环境，适于疏松透水，富含腐殖质的土壤，pH6～6.5，忌连作。香石竹多为中日性花卉，15～16 h 长日照的条件，对花芽分化和花芽的发育有促进作用，喜光照充足的生长条件。

（三）繁殖技术

香石竹生产种苗多采用组培脱毒结合扦插繁殖育苗（详见项目 3）。

（四）栽培管理

香石竹多采用保护地栽培，其所在的塑料大棚或温室栽培设施要能保证有通风见光，防雨防病，控温控光等条件。

1. 整地作畦　种植床施入腐熟有机肥深耕，做高畦。畦高 15～20 cm，畦宽 0.8～1.0 m，长度 10～20 cm。

2. 定植　定植时间主要根据预定采花期来决定，通常从定植到开花需 110～150 d。定植密度一般为33～40株/m²，株行距为10 cm×10 cm，中小花型可密度大一些，中大花型品种选用35株/m²，如果只采收1次花的短期栽培，可加密到60～80株/m²，以加强通风透光，提高切花质量。香石竹定植的种苗，根系长度为2 cm左右，定植时应浅栽，通常栽植深度为2～5 cm，以扦插苗在原扦插基质中的表层部位稍露出土为度。栽植时要遮阳，及时浇水，防太阳曝晒萎蔫。

3. 肥水管理 香石竹肥水管理应做到基肥充足长效，追肥薄肥勤施，注重营养全面。氮肥以硝态氮为好，钾、钙肥有利于开花整齐，提高切花品质；缺硼会造成植株矮小，节间短缩，茎秆产生裂痕，茎基部肥大，顶芽不形成花蕾，在花蕾期出现花瓣褐变等症状。pH过高易发生缺硼，土壤过干时也会缺硼，常用硼肥有硼砂、硼酸或硼镁肥。香石竹生长期需水量较大，但不能1次浇过多，应保证根系通气良好，水分吸收均匀，在采收时期水分忽多忽少会造成裂萼现象的发生。

在栽培管理过程中要定期测量土壤pH和可溶性盐的浓度EC，EC值判断土壤溶液中养分的总含量和土壤盐积化的程度，土壤中盐类含量越多，容易引发生理病害，因此要根据EC值来推测土壤是缺肥还是过肥。香石竹在花期对肥水和温度非常敏感，其中EC值是当今切花生产中重要观测指标之一，一般香石竹在幼苗期EC值为0.6 mS/cm，开花期为0.8 mS/cm，超过1.4 mS/cm时，植株会发生生育障碍，一般在0.6～1.0 mS/cm期间生育正常。香石竹土壤最适pH为6.0～6.5。

4. 温度与光照 香石竹生长适合冷凉环境，最适平均生长温度为15～20 ℃，夜间温度在5～12 ℃范围内，才能保证正常生长。

香石竹原种属长日性植物，栽培品种多为中日性，如能使日照延长到16 h，有利于香石竹营养生长与花芽分化，提早开花，提高产量和品质。生产上常在花芽分化阶段加补人工光源，每次50 d左右。

5. 摘心 香石竹摘心分为3种类型：1次摘心法、2次摘心法和1.5次摘心法。1次摘心法是对定植植株只进行1次摘心，一般在出现6～7对叶时进行，摘心后使单株萌发3～4个侧枝，形成开花枝开花，此种方法开花最早，时间短，出现两次采收高峰。2次摘心法是在主茎摘心后，当侧枝生长有5节左右，对全部侧枝再进行1次摘心，使单株形成的花枝数达到6～8枝。采用此法可以使植株在同一时期内形成较多花枝，第一批采收较集中，而第二批花较弱。2.5次摘心法在前两种方法基础上，进行改良，在摘心1次后，第2次摘心时，只摘一半侧枝，另一半不摘，从而使开花分两期进行。此法解决了既要提早开花，又要均衡供花的矛盾。

6. 张网、剥蕾剔芽 香石竹在生长的过程中，为了使茎秆直立防倒伏，应在株高15 cm时开始张网。张网技术与切花菊张网技术相同，可供参考。

7. 采收保鲜 单枝大花型香石竹花朵外瓣开放到水平状态，能充分表现切花品质时期为最适采收期，如为了耐贮及长距离运输，可以在花瓣刚露出萼筒现色后采收。多头型香石竹采收通常在花枝上已有2朵开放，其余花蕾现色时采收。采收时要尽量延长花枝长度，同时要为下茬花抽出2～3个侧枝做好基础。采收后分级包装，20支为1束，花头平齐，吸足水分，在1～4 ℃条件下保鲜。

8. 香石竹生产栽培中注意 香石竹生产栽培中需要注意以下三个问题。

(1) 防裂萼。香石竹的大花品种，在开花时花萼易破裂，失去商品性，严重影响经济效益。其主要原因是在成花阶段昼夜温差大或者午间温度过高；低温期浇水施肥过多；氮、磷、钾三要素不均衡，使花瓣生长迅速超过花萼生长，过多的花瓣挤破花萼，造成花萼破裂。

（2）防花头弯曲。花芽分化期化肥用量过多，营养过剩或者日照时数短，会出现花头弯曲。

（3）防盲花。由于环境条件变化，花芽发育受阻，花器出现枯死症状，形成盲花。引起盲花的原因主要是低温和营养不良造成的生理障碍，花蕾期遭受0℃以下的低温后又采取急速升温，容易引发花瓣畸形或败花；在花芽分化期缺硼会产生无瓣的畸形花，缺钙会造成花蕾枯死。

技能训练

JINENG XUNLIAN

一、切花唐菖蒲定植技术

（一）训练目的

熟悉唐菖蒲球茎栽植前的处理，掌握唐菖蒲定植技术。

（二）材料用具

唐菖蒲生产用球、高锰酸钾、NAA、刀片、有机肥、铁锹、耙子、移植铲、喷壶等。

（三）方法步骤

根据品种，场地设施及切花上市时间安排，确定各批次生产种球数量和播期，分两次完成。

（1）选健壮的生产用球，剥去外皮膜，挖出根盘上残留物，用清水浸泡种球6 h，再用0.5%高锰酸钾液浸泡1 h，捞出后放在15～20 ℃环境中催芽，待白根露尖后可播种。

（2）作畦，宽1.0 m，高15 cm，施入有机肥，按株行距15 cm×20 cm定植，盖土5～8 cm，浇透水，扣地膜。

（四）作业

观察唐菖蒲球茎在吸水前后及催芽前后的变化，分析其内部发生的变化。

二、切花菊张网、剥芽技术

（一）训练目的

熟悉切花菊生长发育规律及产品要求，掌握张网、剥芽操作技能技巧。

（二）材料用具

塑料袋、竹签、芽接刀、竹竿、铁丝、铁锹、切花菊苗床等。

（三）方法步骤

选用切花菊苗床，根据长宽数据及株行距设计网孔大小，在生长期开展。

（1）当切花菊长到15 cm以后，开始张网，在苗床四边每隔2 m插一竹竿高1.2 m，将预先结好的网固定在竹竿上，平整、结实、定期向上提，并再张2层网，使菊花在网内平均分布。

（2）在定苗后，应及时剥去下部腋芽，在芽长到0.5 cm时开始剥，用竹签或芽刀，也可直接用手抹除，不能损伤菊花枝叶，剥除干净及时。

(四) 作业

1. 熟悉切花菊张网操作的过程及张网的标准要求。

2. 熟悉剥芽的要求和剥芽的作用。

三、切花香石竹摘心、抹蕾技术

(一) 训练目的

熟悉香石竹生长发育规律，掌握香石竹摘心、抹蕾操作技术。

(二) 材料用具

直尺、芽接刀、塑料袋、喷雾器、杀菌剂、香石竹生产苗床等。

(三) 方法步骤

在教师及技术人员指导下，分组选定苗床，按生产管理方案进行摘心和抹蕾操作。每次操作后，要喷施杀菌剂。

(1) 摘心类型不同，操作的次数也不同，第 1 次摘心留植株基部 4～6 节，其余茎尖摘除，摘心用一只手握住要保留最后一节，另一只手捏住茎尖，折去茎尖，不能提苗。

(2) 花蕾发育后，除了要保留的花蕾外，下部其余侧芽都要及时抹去，豌豆粒大时开始抹掉，不能伤及叶及预留枝芽。

(四) 作业

通过实际操作，分析摘心、抹蕾技术操作不当引起的问题和解决措施。

知识拓展
ZHISHI TUOZHAN

其他主要切花栽培技术

一、切花百合

(一) 品种类型

百合（*Lilium* spp.），又称百合蒜、强瞿、蒜脑诸。属百合科、百合属。多年生鳞茎植物；地下部具无皮鳞茎，由多数肉质鳞片抱合而成的，基部具基生根，中央长直立茎轴，茎轴在近地面处，具茎生根及子鳞茎。地上部株高 50～150 cm。单叶多互生或轮生，常线形、披针形，具平形脉。花开茎顶，单生、簇生或呈总状花序。花冠漏斗状、喇叭状或杯状等。花被 6 片，平伸或反卷，花色极为丰富，有白、粉、红、黄、橙、紫、复色或有红褐色斑点，芳香。蒴果。

切花百合的品种有以下 4 个杂种系列：①亚洲百合杂种系，花色丰富，花朵小无味，多为长日照植物抗寒性强。适于四季栽培。常见品种中黄色系有阿拉斯加、伦敦、新中心等，红色系有精粹、红洛博等。②麝香百合杂种系，又称铁炮百合，花朵横开，具香味，全为白色，多为长日照植物，抗寒性差。常见品种有雪皇后、白欧洲、津山铁炮等。③东方百合杂种系，花大，芳香，缺红色，抗寒性差，常见品种有西伯利亚、凝星、奥运之星。近年有麝香×东方百合杂种系，品种较少，花较大，色淡雅，具清香。

(二) 生态习性

喜阳光充足，冷凉湿润气候，耐寒，忌酷热。夏季需遮光 50%～70%，冬季要补光，生长适温白天 20～25 ℃，夜间 10～15 ℃，5 ℃以下或 30 ℃以上时几乎停止生长。种植要求肥沃、深厚和排水良好的微酸性土壤，pH6～7。较耐干旱不耐水湿，土壤总盐分含量不能超过 1.5 mS/cm，忌黏重土，忌连作。但不同杂交系要求的生长环境有一定的差异。

(三) 繁殖技术

切花种植鳞茎为主，大多数采用荷兰进口球茎种植，品种纯正，球茎大小一致，且经过严格休眠技术处理，切花质量很好。

(四) 栽培管理

1. 种球贮藏　国产种球先在－1～0 ℃下预冷处理 7 d，再将温度升至 3～5 ℃，冷藏，一般 40～50 d 可解除休眠。

2. 整地作畦　百合忌连作，选土层深厚肥沃，排水良好新地。整地主要将土壤深翻，施足基肥，调节 pH 在 6～7。高畦栽培，畦宽 1～1.2 m。

3. 定植　开沟点种，种植株距 10～15 cm，行距 15～20 cm。秋植在 9～11 月进行，也可在 2～3 月间定植，盖土 8～10 cm，浇水后覆草，芽出齐即揭掉盖草。

4. 水肥管理　保证光照充足，加强通风。在冬季应补光，防止盲花。保持适宜温度，发芽前温度保持在 12 ℃左右，促进生根；后期保持白天 20～25 ℃，夜间 10～15 ℃。夏季用遮阳网遮光降温，生长期保持土壤湿润，芽出土后开始追肥，以氮肥、钾肥为主，结合浇水进行，共施 3～4 次稀薄液肥，约 15 d 进行 1 次，采收前 15 d 停止。为防止倒伏，在畦面上拉支撑网，方法与切花菊相同。经冷藏处理种球，从定植到开花需 60～80 d。也可采取箱植栽培百合切花，提高切花质量。

5. 采收保鲜　切花百合常在清晨采收，一般基部 2～3 朵花着色时才能采收。用利刀在离地面约 15 cm 处切割，保留 5～10 片叶子，剪切后立即剥去基部 10 cm 花枝上的叶，分别按品种、花色、花朵数茎秆长度分级包扎，每束 10 支。花枝浸吸预处理液后，插入冷清水贮藏于 2～3 ℃冷库中，待售。瓶插寿命 5～9 d。

二、切花非洲菊

(一) 品种类型

非洲菊（*Gerbera jamesonii*），又名扶郎花、灯盏菊，属于菊科扶郎花属多年生草本花卉。非洲菊花色丰富，花型多样，能周年不断地开花，切花率高。非洲菊的切花栽培类型根据花瓣的宽窄分为窄花瓣型、宽花瓣型、重瓣型、托挂型与半托挂型。

1. 窄瓣型　舌状花瓣宽 4～4.5 mm，长约 50 mm，排列成 1～2 轮，花序直径为 12～13 cm，花型优雅，花梗粗 5～6 mm，长 50 cm，但花梗易弯曲。

2. 宽花瓣型　舌状花瓣宽 5～7 mm，花序直径为 11～13 cm，花梗粗 6 mm，长 10 cm，株型高大，观赏价值高，保鲜期长，是市场流行品种，尤其以黑心品种最流行，市场销路好。

3. 重瓣花型　舌状花多层，外层花瓣大，向中心渐短，形成丰满浓密的头状花序，花径达 10～14 cm。

4. 托挂型与半托挂型　花序中心部位为两性花，全部或部分发育成较发达的两唇状小舌状花，呈托挂形。

(二) 生态习性

性喜冬季温暖，夏季凉爽，空气流通，阳光充足的环境；最适生长温度为 20～25 ℃，夜温 16 ℃，白天不超过 26 ℃可长年开花；冬季在 7～8 ℃以上可以安全越冬。对日照周期无明显反应，在强光下发育最好，略有耐阴，要求土壤肥沃、疏松、排水良好的微酸性土壤，pH6～6.5 为好。

（三）繁殖技术

非洲菊种苗繁育主要是通过组培快繁技术。种苗繁殖速度快，繁殖量多，质量好，苗的生长度整齐，品质好。有组培条件可自行育苗，无组培条件可购组培苗。

（四）栽培管理

1. 整地作畦 非洲菊根系发达，栽植床至少需要有 25 cm 以上的深厚土层，土壤疏松肥沃。定植前施足基肥，深耕翻整。作高畦、宽垄，畦宽为 1～1.2 m，畦高 15～20 cm，垄宽为 40 cm（操作道），床面平整，疏松。

2. 定植 每畦定植 3 行，中行与边行交错定植，株距 30～35 cm。除炎热夏季外，其余时间均可进行定植。

非洲菊定植深度应以浅栽为主，因为非洲菊在生长过程中根系具有收缩性，有把植株向下拉的能力。定植时，要求根颈露于土表面 1～1.5 cm，用手将根部压实，第一次浇水后有倒伏现象发生（正常现象），3～4 d 扶正即可，日后就能正常生长了。如栽种深了，生长缓慢，植株随生长下沉，生长点埋入土中，花蕾也长不出地面，会发生生理障碍，影响开花。

3. 肥水管理 定植时铺设滴灌设施。生长期充足供水，保持土壤墒情。株心保持干燥不能积水。非洲菊为喜肥，要求肥料量大，N、P、K 比例为 2∶1∶3，因此应特别注意加施钾肥，生长季应每周施肥 1 次，温度低时应减少施肥。非洲菊喜充足的阳光照射，但又忌夏季强光，因而栽培过程中冬季要有充足日光照射，而在夏季要进行适当遮阳，并加强通风降温。

4. 疏叶 非洲菊在生长过程中，为提高植株群体的通风透光度，平衡叶的生长与开花的关系，需要适当进行剥叶。当叶生长过旺情况下，花枝会减少，并出现梗短、花朵少的症状。先剥病残叶，剥叶时应各枝均匀剥，每枝留 3～4 片功能叶。过多叶密集生长时，应从中去除小叶，使花蕾暴露出来，控制营养生长，促进花蕾发育。在幼苗生长初期，为了促进营养生长，应摘除早期形成的花蕾。在开花时期，过多花蕾也应疏去。一般是不能让 3 支花蕾同时发育，疏去 1～2 个才能保证花的品质。

5. 采收与保鲜 非洲菊采收适宜时期应掌握在花梗挺直，外围花瓣展平，中部花心外围的管状花有 2～3 轮开放，雄蕊出现花粉时。采收通常在清晨与傍晚，此时植株挺拔，花茎直立，含水量高，保鲜时间长。

非洲菊采收不用刀切，用手就可折断花茎基部，分级包装前再切去下部切口 1～2 cm，浸入水中吸足水分及保鲜液，长途运输用特制包装盒，各株单孔插放，并用胶带固定，在 2～4 ℃条件下保存、保鲜。

三、切花丝石竹

（一）品种类型

丝石竹（*Gypsophila paniculata*），又名锥花丝石竹。石竹科丝石竹属，为多年生草本花卉。丝石竹洁白的小花如繁星点点，又称满天星。极具装饰美、朦胧美，适合于作插花和捧花的衬花材料，是欧洲十大名切花之一。

目前世界切花市场上丝石竹（满天星）品种主要有仙女（Bristol fairy）、完美（Perfect）、钻石（Diamond）、火烈鸟（Flamingo）、红海洋（Red sea）等。我国大面积生产的为仙女和完美两个白花品种。仙女为小花类型，适应性强，产量高，周年生产性强，是代表品种；完美属大花类型，对光、温反应敏感，栽培较难，但市场销路好，价格昂贵，适合做胸花和花束；钻石是从仙女中选出的中花品种，介于仙女和完美之间，兼有两者的优点，植株较仙女矮，节间距亦短，低温条件下开花会推迟，切花形态优美，是流行品种。火烈鸟为淡粉红色，花色易褪色，茎细长，花似仙女；红海洋花色呈桃红色，花大茎硬，秋季产花，花色十分艳丽，不易褪色，是市场受欢迎的品种。

（二）生态习性

耐寒性强，能抗 0 ℃以下低温，但在 10 ℃以下 30 ℃以上花茎生长受阻，植株呈莲座状生长，丧失商品价值，切花生产适温为 10～25 ℃。性喜含石灰质而稍带碱性的干燥土壤；喜阳光充足而凉爽的环境，也耐热，但处于高温高湿环境中容易受害；属长日性花卉，不同品种有异。

（三）繁殖技术

丝石竹（满天星）的种苗繁殖主要有扦插和组织培养繁殖两种，扦插育苗是中小规模生产自繁种苗的常用方法，但大面积生产多采用组织培养育苗。扦插繁殖首先应保证采穗母株品种纯，株形健壮，无病虫害，花茎未伸长展开过，应先摘心促发侧枝，再用于采条。在母株上切取长约 5 cm、有 4～5 个节的侧芽枝作插穗，去除下部叶，10～30 支为 1 束，在 NAA5 mg/L 的溶液中浸泡 1 h，待插。扦插基质选用珍珠岩或蛭石，株行距 3 cm×3 cm，设喷雾、保湿、遮阳设施，在全光喷雾条件下催根，15～20 d 能生根。此期间应保湿，控温，又不能积水。

（四）栽培管理

1. 整地作畦 丝石竹栽培采用高畦。选择地势高，土壤疏松透气，排水良好的场所。先施入腐熟有机肥 10 kg/m^2，施入腐叶土增加土壤通透性，深翻地 40 cm，做高畦，整理种植床。

2. 定植 定植时间根据品种和采收时间来定，当苗长到 6 节左右时，即可起苗定植。采用双行栽植，株距 35～50 cm，行距 50 cm。定植前给苗床灌足水，定植后浇透水，使根系与土壤密接，并在第一周遮阳，缓苗后逐渐全光照，并保证水分供应，促进根系生长。

3. 摘心立柱 定植后 1 个月左右摘心，或苗长到 8 节左右时开始摘心，摘掉顶部 4～5 节，以促发侧芽生长。标准大花型切花，仅留 3～4 个分枝，提高切花品质。一般栽培留 5～7个分枝，摘心后侧枝生长迅速，半个月后还要去劣存优，把弱枝抹除，一般为 10～15 枝/m^2，作为切花枝培养。在进入抽生花枝阶段要用竹竿搭架，避免花枝倒伏影响切花质量。

4. 肥水管理 丝石竹根系深，对肥料要求也较多，基肥必须深厚、长效，在中耕过程中还要施入追肥，薄肥勤施仍是一个原则。施入肥料前期以豆饼水、尿素、硝酸铵为主，10 d浇灌 1 次，定植 40 d 后，开始施入以磷、钾为主的肥料；如果氮肥过多，会引起徒长，倒伏，不利于形成花枝，影响花的产量和品质。在生长期施入复合肥料，使营养生长转入生殖生长。开花期施肥，丝石竹花梗虽碧绿，但茎秆变软，不挺拔。后期可采用叶面肥，喷施 0.2%磷酸二氢钾，以及 5 mg/L 的硼酸，有利于开花。

此外，施肥与浇水要配合进行，并定期松土透气，除杂草，促根系生长。当开始现蕾时，就应注意控水，多采用叶面喷肥和叶面喷水。在夏季，注意排水防涝。适当控水可以使花枝坚硬挺拔。

5. 调光调温 通气良好也是保证丝石竹切花品质的一个条件，夏季室内温度高，注意通风换气，利于茎秆硬化。春季、秋季在适温条件下见全光，有利于促发侧枝及和形成花芽。值得注意：①夏季花期遇到强光高温会造成花色变锈，失去观赏价值。②冬季光照偏弱温度偏低容易诱发莲座现象，影响开花。

当丝石竹出现莲座或10月中旬仍未抽穗，可采用100～200 mg/L 的赤霉素喷洒株顶，5 d后第2遍，直到抽穗为止，可以促发花枝。丝石竹在温度过高过低，湿度过大过小时都会造成生理病害，同时也易感染浸染病害，因此，除了控制温湿度外，也要进行人工喷施农药，防治病虫危害。

6. 采收保鲜 采收适期为有50%花已开放时，此时小花蕾也已分化完毕，在先开的花未变色前采收。边采收边浸水，一般每枝花要求不低于25 g，每枝花有3个分叉，10枝为1束，下切口用塑料小杯及棉花球含保鲜液套住，置于2～3 ℃条件下保鲜。

四、切花杂种补血草

(一) 品种类型

杂种补血草（*Limonium hybrida*），又名情人草，与勿忘我相近似的新型干花，蓝雪科补血草属，为多年生宿根草本花卉。补血草其花型独特，小花繁茂，可经过加工或自然干燥而成为干燥花。自然花期7～9月。

补血草主要栽培品种有四个。

1. 蓝雾（Misty Blue） 花桃紫色，萼片银色，荧光灯下，花色反衬，鲜艳漂亮。

2. 蓝海洋（Ocean Blue） 花青紫色，小花直径小于3.5 mm，密布于小枝上，植株比蓝雾矮，花枝硬度高。品质稳定，产量高，适于周年生产。

3. 白雾（Misty White） 花纯白，由蓝雾枝条突变选出。

4. 粉雾（Misty Pint） 花浅紫桃色，枝条挺直，花序开展度大。

(二) 生态习性

原产高加索山区，性喜干燥凉爽气候、喜强光照，好石灰质微碱性土壤；最忌炎热与多湿环境。

(三) 繁殖技术

种苗采用播种和组培快繁技术繁育。播种基质选用疏松基质，要细致过筛，消毒处理。播种后要保温保湿，当第1片真叶出现时开始移苗，5～6片真叶时可以上钵或定植。组培驯化苗可直接定植种植床。

(四) 栽培管理

1. 作畦 情人草采用窄畦，畦宽60～70 cm，畦高20 cm，施入基肥，除氮、磷、钾外，还应加施硼肥。

2. 定植 采用双行交错栽植，株行距为40 cm×40 cm，利于通风透光。定植时幼苗应在5片叶以上，根系完整，发育健壮。栽植不能太深，以不盖株心为度，压实根系，浇透底水，不能向株心浇水，否则容易烂心。

定植后要促进根系生长，以利于越冬。在抽生花茎及花序生长发育期，水肥要充足，否则花茎短小，花朵不繁茂。生长温度，白天控制在16～18℃，夜间10～13℃，夏季应遮阳降温。如越冬栽培，应该秋末清除地面杂草枯枝败叶，以利于明春发芽。

3. 疏枝　在生长过程中，过早出现的花枝较弱，应及早除去，以免消耗养分。另外，加强通风见光，不要积水，发现病虫及时防治。

4. 采收保鲜　一般定植后3～4个月可产花，当每个花枝上花瓣展开达30%，花序现色时，即可采收。采收操作时注意不要从植株基部进行剪切，特别是在采收第1穗花时，应当在1片大叶以上切剪，这样可以促进植株上的腋芽较快萌动生长。采收在早晨或傍晚进行，采后立即用保鲜剂处理，然后每10支为1束捆扎，外面包以柔软纸张，使花枝保持充足的水分上市，在2℃条件下可贮存2～3周，即使失水了也可用于插花。

五、切花勿忘我

(一) 品种类型

勿忘我（*Limonium sinuatum*），又称星辰花、不凋花，蓝雪科补草属，为多年生宿根花卉。株高60～100 cm；叶宽大，羽状裂长约20 cm。花序自基部分枝，呈伞房状聚伞圆锥花序，疏松，开张，花枝长达1 m；花序枝具3～5扁平翼；小花穗上着花3～5朵，着生于短而小的花穗一侧；花萼杯状，干膜质，有紫、淡紫、玫瑰粉、蓝、红、白、黄等色。

勿忘我的品种主要分早熟、晚熟两类。早熟品种有：早生蓝（Earlyblue）、蓝珍珠（PearBlue）、口红（Lipstick）；中晚熟品种有：超级蓝（Superblue）、蓝丝绒（Bluevelvet）、浮月（Moonfloat）。近几年来，推出较多勿忘我新品种，颜色也更加丰富多彩。

(二) 生态习性

原产地中海，喜干燥凉爽气候，忌湿热，喜阳光，通风良好环境，生长适温20～25℃，适于疏松肥沃、排水良好的微碱性土壤中生长，pH以7.5左右为宜。

(三) 繁殖技术

采用播种和组培快繁技术繁育，从9月到翌年1月均可进行播种，发芽适温为18～25℃，5～10 d发芽。采用穴盘育苗，种子萌发后及时“蹲苗”，1～2片真叶后可移苗，5片叶后可定植。组培苗等炼苗驯化苗后可直接定植种植床。

(四) 栽培管理

1. 整地作畦　整地时施足基肥，施入生物有机发酵肥2.5～3.0 kg/m^2，硼肥2 g/m^2。畦宽1.0 m，高20～25 cm。在幼苗具5片真叶后即可进行定植。

2. 定植　采用双行交叉种植，株行距30 cm×40 cm。定植前对钵苗浇透水，打好定植穴点，栽植不要过深，稍高于根颈0.5 cm即可，栽后浇透水，扶正苗。

3. 疏枝疏叶　在栽培过程中要通风透光，在抽薹和花序生长期要有充足的水肥供应，使花朵繁茂，花枝挺而长，否则会造成花枝短小，花朵稀疏。勿忘我抽生的花枝数较多，为了保证切花质量，留存3～5枝，其余可疏剪。

4. 调节温度　小苗生长期适温管理，满足生长需求。生殖期需低温通过春化，一般需45～60 d，温度12～15℃。也可在种子阶段种子低温处理。种子浸在2℃水中，30 d解除休眠，可提早开花。

5. 采收保鲜　采收适期为每个小花枝上花瓣开展达25%～30%时，采收时注意不要从花枝基部剪切，而应从第1片大叶以上开始剪切，不然会延缓腋芽的萌发。采收时间应在早晨或傍晚进行，采收前浇足水，使植株健壮，采后及时保鲜处理，10枝为1束，不同品种分开包装，保鲜装箱贮藏，温度2～4℃。

六、切花洋桔梗

（一）品种类型

洋桔梗（*Eustoma grandiflorum*），又称草原龙胆，龙胆科草原龙胆属，多年生宿根草本花卉。原产于北美洲得克萨斯等地的草原上，故称草原龙胆。洋桔梗被称作“无刺玫瑰”，花色清新高雅，体现东方审美情趣，且有吸水性好、瓶插期长、耐贮藏等商品花优点，是一个发展潜力巨大、市场前景广阔的花卉产品。在日本、泰国、俄罗斯等国际市场，以及我国北京、上海、广州、香港等高端市场和成都、西安、长沙、青岛等中低端市场上，此花皆较畅销。

云南洋桔梗栽培品种主要有露西塔2系列、露西塔3系列、圣剑系列、No.51号洋桔梗（白底紫边）、No.70号等30多个。其中2011年新推广种植的牡丹型大花紫色品种“波浪”、粉色“神话”等10多个新品种最为畅销。

（二）生态习性

原产北美。喜温暖、光线充足的环境，生长适温为15～25℃，较耐高温。怕涝，要求疏松肥沃、通风排水良好的土壤，pH6.5～6.8为佳。

（三）繁殖技术

可用播种和组培快繁技术繁育。撒播法，保持25℃左右，约10d才可发芽，出现2片真叶后即可移苗，护根保叶，保证生长温度。组培苗等炼苗驯化苗后可直接定植种植床。

（四）栽培管理

1. 整地作畦　土壤施入有机发酵肥，深翻20cm。高畦栽培，畦高20cm，宽80cm。

2. 定植　当苗床幼苗叶子长到4片时，可以定植。以（12～15）cm×（12～15）cm株行距定植于种植床。由于根系一旦切断，花茎就难伸长，所以挖苗时不能伤及根，并立即种植。前畦面铺15cm×15cm尼龙网，在每1网眼内定植1株壮苗，定植初期温度在15～30℃，15d后充分光照和加强通风，防止发生簇叶化现象。30d后追施氮、磷、钾配比为5∶4∶5的复合肥。

3. 肥水管理　当花茎伸长50～70cm时，腋芽开始分化花芽，这时浇水注意不能浇在花蕾上，每个植株可显蕾15～20个，每个花枝去仅保留5～8朵花即可。

4. 采收保鲜　当花枝以2～3朵花开放时为采收适宜时间，采收过早会造成花蕾停开。如上市时间短而且运输距离近，可在5～6朵花开放时采收，采收时要留一短茎，会在茎基长出新的侧芽，选留健壮芽，去除弱芽，再过2～3个月后会产生第二批花。

七、切花小苍兰

（一）品种类型

小苍兰（*Freesia hybrida*），又名洋晚香玉、香雪兰，鸢尾科小苍兰属，为多年生块茎花卉。地下块茎卵圆形，外被棕褐色薄膜，直径1～2cm，球茎基部长根。球茎的顶芽或侧芽萌发成株，每株有6片左右基生叶，排成2列。叶丛中抽生花葶，高30～45cm。花茎直立，顶生穗状花序，有小花5～10朵，花冠漏斗形，长约5 cm。花有白、黄、粉、桃红、玫红等色。小苍兰花极具芳香，花色丰富，花形似一串风铃，是室内艺术插花的首选材料。

小苍兰切花栽培主要有白色的交亨尼，红色的米歇尔，黄色的卡雅库，紫色的科特阿苏等。作为切花栽培，一般每株可产切花4～5支，可周年供花。

（二）生态习性

性喜温暖、阳光充足的环境。耐冷不耐寒，夏季高温期超过25 ℃休眠。生长发育适温度为白天18 ℃，夜间10～15 ℃，0 ℃停止生长，−3 ℃出现冻害。土壤要求含有机质丰富、排水良好的沙壤土，pH6.0～7.0，EC值0.6 mS/cm，忌含盐量高的土壤。小苍兰对氟化物极为敏感，接触后会引起叶焦。

（三）繁殖技术

切花种植球茎为主，大多采用荷兰进口球茎种植，品种纯正，块茎大小一致，且经过严格休眠技术处理，切花质量很好。

（四）栽培管理

1. 选种 小苍兰花原基是在块茎萌发后才分化，因此休眠时间的长短间接影响开花早晚。小苍兰块茎在高温28～31 ℃条件下，经10～13周可完成休眠，如果在13 ℃条件下贮存则会休眠8个月，生产上采用此方法进行促成栽培。对种球进行选择分级消毒处理后，经过30 ℃下处理4 h，阶梯式降低温度，最后放在25 ℃条件下贮藏3周，如看到球茎底部有小突起出现，证明打破休眠，再放入8～10 ℃冷库中低温催芽30～40 d，准备定植。

2. 整地作畦 小苍兰切忌土壤含盐量过高，选用疏松沙质壤土，施入生物有机发酵肥整地作畦。作高畦，畦宽80 cm，高20～25 cm。定植时间按品种要求确定，种植株行距为8 cm×（10～14）cm，密度为80～110株/m^2，冬季比夏季密，小球比大球密。栽植深度不易过深，一般覆土2～3 cm，在床面应盖1层松针或锯屑等松软物，保湿降温。栽植时应顶芽向上或略斜30°，可以防倒伏。

3. 肥水管理 小苍兰在栽植后应保证土壤湿润，现蕾后要适当减少浇水量，后期保持土表干燥，根系又不能缺水，以利花枝发育和防病。在生长过程中，2～4叶后追施1次液肥，现蕾前可喷施0.2%磷酸二氢钾叶面肥，出蕾后不要再施肥。

4. 温光管理 小苍兰花芽分化在定植后6～8周，花芽分化适宜温度为12～15 ℃，后期花序发育过程为6～9周，温度要求10～18 ℃，超过18 ℃不利于分化，一般为白天18～20 ℃，夜间14～16 ℃。日常要加强通风，为防倒伏，在3～4叶时期开始设立支架张网，第1层在25 cm高，以后再设2～3层网。温室生产时，小苍兰从种下到采收一般需110～120 d，采收期通常可维持4周。

5. 采收保鲜 当小苍兰主花枝上第1朵小花展开时为采收适期，如远距离运输，可在第1朵小花半开时剪切。剪切的位置在主花枝基部，以使主花枝以下侧枝作下次采收，最后1次采收至少保留2片基生叶。主花枝枝长一般要求达到55 cm。剪切后要分级捆扎，每10支为1束或20支为1束，用软纸包住花头，放入保鲜液或清水中吸足水分，在1～2 ℃条件下贮藏。

八、切花金鱼草

（一）品种与特征

金鱼草（*Antirrhinum majus*），又名金鱼花、龙口花，玄参科金鱼草属，常作一年生切花栽培。茎直立，株高 30～90 cm，有腺毛。叶披针形或矩圆针形，全缘，光滑，长 2～7 cm，宽 0.5 cm，下部叶对生，上部叶互生。总状花序顶生，长达 25 cm 以上，花冠筒状唇形，外披绒毛，花色有白、黄、红、紫或复色等；蒴果卵形，孔裂，种子细小。

（二）生态习性

原产地中海沿岸及北非，性喜冷凉，不耐炎热，喜阳光，耐半阴。生长适温白天 18～20 ℃，夜间 10 ℃左右。适宜在疏松、肥沃、排水良好的土壤上生长，pH5.5～7.5。

（三）繁殖技术

切花品种都为 F_1 代种子，育苗基质要求疏松无病菌，采用草炭和蛭石为佳，发芽适温 21～27 ℃，1 周内发芽，播前应浸种催芽，消毒处理，光照催芽有利于萌发。根据采花期确定播期，播后 90～120 d 开花，因品种而异，出现 2 对真叶后可移栽或上钵培养壮苗。

（四）栽培管理

1. 整地作畦 在保护地条件下栽培，应在整地时施入腐熟有机肥 3 kg/m²，并进行土壤消毒，畦高 15～20 cm，宽 80 cm，过道 50 cm，定植时要求苗高一致，无病虫害，根系完整，在 3～6 对真叶时定植较合适，如果采用单干生长，株行距为 10 cm×15 cm，如采用多干生长，株行距为 15 cm×15 cm，栽植时浇透底水，栽后 1 周内，及时扶正，浇水，并在部分缺苗处进行补苗。

2. 肥水管理 幼苗期需注意浇水，见干见湿为度，当花穗形成时，要充分浇水，不能出现干燥；在阴凉条件下，要防止浇水过度。

3. 温度管理 生长发育时，要求光照充足，冬季生产应加补人工光照，花芽分化阶段适温为 10～15 ℃，如出现 0 ℃低温会造成盲花现象。营养生长阶段温度太低，不利于形成健壮花穗，影响开花品质。

4. 张网 金鱼草栽培需设尼龙网扶持茎枝，用 15 cm×15 cm 网眼较合适，随生长高度的增加而逐渐向上提网，部分品种，尤其密度大时应设两层网。采用多干栽培应摘心 2 次，形成 4 枝花穗，第 1 次摘心在植株即将抽高时期，可形成 1 对分枝，分枝抽高时，再分别摘心，同等高度，使之形成 4 个花枝。在形成花抽高阶段，追施磷酸二胺和磷酸二氢钾复合肥 50 g/m²，也可喷施 0.2%磷酸二氢钾，每周施 1 次。同时注意防治蚜虫及锈病。

5. 采收保鲜 采收最适期是花穗底下的 3 朵花开放时，剪的茎秆要尽量长一些，在早晨和傍晚时采收易保鲜。采收下来后按花色，品种及枝长分级包装，10～20 支为 1 束，装箱上市，由于金鱼草有向光性，采收后仍应直立放置，吸足水分，防止单侧光长期照射。

九、切花紫罗兰栽培技术

（一）品种与特征

紫罗兰（*Matthiola incana*），十字花科紫罗兰属，为一年生草本花卉，是一种小型切花，花期长，花有香味，深受插花爱好者的喜爱。

植株高 30～90 cm，全株被灰白色柔毛，茎直立，基部稍木质化，叶互生，长圆形至披针形，基部呈叶翼状，叶尖钝圆，全缘。总状花序，顶生或腋生。花紫红、淡红、淡蓝或白色，直径约 2 cm，花梗粗壮，萼片 4，内 2 片基部成囊状。花瓣 4 枚，倒卵形，具长爪，角果，圆柱形，有短喙，内有种子 1 行。种子近圆形，棕色，有白色膜翅。

（二）生态习性

原产地中海沿岸，喜温暖凉爽气候，在夏季高温高湿地区作一年生栽培，生长适温为白天15～18℃，夜间5～10℃，能耐−5℃低温。喜疏松肥沃，土层深厚，排水良好的沙质壤土，不耐炎热和潮湿，喜通风良好，具有一定耐旱能力，能耐轻度碱性土壤，pH6.5～7.0。喜阳光充足，长日照促进开花。

（三）繁殖技术

采用播种繁殖，分单瓣种与重瓣种，扁平种子多为重瓣花植株。种子发芽早，生长粗壮的苗多为重瓣花植株；反之，发芽晚，生长迟缓的则多为单瓣花植株。种子千粒重1.4 g，在18～22℃条件下4～7 d发芽。幼苗直根性强，不耐移栽，因此应在真叶展开前分苗移栽或营养钵育苗，减少根的损伤，成苗快，效率高。温暖地区在秋季育苗，冬季采取防寒措施越冬。一般生育期为4～6个月不等，根据品种及上市时间确定播种时间。

（四）栽培管理

1. 整地作畦 栽培用地的土壤施入基肥3 kg/m^2，其中，氮肥不可过多，作高20 cm，宽1.0 m的高畦，在幼苗有6～7叶时可以定植，选早晚或阴天进行较易成活，带土防伤根。株行距为12 cm×12 cm，如选用分枝系列品种，株行距为18 cm×18 cm。

2. 调节温度与光照 幼苗期的温度调节是控制植株生长高矮与花期的主要措施。初期，夜间温度维持在16℃，保证植株旺盛的营养生长，直到植株至少已有8～10片叶时为止，然后给予3周5～10℃的低温，植株就进行花芽分化，以后温度再回升到16℃，仍需要白天达到18℃，夜间10℃左右的温度才能正常发育，如温度过高，则不会形成花芽。

紫罗兰为长日照植物，可通过加光处理促进开花，加光必须在花芽分化后进行才有效。紫罗兰要求中等肥力，肥过多易引起营养生长过旺，施肥应在花前3周进行，以氮、磷、钾复合肥为佳。

3. 摘心 栽培品种不同，处理方式不同。无分枝系品种不用摘心；分枝系品种在定植后15～20 d，真叶10片时，留6～7片摘去顶芽，促发侧枝，侧芽留3～4个，其余除去。生长达15 cm时应架网防倒伏。

4. 采收保鲜 当花穗上小花有1/2～2/3小花开放时采收，采收时间宜在傍晚，从茎基部剪采，延长花枝长度，按花色不同分级包装10支为1束，或20支为1束，绑扎好后使之充分吸水，用软纸包好，装箱待运。

十、切花麦秆菊

（一）品种与特征

麦秆菊（*Helichrysum bracteatum*），菊科蜡菊属，为一年生草本花卉，是一种新兴切花，近几年很受欢迎。麦秆菊不仅是一种鲜切花，还能自然干燥做干花，花色新鲜不褪色，是干花插花的最佳材料。

株高40～100 cm，分枝直立或斜伸，近光滑。叶片长披针形至线形，长5～10 cm，全缘，粗糙，微具毛，主脉明显。头状花序直径约5 cm，单生于枝端。总苞苞片含硅酸，呈干膜质状，有光泽，似花瓣，外片短，覆瓦状排列；中片披针形；内片长，宽披针形，基部厚，顶端渐尖。瘦果，光滑，冠有近羽状糙毛。花期7～9月。

（二）生态习性

原产澳大利亚，喜温暖和阳光充足的环境。不耐寒，最忌酷热与高温高湿。阳光不足及酷暑时，生长不良或停止生长，影响开花。喜湿润肥沃而排水良好的黏质壤土，但亦耐贫瘠与干燥环境。

（三）繁殖技术

种子发芽适温为20℃，有光条件下5 d内发芽。南方采用秋播，春、夏开花，北方地区采用春播，夏秋开花，采用室内育苗，3片真叶时移苗，也可直播栽培。

（四）栽培管理

1. 整地作畦 选择阳光充足、通风及排水良好的地势作栽培场地。土壤施入少许基肥，肥料不用过多，以磷、钾肥为主，采用平畦或垄作，株行距20 cm×40 cm。苗期加强水肥管理，使植株旺盛生长，分枝多。在花期减少浇水量，防雨淋，及时排水，中耕松土。

2. 摘心 在营养生长阶段，为了促进多开花，采用摘心促分枝，可摘2次，使每枝形成6个以上花枝，但不要太多，否则花小色淡。

3. 采收保鲜 多作干花用，应该在蜡质花瓣有30%～40%外展时连同花梗剪下，去除下部叶片后，扎成束倒挂在干燥、阴凉、通风的地方，阴干备用，要经常检查、防虫，防雨淋。

考核评价

KAOHE PINGJIA

考核内容	考核标准	考核分值	自我考核	教师评价
专业知识	熟悉鲜切花种类、栽培形式和栽培设施	5		
	掌握切花种苗繁殖知识	10		
	掌握切花栽培管理知识	10		
	了解切花保鲜知识	5		
技能训练	熟练操作唐菖蒲定植、切花菊张网剥芽、切花月季分级保鲜技术	10		
专业能力	能掌握金鱼草播种、切花菊扦插、切花月季嫁接等技术	10		
	能制订唐菖蒲切花周年性生产计划和实施方案	10		
	鲜切花栽培中能及时发现问题，分析原因，提出解决方案	10		
学习方法	网络信息查询； 专业书籍资料查询； 专业市场走访、调研； 勤于实践	10		
能力提升	学会学习，良好的交流沟通能力； 工作学习主动积极，勤于思考，助人为乐； 养成善于观察、详尽记录的好习惯	10		
素质提升	做事积极主动，与人团结合作； 学习工作勤恳努力； 工作学习中能及时发现问题，能分析、解决问题； 富有创造性思维，对待新事物好学进取	10		

任务 6.2　切叶栽培技术

任务目标
RENWU MUBIAO

1. 了解切叶植物种类、栽培形式和栽培设施；
2. 掌握切叶植物种苗繁殖技术；
3. 会进行切叶植物的栽培管理。

任务分析
RENWU FENXI

切叶植物在鲜切花应用中起陪衬或装饰作用，生产优质的切叶对于满足市场需求和丰富插花花材有着重要意义。本任务从栽培设施、品种的选择、栽培技术、管理、采收几个方面阐述切叶植物生产栽培技术流程，为切叶植物生产奠定理论基础。

相关知识
XIANGGUAN ZHISHI

切叶植物是指以观叶为主的植物，翠绿色叶片，独特的造型，能衬托出主题花优美的姿态，绿叶配红花，组合一个完整插花艺术品。

工作过程
GONGZUO GUOCHENG

以肾蕨为例阐述栽培管理过程。

（一）品种与特征

肾蕨（*Nephrolepis cordifolia*），别名蜈蚣草、圆羊齿，骨碎补科肾蕨属，为多年生常绿草本切叶花卉。叶形奇特，叶色绿，是艺术插花的最佳配叶。

植株高 30～80 cm，根状茎短而直立，向上有簇生叶丛，向下有铁丝状匍匐枝，匍匐枝从叶柄基部下侧向四周横走，并生有许多须状小根和侧枝及圆形块茎，块茎能发育成新植株。革质叶片光滑，披针形，长 30～70 cm，宽 3～5 cm，一回羽状，羽片 40～120 对，以关节生于叶轴上，披针形，上侧有耳形突起，边缘浅钝齿，鲜绿色。孢子囊群生于侧小脉的顶端，囊群盖肾形，棕褐色，边缘浅褐色，无毛。

（二）生态习性

分布于热带、亚热带，为陆生或附生蕨，生于溪边林下或石缝中、树干上，成片分布。喜温暖潮湿和半阴环境，忌阳光直射，生长适温为 20～22 ℃，能耐 −2 ℃低温。

（三）繁殖技术

以分株繁殖为主，也可以利用成熟孢子进行播种繁殖。分株在春季萌叶前进行，老株分植每一根团带 3～5 株丛，每株丛带健壮叶 4～5 片。地下匍匐茎产生的块茎部位，会发生初生叶，形成新植株，可分栽，但苗较小。每一匍匐枝在地面横走，压上土或用铁丝钩在地上，就能在该部位长出小植株，切离分栽成苗。孢子繁殖在叶背孢子囊变黑，孢子盖未脱落前采收，播在浅盆表面，盖上玻璃片或地膜，保湿，在 20～25 ℃条件下约 30 d 发芽，当原叶体长出复叶 3～4 个时可移栽。

(四) 栽培管理

1. 作畦与定植 选用富含腐殖质的肥沃、疏松壤土为基质，栽培环境应保温保湿，采用平畦，株行距为25 cm×35 cm，定植后浇透水，采用疏荫弱光管理。定期向叶面和环境中喷水，使湿度保持在70%～80%，温度控制在20 ℃左右。

2. 肥水管理 经常向叶片喷水，增加空气湿度，保持叶片翠绿。栽培中施肥以氮素为主，植株生长旺盛，产叶量高。栽培中一定给予弱光疏荫管理，光过强，容易造成叶片叶绿素破坏，叶片发黄，影响观赏价值。

3. 采收保鲜 以叶色由浅绿转为绿色，叶柄坚挺有韧性，叶片发育充分时为采收适期。叶片生长过老，叶背会出现大量褐色孢子群，失去商品价值。采叶后20支为1束，在4～5 ℃条件下湿贮或浸入清水中保鲜。

技能训练
JINENG XUNLIAN

切叶肾蕨分株、播种繁育技术

(一) 训练目的

熟练掌握切叶肾蕨分株、播种繁育技术。

(二) 材料用具

切花肾蕨母株、刀片、NAA、铁锹、耙子、移植铲、喷壶等。

(三) 方法步骤

1. 分株技术 春季萌叶前，将肾蕨母株带根挖出，清理根部土壤。将肾蕨4～5叶分成一丛。用刀片将地下匍匐茎轻轻切割分离，伤口处洁净沾草木灰，栽植到新的苗床上，浇透水，遮阳管理，15～20 d后，地下匍匐茎产生新的块茎，会长出新叶，形成新植株。

2. 孢子播种繁育技术 取切叶肾蕨老熟叶片背面的成熟孢子，(成熟孢子颜色是深咖啡色) 进行播种繁殖。①用干净播种盆或播种箱，放入调配育苗土，进行蒸汽消毒，消毒冷却后放入干净处待播种。②当切叶肾蕨叶片的叶背孢子囊变黑，孢子盖未脱落前进行采收，孢子采收白纸上，播种粒数和密度方便确认，采收后立即播种。③将切叶肾蕨孢子轻轻洒落在育苗土上，孢子质量轻，撒种时在室内无风处操作，避免被风吹跑。孢子撒种要均匀，上盖一层薄土，用盆浸法浇透水，盆面覆盖塑料薄膜保湿，置于20～25 ℃条件下约30 d发芽，注意遮阳管理，当原叶体长出3～4个复叶时可移栽新的种植床。

(四) 作业

1. 观察切叶肾蕨分株繁育后生长状况，记录新生叶生长温度和出叶时间。

2. 回答切叶肾蕨是孢子植物，苗盆为什么要蒸汽消毒？观察记录温度、光照度和出苗时间。

知识拓展
ZHISHI TUOZHAN

一、切叶铁线蕨栽培技术

(一) 品种与特征

铁线蕨 (*Adiantum capillus - veneris*)，又名铁线草，铁线蕨科铁线蕨属，为多年生常绿草本切叶花卉。

株高15～40 cm，根状茎横走，密生棕色鳞毛。叶片为2～4回羽状，小叶片呈斜扇形或似银杏叶片，深绿色，孢子囊群生于叶背顶部。叶薄革质，叶柄黑色，光滑油亮，细而坚硬如铁线，茎叶常青，姿态优雅独特。

（二）生态习性

分布于长江以南各省，是钙质土和石灰岩的指示植物。性喜温暖湿润和半阴环境，忌强光直射。生长适温为18～25 ℃，宜疏松肥沃和含少量石灰质的沙壤土，冬季气温达10 ℃才能使叶色鲜绿，要求空气湿度大的环境。

（三）繁殖技术

常用分株和孢子繁殖，分株在春季新芽未萌发之前进行，从外层向内切块，每块内有3～4个小株，孢子繁殖常在地面自行繁殖，待长出3～4片叶时，即可移栽，人工扩繁同肾蕨。

（四）栽培管理

1. 场地选择　选择阴湿环境栽培，配制培养土以疏松通透，偏碱性，含有机质的土壤为好。株行距按30 cm×30 cm定植，苗期叶面喷水保湿，防直射光。生产期应2周追1次稀肥水，不能浓肥沾叶，以免造成叶片枯斑。冬季气温12 ℃以上才能正常生长，定期剪除老叶，叶过密或强光直射都会造成叶片发黄。

2. 采收保鲜　当叶色变绿，茎枝黑亮挺拔时即可采收，采收过晚孢子成熟变色，叶枯黄早。采收后应整理叶片，摆平整，使叶片在同一侧，防止叶片正反扭曲杂乱，失去观赏价值，采收后10支为1束，分层放置在2～4 ℃条件下湿贮。

二、切叶鸟巢蕨栽培技术

（一）品种与特征

鸟巢蕨（*Neottopteris nidus*），又名巢蕨、巢铁角蕨、山苏花、雀巢蕨等。铁角蕨科巢蕨属，多年生常绿草本切叶花卉。

株高约120 cm，具根状茎；叶辐射状丛生于根状茎顶部，叶丛中心空如鸟巢。叶柄近圆柱形，基部有鳞片，叶片阔披针形，革质，两面光滑，全缘，孢子囊群狭条形，生于侧脉上侧。

（二）生态习性

原产于热带、亚热带地区，我国海南、云南、广东、台湾有分布，成丛附生于雨林中的树干或岩石上。喜温暖湿润环境，忌强光及干燥环境，要求土壤质地疏松富含腐殖质，微酸性。冬季要求10 ℃以上安全越冬。

（三）繁殖技术

通常采用分株或孢子繁殖，也可组培育苗。孢子繁殖于3月或7～8月进行，方法同肾蕨；分株繁殖在4～5月间进行，用利刀沿竖直方向切割根状茎，每个根状茎带2～3片幼叶，在阴凉处放置半天，不能失水太多，再分栽到育苗床上，地上只留叶片部分，遮阳保湿培养1个月即可上盆或地栽。

（四）栽培管理

1. 场地选择　北方地区要求温室地栽，南方地区可露地栽培。选地势平坦，土壤偏酸性，质地疏松，富含有机质的栽培基质。露地栽培采用宽垄作，室内采用畦作，定植密度按2～3株/m^2，穴栽。生长适温为20～30 ℃，夏季要遮阳管理，保持空气流通。保持空气湿度在80%以上有利于叶片生长，施肥要薄肥勤施，防止浓肥灼叶。

2. 采收保鲜 新栽苗约10个月可以采收成品，之后可以周年采收。当叶片完全展开45～60 d后为其采收适期，叶片边缘革质化越好，瓶插寿命越长，采收后10支为一束捆绑。分层放置在2～4 ℃条件下湿贮，保持通风。

三、切叶文竹栽培技术

（一）品种与特征

文竹（*Asparagus plumosus*），又名云片竹，百合科天门冬属，多年生常绿花卉。

文竹为蔓性小亚灌木，根部肉质。茎细长、丛生、多分枝、具攀缘性，长达3 m以上，幼苗时呈直立状。叶状枝纤细，长4～5 mm，以6～14枚成束簇生于叶状枝的茎节上，整个叶状枝平展呈羽毛状，似羽状叶；茎节上的叶退化成膜质鳞片，在主茎上的成为倒刺。花小型，白色，1～4朵着生于小枝顶端，浆果熟时黑紫色。主要栽培品种有细叶文竹、矮文竹和大文竹。

（二）生态习性

喜温暖湿润的环境，怕强光和低温，夏日需遮阳。温度超过32 ℃，文竹生长停止，叶片发黄；冬季温度要保持12～15 ℃以上，不可低于5 ℃。忌积水，也不耐干旱，尤其是春季抽发新叶时期，要求空气湿度大一些。较喜肥，宜栽于疏松肥沃的沙质壤土中，不耐盐碱和强酸。

（三）繁殖技术

采用播种和分株为主，也可扦插。果实成熟后及时采收，去除果肉，晾干后可存放2年，选用疏松基质盆播育苗，多在春季进行，株行距2 cm×2 cm，发芽适温为20 ℃，20～30 d发芽，苗高5 cm时可定植。分株法在抽生新枝之前进行，按地面的株丛去分割，每块3～4株，太小伤根严重，缓苗慢。

（四）栽培管理

1. 整地作畦 采用地栽，高畦25～30 cm或垄作，株行距30 cm×40 cm，每行拉横丝，每株侧插一竹竿，以便攀缘。保持土壤湿润，环境半阴，每半月追肥1次，浓度宜淡，施肥后，从叶上喷水1次冲洗叶片，提高湿度。不能积水或干旱，同时加强通风，防止病害发生。

2. 采收保鲜 文竹切枝在小苗栽植后第二年开始少量采收，结合疏枝进行，采收时要保留骨干枝与足够的叶状枝，以保持生长的营养面积，并保护好萌芽。上市采切枝长度为30～70 cm，清晨采收好，20支为1束，下部浸水或保鲜液，在2～4 ℃条件下可湿贮5 d，干贮失水快，仅能维持1～2 d，适合短途运输。

四、切叶天门冬栽培技术

（一）品种与特征

天门冬（*Asparagus densiflorus*），又名武竹，百合科天门冬属，为多年生常绿花卉。

天门冬为攀缘状草本花卉，分枝多，茎丛生下垂，长达1 m，有块状根；小枝成叶状，扁条形，3～8枚簇生；叶退化为鳞片；花常1～3朵簇生，总状花序，小花，白色或带红色，稍有香气，花期夏季；浆果红色。同属内有多个栽培种。

（二）生态习性

喜温暖湿润半阴环境，生长适温为 18～24 ℃，冬季要求栽培温度达到 10 ℃左右，在3 ℃以上能安全越冬。夏日高温对植株有害，忌烈日与阳光直射。喜疏松、排水良好的沙质壤土。

（三）繁殖技术

采用播种和分株繁殖，种子在 15～20 ℃条件下约 1 个月可发芽，待苗长到 4 cm 以上时移入营养钵中培养。2 年以上的母株可进行分株繁殖，将母株挖出，从株丛中央用利刀自上而下把它们切成 2～4 份，将根团撕开，抖掉切伤的纺锤状肉质根，分别栽种，极易成活。待新根长出后，可抽生出许多新的茎蔓，这时再把老茎蔓从基部剪掉，重发新枝。

（四）栽培管理

1. 栽植养护　天门冬生长快，适应性强，3 年以上植株茎蔓老化，茎内中空，叶状枝失色，应当淘汰或分株后重剪更新，故有“养小不养老”之说。在春、夏季应适当遮阳，防止日光曝晒，并经常喷水，才能保持株丛翠绿。在生长季节应追肥，薄肥勤施，在高温期应少施肥，冬季温度低时不要施肥。为提高采收产量，采用作畦种植，按 30 cm×40 cm 株行距，每行拉 25 cm 高铁丝，以利于固定植株，通风见光。冬季应防冻，防止缺肥和施肥过多现象。

2. 采收保鲜　天门冬用于配叶，在叶状枝充分展开时为采收适期，从枝条基部剪下，浸入清水中湿贮，在 2～4 ℃条件下可存放 1 周，不宜使用保鲜剂，使用不当会起反作用。

考核评价
KAOHE PINGJIA

考核内容	考核标准	考核分值	自我考核	教师评价
专业知识	熟悉切叶植物种类	5		
	掌握切叶植物种苗繁殖方法	10		
	掌握切叶植物栽培管理技术	10		
	了解切叶植物保鲜知识	5		
技能训练	熟练操作切叶肾蕨分株、播种繁育技术	10		
专业能力	能熟练掌握切叶植物繁殖、栽培技术	10		
	能制订切叶植物周年性生产计划和实施方案	10		
	在切叶栽培的过程中能发现问题，分析原因，提出解决方案	10		
学习方法	网络信息查询； 专业书籍资料查询； 专业市场走访、调研； 勤于实践	10		
能力提升	学会学习，良好的交流沟通能力； 工作学习主动积极，勤于思考，助人为乐； 养成善于观察、详尽记录的好习惯	10		
素质提升	做事积极主动，与人团结合作； 学习工作勤恳努力； 工作学习中能及时发现问题，能分析、解决问题； 富有创造性思维，对待新事物好学进取	10		

任务 6.3　切枝栽培技术

任务目标
RENWU MUBIAO

1. 了解切枝植物种类、栽培形式和栽培设施；
2. 掌握切枝植物种苗繁殖技术；
3. 会进行切枝植物的栽培管理。

任务分析
RENWU FENXI

切枝植物在我国鲜切花市场中所占的比重仅次于切花和切叶植物，生产优质的切枝对于丰富市场具有重要意义。本任务从栽培设施、品种的选择、栽培技术、管理、采收阐述切枝植物生产栽培技术流程，为切枝植物生产奠定理论基础。

相关知识
XIANGGUAN ZHISHI

切枝花卉是指以观花、观芽或观枝为主的植物。观花花卉，喜欢阳光，有阳光切花才能正常开花，并且花色鲜艳，例如红叶碧桃、金钟华等。红瑞木以观枝为主，冬季落叶后，鲜红的枝条鲜艳夺目。银叶柳以观芽为主，银白色、毛茸茸芽体在阳光下闪闪发光。在插花艺术应用中配置主题花，衬托背景，其独特的造型，能衬托出主题花优美的姿态，绿叶配红花，组合一个完整插花艺术品。

工作过程
GONGZUO GUOCHENG

以银芽柳为例阐述栽培过程。

银芽柳（*Salix leucopithecia*），又名银柳、棉花柳，杨柳科柳属，为多年生木本花卉，是传统插花常用的观枝芽材料。

一、品种与特征

落叶灌木，植株丛生，高 2～3 m。枝从根际丛生而出，少分枝，新枝上被茸毛，节部叶痕明显。叶互生，披针形至长椭圆形，先端渐尖，叶质较厚，叶缘具细锯齿，表面深绿色，背面密生短毛。雌雄异株，雄株的花序肥大，着生在枝条上端的叶腋间，为柔荑花序，外被紫红色苞片，在华南地区于春节前先叶开放，苞片脱落后露出银光闪闪的毛絮，抱合很紧，状似毛笔，是主要观赏部位，切花栽培多以雄株为栽培材料。

二、生态习性

银芽柳喜阳光，耐潮湿，喜肥耐涝，不耐干旱，不甚耐寒，生长在河边湖畔。生长适温为 18～30 ℃，要求常年湿润而肥沃的土壤，pH6～6.5。

三、繁殖技术

一般用扦插繁殖，在早春萌芽前剪插穗，每段 10 cm 长，插床应疏松透气。采穗母树应在夏季加强肥水管理，促发新枝，用于采插穗。

四、栽培管理

1. 栽培养护　作切花栽培一年生苗栽植株行距为 50×50 cm，定植后主干留 10～15 cm 短截促进分枝，生长期施肥 7～8 次，当年秋季即可采收到商品切枝。进行大植株管理过程中，每年早春花谢后，应从地面向上 5～10 cm 处进行平茬，可促进当年萌发更多的新枝。为了在春节期间供应花枝，在北方可于入冬前把花枝提前取下来，先存入冷室或地窖，用湿沙在枝条基部堆积起来，在春节前 15～20 d 移入中温温室并插入水中催芽。露地植株越冬前进行平茬，然后埋土防寒。

2. 采收保鲜　银芽柳剪切后的枝条，需要加工剥除花芽外围的苞片。通常采切后即将枝条进行短期烘烤，苞壳遇热后自裂，去壳水养。上市切枝按切枝长短分级捆扎，一般每 12 支扎成 1 束。在保鲜液或清水中贮存，干贮温度可降到－2 ℃。

银柳切花上市也有进行染色加工的，常用保鲜剂加 0.2%的食用色素溶液，将切枝浸泡 7～10 d，浸后阴干 10～14 d 上市。

切枝银芽柳栽培技术

(一) 训练目的

熟悉切枝银芽柳的生态特性和生长规律，掌握切枝银芽柳栽培和采收、保鲜技术。

(二) 材料用具

枝剪、塑料水桶、保鲜剂、保鲜柜、保鲜膜、铁锹、喷壶、喷雾器等。

(三) 方法步骤

在教师及技术人员指导下，分组选定种植床，按生产管理方案进行操作。

1. 花后平茬管理　切枝银芽柳在每年春天花谢后，从地面上 5～10 cm 处进行平茬，可促发更多的新枝。种植床穴施有机肥料（糟饼粕），并浇透水，新枝粗壮芽饱满。春节市场供花枝，提前剪取花枝，用鲜纸包扎枝条基部切口，存入－2～5 ℃温度的冷藏室储藏。在春节前 15 d 左右移入温室插入温水中催芽，芽萌动饱满即可上市。

2. 采收保鲜　银芽柳剪切后放入 5 ℃冷藏室储藏，上市前需要剥除花芽外围的苞片。将枝条进行暂短烘烤，苞壳遇热后自裂，去壳水养。注意烘烤时不能伤及枝条。

(四) 作业

分析摘心、抹蕾技术操作不当引起的问题和解决措施。

一、切枝紫叶碧桃

紫叶碧桃（*Prunus persica* cv. *Atropurpurea*），又名紫叶桃，蔷薇科李属，是观赏桃中重要的观花兼观叶品种，可作庭院地栽、盆栽、桩景、切枝等多种应用方式栽培。

（一）品种与特征

落叶小乔木，树皮灰色，主干粗而壮，树高可达 3～4 m；小枝红褐色或褐绿色，光滑无毛，冬芽具柔毛；叶片椭圆状披针形或纺锤形，先端渐尖，基部阔楔形，叶缘有锯齿，叶基有腺点，单生；叶为紫红色，花为淡红色，单瓣或重瓣，是观赏桃花中的极品。每年 3～4 月开花，花芽有单芽和复芽，生于新梢叶腋，复芽并生，中为叶芽，两侧为花芽。

（二）生态习性

原产我国北部及中部，全国各地均有栽培。生长迅速，栽培容易，适应性强。喜阳光充足，耐旱，耐高温，较耐寒，畏涝怕碱，喜排水良好的沙壤土。适宜栽植于通风良好、排水良好的肥沃沙质土壤中。

（三）繁殖技术

主要用嫁接和压条繁殖。嫁接，多用切接或 T 形芽接。砧木一般采用 1～2 年生桃树实生苗，也可用杏、梅一年生实生苗。采用切接法，用二年生实生毛桃苗作砧木。芽接方法容易成活，以杏为砧木，寿命长。芽接可在 7～9 月间进行，以 8 月中旬至 9 月上旬为最佳时间。接芽要选优良母株健壮枝上的叶芽或复芽，不能用花芽或隐芽。芽接部位应在砧木60～80 cm 高处，作 T 形芽接。当接芽成活后，长至 12～18 cm 长时，要进行摘心，以促生侧芽。一般嫁接苗 2～3 年就能开花。枝接最好在 3 月进行，多作为芽接失败后的补接手段。

压条繁殖，在花后 5 月下旬进行，秋季剪离盆栽。

（四）栽培管理

1. 栽培养护 栽培紫叶碧桃，不能水淹，要求通风良好。定植可在早春或秋冬落叶后进行。根系发达，不宜深栽，深栽反而影响其生长。定植密度根据当地的气候条件以及切枝方式来定，一般按 5 m^2/株来确定株行距。肥料施用要科学，如氮肥过多会使枝叶徒长，不形成花芽，叶片艳色暗淡。一般每年冬季施基肥 1 次，花前和 6 月前后各追肥 1 次。浇水要适量，防止积水。夏季对生长旺盛的枝条进行摘心，冬季对枝条适当短剪，促使多生花枝。过密花枝，应加以疏剪。对长势不太旺盛的植株，应避免过重修剪，宜抑强扶弱，并注意使枝条分布均匀，疏密有致，保持通风性好，塑造优美的树形。冬季要将长枝适当剪短，以利多发花枝。

病害有白锈病和褐腐病，白锈病用 50%萎锈灵可湿性粉剂 2 000 倍液喷洒，褐腐病用 50%甲基托布津可湿性粉剂 500 倍液喷洒。虫害有蚜虫和浮尘子危害，用 40%氧化乐果乳油 1 000 倍液喷杀。

2. 采收保鲜 当枝条上的小花花蕾充分透色时为其最适采收期，采切下来的花枝根据长度分级包装，冷藏贮运。

采花后要及时进行辅助修剪，对不适合采花的枝条要进行疏花，开过花的枝条，只保留基部 1～3 个芽即可，其余要全部摘除。

二、切枝红瑞木

红瑞木（*Cornus alba*），又名琼子木，山茱萸科梾木属，落叶观枝花灌木。冬季枝条红艳，用于切枝栽培。

（一）品种与特征

落叶灌木，高达 3 m；嫩枝橙黄色，秋冬后枝条变为紫红色，无毛，常被白粉。单叶对

生，卵形或椭圆形，长 4～9 cm，背面灰白色，秋季叶片经霜变红。伞房花序，顶生，花小，乳白色；果圆球形，白色略带蓝色。花期 5 月，果熟期 9 月。

(二) 生态习性

原产中国东北、华北及西北，朝鲜、西伯利亚也有分布；喜光，耐半阴，耐寒、耐湿，耐贫瘠，略喜湿润土壤。

(三) 繁殖技术

可用播种、扦插、分株繁殖，播种种子应进行层积催芽处理，否则会出现隔年发芽现象。秋季果实成熟后及时采摘堆沤几天，水洗净种后，在阴凉通风处自然晾干，11 月下旬浸种消毒后与湿沙按 1∶3 混拌均匀，盛装在容器中，放在冷凉环境中层积 120 d 以上，早春播种育苗。

在其切枝生产中，主要采用扦插法繁殖，在植株落叶后，从健壮的母株上剪取中等粗细的枝条，截成 12～15 cm 长的插穗。通过上平下斜的切口区分极性，50 根一捆绑好埋到土里，要将枝条全部埋入土中，适当浇水以保证土壤有一定湿度。待春季土壤解冻后，备好扦插苗床，将红瑞木枝条掘出，按株行距 15 cm×15 cm 的间距进行扦插，深度刚好与插穗一致，浇 1 次透水，覆盖地膜保温保湿，为防止苗床内温度过高，根据情况适度遮阳，或根据情况透气降温，否则插穗易先发叶而后长根，这样对繁殖成活率会有影响。经 2 个月左右，插穗生根，进行除草、施肥、病虫防治管理，翌年可以作为种苗出圃。

(四) 栽培管理

1. 栽培养护　露天地栽，宜选地势较高，阳光充足之处栽植；宜选用排水良好、富含腐殖质的沙质壤土。栽种密度为 1～2 株/m^2。红瑞木喜偏干土壤环境，除对幼株应该加强浇水管理之外，栽培 3 年以上的老株通常每年在春季萌芽前、冬季落叶后各浇水 1 次即可。生长旺盛季节，每半月施用磷酸二氢铵 1 次，以促使植株多发新枝。红瑞木喜日光照射充足之处，否则其枝条长度、颜色均会受到影响，特别是生长旺盛季节，日光照射不宜少于每天 4 h。每年春季植株萌芽前，要将老枝进行疏剪，以促多发新枝。如果植株抽枝较少，可在夏初摘心，这样才能保证有较高的产量。春季在野草萌芽时应该中耕 1 次，夏季高温阶段，要加强除草工作，保持环境适当通风即可。

2. 采收保鲜　从新株定植到采收成品大约需要 2 年，以后每年可以采收切枝，直至生长势转弱时再更新老株。当植株叶片完全自然脱落后为其采收适期，挑选树皮色泽呈紫红色的枝条从基部剪下，所收获的切枝在整理分级后 20 支为一束进行捆绑，放冷凉通风环境中贮存。

三、切枝金钟花

金钟花（*Forsythia viridissima*），又名黄金条、迎春条、细叶连翘，木樨科连翘属，落叶灌木。

(一) 品种与特征

落叶灌木，高达 1.5～3 m，枝直立性较强，小枝绿色，四棱形，节间髓呈薄片状，节部纵剖面无隔板。单叶对生，叶卵形至长椭圆形，长 5～10 cm，中上部有锯齿，下部全缘。花先叶开放，1～3 朵腋生，花钟状漏斗形，深黄色；花期 3～4 月，果成熟期 8～9 月；蒴果，扁卵形。

（二）生态习性

原产我国，朝鲜半岛也有分布，多生长在海拔500～1 000 m的沟谷、林缘与灌木丛中。喜光照，又耐半阴；耐热、耐寒、耐旱、耐湿；在温暖湿润、背风向阳处，生长良好。怕水涝，需肥较多，所以宜选用土层深厚、肥沃的土壤，喜钙质土壤，病虫害少。

（三）繁殖技术

可用扦插、压条、分株、播种繁殖，多采用播种或扦插法扩繁。8～9月采种，去皮选好种后，进行低温干藏，春播育苗。由于种子细小，最好在室内盆播，先将盆土浸透水，将种子均匀撒播于表面，然后覆一层过筛细土，10 d左右出苗，苗高10 cm后可移入苗圃中培养，适当遮阳并加强水肥管理，雨季及时排涝除草。扦插可3～4月剪取1～2年生枝条，进行硬枝插，也可5～6月剪取当年生枝条插穗10～15 cm，15 d左右开始生根，生根率较高，20～25 d可移栽于露地苗床。繁殖量小时，可压条分株。

（四）栽培管理

1. 栽培养护 露地栽培为主，也可盆栽。对土壤要求不严，盆栽要求疏松肥沃、排水良好的沙质土。地栽密度一般按2 m^2/株设计株距；浇水春、秋季1～2 d浇1次，夏季每日1～2次，冬季见土面干时再浇；地栽冬末春初应保持土壤湿润，以促进花芽膨大与开花。盆栽每半月施1次稀薄液肥，孕蕾期增施1～2次磷钾肥，可使花大色艳。地栽于冬、春开沟施1次有机肥即可。

每年花后剪去枯枝、弱枝、过密枝，短截徒长枝，使之通风透光，保持优美株形。只要注意改善栽培条件，加强科学管理，一般不会发生病虫害。春、秋移植，可施厩肥或粪水，来年开花繁盛。每年花后剪除枯枝、弱枝、老枝及徒长枝，促新枝萌发，调整树形，开花多。

2. 采收保鲜 在花蕾充分着色，有少许花冠张开时采收最适宜，根据枝条长度分级包装，在冷凉条件下贮运，不要夹压抽拽花枝，防止落蕾。

萌芽力较强，花芽生在去年枝的叶腋中。秋后及冬季提前剪去杂乱枝、老枝、弱小枝。可以盆栽结合地栽进行催延花期。

四、切枝棣棠

棣棠（*Kerria japonica*），又名地棠花、地团花、金棣棠、麻叶棣棠，蔷薇科棣棠属，落叶花灌木。春、夏季赏花，冬季观赏翠枝，是多用途新兴切花之一。

（一）品种与特征

落叶丛生灌木，高1.5～2 m；小枝绿色光滑，有棱。单叶互生，卵状椭圆形或三角状卵形，长3～8 cm，先端长尖，基部近圆形，缘有重锯齿，常浅裂，背面微被柔毛。花单生侧枝端，金黄色，径3～4.5 cm，花萼、瓣各为5；瘦果黑褐色。花期4～5月，可陆续开花，果熟期8月。栽培变种有重瓣棣棠花、金边棣棠花和银边棣棠花。

（二）生态习性

原产于我国黄河流域至华南、西南均有分布，秦岭地区及长江流域野生很多，日本也有分布。性喜阳，稍耐阴，喜温暖、湿润环境，对土壤要求不严，但以湿润肥沃的沙质壤土生长最旺。也较耐湿，有一定的耐寒性。根蘖萌发力强，能自然更新。

（三）繁殖技术

播种法繁殖，也可分株或扦插，北方地区多用分株或扦插法繁殖，对于不结实的重瓣棣棠也要用无性繁殖。分株法在春季芽萌动前将老根挖出，利刀切根分株，剪去枯干枝梢及老枝，分栽于土中，浇 2～3 次透水，以后视土壤墒情浇水。冬季之前分株亦可，注意分株后浇足封冻水。扦插繁殖一般于早春萌芽前，结合剪枝整形，剪取木质化程度高的枝条 10～15 cm，斜插入事先整细耕平的疏松土壤中，株行距 20 cm×20 cm，插后保持土壤湿润，待生根后进入正常管理。

（四）栽培管理

1. 栽培养护 在华北、华中、华东地区可以露地栽培，采用 80 cm 窄畦栽植，株距 1.2 m，由于每年采枝量比普通地栽修剪量大，植株冠幅一般控制在 1～1.2 m^2。定植前细致整地，施腐熟有机肥，浇底水，成活后正常养护。

棣棠切花栽培修剪工作是重要内容，花后宜将残花及枯枝剪除，若发现枝条死亡，由上逐渐向下延伸时应及时剪除，否则蔓延至根部会导致全株死亡。为促使第二年发枝多、长势旺，可在冬、春季对全株仅留 7 cm 左右长，以上全部剪除，并在根基周围施基肥。因花芽是在新梢上形成，故隔 2～3 年应剪除老枝 1 次，以促发新枝，多开花。棣棠生长期注意浇水，夏季除草，春秋两季酌施有机肥料两次，冬天灌足封冻水。

夏秋季棣棠偶有褐斑病、枯枝病及红蜘蛛和大蓑蛾等病虫害发生。可用 150～200 倍等量式波尔多液或 65%的代森锌可湿性粉剂 500 倍液进行防治，每 10～15 d 喷 1 次。

2. 采收保鲜 棣棠花期接近 2 个月，根据当地的气候及植株生长情况，分批采收以提高花枝长度和花材质量。在花枝 80%花蕾已膨大露色，近 1/3 花朵开放即可采收，按花枝长度分级包装，在 2～4 ℃条件下贮运，保持吸水，不能出现萎蔫。在秋冬季可采收成熟的1～2年生枝条用于观枝，在落叶后即可采切，根据长度分级，20 枝为一束包装，放冷凉处存贮。

考核评价
KAOHE PINGJIA

考核内容	考核标准	考核分值	自我考核	教师评价
专业知识	熟悉切枝植物种类	5		
	掌握切枝植物种苗繁殖知识	10		
	掌握切枝植物栽培知识	10		
	了解切枝植物保鲜知识	5		
技能训练	熟练操作银牙柳栽培、采收保鲜技术流程	10		
专业能力	会进行银牙柳、金钟花、红瑞木等切枝花卉的种苗繁育技术	10		
	会进行银牙柳、金钟花、红瑞木等切枝花卉的栽培、采收保鲜综合技术	10		
	能在切枝植物栽培过程中发现问题，分析原因，提出解决方案	10		
学习方法	网络信息查询； 专业书籍资料查询； 专业市场走访、调研； 勤于实践	10		

（续）

考核内容	考核标准	考核分值	自我考核	教师评价
能力提升	学会学习，良好的交流沟通能力； 工作学习主动积极，勤于思考，助人为乐； 养成善于观察、详尽记录的好习惯	10		
素质提升	做事积极主动，与人团结合作； 学习工作勤恳努力； 工作学习中能及时发现问题，能分析、解决问题； 富有创造性思维，对待新事物好学进取	10		

项目7 花卉应用

【项目背景】

中国素有“世界园林之母”的美誉，由于我国地大物博，气候多变，花卉种质资源丰富，尤其是经过多年的引种、驯化，培育了许多花卉新品种，进一步丰富了花卉植物资源，为花卉应用提供大量素材。用露地花卉与园林景观结合，用切花制作插花、花篮、花环、花束以及用盆花等，可创造优美舒适的劳动、生活和休憩环境；或应用花卉专为集会、展览场所、宾馆及居家环境进行美化布置，以突出主题，烘托或调和气氛。随着我国经济的快速发展和人民生活水平的提高，花卉将日益成为喜庆迎送、社交、生活起居和工作环境的必需和重要的组成部分。

花卉栽培的最终目的是应用，花卉应用的形式多种多样，根据应用的环境不同大体可分为室内应用与室外应用。

【知识目标】

1. 了解花卉室外应用的基本形式；掌握室外应用花卉的养护方法；
2. 明确花坛、花境等花卉配置原则和设计理念；
3. 明确室内绿化装饰的设计原则与理念；掌握室内绿化装饰的技术；
4. 明确插花艺术特点与基础知识；掌握各类插花技艺；
5. 明确组合盆栽的基本原则与理念；掌握组合盆栽设计与造型；
6. 掌握花卉组合盆栽养护管理技术。

【能力要求】

1. 会花坛、花境等的施工、种植和养护管理；
2. 根据室内环境要求，能进行室内绿化装饰；
3. 熟悉插花艺术的基础知识，会插制各类插花；
4. 根据花卉种类特点和应用方式，能进行花卉组合盆栽装饰；
5. 能对插花艺术、组合盆栽有一定的鉴赏能力，并能给予正确评价。

【学习方法】

花卉应用要注重理论与实践的紧密联系，要勤于观察，街头绿地、花坛花境都是课堂，不断学习，不断积累更多的知识充实自己。要博览群书，查阅相关专业的书籍与杂志，借鉴优秀花卉应用案例，结合时代审美特征，不断创造出有时代特征的花卉应用形式，为我们的学习、生活、工作创造出更加优美的环境。

任务7.1 室外花卉应用

任务目标
RENWU MUBIAO

1. 熟悉室外常用花卉的形态特征和生物学特性，掌握室外花卉应用形式；

2. 了解花坛、花境等花卉室外应用的基本形式；
3. 明确花坛、花境等花卉配置原则和设计理念，会组织施工；
4. 能进行花坛、花境等室外应用花卉的种植和养护管理。

任务分析
RENWU FENXI

室外花卉应用在花卉应用中占有很大的比重，特别是在一些盛大的节日期间，室外的花卉景观对于烘托节日气氛、美化人居环境方面有着显著的作用。通过本任务的学习，使学生掌握室外常用花卉的形态特征与生物学特性，掌握室外花卉应用的不同形式，掌握一定的美学原理，灵活运用花卉应用的原则、规律与方法设计出不同的花卉景观。

相关知识
XIANGGUAN ZHISHI

室外花卉主要包括有一、二年生的草本花卉、球根花卉、水生花卉、木本花卉等，常见的应用形式有花坛、花境、花台、花丛、水景园、藤本棚架、花廊、景观树等。通过对室外花卉合理应用，创造景观，体现出植物本身形态、色彩美，形成一幅幅美丽动人的画面，满足人们的休闲、游憩和观赏的需要，使人、城市和自然形成一个相互依存、相互影响的良好生态系统。

一、室外花卉应用形式

（一）花坛

花坛指具有一定的几何图形、配置各种低矮的观赏植物，构成色彩艳丽或美丽图案的植地。花坛所要表现的是观赏植物群体的色彩美以及由观赏植物群体所构成的图样，如构成一定的图案、纹样、文字和各种形象等。一般多设于广场和道路的中央、两侧及周围等处。

1. 花坛的特点 传统意义上的花坛是一种花卉应用的特定形式，与广义的花卉种植有所区别，因此花坛一般具有以下特征：

（1）花坛通常具有几何形的栽植床，因此属于规则式种植设计，多用于规则式园林构图中；

（2）花坛主要表现花卉组成的平面图案纹样或华丽的色彩美，不表现花卉个体的形态美；

（3）花坛多以时令性花卉为主体材料，因而需随季节更换材料，保证最佳的景观效果。气候温暖地区也可用终年具有观赏价值且生长缓慢、耐修剪、可以组成美丽图案纹样的多年生花卉及木本花卉组成花坛。

2. 花坛的类型

（1）按表现主题分类。花坛根据表现主题的不同分为盛花花坛和模纹花坛。

盛花花坛，又称花丛式花坛，以开花时整体的效果为主，表现出不同花卉的种或品种的群体及相互配合所显示的绚丽色彩与优美外貌。宜选用花色鲜艳，花朵繁茂，花期一致，花期长，高矮一致，在盛花期几乎看不到枝叶又能良好覆盖花坛土面的花卉，如三色堇、金盏菊、金鱼草、紫罗兰、福禄考、石竹类、百日草、一串红、万寿菊、孔雀草、美女樱、菊花类等。

模纹花坛以精细的图案为表现主题，又称为毛毡花坛、图案式花坛等。主要由植株低

矮、株丛紧密、生长缓慢、耐修剪的观叶植物或花叶兼赏的植物组成，如五色苋类、三色堇、雏菊、半支莲等。为表现群体组成的精美图案或装饰纹样，要经常修剪以保持其原有的纹样。模纹花坛表现的图案除平面的文字、钟面、花纹等，也可以是花篮、花瓶、动物或亭、桥、柱等建筑小品，这种花坛常以骨架造型，在其表面种植花草以形成立体效果。

（2）按空间位置分类。根据花坛在空间位置的不同分为平面花坛、斜面花坛和立体花坛。

平面花坛指花坛表面与地面平行，观赏花坛平面效果；斜面花坛指花坛设置在斜坡上或阶地上，也可以有台阶上，花坛表面是斜面；立体花坛是向空间伸展，具有竖向景观，是一种超出花坛原有含义的布置形式，以四面观赏为多，有造型花坛、标牌花坛等形式。

（二）花境

花境是模拟自然界中各种野生花木交错生长的情景，经过艺术处理设计而成的形状各异、规模不一的自然式花带。花境一般利用露地宿根花卉、球根花卉及一、二年生花卉，栽植在树丛、绿篱、栏杆、绿地边缘、道路两旁及建筑物前，以带状自然式栽种，主要表现的是自然风景中花卉的生长的规律。因此，花境不但要表现植物个体生长的自然美，更重要的是还要展现出植物自然组合的群体美。

1. 花境的特点

（1）花境有种植床，种植床两边的边缘线是连续不断的平行直线或几何曲线；

（2）花境植床的边缘要求有低矮的镶边植物，或设有边缘石；

（3）单面观赏的花境需设有装饰围墙、绿篱、树墙或格子篱等背景，通常呈规则式种植。

（4）花境内部的植物配置是自然、块式混交，基本构成单位是花丛，每组花丛由5～10种花卉组成，每种花卉集中栽植。

（5）花境主要表现花卉群丛平面和立面的自然美，既表现植物个体的自然美，又表现植物自然组合的群落美。

（6）花境配置植物要有季相变化，四季（三季）美观，每季有3～4种花为主基调开放，形成季相景观。

2. 花境的类型

（1）单面花境。单面观赏花境植物配置由低到高，形成一个面向道路的斜面。常以建筑物、矮墙、树丛、绿篱等为背景。

（2）双面花境。双面观赏花境中间植物最高，两边逐渐降低，其立面应该有高低起伏错落的轮廓变化，供两面观赏。

（3）对应式花境。在园路的两侧、草坪中央或建筑物周围设置相对应的两个花境，多采用对称的手法，以求有节奏和变化。

（三）花台

花台是高出地面栽种花木的种植设施，常用的花台是砌成40 cm高的矮墙，内种各种花卉，类似花坛而面积常较小。设置于庭院中央或两侧角隅，也有与建筑相连且设于墙基、窗下或门旁。花台可以分为规则式和自然式两种；规则式花台外形有圆形、方形、多边形、带形，自然式花台多见于自然景观布置绿地；花卉的选择高矮不限，但以茎秆挺直、不易倒伏、植株丰满整齐、花朵繁密者为宜。

二、花卉室外应用原则

室外花卉应用的对象是具有鲜活生命力的植物材料，植物材料除了具有美学要素外，还同时具有生物学特征。如果花卉不能正常、健康地生长，也很难表现出特有的观赏性和园林效果，因此在应用中须遵循基本的原则。

（一）科学性的原则

1. 遵循花卉生物学特性 由于每一种花卉的生物学特性不相同因而栽培方式不同，只有对它们进行充分的了解，在进行花木配置时还要考虑到树木花草的季节变化，力争月月有花、季季有景。

2. 掌握花卉对环境的适应性 土、水、肥、阳光、温度是构成花卉生长的五条基本要素，各种花卉因其产地不同、习性不同，对五条要素的要求也不同。有些花在南方长势很旺，到了北方就萎谢；有些在露地生长良好，移到花盆就枯黄。应用设计中要做到适花适地、适地适花。

3. 了解自然界植物群落结构特征 植物配置就要遵循植物生长的自身规律及对环境条件的要求，因地制宜，合理配置，使各类植物喜阳耐阴，喜湿耐旱，各重其所。种植设计中常常根据自然界植物群落的规律，将不同类型的乔木、灌木和草本植物合理配置在同一面积中组成复层结构。以光照为例，群落上层光照强，适合高大、喜阳的乔木；中层光线弱，适合耐半阴的灌木；下层光线最弱，只能适合喜阴性的草本、地被生长，只有这样各类各层植物各得其所，才能和谐相处。

（二）艺术性原则

1. 形式美 植物配置要讲求形式，注重比例协调、动势均衡、节奏韵律的体现。对树木花草进行合理搭配，充分利用对比、烘托、均衡等艺术手法；注意整体与局部的统一，水平与垂直层次的协调，平面绿化与垂直绿化相结合。

2. 色彩美 色彩表现的形式一般以对比色、邻补色、协调色体现较多，对比色相配的景物产生对比的艺术效果，给人强烈醒目的美感，而邻补色就较为缓和给人以淡雅和谐的感觉。如昆明大观楼公园的荷花塘，当雨后天晴，绿色荷叶上雨滴滚动，荷花怒放时，正如一幅水墨画，给人自然的美；如某道路分车带，配置以疏林草地，以白色的护栏为背景，也能感到清新；公园花坛、绿地中常用橙黄的金盏菊和紫色的羽衣甘蓝相配置，色彩热烈而统一。这些植物色彩配置就是科学巧妙地运用了色彩的颜色、层次，给人们一种美的享受。

3. 意境美 花卉应用中常运用花卉的色、形、香、韵来发掘其文化内涵，创造意境。如松柏耐寒，抗逆性强，视为坚强；松树寿长，故有“寿比南山不老松”之句，以松表达祝福长寿之意；再如荷花被认为“出污泥而不染，濯清莲而不妖”是君子的象征；紫荆表示兄弟和睦；含笑表深情；牡丹因艳丽而表富贵，这些都是运用植物的人格化特点与内涵来创造意境空间。

（三）适用性原则

适用是园林绿化设计的基本原则之一，花卉室外应用应满足园林绿化的功能要求。不同类型的园林绿化功能差别很大，在应用设计时，应考虑这些功能的实现，而非单纯考虑观赏的需要。

另外，还要注意形式多样化，注重开发野生花卉的应用，强调生物多样性与生态效益。

三、花卉在室外应用的养护

花卉在园林应用中必须有合理的养护管理，定期更换，才能生长良好和充分发挥其观赏效果。

1. 栽植与更换　作为重点美化而布置的一、二年生花卉，全年需进行多次栽植与更换，才可保持其鲜艳夺目的色彩。必须事先根据设计要求进行育苗，至含蕾待放时移栽花坛，花后给予清除更换。

有些蔓性或植株铺散的花卉，因苗株长大后难移栽，另有一些是需直播的花卉，都应先盆栽培育，至可供观赏的脱盆植于花坛。近年国外普遍使用纸盆及半硬塑料盆，这给更换工作带来了很大方便。

球根花卉按种类不同，分别于春季或秋季栽植。由于球根花卉不宜在成花后移植或花落后即掘起，所以对于植株幼小或枝叶稀少种类，栽植初期，在株行间，配置一、二年生花卉，用以覆盖土面并以其枝叶或花朵来衬托球根花卉，是相互有益的。

2. 土壤要求与施肥　对于多年生花卉的施肥，通常是在分株栽植时作基肥施入；一、二年生花卉主要在圃地培育时施肥，移至花坛仅供短期观赏，一般不再施肥，只对花期长的种类根据需要追液肥1～2次。

3. 修剪与整理　要经常将残花、果实及枯枝黄叶剪除；毛毡花坛需要经常修剪，才能保持清晰的图案与适宜的高度；对易倒伏的花卉需设支柱；其他宿根花卉、地被植物在秋冬茎叶枯黄后要及时清理或刈除；需要防寒覆盖的可利用这些干枝叶覆盖，但应防止病虫害藏匿及注意田园卫生。

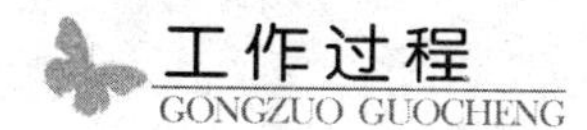

工作过程
GONGZUO GUOCHENG

以盛花花坛的设计施工为例：

一、植物选择

以观花草本为主体，可以是一、二年生花卉，也可用多年生球根或宿根花卉。可适当选用少量常绿、彩叶及观花小灌木作辅助材料。

一、二年生花卉为花坛的主要材料，其种类繁多，色彩丰富，成本较低；球根花卉也是盛花花坛的优良材料，色彩艳丽，开花整齐，但成本较高。适合作花坛的花卉应株丛紧密、着花繁茂，理想的植物材料在盛花时应完全覆盖枝叶，要求花期较长，开放一致，至少保持一个季节的观赏期。如为球根花卉，要求栽植后开花期一致；所选植物花色鲜艳，有丰富的色彩幅度变化，能体现色彩美。

二、色彩设计

盛花花坛表现的主题是花卉群体的色彩美，因此在色彩设计上要精心选择不同花色的花卉巧妙的搭配。一般要求鲜明、艳丽，如果有台座，花坛色彩还要与台座的颜色相协调。

对比色应用，如堇紫色＋浅黄色（堇紫色三色堇＋黄色三色堇、藿香蓟＋黄早菊），橙色＋蓝紫色（金盏菊＋雏菊、金盏菊＋三色堇），绿色＋红色（扫帚草＋星红鸡冠）等。

暖色调应用，类似色或暖色调花卉搭配，色彩不鲜明时可加白色以调剂并提高花坛明亮度。这种配色鲜艳，热烈而庄重，在大型花坛中常用。如红＋黄或红＋白＋黄（黄早菊＋白早菊＋一串红或一品红、金盏菊或黄三色堇＋白雏菊或白色三色堇＋红色美女樱）。

同色调应用，这种配色不常用，适用于小面积花坛及花坛组，起装饰作用，不作主景。如白色建筑前用纯红色的花，或由单纯红色、黄色或紫红色单色花组成的花坛组。

色彩设计中还要注意一个花坛配色不宜太多，一般花坛 2～3 种颜色，大型花坛 4～5 种。配色多而复杂难以表现群体的花色效果，显得杂乱；在花坛色彩搭配中注意颜色对人的视觉及心理的影响。如暖色调给人在面积上有扩张感，而冷色则收缩，因此设计各色彩的花纹宽窄、面积大小要有所考虑。如为了达到视觉上的大小相等，冷色用的比例要相对大些才能达到设计意图。花坛的色彩要和它的作用相结合考虑。装饰性花坛、节日花坛要与环境相区别，组织交通用的花坛要醒目，而基础花坛应与主体相配合，起到烘托主体的作用，不可过分艳丽，以免喧宾夺主。

三、图案设计

外部轮廓主要是几何图形或几何图形的组合。花坛大小要适度，在平面上过大在视觉上会引起变形。一般观赏轴线以 8～10 m 为度。现代建筑的外形多样化、曲线化，在外形多变的建筑物前设置花坛，可用流线或折线构成外轮，对称、拟对称或自然式均可，以求与环境协调。内部图案要简洁，轮廓明显。忌在有限的面积上设计烦琐的图案，要求有大色块的效果。

盛花花坛可以是某一季节观赏，如春季花坛、夏季花坛等，至少保持一个季节内有较好的观赏效果。但设计时可同时提出多季观赏的实施方案，可用同一图案更换花材，也可另设方案，一个季节花坛景观结束后立即更换下季材料，完成花坛季相交替。

四、花坛植物的种植施工

1. 整地翻耕 花卉栽培的土壤必须深厚、肥沃、疏松，因而在种植前，要先整地，一般深翻 30～40 cm，除去草根、石头等杂物，施适量肥性好而又持久的已腐熟的有机肥作为基肥。

2. 砌边 不一定呈水平状，它的形状也可以随地形、位置、环境自由处理成各种简单的几何形状，并带有一定的排水坡度。平面花坛，一般采用青砖、红砖、石块砌边，也有用草坪植物铺边的。有条件的还可以采用绿篱及低矮植物（如葱兰、麦冬）以及用矮栏杆围边保护花坛免受人为破坏。

3. 起苗栽植 裸根苗应随起随栽，起苗应尽量注意保持根系完整。盆栽花苗，栽植时，最好将盆退下，但应注意保证盆土不松散。平面花坛，由于管理粗放，除采用幼苗直接移栽外，也可以在花坛内直接播种。出苗后，应及时进行间苗管理。同时应根据需要，适当施用追肥。追肥后应及时浇水，球根花卉，不可施用未经充分腐熟的有机肥料，否则会造成球根腐烂。

技能训练
JINENG XUNLIAN

国庆花坛种植设计

（一）训练目的

通过实训，了解花坛在园林中的应用，以及掌握花坛种植设计的基本原理和方法，并达到能实际应用的能力。

(二) 材料用具

一串红、万寿菊、羽衣甘蓝（红、白）、有机肥、铁锹、水桶、水管、卷尺、石灰等。

(三) 方法步骤

1. 制作设计图样　初步确定用羽衣甘蓝（红、白）镶边，一串红为底色，万寿菊做“欢度国庆”四个大字。

2. 整地　按照绿化布局的指定位置，翻整土地20～25 cm深，除去石块、树根和杂草，覆盖一层腐殖土作基肥。

3. 放样　按设计要求平整放样出草花栽植的位置，四周可用羽衣甘蓝（红、白）作边饰。

4. 挖栽植穴　一般的穴径与深度要大于袋苗，5 cm左右。

5. 施肥　将有机肥均匀拌和土壤再放入植穴底部。

6. 栽植　将袋苗脱袋植入穴中，调整观赏面向，若植株有明显高矮不一时，具体种植以前低后高为原则。注意为了减少水分的蒸发，不要在烈日下进行栽种。

7. 覆土　种植深度略高于原袋苗的根茎交接处，不宜埋入太多植株茎部。覆土后将土壤压实。

8. 浇水　栽植完后，尽快浇水并且要充分；水分不能直接浇到花朵上。浇水时间一般在早上或傍晚，水质以天然雨水、池塘水为宜，不要使用深井内的硬水或海水、盐碱水。

(四) 作业

每人完成一套花坛图案设计平面图［1∶(500～1 000)］，并附上其设计说明书，说明定植方式、株行距、用花量及养护管理措施。

知识拓展
ZHISHI TUOZHAN

其他花卉室外应用形式

一、岩石园

(一) 概念

借鉴自然山野崖壁、岩缝或石隙间野生花卉所显示的自然景观，结合土丘、山石、溪涧等造景变化，点缀各种岩生花卉，所形成的装饰性绿地称为岩石园。

(二) 选择建园材料

1. 合适的植物材料　所选的植物具有如下特点：植株低矮，生长缓慢，生长周期长；耐贫瘠，抗逆性强；多年生宿根、球根、小灌木等。常用的有卷柏、铁线蕨、石竹、杜鹃、龙胆、报春等。

2. 岩石材料　要求选择透气性能好，贮水能力强的材料，通常选用石灰岩、砾岩、沙岩，石体表面起皱，自然。

3. 土壤条件　要求矿质成分多，排水又保水，掺入苔藓、腐叶土调节好酸碱度，有利于植物生长。

(三) 类型

以园的外貌出现，其风格有自然式和规则式。此外有墙园式及容器式。结合温室植物展览，还专辟有高山植物展览室。

二、水生花卉的应用

这里所指的水生花卉，不仅限于植物体全部或大部分在水中生活的植物，也包括适应于沼泽或低湿环境生长的一切可观赏的植物。有些沉水植物虽无观赏价值，却可以增加水中氧气含量，或能制约有害藻类，能净化水质，所以在应用水生花卉时，要求适当考虑有助于水体生物平衡的其他水生植物，包括菌藻类。水生花卉常植于湖水边点缀风景；也常作为规则式水池的主景；专门设置水景园或沼泽园。

（一）水景园

在园林景观中常需要创造溪涧、跌水、瀑布等水景，在湖泊池沼，水面水边常种植多种水生植物。这种以水体和水生花卉为主的绿地称为水景园。

1. 类型 设计布局上分为规则式、自然式；按照种类分为综合型和专类型。

2. 常用植物 除了水面和水中自然生长的植物，还包括小溪、水边生长的植物。

水体周围乔灌木与花卉：柳属植物、落羽杉、落新妇、绣线菊、萱草；

水面植物：荷花、荇菜类、芡实、菱、水浮莲；

水际植物：大多数水际植物生长在湿土到水面 15 cm 处的水中，有的深到 50 cm 处，多为观叶类，通常有剑叶和箭叶形状，如菖蒲、芦苇、慈姑、泽泻、鸢尾、水芋等；

沼园植物：沼泽马利筋、紫菀属、落新妇、萱草属、泽兰属、玉簪属等。

3. 常见水体植物配置 水体的植物配置，主要是通过植物的色彩、线条以及姿态来组景和造景的。不同的水体，植物配置的形式也不尽相同。规则式的水体，往往采用规则式的植物配置，多等距离的种植绿篱或乔木，也常选用一些经过人工修剪的植物造型树种，如一些欧式的水景花园。自然式的水体，植物配置的形式则多种多样，利用植物使水面或开或掩；用栽有植物的岛来分割水面；用水体旁植物配置的不同形式组成不同的园林意境等。

（1）水边的植物配置。我国园林中自古水边主张植以垂柳，同时在水边种植落羽松、水杉及具有下垂气根的小叶榕等，注意应用探向水面的枝、干，起到增加水面层次和富有野趣的作用。

（2）驳岸的植物配置。驳岸分为土岸、石岸、混凝土岸等，其植物配置原则是既能使山和水融成一体，又对水面的空间景观起着主导作用。土岸边的植物配置，应结合地形、道路、曲曲弯弯，自然有趣。石岸线条生硬、枯燥，植物配置原则是露美、遮丑，使之柔软多变，一般岸边配置垂柳和迎春，让细长柔和的枝条下垂至水面，遮挡石岸，同时配以花灌木和藤本植物，如变色鸢尾、黄菖蒲、燕子花、地锦等来局部遮挡，增加活泼气氛。

（3）水面植物配置。水面景观低于人的视线，与水边景观呼应，加上水中倒影，最宜观赏。水中植物配置用荷花，以体现“接天莲叶无穷碧，映日荷花别样红”的意境。但若岸边有亭、台、楼、阁、榭、塔等园林建筑时，或设计中有优美树姿、色彩艳丽的观花、观叶树种时，则水中植物配置切忌拥塞，留出足够空旷的水面来展示倒影。

（4）堤、岛的植物配置。堤、岛的植物配置，不仅增添了水面空间的层次，而且丰富了水面空间的色彩，倒影成为主要景观。其中环岛以柳为主，间植侧柏、合欢、紫藤、紫薇等乔灌木，疏密有致，高低有序，具有良好的引导功能。

（二）沼泽园

主要选择生长于浅水或池塘周围潮湿的土壤里的植物，在水、陆之间起过渡和柔化作用，如水生鸢尾，千屈菜等。荷兰、英国等国的园林中常有大型、独立的沼泽园。一种是在沼泽园中打下木桩，铺以木板路面，使游人可沿木板路深入沼泽园，去欣赏各种沼生植物；另一种没有路导入园内，只能沿园周观赏。而小型的沼泽园则常和水景园结合，为水池延伸部分。沼泽园底部填上卵石，再在上面铺以粗草炭与黏土混合的种植基质，最上面再覆盖一层石砾，沼生植物可直接种于沼泽园中。

（三）水缸栽植

小型庭园中可以用水缸、水盆栽植一些水生植物，组成景观小品。

三、木本花卉的绿化应用

（一）绿篱

由灌木或乔木以相等的株行距，单行或几行排列而构成的密集林带，也称为绿墙。

根据观赏要求不同分为常绿绿篱、花篱、观果篱、刺篱、落叶篱、蔓篱等。

绿篱植物的选择通常要求长势强健，萌发力强，耐修剪；叶子细小，枝叶稠密；底部与内部枝条不易凋落；病虫害较少，管理方便；对城市污染抗性较强，如大叶黄杨、小叶黄杨、金叶女贞、杜鹃、海桐、爬蔓月季、蔷薇类、火棘、侧柏等。

（二）棚架

棚架是攀缘植物在一定空间范围内，借助于各种形式、各种构件构成的。如花门、绿亭、花榭等生长，并组成景观的一种垂直绿化形式。

棚架从功能上可分为经济型和观赏型。经济型选择要用植物类，如葫芦、茑萝等，生产类如葡萄、丝瓜等。而观赏型的棚架则选用开花观叶、观果的植物。

砖石或混凝土结构的棚架，可选择种植大型藤本植物，如紫藤、凌霄等；竹、绳结构的棚架，可选择种植草本攀缘植物，如牵牛花、茑萝、啤酒花、香豌豆、铁线莲等；混合结构棚架，可使用爬山虎、凌霄花等草本木本攀缘植物结合种植。

（三）花廊

利用金属、水泥、竹木等架设成较长的走廊，并种植蔓性观赏植物攀缘布满廊架，以达到遮阳、休息、观赏、装饰等的应用形式。常用植物有紫藤、凌霄、葡萄、木香、藤本月季、金银花、九重葛等攀缘植物。

（四）护坡及墙面

1. 护坡绿化　用各种植物材料，对具有一定落差的坡面起到保护作用的一种绿化形式。包括大自然的悬崖峭壁、土坡岩面以及城市道路两旁的坡地、堤岸、桥梁护坡和公园中的假山等。护坡绿化注意色彩与高度要适当，花期要错开，要有丰富的季相变化。因坡地的种类不同而要求不同。

河、湖护坡有一面临水，空间开阔的特点，选择耐湿、抗风的植物。

道路、桥梁两侧坡地绿化应选择吸尘、防噪、抗污染的植物。而且所选的植物不得影响行人及车辆安全，并且姿态优美。

2. 墙面绿化　泛指用攀缘植物装饰建筑物外墙和各种围墙的一种立体绿化形式。适于作墙面绿化的植物一般是茎节有气生根或吸盘的攀缘植物，其品种很多。如：爬山虎、五叶地锦、扶芳藤、凌霄等。

墙面绿化的植物配置受墙面材料、朝向和墙面色彩等因素制约。粗糙墙面，如水泥混合沙浆和水刷石墙面，攀附效果最好；墙面光滑的，如石灰粉墙和油漆涂料，攀附比较困难；根据墙面朝向不同，选择生长习性不同的攀缘植物。

墙面绿化种植形式大体分两种。一是地栽，沿墙面种植，植物根系距墙体 15 cm 左右，苗稍向外倾斜；二是种植槽或容器栽植。

考核评价
KAOHE PINGJIA

考核内容	考核标准	考核分值	自我考核	教师评价
专业知识	明确花坛、花境花卉配置原则和设计理念	10		
	掌握花坛、花境等室外花卉应用的形式	15		
	掌握花坛、花境等花卉种植管理要求	15		
技能训练	国庆花坛种植设计	10		
专业能力	具备花卉室外应用能力	10		
	会组织花坛、花境等室外花卉应用的施工	10		
学习方法	网络信息查询； 专业书籍资料查询； 专业市场走访、调研； 勤于实践	10		
能力提升	学会学习，良好的交流沟通能力； 工作学习主动积极，勤于思考，助人为乐； 养成善于观察、详尽记录的好习惯	10		
素质提升	做事积极主动，与人团结合作； 学习工作勤恳努力； 工作学习中能及时发现问题，能分析、解决问题； 富有创造性思维，对待新事物好学进取	10		

任务 7.2　室内绿化装饰

任务目标
RENWU MUBIAO

1. 明确室内绿化装饰的设计原则与理念；
2. 熟悉室内绿化装饰技巧；
3. 掌握室内绿化装饰的方式方法；

4. 会根据室内不同场景进行绿化装饰。

任务分析
RENWU FENXI

室内绿化装饰就是把浓缩的生态环境、美妙的大自然搬回家，使室内装饰形成一个自然的生态环境，让人们调养生息，利于健康。本任务在明确室内绿化装饰的意义、基本原则的基础上，掌握室内不同环境绿化装饰的基本手法，并学会在实际生活中加以运用。

相关知识
XIANGGUAN ZHISHI

花永远是美好的装饰品，它的美丽可以使任何空间显得生机盎然，人需要在有限的环境里去寻找绿色的世界和舒适的精神生活，花永远是人类生活最好的伴侣。人们爱花的色彩美、形态美、芳香美，而更爱花的风韵美，花的风韵美是各种自然属性美的凝聚和升华，它体现了花的风格、神态和气质。

绿化装饰就是运用美好原理，将植物经过人为的艺术加工，表现自然美的造型艺术，具有新颖别致、生动形象、和谐完整、多样统一、使人赏心悦目等特点，达到美化装饰，点缀烘托，渲染主题的效果，它能集自然之丽，顺自然之趣，觅自然之韵，美化环境，陶冶情操，消除疲劳，使人们身心健康，提高生活品味。

一、绿化装饰基本原则

绿化装饰设计要以自然为根，以人为本，实现高层次的人与自然的和谐统一为总则，依据环境条件，功能要求等进行，具体表现在以下几个方面：

1. 明确主题 植物装饰要有明确的主题，围绕主题进行设计，使植物环境氛围相融合，构成美丽的画面。植物装饰的主题应依据功能要求来确定，如社会活动、接待客人洽谈工作等场所，应体现宽敞大方、热情态度，设计时宜选择有一定体量和色彩感的植物；相反在书房等需要幽静的场所，应选择姿态优美、简洁玲珑、色泽淡雅的植物来装饰。

在装饰过程中，主景是核心，它既要体现主调，又要醒目，有艺术感。

2. 虚实对比 环境的装饰既要有充实的内容，又要留些空白空间。有虚有实，虚实对比才会生动，才有美感。

虚，就是留空白。在装饰设计中留有空白，既避免臃肿、闭塞之嫌，又给人以驰骋想象的空间，因而，才更显美丽动人。

实，在绿化装饰中就是指植物主体。布景时植物要兼有疏密、层次起伏，做到有虚有实，虚实对比，才能有艺术效果，切忌以多取胜，适得其反。

3. 风格统一 在绿化装饰中所选用的植物及配套器具应与环境氛围相协调统一。

此外，绿化装饰也可按主人的个性和爱好来进行选择，还可根据环境和季节的变化，用不同的植物材料进行盆艺组合（或落地、或几架、或吊挂）作装饰，形成环境和季相的变化。

4. 比例适当 比例大小应该是装饰艺术构图中的基本要素。尺度得当，显得真实自然，给人以舒适的感觉。此外，还要注意植物大小应与家具或其他各种装饰物体，包括花器、花架等大小相适宜。只有这样，才能充分显示出环境的优美；否则，重心不稳、拥塞郁闭、单调空虚，难以取得良好的效果。

5. 色彩协调 色彩在装饰艺术中至关重要，在视觉艺术中更是艺术家孜孜不倦研究的对象之一。色彩既是精神的，又是物质的；既是相互排斥的，又是相互渗透的，对立统一的。在绿化设计中，植物的色彩要根据环境色彩的设计以及采集条件等整体加以考虑，营造出色彩和谐、具有吸引力的环境，才能使人感到舒适。

在绿化装饰设计中，还要考虑与季节、时令相协调。如夏季，可选用冷色调花卉，让人在炎热的季节里感到清凉爽快；冬季，可选用暖色调花卉，使人在严冬里感到温暖。

一般在较大的环境里，大多采用色彩度高、色彩亮丽的植物。在空间较小的书房、卧室处，则以冷色调或中性植物为主，能给人以清淡、温馨、静谧舒适的感觉。

二、绿化装饰的技巧

绿化装饰是一种主体艺术的创作过程，须根据环境空间的大小，采光情况，家室陈设等来合理选择植物高度，充分利用照明条件，借镜创景，巧妙运用布局手法等技巧来进行，使绿化装饰与环境达到房屋人协调统一。

1. 合理选择植物高度 高度不同，视觉会随之发生变化，从上朝下俯视与从下往上仰视，所看到的姿态与情趣大不一样。如将较低矮的绿饰植物放置在几架上，可以起到引导人视线、衬托空间高度的作用。仰视时，空间会变得较高大。有时也可选择较高大的绿饰植物放于空间没有装饰处，使空间得到充实。

2. 充分利用照明条件 有的环境由于光照不足，绿饰植物的主体感不强，缺少层次感，此时如用照明进行局部补光，则能充分显示植物的舞美效果。

3. 借镜创景 就是利用镜面的成像原理，使之产生“镜中有景”，达到延伸空间深度的效果。

4. 巧妙运用布局手法 在绿化装饰设计布局中，还要注意点状、线状和面状的布置手法。

点状布景是将独立或组合设置的盆栽花卉摆放于几架、台面上或吊挂于空中，以突出其注目的观赏效果。

线状布置是将花卉栽植于花槽内，或将盆栽连续而有规则地摆放成一排或几排，通常应用于庭园、边口、走廊或门厅处，也有将下垂的植物置于阳台边口或环境分割的空间处进行线状布置。

面状布置是将不同高度的植物进行错落有致的搭配，形成一个生动的画面，显示出群体美，可以增强环境陈设的厚重感。

三、绿化装饰方式

室内花卉装饰方式多样，主要有摆放式、悬挂式、壁挂式、镶嵌式、攀缘式等。

(一) 摆放式

摆放式是室内花卉装饰最常用和最普遍的装饰方式，包括点式、线式和片式 3 种。其中以点式最为常见，即将盆栽植物置于桌面、茶几、柜角、窗台及墙角，构成绿色视点。线式和片式是将一组盆栽植物摆放成一条线或组织成自由式、规则式的片状图形，起到组织室内空间、区分室内不同用途场所的作用，或与家具结合，起到划分范围的作用。几盆或几十盆组成的片状摆放，可形成一个花坛，产生群体效应，同时可突出中心植物主题。

此方法灵活性强，调整容易，管理方便，是最常用的方法。一般应根据居室面积和陈设空间的大小来选择绿化植物。客厅是家庭活动的中心，面积较大，宜在角落里或沙发旁边放置大型的植物，一般以大盆观叶植物；如棕榈树、橡皮树、龟背竹等高度较高、枝叶茂盛、色彩浓郁的植物；而窗边可摆设四季花卉，如枝叶纤细而浓密的网纹草或亮丝草、文竹等植物；门厅和其他房间面积较小，只宜放点小型植物；一般房间的植物，最好配置集中在一个角落或视线所及的地方。若感单调，再考虑分成一两组来装饰，但仍以小巧者为佳。切忌整个厅内绿化布置过多，要有重点，否则会显得杂乱无章，俗不可耐。

（二）悬挂式

利用金属、塑料、竹、木或藤制的吊盆吊篮，栽入具有悬垂性的植物（如吊兰、天门冬、常春藤等），悬吊于窗口、顶棚处，枝叶婆娑，线条优美多变，点缀空间，增加气氛。由于悬吊的植物会使人产生不安全感，因此在选择悬吊地点时，应尽量避开人们经常活动的空间。也可利用各式吊篮栽植蔓生植物或花卉，悬吊于室内的天花板、墙壁窗或柜上。这种手法占地较小，引人注目。而盆吊植物的高度，尤其是以视线仰望的，其位置和悬挂方向一定要讲究，以直接靠墙壁的吊架、盆架置放小型植物效果最佳。在室内较大的空间内，结合天花板、灯具，在窗前、墙角、家具旁吊放有一定体量的喜阴悬垂植物，可改善室内人工建筑的生硬线条造成的枯燥单调感，营造生动活泼的空间立体美感，且“占天不占地”，可充分利用空间。

悬挂可直接用吊盆种植悬空吊挂，也可用普通花盆种植，然后另用吊具（竹篮或绳制吊篮）盛放花盆吊挂，或直接放在厨顶、高脚几架朝外垂下。现今在许多宾馆、商场和商务活动的高级写字楼，进入大厅时常见迎面上方筑有一条长列式的种植槽，成列种植小叶绿萝或常春藤、金钱豹等，沿壁悬垂，犹如绿色瀑布直奔而下，十分壮观。

（三）壁挂式

室内墙壁的美化绿化，深受人们的欢迎和喜爱。壁挂式有挂壁悬垂法、挂壁摆设法、嵌壁法和开窗法。预先在墙上设置局部凹凸不平的墙面和壁洞，供放置盆栽植物；或在地面放置花盆，或砌种植槽，然后种上攀附植物，使其沿墙面生长，形成室内局部绿色的空间；或在墙壁上设立支架，在不占用地面的情况下放置花盆，以丰富空间。

壁挂式装饰像是一幅立体活壁画，景观独特、极富情趣，采用这种装饰方法时，应主要考虑植物的姿态和色彩，以悬垂攀附植物材料最为常用。紧贴墙壁、角隅或柱面，悬挂特制的、一面平直的塑料花盆，选用耐阴、耐旱、管理粗放的花卉，如仙人掌、吊兰、绿萝；亦可用鲜插花。

（四）镶嵌式

在墙壁及柱面适宜的位置，镶嵌上特制的半圆形盆、瓶、篮等造型别致的容器，内装轻介质，栽上一些别具特色的观赏植物；或在墙壁上设计制作不同形状的洞柜，摆放或栽植下垂或横生的耐阴植物，形成具有壁画般生动活泼的效果。可做成梯级式花架，摆放花盆错落有致、层次分明。顶棚或墙壁装一盏套筒灯或射灯，夜晚灯光照在花木上缤纷绚丽，美在其中。栽植时要大小相间，高低错落。也可将种植容器制作成各种形状（如三角形、半圆形等），镶嵌在柱子、墙壁等竖向空间，在其上栽种叶形纤细、枝茎柔软的植物，装饰成一幅幅精致的“壁画”。

（五）攀缘式

将攀缘植物植于种植床或盆内，上设支柱或立架，使其枝叶向上攀缘生长，形成花柱、花屏风等，形成较大的绿化面。

当大厅和餐厅等室内某些区域需要分割时，可采用攀附植物，或者某种条形或图案花纹的栅栏再附以攀附植物进行隔离。攀附材料应在形状、色彩等方面与攀附植物协调，以使室内空间分割合理、协调、实用。在阳台、墙角或楼梯处摆放攀缘植物，可造成扶疏绿叶布满墙壁或天棚之景。对茎蔓长有气生根的植物，用绳网或支架使其向上攀缘，布满墙壁或天棚，在室内塑一片绿茵环境。在酷暑天气，身居其境，会使人倍感清幽凉爽；如在寒冬腊月，又感春意盎然。或用它形成绿色屏风，此外还可立杖于盆中央，让其攀缘而上，也别具新意，宛如腾龙跃起，气势浩大壮观。牵牛花、茑萝、夜来香、盆栽葡萄等攀缘植物置于居室角隅、门厅两侧等处，形态独异，枝叶葱郁，花开吐妍，颇有雅趣。

（六）其他形式

1. 栽植式　这种装饰方法多用于室内花园及大厅等有充分空间的场所。栽植时，多采用自然式，即平面聚散相依、疏密有致，并使乔灌木、草本植物和地被植物组成层次，注重姿态、色彩的协调搭配，模拟自然景观，给人以回归自然之感。

2. 盆栽式　这是一种最常用的装饰形式，盆栽的植物可从几厘米到几米高。体量高大的盆栽花卉摆在地面上，中小盆一般放在几架、厨顶或组合柜上，也可用立体花架或活动花架摆放，还可群集组成小花坛或种植槽条列式摆放，如宾馆的门厅、展厅、会场、商场的道口等。

3. 水养式　这是利用水生植物，用水盆或玻璃器皿进行培养的装饰方式，常见的有水仙、碗莲、水竹、旱伞草、富贵竹、广东万年青等。也可剪取带叶的植物茎段插在盆中，如绿萝、鸭跖草，让其一端伸延在盆外，也别具情趣。水养器皿中，还可适当放入少量形态各异或色彩绚丽的陶石、卵石，使花卉、器皿、介质互为衬托，相映增辉。

4. 玻璃容器栽培　方法是用多种小型植物混合种在一个大玻璃瓶或玻璃箱内，好似一个微型“玻璃花园”或“玻璃温室”，放在几架或桌上。适合这种栽培的植物有铁线蕨、椒草、冷水花、鸭跖草、秋海棠、网纹草、万年青等耐湿的植物。

5. 迷你型观叶植物花卉装饰　这种装饰方式在欧美、日本等地极为盛行。利用迷你型观叶植物配置在不同容器内，摆置或悬吊在室内适宜的场所，或作为礼品赠送他人。其应用方式主要有迷你吊钵、迷你花房、迷你庭园等。

（1）迷你吊钵。将小型的蔓性或悬垂观叶植物作悬垂吊挂式装饰。这种应用方式观赏价值高，即使是在狭小空间或缺乏种植场所时仍可有效利用。

（2）迷你花房。在透明有盖子或瓶口小的玻璃器皿内种植室内观叶植物。它所使用的玻璃容器形状繁多，如广口瓶、圆形瓶、鼓形瓶等。由于此类容器瓶口小或加盖，水分不易蒸发而散逸，在瓶内可循环使用，所以应选用耐湿的室内观叶植物。迷你花房一般是多品种混种。在选配植物时应尽可能选择特性相似的配置在一起，这样更能达到和谐的境界。

（3）迷你庭园。指将植物配置在平底水盘容器内的装饰方法。其所使用的容器不局限于陶制品，木制品或蛇木制品亦可，这种装饰方式除了按照插花方式选定高、中、低植株形

态，并考虑根系具有相似性外，叶形、叶色的选择也很重要。同时，这种装饰最好有其他装饰物（如岩石、枯木、民俗品、陶制玩具或动物等）来衬托，以提高其艺术价值。

总之，室内植物要避免简单的摆放而应体现形式多样的原则，运用美学规律，采用盆、钵、箱、盒、瓶、篮、槽等不同容器，将高、中、低的植物，按其色彩、姿态、线条进行巧妙的搭配组合，或者用小巧玲珑的盆栽植物或盆景放置在窗台、茶几、装饰柜等上面，并且充分利用天花、墙面、柱子面等垂直空间，用吊盆种植花卉、藤本、蕨类等进行垂直绿化，增强绿化空间立体感，形成层次丰富、色彩多样的绿化效果。

工作过程
GONGZUO GUOCHENG

室内绿化装饰工作过程。

一、勘察环境

不同的室内空间，使用功能不同，花卉绿化装饰要进行环境勘察。首先，要使室内绿化装饰满足室内空间特定功能的实现；其次，不同的室内空间，由于光照、温度分布的不同，所创造的小气候环境也不一样，所以室内绿化装饰要根据室内空间的环境条件选择适宜的花卉种类以及合适的植株体量。可见，环境对室内绿化装饰的成败起着很重要的作用。

二、拟订方案

根据室内空间的使用功能、大小、所创造的环境条件，选择适宜的装饰形式和装饰所需的花卉种类、体量以及数量等，拟订详细的设计方案，供使用者参考，并根据使用者的意见和建议进行方案的修改，最终形成设计方案。

三、选配植物，落实方案

1. 室内绿化植物的选择 一般来说，应选择能长期或较长期适应室内生长的植物，主要是性喜高温多湿的观叶植物和耐半阴的开花植物。

室内常用的观叶植物有铁线蕨、绿萝、常春藤、万年青、富贵竹、一叶兰、龟背竹等；常用的较大植物有南洋杉、巴西铁、散尾葵、针葵、棕竹、变叶木、苏铁等；常用的开花植物有鹤望兰、火鹤花、马蹄莲、八仙花、水仙等。株形大的植物适合单独摆放，株形小的可以混合摆放。

2. 室内绿化设计的植物配置 在目前的居室构造中，必然会有凹凸之处出现，最好利用植物花卉装饰来补救或寻找平衡。如在突出的柱面栽植常春藤、喜林芋等植物作缠绕式垂下，或沿着显眼的屋梁而下，也会制造出诗情画意般的情趣。

绿化应考虑视线的位置。花卉装饰毕竟是以欣赏为目的，为了更有效地体现绿化的价值，在布置中就应该更多地考虑无论在任何角度来看都舒服的最佳位置。

室内的绿化应体现出房间的空间感和深度感。

3. 室内绿化设计的布置方式 室内花卉装饰方式除要根据植物材料的形态、大小、色彩及生态习性外，还要依据室内空间的大小、光线的强弱和季节变化及气氛而定。其装饰方法和形式多样，主要有摆放式、悬挂式、壁挂式、镶嵌式、攀缘式等。

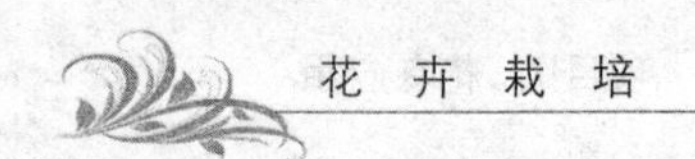

会议室绿化装饰

(一) 训练目的

掌握会议室室内绿化装饰技术。

(二) 材料用具

会议室、皮尺、笔、绘图工具、盆栽花卉等。

(三) 方法步骤

(1) 每组勘察现场，根据会议室大小、形状、用途，绘制绿化装饰设计图案；

(2) 选择盆栽花卉种类、体量与数量；

(3) 按设计图进行装饰布置；

(4) 对会议室室内花卉绿化装饰进行评价。

(四) 作业

1. 每组绘制会议室绿化装饰简图，制订盆花装饰设计方案，并加以说明。

2. 每组根据各自方案进行会议室绿化装饰。

知识拓展

ZHISHI TUOZHAN

室内不同环境的花卉装饰。

与绿色植物作伴，已成为现代人对生活的高层次追求的目标之一，几乎每个家庭都喜欢在居室内摆放上各种各样的绿色植物。绿色植物充满勃勃生机，给人以清新、舒适的感觉，或新奇大雅、或纤巧烂漫。

1. 客厅 客厅是人们聚会和接待宾客的场所，应抓住重点，力求简洁明朗、朴素大方、和谐统一。在植物选择上要注意选择观赏价值高、姿态优美、色彩深重的盆栽花木或花篮、盆景。如客厅入口处、厅的角落、楼梯旁、沙发旁宜摆放巴西木、春羽或假槟榔、香龙血树、棕竹、南洋杉、苏铁树、橡皮树等观叶植物。在茶几上摆放株型秀雅的观叶植物，如金雪万年青、花叶芋之类，则增添南国风光。桌、柜上也可置瓶插花或竹插花，可收到“万绿丛中一点红”之妙。在角落处还可布置中型观叶植物，如常春藤等，或盘绕支柱，或垂挂墙角以形成丰富的层次。

2. 餐厅 餐厅是人们每日必聚的地方，一般在入口处餐桌区四周恰当部位布置绿叶类室内植物。餐桌上宜配置一些淡雅的插花，在喜庆的日子，可配置一些艳丽的盆栽或插花，如秋海棠和圣诞花等，增添欢快、祥和、喜庆气息。配膳台上可摆放中小型盆栽，有间隔作用。餐厅的窗前、墙角或靠墙处可摆放各种造型的大型观叶植物，如散尾葵、香龙血树、春羽等，与华丽的灯具、浓艳的墙纸一起，使整个餐厅显得富丽、高雅。

3. 卧室 卧室，应以小盆栽、吊盆植物为主，或者摆放主人喜欢的插花。一般大宾馆的客房，除了床外还配有沙发、茶几、写字台、床头柜等，可在墙角、沙发背后选用观叶植物，如橡皮树、棕竹、龟背竹等以绿色植物掩饰阴暗空间，为沙发作背景，使人有置身于大自然的宁静感。卧室一般应有雅洁、宁静、舒适的气氛，不宜选用十分刺激的色彩。可选用淡雅、矮小、形态优美的观叶植物，摆放文竹、羊齿类植物，叶片细小，具有柔软感，且散发香气，能使人精神松弛。如室内家具色彩单调，显得呆板、阴冷，可选用色泽鲜艳、花大的郁金香或月季作插花，使室内既显得华贵又热情奔放。

4. 厨房　厨房通常位于窗户较少的朝北房间，用盆栽装饰可清除寒冷感。由于阳光少，应选择喜阴植物，如大王万年青和星点兰之类。

厨房是操作频繁、物品零碎的工作间，烟气较大、温度较高，因此，不宜放大型盆栽，而小型盆栽、吊挂盆栽或长期生长的植物较为合适，既美化环境又不影响餐厨操作。在食品柜、酒柜、碗柜、冰箱上可摆放常春藤、吊兰或蕨类植物等。但油、烟、蒸汽是植物的大忌，可采用勤换的方法来减少厨房对植物的不利影响。也可采用干花、绢花等，如在桌面上玻璃板下面放上几朵美丽的干压花，也饶有情趣。在远离煤气、灶台的临窗区域，可选择一些对环境要求不高的多肉植物，如仙人掌、蟹爪兰、令箭荷花等。

另外，利用窗边或角柜空间，布置一些观叶植物；或是在墙壁上或窗口用吊篮栽培植物，以营造愉悦的情调；还可以就地取材，利用青椒、红辣椒、黄瓜、番茄、大葱等蔬菜，置于菜碟或珍珠盘中，便是一盆色彩丰富、别具一格的作品。

5. 浴室、卫生间　卫生间、浴室一般面积小，湿气大，冷暖温差大，适合摆放羊齿类植物和仙人掌之类的耐阴、耐潮湿植物。也可配置干花，或将花盆悬挂在镜框线上，产生立体美化的效果。在盥洗台或抽水马桶的储水箱上，利用两三盆绿色植物来装饰，就可以创造清爽洁净的感觉。若是在厕所里放上一两盆观花的植物，会使整个沉静的空间顿时生动起来。浴室的温、湿度高，选择栽培的植物所受到的限制也较多，平时要注意通风良好，特别是对于没有窗门的卫生间，由于光线过暗，除了要选择特别耐阴的植物种类外，还应定期更换，以使植物生长良好。

6. 走廊　走廊是室内过道，具有分隔空间的作用。小小门厅，不能一览无余，需衔接妥帖，以增加空间深度，达到理想的透视效果。

由于走廊大多无日照，需选择耐阴的小型盆栽，如万年青、兰花、天竺葵等，也可制成网状绿篱，缀上藤蔓植物，颇有情趣。用木板箱盛放泥土，种植植物，靠墙放置，也是很流行的方法。

7. 楼梯　楼梯是人们上楼必经之路，一般楼梯虽是连接上下交通的小空间，却可以较多地布置、陈设盆栽花卉。楼梯两侧和中部转角平台多成死角，往往使人感到生硬而不雅。在楼梯口摆放一对中型盆栽，或在楼梯口拐角处摆放大型观叶植物，或在楼梯的休息平台、拐角处摆放中型的观叶植物或在高脚花架上配置鲜艳的盆栽，会使人感到温暖、热情。顺楼梯侧面次第排列小型盆花，给人以一种强烈的韵律感，从而使单调的楼梯变成一个生趣盎然的立体绿色空间。

8. 书房　书房应具有书卷气，所以，装饰不宜华丽、雕琢。应追求一种清雅、自然的品位。一般在书柜上放置花草，如常春藤、珠兰等，也可放置悬崖、半悬崖式的盆栽和盆景。博古架是书房的雅物，是主人的志趣和情感的反映，可放置盆景或文竹、水仙类的盆栽植物。此外，门窗及阳台护栏等最好用蔓性花卉加以装饰，向阳的窗户或阳台组成绿檐或绿棚，可选用金银花、牵牛花等。枝叶下垂的花卉最适合放在窗户及阳台外沿或悬挂于窗户中央。一般窗台可用盆花、插花或盆景来装饰。有落地窗时可陈设小型花瓶、盆花或微型盆景等。室内几角处最适合用盆花或花瓶加以屏蔽或装饰，常用常绿叶或花叶俱美的材料，如发财树、绿巨人、凤梨等。桌柜台面等适宜选用体量较小、花色鲜艳或外形精美的盆花、盆景、插花及花篮、干花等布置，以供近处观赏。如居室内自然光线较少，最好选择喜阴或耐阴性较强的花卉材料。干花观赏持久，姿态活泼，也是居室美化的常用素材。

考核评价
KAOHE PINGJIA

考核内容	考核标准	考核分值	自我考核	教师评价
专业知识	描述室内绿化装饰原则及设计理念	10		
	描述室内绿化装饰表现形式	10		
技能训练	具备室内绿化装饰的能力	20		
专业能力	能根据室内环境进行绿化装饰	30		
学习方法	网络信息查询； 专业书籍资料查询； 专业市场走访、调研； 勤于实践	10		
能力提升	学会学习，良好的交流沟通能力； 工作学习主动积极，勤于思考，助人为乐； 养成善于观察、详尽记录的好习惯	10		
素质提升	做事积极主动，与人团结合作； 学习工作勤恳努力； 工作学习中能及时发现问题，能分析、解决问题； 富有创造性思维，对待新事物好学进取	10		

任务 7.3 插花艺术

任务目标
RENWU MUBIAO

1. 了解插花艺术的概念及分类；
2. 明确插花容器的作用；熟悉插花常用工具及使用方法；
3. 掌握花材分类、保养及选购等基础装饰；
4. 掌握插花的基本技能；
5. 会进行各类插花花型的插作；
6. 能进行插花艺术的创作，并基本一定的鉴赏能力。

任务分析
RENWU FENXI

插花不是单纯的各种花材的组合，也不是简单的造型，而是与其他造型艺术一样，具有造型美学原理。通过本任务的学习，明确插花艺术的意义，掌握造型的基本技能，熟悉各类花型插作技巧，借鉴插花名作，结合时代特征，才能不断创新和提高插花水平，并学会在实际生活中加以运用。

插花是一门以切花花材为主要素材，通过艺术构思和适当的修剪造型及摆插来表现其活力与自然美的造型艺术。插花作品既具有艺术美的欣赏性，又具有广泛的实用性和商品性，融自然、生活与艺术为一体，深受古今中外人们的喜爱。

一、插花艺术分类

(一) 依用途分类

1. 礼仪插花　用于各种社交、礼仪活动，烘托和营造气氛，或热烈欢快，或庄严肃穆。常用形式很多，如花篮、花束、花钵、花环、捧花、胸花、餐桌花饰等。

2. 艺术插花　主要用于美化环境和艺术欣赏，注重表现线条美，色彩或典雅古朴，或明快亮丽。

(二) 依艺术风格分类

1. 西方式插花　以欧美各国的传统插花为代表，特点是作品体量大，造型简洁大方，色彩华丽或素雅。大多采用大堆头式插法，具有热烈奔放、雍容华丽、端庄大方的艺术效果，适合装饰性插花。

2. 东方式插花　以中国和日本为代表，造型多变，以自然线条为主，多呈现不对称构图，配色清新淡雅，以三大主枝为骨架的线条式插法。

3. 自由式插花　融会东西方插花的特点。选材、构图、造型不拘一格，自由广泛，色彩以天然色和装饰色相结合，更富表现力、富想象力和生命力。

(三) 以花材性质分类

1. 鲜花插花　全部或主要用鲜花进行插制，主要特点是最具自然花材之美，色彩绚丽、花香四溢，富有生命力，应用范围广。其缺点是水养不持久，费用较高，不宜在暗光下摆放。

2. 干花插花　全部或主要用自然的干花或经过加工处理的干燥植物材料进行插制，既不失原有植物的自然形态美，又可染色、组合，长时间摆放，管理方便，尤其适合暗处摆放。其缺点是怕强光长时间曝晒，不耐潮湿。

3. 人造花插花　所用花材是人工仿制的各种植物材料，包括绢花、涤纶花等。人造花多色彩艳丽，变化丰富，易于造型，便于清洁，可较长时间摆放。

二、插花容器

盛放花材的器皿称为花器。花器对插花作品十分重要，不仅能维持花材生命，保持鲜度，同时也是插花艺术作品构图中不可缺少的一部分，把花材、花型与花器，甚至几架连作为整体进行欣赏。正规插花比赛，花器亦占有一定的比分。

现代花器的种类很多，按材质分为陶瓷、塑料、玻璃、竹篾、金属等。按形状更是五花八门。然而现代人插花往往不太讲究使用传统的花器，有时返璞归真地使用碗、碟、茶具、罐，甚至废弃的饮料瓶等日常生活用具。也有用竹编笼筐、簸箕、鱼篓来表现田园野趣。现代多以花瓶、水盆和花篮为主，也可选用笔筒、竹管、木桶、杯、盘、坛、壶、钵、罐等生活器皿。

三、插花工具

（一）固定花材的用具

1. 剑山 又名花插，由许多铜针固定在锡座上铸成，有一定质量以保持稳定。花茎可直接在这些铜针上或插入针间缝隙加以定位。使用寿命较长，是浅盘插花必备的用具。有长方形、圆形、半月形等多种形状。

2. 花泥 又名花泉，由酚醛发泡而成，可随意切割，吸水性强，干时轻，浸水后变重，有一定的支撑强度，花茎插入即可定位，十分方便。尤其西方式插花，强调几何图形的轮廓清晰，花材需从花器口水平外伸，这时，只有使用花泥才能做到。但插后的孔洞不能复原，使用1～2次后即需更换。泡浸时，应让其自然吸水，切忌用手强行按下，否则内部空气不能排出，吸不透水。

3. 铁丝网 高型花器可采用铁丝网，利用铁丝得以定位。当用花泥插粗茎花材时，也需在花泥外罩一层铁丝网以增加强度。大型作品可用铁丝网包裹花泥，再用铁丝固定。

（二）插花工具

1. 修剪工具 修剪工具主要有剪刀、刀和锯。剪刀是必备工具，如枝剪和普通剪等。刀是用来切削花枝，以及雕刻和去皮的。花艺设计时，往往为求速度，多用刀而不用剪。锯主要用于较粗的木本植物截锯修剪。

2. 辅助工具

（1）金属丝。一般多用18号～28号的铅丝，号码越大，铁丝越细，最好用绿棉纸或绿漆作表面处理。

（2）铁丝钳。用于剪断铁丝。

（3）绿色胶带。用铁丝缠绕过的花枝可用绿色胶带缠卷，折断的花枝还将继续使用，可用胶带包卷使其复原。

（4）喷水器。花材整理修剪后，插作前后均要喷水，以保持花材新鲜。

四、插花花材

自然界中的植物种类非常丰富，其中绝大多数都可以作为插花的素材。只要不污染环境，无毒、无刺激性气味，在水养条件下能长时间保持其固有姿态，有一定观赏价值，都能用作插花材料。

（一）花材分类

1. 线状花材 整个花材呈长条状或线状，利用直线形或曲线形等植物的自然形态，构成造型的轮廓，也就是骨架。各种木本植物的枝条、根、茎、长形叶、芽，以及蔓性植物和具有长条状枝叶、花序的一些草花都是线状花材。例如，金鱼草、蛇鞭菊、飞燕草、龙胆、银芽柳、唐菖蒲、文心兰、补血草、马蹄莲等。

2. 块状花材 花朵集中成较大的圆形或块状，一般用在线状花和定形花之间，是完成造型的重要花材。没有定型花的时候，也可用当中最美丽、盛开着的簇形花代替定形花，插在视觉焦点的位置。例如，香石竹、非洲菊、月季、白头翁等。

3. 散状花材 分枝多且花朵细小，一枝或一枝的茎上有许多小花，起填充空间以及花与花之间连接的作用，如小菊、小丁香、满天星、小苍兰、情人草等。

4. 特殊形花材　花朵较大，有其特有的形态，是插花中最引人注目的花，经常用在视觉焦点。这类花材本身形状上的特征使其个性更加突出，使用时要注意发挥花材的特性，如百合、红掌、鹤望兰、芍药、向日葵等。

除新鲜花材外，有时也用一些干燥花材，如枯藤干枝或非植物材料等。但正式比赛的场合，都要以鲜材为主。花材的状态和鲜度也是评分的一个重要指标。人造花，只作为一般摆饰，正式场合不能使用。

（二）花材的保养

1. 倒淋法　一些叶片较多或观叶植物、竹等以及刚刚购回的萎蔫花材，可采用倒淋法使之复苏和恢复吸水。

2. 水中剪切法　对于所有刚采集、购买及运送到达的花材，不论其是否萎蔫都应当在水中剪切。

3. 深水养护法　常与水中剪切法配合使用，是萎蔫花材急救的好办法。即在水中剪切后，将花材浸入深水中养护。

4. 扩大切口法　扩大切口面积可以增加吸水量，对于一般花材，在剪切时将切口斜向剪切成“马耳”形。

5. 注水法　水生花卉如荷花、睡莲等，可用注射器把水注入茎的小孔内，直到水流出为止，以排除其中的空气。

6. 切口灼烧法　即将含乳汁较多的花材如一品红、绣球花等的切口在酒精灯、蜡烛等火上烧炙，直至变色发红，立即放入冷水中，既可灭菌消毒，又可防止导管堵塞，从而利于吸水。但要注意保护好花头部分。

7. 切口浸烫法　即将花材下部 3～4 cm 浸泡在开水中 2～3 min，浸到部位发白时，取出立即浸入冷水中。

8. 切口化学处理法　即用适当的化学药物对切口进行处理，以灭菌防腐，促进吸水。常用的化学药物有食盐、食醋、酒精、辣椒油、薄荷油等。

9. 应用切花保鲜剂　目前常用的切花保鲜剂配方很多，不同的花材对保鲜剂配方的要求不同。一般的切花保鲜剂含以下成分：①抗氧化剂，如抗坏血酸、硫酸亚铁和铁粉等；②乙烯清除剂，如高锰酸钾等；③乙烯合成抑制剂，如硝酸银；④吸附和吸水剂，如沸石、硅酸、氧化活性炭等；⑤杀菌剂，如 8-羟基喹啉、硼酸、水杨酸、苯甲酸等。

保鲜剂配制最好选用玻璃、陶瓷、塑料容器，并根据不同切花材料选用不同配方的保鲜剂，如月季保鲜液为 30 g/L 蔗糖＋130 mg/L 8-羟基喹啉硫酸盐＋200 mg/L 柠檬酸＋25 mg/L硝酸银；菊花切花保鲜液为 35 g/L 蔗糖＋30 mg/L 硝酸银＋75 mg/L 柠檬酸。

插花用水也是花材保养的重要因素，最好每天换水。插花作品宜摆放在无风但空气流通、有散射光的地方，不要离热源太近，否则加速开花，缩短观赏期。

（三）花材的选购与包扎

1. 花材选购　选购鲜花时，要按质选购。应选择生长强健、花朵端庄、无病虫害的花材。叶片以翠绿色为好，花朵则应选半开者，茎部挺拔有力，有弹性者好。茎下端黏滑或有臭味者不佳。切叶，应选择叶色正常、叶片挺拔、光亮洁净者。以观果为主的材料，应选择饱满、成熟、色泽纯正的。

2. 花材的包扎　无论从野外采集的花材还是从商店购买的花材都要注意妥善包扎。最好用报纸或有色的纸把花朵部分小心包好，切勿直接曝晒在阳光下或受风吹袭。

五、插花基本技能

（一）花材修剪造型

自然生长的植物往往不尽如人意，为了表现曲线美，使之富于变化新奇，往往需要做些人工处理，这就要求插花者用精细的技巧来弥补先天不足。现代插花为了造型的需要，也将花材弯成各种形状，所以修剪造型的技巧也是插花者手法高低的分界线。

1. 花材修剪 花材修剪是插花学习中重要的环节，在进行修剪的过程中，应遵循如下原则：

（1）顺其自然，仔细审视枝条，观察哪个枝条的表现力强，哪个枝条最优美，其余的剪除；

（2）同方向平行的枝条只留一枝，其余剪去，以避免单调；

（3）从正面看，近距离的重叠枝、交叉枝要适当剪去，使之轻巧且有变化，活泼而不繁杂；

（4）枝条的长短，视环境与花器的大小和构图需要而定；

（5）在整个插作过程中，要仔细观察，凡有碍于构图、创意表达的多余枝条一律剪除；

（6）除刺，有些花材（如月季等）有刺，宜插前先去除刺，可用除刺器或小刀削除；

（7）去残，花材有残缺者，宜修剪，月季的外层花瓣往往色泽不匀且有焦缺，宜剥除2～3片。

2. 花材弯曲造型 由于造型的需要，常要将花材进行弯曲处理。常用的方法有：

（1）枝条的弯曲法。枝条较硬，要控制力度，慢慢用力向下弯曲，否则容易折断。如枝条较脆易断，则可将弯曲的部位放入热水中（也可加些醋）浸渍，取出后立刻放入冷水中弄弯；软枝较易弯曲，如银柳、连翘等枝条，慢慢掰动枝条。

（2）叶片的弯曲造型。柔软的叶子可夹在指缝中轻轻抽动，反复数次即会变弯，也可将叶片卷紧后再放开即会变弯。叶子呈现非自然形状，可用大头针、订书针或透明胶纸加以固定，或用手撕裂成各种形状。

（3）铁丝的应用。运用铁丝进行组合或弯曲造型，也是常用的方法，尤其制作胸花或手捧花时，铁丝的运用更为常见。如剑兰、非洲菊等的花茎不易弯曲，可用铁丝穿入茎秆中，再慢慢弯曲成所需的角度。

（二）花材固定

花材的固定和花材的弯曲一样，也是插花造型的基本技法，由于花器的形状不同，固定的工具和固定的方法也不同。

1. 剑山固定 浅盘及低身阔口容器用剑山固定花材，由于剑山只有一个方向可以固定花材，不适用于球形、半球形等向四面平伸构图的作品，多用于艺术插花。空心的茎，可先插上小枝，再把茎秆套入；木本枝条较硬，容易把剑山的针压弯，故宜将切口剪尖，插在针与针之间的缝隙中固定，如需有倾斜角度时，则应先垂直插入，再轻轻把茎压到所需位置。茎秆太粗时，要先把基部切开，切口约为剑山针长的两倍，然后再插入，这样较易稳固。

2. 花泥固定 阔口容器及花篮、壁挂等用花泥固定花材。用花泥固定花材要注意：浸泡花泥要用清洁的水，应将其放于水面上，自然浸透；花泥应高出容器 3～4 cm，便于鲜花

插制。对于高瓶，应先在瓶中垫些泡沫、碎花泥等物；花泥放在容器上，按出印迹；玻璃花瓶中，放入具有观赏性的物品，瓶口处再安放花泥。

3. 瓶插的固定

（1）高瓶隔格法。用有弹性的枝条把瓶口隔成小格，在小格内插入花材。

（2）接枝法。在花枝上绑接其他枝条，使枝条与瓶壁和瓶底构成三个支撑点，限制其摆动。

（3）弯枝法。利用枝条弯曲产生的反弹力，靠紧壁得以定位，注意不能折断。

另外，也可把铁网卷成筒状放入瓶内，利用铁丝把花材固定。

六、插花基本花型插作

（一）东方式插花

东方式插花用花量不大，且讲求枝叶的巧妙配合，追求自然造型的艺术美感，注重意境，轻描淡写，清雅绝俗。

1. 直立型 表现植株直立生长的形态，总体轮廓应保持高度大于宽度，呈直立的长方形状。直立型插花将第一主枝与垂直线一致，或在与垂直线夹角的15°范围内，基本上成直立状插于花器左方，第二主枝向左前插成45°，第三主枝向右前插成75°，注意三个主枝不要插在同一平面内，应成一个有深度的立体，故第二、第三主枝一定要向前倾斜，主枝位置插定后，还要插入焦点花。焦点花应向前倾斜，让观赏者可以看到最美丽的花顶部分，同时因花顶部分面积较大，可以遮掩剑山和杂乱的枝茎。最后再插上陪衬的从枝，完成造型。

2. 倾斜型 主要花枝向外倾斜插入容器中，利用一些自然弯曲或倾斜生长的枝条，表现其生动活泼、富有动态的美感。倾斜型是使第一主枝向左前成45°倾斜，第二主枝插成15°，第三主枝向右前插成75°，同样，第一主枝也可向右45°倾斜，第二、第三主枝的位置、角度也随之变化，形成逆式插法。

3. 平展型 将主要花枝横向斜伸或平伸于容器中，着重表现其横斜的线条美或横向展开的色带美。将倾斜型的第一主枝下斜成80°～90°，基本上与花器成水平状造型，第二主枝插成65°左右，第三主枝插在中间向前倾75°，最后再插上陪衬枝条完成造型。

4. 下垂型 将主要花枝向下悬垂插入容器中，多利用蔓性、半蔓性以及花枝柔韧易弯曲的植物，表现其修长飘逸、弯曲流畅的线条美，画面生动而富装饰性。

5. 组景式插花 合并花型是将两种相同或不同的花型组合为一体，形成一个整体的造型作品。合并型一般由两个或两个以上的花型组合而成，各花型之间有主次之分，还有呼应关系，花材的使用必须协调，切勿造成一个作品含有两个无关的花材，而失去作品的统一感。

6. 写景式插花 写景式插花是在盆内的方寸之间表现自然景色的一种插花形式，可参照自然景色中的湖光山色、树木花草的姿态，运用缩龙成寸、咫尺千里的手法，将大自然的美丽景色夸张地表现出来。

（二）西方式插花

西方插花用花量大，多以草本、球根花卉为主，花朵丰满硕大，给人以繁茂之感；构图多用对称均衡或规则几何形，追求块面和整体效果，极富装饰性和图案之美；色彩浓重艳丽，气氛热烈，有豪华富贵之气魄。常见的基本型有：三角型、半球型、水平型、扇型、圆锥型、倒T型、L型、S型、弯月型、不等边三角型等，每种形式的表现都有相应的格式和章法，但都应该符合以下基本要求：外形规整，轮廓清晰；层次丰富，立体感强；焦点突出，主次分明。

1. 三角型 花型外形轮廓为对称的等边三角形或等腰三角形，下部最宽，越往上部越窄，外形似金字塔状。造型时先用骨架花插成三角形的基本骨架，再把焦点花插在中央高度1/5～1/4位置，然后插入其他主体花，最后用补花填充，使花朵均匀分布成三角形，下部花朵大，向上渐小。这种插花结构均衡、优美，给人以整齐、庄严之感，适于布置会场、大厅等场地，或置于墙角茶几等家具上。

2. 半球型 四面观赏对称构图的造型，外形轮廓为半球型，所用花材长度应基本一致，整个插花轮廓线应圆滑而没有明显的凹凸部分。半球型插花的花头较大，花器不甚突出，这种插花柔和浪漫，轻松舒适，常用于茶几、餐桌的装饰。

3. 水平型 水平型花型低矮、宽阔，为中央稍高，四周渐低的圆弧型插花体，花团锦簇，豪华富丽，多用于接待室和大型晚会的桌饰，是宴会餐桌或会议桌上最适宜的花型。

4. 扇型 为放射状造型，花由中心点呈放射状向四面延伸，如同一把张开的扇子。它用于迎宾庆典等礼仪活动中，以烘托热闹喜庆的气氛，装饰性极强。

5. 圆锥型 圆锥型为四面观赏花型，外形如宝塔，稳重、庄严。从每一个角度侧视均为三角形，俯视每一个层面均为圆形。其插法介于三角型与半球型之间。

6. 倒T型 单面观对称式花型，造型犹如英文字母T倒过来。插制时竖线须保持垂直状态，左右两侧的横线呈水平状或略下垂，插法与三角型相似，但腰部较瘦，即花材集中在焦点附近，两侧花一般不超过焦点花高度，倒T型突出线性构图，宜使用有强烈线条感的花材。

7. 不等边三角型 单面观赏不对称均衡的花型，具有动态美，是艺术插花中最常用的花型。

（三）现代插花

1. 花篮 以篮为容器制作成的插花，是社交、礼仪场合最常用的花卉装饰形式之一，花篮的功用甚多，如在喜庆宴会、迎送宾客、庆贺开业和演出祝贺等活动中使用。家庭节日布置和艺术插花，也常有运用。

（1）艺术花篮。表现手法和花瓶、水盆的插花相同，只是花篮内要设法安置盛水和固花器具。

（2）商品花篮。具有欧美风味，为色彩绚丽、气氛热烈的大堆头插花，在礼仪往来中较为时尚。

花篮插好之后，应进行一些小装饰，使它更富有情趣：如果插好的是一只长柄花篮，可用彩带扎上一个蝴蝶结，并让彩带向下披挂；制作生日花篮，可以在花篮里留出一块空地，放入精美的礼品，就成为名副其实的礼品花篮。

2. 花束 用花材插制绑扎而成，具有一定造型，是束把状的一种插花形式。因其插作不需任何容器，只需用包装纸、丝带等加以装饰即可，故插作简便、快速，尤其是携带方便。

3. 人体花饰 用来装饰人体的花饰，有胸花、腰花、肩花、头花、腕花和手捧花等。

（1）胸花主花一般用月季、洋兰、蝴蝶兰等，配花可用满天星、情人草、勿忘我等，配叶用文竹、天门冬等。

（2）腰花、肩花制作要求类似胸花，腰花装饰呈三角型布置，肩花装饰呈倒三角型布置。

（3）腕花主花要求用小体形花，制作后的条状花两头要预留弯钩，接合时彼此勾住形成环，便于戴在手腕上。

（4）手捧花主花一般用百合、月季、红掌、天堂鸟、洋兰、蝴蝶兰、跳舞兰、剑兰等，配花用满天星、情人草、勿忘我等，配叶用文松、天门冬、肾叶、巴西木叶、八角金盘叶等。常见造型有圆型、水滴型、瀑布形新月型、S型、特殊型。

4. 桌花 指装饰于会议桌、接待台、演讲台、餐桌、几案等场所的花饰。桌花一般置于桌子中央（如中餐桌、圆形会议桌和西餐桌等）或一侧（如演讲台、自助餐台、双人餐桌等）。桌花可以是独立式或组合式，会议主席台、演讲台等还常结合桌子的立面进行整体装饰。

从造型上，有单面观、四面观；构图形式多样，有圆形、球形、椭圆形等对称的几何构图，也有新月形、下垂形等各种灵活多变的不规则式构图，构图主要取决于桌子的形状、摆放的位置及需要营造的气氛。因为花钵有普通式和高脚式，因此桌花也可以做成低式桌花和高式桌花，桌花的高低取决于装饰的场合和需要营造的气氛。

工作过程
GONGZUO GUOCHENG

插花艺术作品创作过程。

一、立意构思

插花时必须先构思后动手，否则拿着花材也无从下手。立意就是明确目的，确立主题，可从下面几方面着手。

1. 确定插花的用途 确定插花是节日喜庆用，还是一般装饰环境用，是送礼还是自用等。根据用途确定插花的格调，是华丽还是清雅。

2. 明确作品摆放的位置 环境的大小、气氛，位置的高低，是居中还是靠拐角处等，根据位置以选定合适的花型。

3. 确定作品想表现的内容或情趣 是表现植物的自然形态美，还是借花寓意，抒发情怀，或是纯粹造型。

二、选材

根据以上的构思选择相应的花材、花器和其他附属品。花无分贵贱，全在巧安排，只要材质相配，色彩协调，可任由作者喜爱和需要去选配，没有固定模式。

三、造型插作

花材选好后，开始运用修剪、弯曲造型、固定等插花基本技能，把花材的形态展现出来。在这一过程中应用自己的心与花“对话”，边插边看，捕捉花材的特点与情感，务求以最美的角度表现。

有时往往超出了最初的设想，只有把人们的注意力引导到作者想要表达的中心主题上，让主题花材位于显眼之处，其他花材退居次位，这样，作品才易被人接受，获得共鸣。

四、命名

作品命名也是作品的一个组成部分。尤其是东方式插花，赋上题名使作品更为高雅，欣赏价值也随之提高。

五、现场清理，保持环境清洁

这是插花不可缺少的一环，也是插花者应有的品德。日本人插花都先铺上废报纸或塑料布，花材在垫纸上进行修剪加工，作品完成后把垫纸连同废枝残叶一起卷走，现场不留下一滴水痕和残渣。

技能训练
JINENG XUNLIAN

西方式插花的插制技术

（一）训练目的

掌握三角型花型结构特点、插作步骤及插作要点。

（二）材料用具

鲜切花或人造花，月季 40 枝/组，非洲菊 10 枝/组，排草 20 片/组，满天星 10 枝/组、针盘浅盆、花泥、修枝剪等。

（三）方法步骤

1. 插骨架花 将月季①垂直插于花泥正中偏后 2/3 处，长度为 1.5～2 倍的花器单位。如花型较大，此花可稍向后倾斜，但不可超出花器之外（图 7－1A）。

在花泥左右两侧偏后 2/3 处分别沿花器口水平插入两枝月季②③，长度为①枝的 1/2 左右（图 7－1A）。

在花泥正面中心水平插入月季④，长度为①枝的 1/4（图 7－1A）。

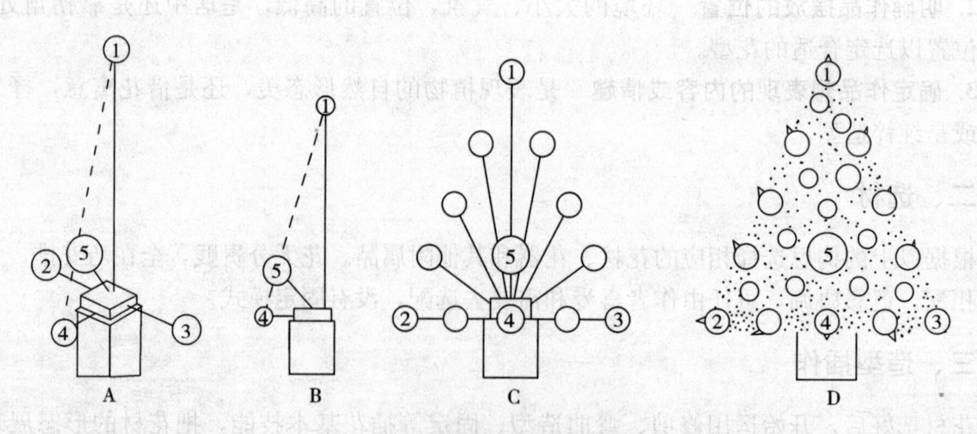

图 7－1 西方式插花的插制技术

2. 插焦点花 在连线上以 45°插入非洲菊⑤作焦点花，其位于花型中线靠下部约1/4处（图 7－1B）。

3. 插主体花　在①-②、①-③间插入月季，使顶点连成直线形成三角形轮廓。在②-④-③间插入花枝形成一弧形轮廓（图7-1C）。

在上述轮廓范围内插入其他月季，完成三角型主体。

4. 插填充花　用排草遮盖花泥，并用满天星填充（图7-1D）。

(四) 作业

每2人一组，每组插三角型1个作品。

插花造型基本原理

一、比例

比例恰当才能匀称。插花时要视作品摆放的环境大小来决定花型的大小，花形的最大长度为1.5～2个花器单位；摆放环境空间大时，作品可大，环境空间小时，作品可小。

二、均衡

均衡是平衡与稳定，是插花造型的首要条件。

1. 平衡　平衡有对称的静态平衡和非对称的动态平衡之分。传统的插法是使花材的种类与色彩平均分布于中轴线的两侧，为完全对称；现代插花则往往采用组群式插法，即外形轮廓对称，但花材形态和色彩则不对称，将同类或同色的花材集中摆放，使作品产生活泼生动的视觉效果，这是非完全对称，或称为自由对称；非对称没有中轴线，左右两侧不相等，但通过花材的数量、长短、体形的大小和质量、质感以及色彩的深浅等因素使作品达到平衡的效果。

2. 稳定　稳定也是形式美的重要尺度之一。一般重心愈低，愈易产生稳定感。所以有所谓上轻下重、上散下聚、上浅下深、上小下大等要求，颜色深有质量感，故当作品使用深浅不同的花材时，宜将深色的花置于下方或剪短些插于内层，形体大的花尽量插在下方焦点附近，否则不易稳定，作品的重心往往放在作品的焦点之处。

三、多样与统一

多样是指一个作品是由多种成分构成的，如花材、花器、几架等，花材常常又不止一种。统一是指构成作品的各个部分应相互协调，形成一个完美的有机整体。实际中常常是多样易作，统一难求。可通过主次关系的搭配、集中、呼应等形式来求得统一。

1. 主次　众多元素并存时，需要一个主导来组织它，这个主导起着支配功能，其他都处于从属地位。一个作品，主导只能有一个，作为“主”的部分不一定要量大，或是华丽、强烈、特别，亦或占领前方位置，或配合主题起点睛作用，其他的一切都要围绕主体，烘托主体，不可喧宾夺主。

2. 集中　即要有聚焦点、有核心。有聚焦点才有凝聚力，焦点处不能空洞，应以最美的部位示人。所以焦点花一般都是45°～65°向前倾斜插入，将花的顶端面向观众，各花、叶的朝向应面向焦点逐渐离心向外扩展，才有生气。大型作品可做焦点区域设计，利用组群技巧做出焦点区。

3. 呼应　花的生长是有方向性的。插花时必须审视花、叶的朝向，除了注意花材的方向外，重复出现也是一种呼应。尤其是一个作品通过两个组合表现时，则两个组合所用的花材、色彩必须有所呼应，否则不能视作同一整体。

四、调和与对比

调和一般主要指花材之间的相互关系，即花材之间的配合要有共性，每一种花都不应有独立于整体之外的感觉。调和可通过选材、修剪、配色、构图等技巧达到。此外通过对比与中介可使作品更生动活泼和协调。

对比是通过两种明显差异的对照来突出其中一种的特性，如大小、长短、高矮、轻重、曲直、直折、方圆、软硬、虚实等，如一排直线由于曲线则显直线更直。

中介如形体差别大时，在对比强烈的空间加入中间枝条，使画面连贯，对比色彩强烈时加入中性色加以调和，使视觉产生流畅舒服的感觉。

五、韵律

在造型艺术中，韵律美是一种动感，插花也一样，它通过有层次的造型、疏密有致的安排、虚实结合的空间、连续转移的趋势，使插花富有生命活力与动感。如插花中运用高低错落、俯仰呼应造就的层次韵律感。

以上各项造型原理是互相依存、互相转化的，只要认真领会个中道理应用于插花作品中，即可创作出优秀的作品。

考核评价

KAOHE PINGJIA

考核内容	考核标准	考核分值	自我考核	教师评价
专业知识	熟悉插花艺术的概念及分类	5		
	熟悉插花艺术基本原则和表现形式	5		
	掌握花材选购及保养知识	5		
	掌握插花插作方法	15		
技能训练	插花的插制技术	10		
专业能力	具备插花的基本技能	10		
	会插花花型的插作	15		
	能进行插花艺术的创作，并有鉴赏能力	5		
学习方法	网络信息查询； 专业书籍资料查询； 专业市场走访、调研； 勤于实践	10		
能力提升	学会学习，良好的交流沟通能力； 工作学习主动积极，勤于思考，助人为乐； 养成善于观察、详尽记录的好习惯	10		
素质提升	做事积极主动，与人团结合作； 学习工作勤恳努力； 工作学习中能及时发现问题，能分析、解决问题； 富有创造性思维，对待新事物好学进取	10		

任务7.4 花卉组合盆栽技术

任务目标
RENWU MUBIAO

1. 明确花卉组合盆栽的特点及基本原则；
2. 掌握花卉组合盆栽栽培技术；
3. 会根据花卉种类特点进行组合盆栽；
4. 能进行花卉组合盆栽的设计，并具备一定的欣赏能力。

任务分析
RENWU FENXI

组合盆栽是指一种或多种植物搭配栽植在一个容器中，或者是多种盆栽聚集摆放在某一特定空间，从而展现出自然意境及美感的艺术组合。通过本任务的学习，明确组合盆栽的特点和选配原则；掌握各种组合盆栽的方法；结合时代特征，不断创新和提高创作水平，表达各种花卉间相互协调、构图新颖的效果，表现整个作品的群体美、艺术美和意境美，并学会在实际生活中加以运用。

相关知识
XIANGGUAN ZHISHI

花卉组合盆栽是运用各种观赏植物，经过人为设计安排，从而表现花卉特有的色泽、质感、层次变化及线条美感的新兴园艺产品。近几年花卉的组合栽培非常流行，因其将花艺设计、园林设计的观念运用到组合盆栽的设计中，更有装饰、美化、绿化环境的作用，注入了新的形式，具有极大的发展潜力。

一、花卉组合盆栽特点

花卉组合盆栽是人为地将同品种或习性相近的不同品种植物栽植到同一个盆中，从而组合成一个花卉复合整体，是一种比单株花卉更具有观赏效果、更贴近自然、更富有想象力，也更能表达出花卉寓意的表现形式。花卉组合盆栽属于艺术范畴，再现了自然美和生活美，并且具有附加价值，能产生较大的经济效益。

组合盆栽设计理念新颖，装饰艺术性强。各种花卉组合在一起取代单一品种的盆栽，给人们带来更多的美感。花卉组合栽培较盆景更瑰丽，比插花更耐久，体量不一，形式多样，趣味性强。小型作品宜用于居室空间装饰，大型作品可应用于门厅、橱窗乃至在广场装饰中。

二、组合盆栽花卉选配原则

1. 花卉习性基本相同　花卉组合栽培，要合理配置，应首先根据生物学特性确定组合种类。各种花卉在温度、湿度、光照、土壤酸碱度及养护管理条件上应大体相同，否则难以达到组合栽培的目的。依据组合栽植的形式不同，使用的植物材料也有区别。

容器装饰栽植以一、二年生草花及低矮宿根花卉为主，如三色堇、雏菊、香雪球和其他菊科植物等。

附植装饰栽培，以低矮的观花植物为主；标牌上则适合用喜光、耐干旱的小型仙人掌科及多浆植物，如石莲花、玉米石、青锁龙等。

瓶景及箱景内适合栽植低矮、喜湿的观叶植物和低等植物，如椒草、冷水花、非洲紫罗兰、苔藓、卷柏及其他蕨类植物。

2. 生态学特征相近与观赏性强 组合盆栽应尽可能选择习性相近的植物，以于养护管理。叶形、叶色、花形、花色、花期及果期等方面都要调配适宜，以使组合创造出奇特的效果。适于作组合盆栽的植物有花叶植物、蕨类植物及悬垂植物等。花叶植物如朱蕉、紫鸭趾草、冷水花、变叶木、花叶芋等，能为组合盆栽带来丰富的色彩；蕨类植物中的凤尾草、石苇、贯众、芒萁、铁线蕨等，叶形奇特，可使盆栽更为生动；悬垂植物，如银粉背蕨、吊兰、常春藤等，可柔化器皿边缘的线条，带来多姿的形态。

3. 花卉所赋予的象征性 植物的象征性包括植物所象征的语言、植物色彩所代表的感情，以及在不同场合下组合盆栽所特有的应用价值。灵活运用植物的象征性，犹如语言般表达内心的思想，是组合盆栽植物配置的重要应用之一。不同植物代表的寓意不同，如仙人掌类花卉中一些小型品种的组合盆栽，五颜六色，小巧玲珑，妙趣横生。组合年宵盆栽花卉，盆中栽植杜鹃、凤梨、佛手、乳茄等植物材料，杜鹃花朵丰满，凤梨挺拔、热烈红火，佛手、乳茄果实金黄，在墨绿的叶色衬托下显得格外热闹、红火。盆栽整体造型明快、绚丽多彩，立体感强，既可观花又可赏果。

三、组合盆栽的栽培方法

组合栽培可采取间播混种、苗木间植、混合扦插等法。一些草本花卉，也可先用小盆单独培养，待开花前移入大盆中。多年生花卉与一年生花卉配置（包括花前移植）时，可将大盆中的土壤从中间隔开，限制多年生花卉的根系扩展，避免移入一年生花卉时伤根。

1. 播种法 把几种花卉或颜色不同的一种花卉的种子，混合播种在一起，经过间苗留株培育成一盆组合效果良好的盆花。

2. 扦插法 将剪取的几种花木枝条，插在同一个盆内培育，成活成型见花后，给人的感觉就像一盆嫁接的花卉。

3. 移栽法 将选定的植株移栽在一个花盆内。一般又分为3种情况：一种为幼苗移栽，大多在春季进行，生长快，群体形态自然；一种为成株移栽，多适宜木本花卉，早春进行；还有一种为临花移栽，即把几种含苞待放的花，连带土球移植到一个较大的花盆内。

四、组合盆栽的制作形式

目前较为常见的组合盆栽制作形式有三种：

1. 脱盆合栽 即将两种以上的植物脱去原来的花盆栽种在同一容器中，这是组合盆栽最为常见的一种形式。这种方式要求植物的习性相近，色彩搭配和谐，养护管理精细，才能增加美感，延长观赏期。

2. 连盆组装 即不脱去花盆，将多种植物连盆放入种植槽或藤篮中，最后在表面铺一层介质如苔藓、陶粒、石子等，使盆栽浑然一体。这种组合方式要求较大的耐水湿的栽培容器，采用该方式使得更换植物材料变得简单、方便，而且由于各盆之间有花盆隔开，所以这

种方式也使得一些习性不同的植物同置一盆成为可能。这种形式的组合盆栽常用作临时布置。

3. 架构结合　为了增加作品的立体感和层次感，可以制作一些架构来增加空间及立体感。搭建的材料有白木、柳条、竹子、塑料管等，用绑、黏、卡等方法进行固定成三角形、锥形、圆形、圆柱形等形状，也可以是铁丝或柳条编织成各种小动物的形状，让常春藤等攀缘植物攀附其生长。

工作过程
GONGZUO GUOCHENG

以陶器盆栽为例阐述组合盆栽工作过程：

一、选择材料

选择植物材料是：金鱼草、雪叶莲、矮柏、香雪球；另外选用轻石、培养土和陶粒若干。

二、栽培步骤

如图7-2所示，按A、B、C、D顺序。

（1）在草莓盆底铺上轻石；

（2）盆内放入栽培土，先种入位于下部的种植穴；

图7-2　花卉组合盆栽

（3）从下至上依次种入花苗，固定根系并用花苗覆盖土面。

技能训练
JINENG XUNLIAN

蝴蝶兰组合盆栽技术

（一）训练目的

熟悉蝴蝶兰单一品种盆栽组合的要领，根据组合构思设计，熟练操作蝴蝶兰组合盆栽技能，达到组合盆栽的群体美，体现蝴蝶兰婀娜多姿的优雅美。

（二）材料用具

蝴蝶兰单株开花苗、大号花盆、中号花盆、小号花盆、丝线、水苔草、枝剪、喷壶等。

（三）方法步骤

在老师的指导下，将学生分成3组，一组操作10株蝴蝶兰组合；二组操作8株蝴蝶兰组合；三组操作6株蝴蝶兰组合；四组操作4株蝴蝶兰组合；五组操作2株蝴蝶兰组合，分组各自组合操作。

（1）10株、8株、6株、4株、2株分别选用合适的花盆，过大过小影响整体美。

（2）10株、8株、6株组可按前矮后高F形左右对称组合，注意保护好花朵和花叶。4株、2株组可选用6朵花以上者，按对视左前方，将花枝前低后高探出造型组合，花枝前后错落，展示蝴蝶兰花朵似蝴蝶一样翩翩起舞的美观。

（3）整理组合的蝴蝶兰的叶片，用水草盖住种植钵，用喷壶向花叶处细腻水珠喷洒，达到湿润为止。将组合的花盆放置庇荫处静置，避免直晒和风吹。

(四) 作业

每组按要求完成蝴蝶兰组合盆栽。

知识拓展
ZHISHI TUOZHAN

一、花卉艺栽

艺栽是以小型、精美的花卉作材料，经过巧妙的艺术构思种植在各式器皿中，成为一种优美和谐、趣味性强的花卉饰品。艺栽与盆景相比无论在植物材料选用，还是器皿上都有更大的随意性；与插花及切花饰品相比，更有耐久性。

(一) 花卉艺栽特点

花卉艺栽体量小巧，可充分利用窗前、门廊、过厅和角隅空间进行装饰。所使用的器皿也多具有自然情趣和充满生活气息，如蚌壳、陶盆、树根等。构图及设计形式随意性大、个性突出。艺栽作品常常表现出主人的趣味或家庭特点，并可随季节变化、陈列地点不同，变换位置和重新布局，把自然景观引进居住空间。

(二) 花卉艺栽应用形式

1. 悬挂式 悬挂式艺栽饰品，可以用来装点家庭的门户，带来温馨豪华感。还可以悬挂在宾馆门厅，为通行者创造一个欣赏空间。总之，悬挂位置以不妨碍人们的活动又能发挥装饰作用为原则。

2. 标牌式 标牌既是花卉饰品，又可与实用功能相结合，如在标牌的空白处书写文字，作为路标、导游方向或单位名称的标志应用。植物材料以体态优美、生长强健、喜光耐干旱的小型多肉类植物最适宜。较多应用的有菊科的绿玲、弦月，景天科的青锁龙、莲花掌类、石莲花类、玉米石、松鼠尾等。

3. 落地式 常利用陶盆、塑料果筐、废轮胎等作为栽植器皿。陶盆素雅，有粗犷质感，适合栽植花小而繁的种类，如三色堇、香雪球、美女樱等。小花盛开，在盆边自然延伸的姿态更富有天然情趣，在住宅及宾馆的门前陈设最适宜。

二、花卉瓶栽

花卉瓶栽也称瓶景，指经过艺术构思，将小型花卉栽植在封闭或相对开敞的透明瓶中所形成的特殊花卉装饰形式。

瓶栽是以苔藓、蕨类等生长缓慢、喜湿润空气的低矮微型植物为主，再点缀些小石子和其他配件，经过构思、立意，种植于玻璃容器内，表现出田园风光或山野情趣。目前，瓶栽已逐步成为家庭园艺中流行的室内植物装饰品。

1. 设计原则 花卉瓶栽的设计首先应确定作品所要表现的主题内容，如田野风光或山水情趣，然后确定表现的形式及风格。再根据形式风格选择适宜的植物材料、栽培基质、栽培方式及容器的性状、配件等。设计应遵循比例适当、色彩协调、均衡统一的原则，考虑容器与植物、配件、山石之间的比例关系，以及容器的大小与植物的生长速度的关系，尤其是封闭式容器。

2. 容器及植物的选择 瓶栽容器可选用大小、形状不同的玻璃瓶、透明塑料容器、鱼

缸、水族箱等，容器除瓶口及顶部作为通气孔外，大部分是封闭的，容器物理性状稳定，受光均匀，气温变化小，水分可循环利用。瓶栽植物宜选择株型小、生长缓慢且较喜湿者，如小叶常春藤、文竹、网纹草、石菖蒲、卷柏、铁线蕨、兰花蕉、鸭跖草等。

3. 栽植　栽植的方法选好容器后，根据容器大小选择合适植物。先在容器底部铺一层约 10 cm 厚的小石子或碎瓦片，其上铺一薄层水苔或木炭，上放消毒后的混合基质。将容器轻轻摇晃，使土壤铺平，用竹竿将基质稍微压实；或将土面堆成各种起伏的形态。接着将植物一株株放进去，栽好、扶正。所有植物栽完后，分几次加入少量的水，让水沿瓶壁流进，使瓶土湿润，最后用软木塞将瓶口塞住，放在阴凉处缓几天，之后放在朝北向窗口光亮处养护。

4. 养护　养护瓶栽喜湿植物，瓶口塞好后，不久瓶内就会形成湿润的小气候，叶片蒸发的水分在瓶壁上凝结，沿瓶壁流下，供给植物根部吸收利用。如此不断循环，保持瓶内空气湿润，适宜喜湿植物生长，因此，瓶栽植物一般不必浇水，只要温度适宜，有一定光照，植物就会正常生长。在日常养护时，如发现瓶子里每天早、晚出现雾气的时间超过 4 h，说明瓶内过于潮湿，需把瓶盖打开一段时间，然后再盖好瓶盖。如果瓶内 2 d 不见蒸汽，可加入少量干净的水或进行喷雾，使基质充分吸湿后再盖上。注意瓶内如有落叶要及时取出，以免腐烂并引起病害。瓶栽花卉若制作得当，可摆放数年，置于几架、窗台或书桌上，玲珑剔透，别有意境。

考核评价
KAOHE PINGJIA

考核内容	考核标准	考核分值	自我考核	教师评价
专业知识	熟悉花卉组合盆栽的概念以及特点	5		
	熟悉花卉组合盆栽的基本原则和设计理念	5		
	花卉组合盆栽表现形式	10		
	花卉组合盆栽的养护管理知识	10		
技能训练	花卉组合盆栽技术	10		
专业能力	花卉组合盆栽造型	10		
	花卉组合盆栽养护管理	10		
学习方法	网络信息查询； 专业书籍资料查询； 专业市场走访、调研； 勤于实践	10		
能力提升	学会学习，良好的交流沟通能力； 工作学习主动积极，勤于思考，助人为乐； 养成善于观察、详尽记录的好习惯	10		
素质提升	做事积极主动，与人团结合作； 学习工作勤恳努力； 工作学习中能及时发现问题，能分析、解决问题； 富有创造性思维，对待新事物好学进取	10		

项目 8　花卉经营与管理

【项目背景】

花卉能怡情养性，修身养性，更可以创造出优美的景观和清新的生活空间，对人们的健康以及旅游资源均有很大的利益，因此经济水平越发达的国家，其花卉业也越蓬勃。

现代花卉经营者除了具备栽培的技术外，还需有新的经营理念和管理能力，只有从事有效的经营，用企业化的管理及超高的栽培技术，才能满足市场的需要，提升企业的发展空间。

花卉经营的目的在于：从事企业性的花卉生产，计划生产规模的大小；决定花卉生产种类及数量，按照生产计划，配置生产资源，运用熟练的栽培和管理技术进行生产活动；降低生产成本，提高质量，提升品质，使产品安全到达消费者手中，从而获得最大的效益。

【知识目标】

1. 明确花卉经营的基本知识；
2. 明确花卉市场预测的基本理论；
3. 熟悉花卉产品营销渠道与策略的基本知识；
4. 掌握花卉生产计划的制订与技术管理的内容与方法；
5. 明确花卉生产成本核算的基本内容与方法。

【能力要求】

1. 有花卉经营基本能力；
2. 能根据花卉种类确定产品的营销策略；
3. 能制订花卉生产计划，并组织实施；
4. 能进行花卉生产的技术管理；
5. 能确定花卉生产成本核算方法，并进行成本的初步核算。

【学习方法】

花卉经营与管理要注重理论联系实践，要深入花卉生产企业和花卉生产，不断积累更多的专业知识充实自己。要博览群书，查阅相关专业的书籍与杂志，借鉴优秀花卉经营管理案例，结合花卉生产特点，不断总结花卉经营管理经验，为从事花卉生产管理、销售奠定理论基础。

任务 8.1　花卉经营管理

任务目标
RENWU MUBIAO

1. 了解花卉经营的种类、特点与方式；

2. 熟悉花卉市场预测、花卉产品营销策略的基础知识；

3. 能进行花卉产品的营销；

4. 能运用经营管理的基本知识分析解决花卉营销的一般性问题。

任务分析

RENWU FENXI

本任务主要是在理解花卉经营基本知识的基础上，通过实地进行花卉市场的调查、交流，了解本地花卉市场布局，经营特点、销售方式和市场经营状况等，培养学生经营理念，提高花卉经营管理的能力，为满足花卉市场提升空间。

相关知识

XIANGGUAN ZHISHI

花卉的经营管理，是以经济学理论为基础，针对花卉生产的特点，最有效地组织人力、物力、财力等各种生产要素，通过计划、组织、协调、控制等活动，以获得显著经济等综合效益的全过程，科学而系统的经营管理，必定对花卉产业的发展起到十分重要的促进作用。

一、花卉经营

（一）花卉经营种类

1. 切花　切花要求生产栽培技术较高。我国切花的生产相对集中在经济较发达的地区，在生产成本较低的地区也有生产。

2. 盆花与盆景　盆花包括家庭用花、室内观叶植物、多浆植物、兰科花卉等，是我国目前生产量最大，应用范围最广的花卉，也是目前花卉产品的主要形式。

盆景也广泛受到人们的喜爱，加以我国盆景出口量逐渐增加，可在出口方便的地区布置生产。

3. 草花　草花包括一、二年生花卉和多年生宿根、球根花卉。应根据市场的具体需求组织生产，一般来说，经济越发达，城市绿化水平越高，对此类花卉的需求量也就越大。

4. 种球　种球生产是以培养高质量的球根类花卉的地下营养器官为目的生产方式，它是培育优良切花和球根花卉的前提条件。

5. 种苗　种苗生产是专门为花卉生产公司提供优质种苗的生产形式。所生产的种苗要求质量高，规格齐备，品种纯正，是花卉产业的重要组成部分。

6. 种子生产　国外有专门的花卉种子公司从事花卉种子的制种、销售和推广，并且肩负着良种繁育、防止品种退化的重任。我国目前尚无专门从事花卉种子生产的公司。

（二）花卉经营的特点

1. 花卉经营的专业性　花卉经营必须有专业机构来组织实施，这是由花卉生产、流通的特点所决定的。花卉经营的专业性还表现在作为花卉生产的部门、公司或企业仅对一两种重点花卉进行生产，这样使各生产单位形成自己的特色，进而形成产业优势。

2. 花卉经营的集约性　花卉经营是在一定的空间内最高效地利用人力物力的生产方式，它要求技术水平高，生产设备齐备，在一定范围内扩大生产规模，进而降低生产成本，提高花卉的市场竞争力。

3. 花卉经营的高技术性　花卉经营是以经营有生命的新鲜产品为主的事业，而这些产品从生产到售出的各个环节中，都要求相应的技术，如花卉采收、分级、包装、贮运等各个环节，都必须严格按照技术规程办事。因此花卉经营必须有一套完备的技术作后盾。

（三）花卉的经营方式

1. 专业经营 在一定的范围内，形成规模化，以一两种花卉为主，集中生产并按照市场的需要进入专业流通的领域。此方式的特点是便于形成高技术产品，形成规模效益，提高市场竞争力是经营的主题。

2. 分散经营 以农户或小集体为单位的花卉生产，并按自身的特点进入相应的流通渠道。这种方式比较灵活，是地区性生产的一种补充。

二、市场的预测

市场预测是花卉生产企业了解消费者的需求、变化和市场发展趋势作出的预计和推测，用以指导花卉生产经营活动。

1. 市场需求的预测 影响市场需求的因素很多，花卉企业在进行预测时，首先要搞好人口数量、年龄结构及其发展趋势的预测。因为人口数量通常决定某一地区的平均消费水平，而人口年龄结构则影响着花卉产品的结构，如青年人居多的城市，对表达爱情寓意的鲜切花产品需求量大；其次是家庭的收入水平。家庭收入水平的高低，决定着花卉消费支出占家庭消费支出的比例。家庭收入越高，对花卉消费量越大。此外，风俗习惯也影响花卉产品市场的需求，在市场预测中应加以注意。

2. 市场占有率的预测 市场占有率是指企业的某种产品的销售量或销售额与市场上同类产品的全部销售量或销售额之间的比率。影响市场占有率的因素主要有花卉的品种、质量、价格、开花期、销售渠道、包装、保鲜程度、运输方式和广告宣传等。由于市场上同一种花卉往往有若干企业生产，消费者可任意选择，这样某个企业生产的花卉能否被消费者接受，主要取决于与其他企业生产的同类花卉相比，在质量、价格、花期应时与否、包装等方面处于什么地位，若处于优势，则销售量大，市场占有率高，反之则低。

3. 科技发展的预测 科技发展预测是指预测科学技术的发展对花卉生产的影响。随着现代科技的发展，特别是无土栽培、化学控制、生物技术、无毒种苗繁育工程的发展运用，智能化、自动化温室的建立，花卉生产的工厂化、规模化运作等，对花卉的质量、价格具有决定性的影响。由于新产品质优价廉，进而会挤掉老产品的市场份额。因此，要保证企业长期稳定发展，必须对科学技术的发展作出预测，以便及早掌握运用高新技术，开发生产优质产品。

4. 资源预测 资源预测是指花卉企业在生产活动中对所使用的或将要使用的资料的保证程度和发展趋势的预测。资源供应直接关系到花卉的生产，是花卉生长发育所必需的，如栽培基质、栽培容器、电力、煤、油、水等。资源预测包括资源的需要量、潜在量、可供应量、可利用量和可代用量等。资源供应不仅影响花卉的生长发育，而且对花卉生产成本也会产生一定的影响。

三、产品的营销渠道

产品的营销渠道是指花卉生产者向消费者转移所经过的途径，是花卉生产发展的关键。产品的主要营销渠道是花卉市场和花店，进行花卉的批发和零售。

1. 花卉市场 花卉市场是花卉生产者、经营者和消费者从事商品交换活动的场所。花

卉市场的建立，可以促进花卉生产和经营活动的发展，促使花卉生产逐步形成产、供、销一条龙的生产经营网络。

在花卉产品高度集中的地区形成的大型花卉市场，通常有不少花卉企业组成，如荷兰驰名世界的埃斯美尔花卉拍卖市场大约有5 000多个私人经营的农庄为之提供大量的商品，还有由国外运来委托拍卖的商品。该市场目前各主要环节均由计算机控制，每分钟可处理20笔生意。提取商品花卉后，立即装箱，交由汽车或飞机托运，在24 h内就可送到大多数国家的销售地点。在花卉产品不集中的地区，可由专业花卉运营商完成购销活动。运营商代客户向生产者订货，再由运营商直接运货到客户的零售店出售，这也不失为花卉市场的另一种形式。

目前，国内的花卉市场建设，已有较好的基础。遍布城镇的花店、前店后厂式区域性市场、具有一定规模和档次的批发市场，承担了80%的交易量。我国还在北京建成了国内第一家大型花卉拍卖市场——北京莱太花卉交易中心。

随着花卉产业的发展，我国的花卉市场也将逐步向花卉拍卖市场转化。花卉拍卖市场是花卉交易市场的发展方向，它可实现生产与贸易的分工，可减少中间环节，有利于公平竞争，使生产者和经营者的利益得到保障。同时，可引入现代化的报价和交易系统，与国际式主要花卉市场联网，为逐步建立国际花卉贸易中心创造条件。

2. 花店经营　花店属于花卉的零售市场，是直接将花卉卖给消费者。花店经营者应根据市场动态因地制宜地运用营销策略，紧跟时代潮流选择花色品种，想顾客所想，将生意做好、做活。

花店的经营项目常见的有鲜花（盆花）的零售与批发，花卉材料的零售与批发，如培养土、花肥、花药等，缎带、包装纸、礼品盒等的零售服务，花艺设计与外送各种礼品花的服务，室内花卉装饰及养护管理，花卉租摆业务，婚丧喜事的会场，环境布置，花艺培训，花艺期刊、书籍的发售，花卉咨询及其他业务等。

经营花店有许多实务工作要做，鲜花的采购是确保品质的第一步，鲜花的保鲜不仅影响鲜花的质量，而且关系到花店的形象。

3. 花卉贸易　花卉贸易是世界贸易的一部分，主要指的是各国、各地区以及个企业间进行的有关花卉品种、工序以及各种有关花卉服务的交易活动，主要方式有经销与代销、代理、寄售与展卖等。目前，主要花卉生产国荷兰、比利时、丹麦等，仍保持世界花卉出口的领先地位，我国也积极参与花卉国际市场的竞争，2012年花卉出口额突破5亿美元。

花卉进口的基本程序，一是询价，根据订货的数量向外方询价；二是磋商，还盘和反盘；三是成交，经过还盘和反盘后达成协议，签订合同。签订的合同内容包括价格、数量、规格及质量要求，包装、发货期、运输方式、付款方式、保险及险别。花卉出口的基本程序是国外询价、签订合同、花卉产品的处理与包装、准备单证、报关出货、结汇。

此外，还有多种营销花卉的渠道，如超级市场设立鲜花柜台、饭店内设柜台、集贸市场摆摊设点、电话送花上门服务、鲜花礼仪电报等。

四、产品销售策略

销售策略是指在市场经济条件下，实现销售目标与任务而采取的一种销售行动方案。销售策略要针对市场变化和竞争对手，调整或变动销售方案的具体内容，以最少的销售费用，扩大占领市场，取得较好的经济效益。

销售策略主要包括：市场细分化策略、市场占有策略、市场竞争策略、产品定价策略、进入市场策略及促销策略等。

（一）市场细分化策略

所谓市场细分，是指根据消费者的需要，购买动机和习惯爱好；把整个市场划分成若干个“子市场”（又称细分市场），然后选择某一个“子市场”作为自己的目标市场。例如，某企业生产商品盆景，国内外所有的盆景消费者是一个大市场。如果根据盆景消费的不同地区进行市场细分，则可以分成如欧洲市场、东南亚市场、美洲市场和国内市场等。这个企业可选择其中一个作为目标市场，该目标市场也就是被选定作为销售活动目标的“子市场”，如该企业选定的是欧洲市场，那么它所提供的产品必须能最大程度满足欧洲消费者需要。选定目标市场应具备三个条件，一是拥有相当程度的购买力和足够的销售量；二是有较理想的尚未满足的消费需求和潜在购买力；三是竞争对手尚未控制整个市场。根据这些要求，在市场细分的基础上，进行市场定位，然后尽一切办法占领所定位的目标市场。

（二）市场占有策略

指企业和农户占有目标市场的途径、方式、方法和措施等一系列工作的总称。具体可考虑三种市场占有策略：一是市场渗透策略，即原有产品在市场上尽可能保持原用户和消费者，并通过提高产品质量，探索新的销售方式，加强售后服务等来争取新的消费者的策略；二是市场开拓策略，这是以原产品或改进了的产品来开拓新的市场，争取新的消费者的策略。这需要注意对花卉新的科技成果的运用，适时地开发新的品种，从产品品种的多样化、高品质等方面求得改进；三是经营多元化策略，即在尽力维持原有产品的同时，努力开发其他项目，实行多项目综合发展和多个目标市场相结合的策略，以占领和开拓更多的新市场。

（三）市场竞争策略

指企业和农户在市场竞争中，如何筹划战胜竞争对手的策略，主要有：

1. 靠创新取胜 向市场投放新的产品，用新的销售方式、新的包装给消费者以新的感觉。

2. 靠优质取胜 新的产品形象、新的销售方式等都必须以优质为前提。产品与服务的质量好坏同竞争能力密切相关。参与市场竞争，必须在优质上下功夫。

3. 靠快速取胜 要对市场的变化作出灵敏的反应，要很快地抓住时机，以最短的渠道进入市场，要能根据市场需求的变化，快速地接受新知识、新观念，快速开发新产品抢占市场。

4. 靠价格取胜 消费者和用户都希望以较低的价格买到称心的产品。因此，企业和农户应尽可能降低产品成本和销售费用，使产品价格具有竞争优势。

5. 靠优势取胜 每个企业和农户都有自己的优势，要根据地理位置、气候条件、资金、技术及资源条件，使生产经营的项目能充分发挥自身的优势，在扬长避短中获得较好的效益。

（四）产品定价策略

价格是市场营销组合的一个重要组成部分。任何一个企业单位，要在激烈的竞争中取得成功，必须采用合适的定价方法，求得在市场营销中的主动地位。定价策略作为一种市场营销的战略性措施，国内外有许多成功企业的经验可供借鉴，如心理定价策略、地区定位策

略、折扣与折让策略、新产品定价策略和产品组合定价策略等。在组织市场营销活动中，应以价格理论为指导，根据变化着的价格影响因素，灵活运用价格策略，合理制订产品价格，来取得较大的经济利益。

（五）进入市场策略

主要是研究商品进入市场的时间。不少花卉在市场上销售都会有淡季和旺季之分，因此，正确选择进入市场的时间是一项不可忽视的策略。例如，鲜切花的上市时间放在元旦、春节等重大节日，就会畅销价扬。

（六）促销策略

产品的促销是指通过各种方式和方法，向消费者传递产品信息，激发出购买欲望，促进其购买的活动过程。促销策略按内容分，有人员推销策略、广告策略、包装策略和商标策略等。

花卉产品的促销首先要正确分析市场环境，确定适当的促销形式。花卉市场比较集中，应以人员推销为主，它既能发挥人员推销的作用，又能节省广告宣传费用。市场比较分散，则宜用广告宣传，快速全方位地把信息传递给消费者。其次，应根据企业实力确定促销形式。企业规模小，产量少，资金不足，应以人员推销为主；反之，则以广告为主，人员推销为辅。第三，还应根据花卉产品的性质来确定。鲜切花、应时盆花，生命周期短，销售时效性强，多选用人员推销的策略。对盆景、大型高档盆栽等商品，应通过广告宣传、媒体介绍，吸引客户。第四，根据产品的寿命周期确定产品的促销形式。在试销期间，商品刚上市，需要报道性的宣传，多用广告和营业推销；产品成长期，竞争激烈，多用公共关系手段，以突出产品和企业的特点；产品成熟饱和期，质量、价格等趋于稳定，宣传重点应针对消费者，保护和争取客户。此外，产品的促销还可举办各种花卉展览、花卉知识讲座和咨询活动，引导人们消费。

总之，花卉经营者应根据企业内外环境，采取合理的促销形式，以扩大花卉经营领域，维持和提高产品的市场占有率。

工作过程
GONGZUO GUOCHENG

以花店为例阐述花卉经营管理。

一、场地的选择

选择花店场地与业务发展具有重要的意义。居民区的位置、娱乐设施、公共设施、人口、收入、消费意识与习惯等因素，都是场地选择的重要因素。

花店的构成，其经营的种类，如何提供顾客的服务方式等经营方针，有时也必须配合场所本身的条件才能制订出来。因此，作为花店经营者，必须确切地把握场地条件，拟订配合这些条件的经营计划、经营方针决定花店的性质。

二、花店商品的陈列

经营者在完全了解市场目标时，要先确定如何陈列商品，然后决定实际陈列的计划。

（一）商品陈列考虑的因素

1. 花卉色彩及种类 花卉色彩丰富，使人目不暇接，如不将其分类，则很容易让顾客觉得凌乱，所以应考虑如何将各种类型的花卉及色彩分别摆好来吸引顾客。

2. 重视墙面的装饰 从空间利用效率来看，必须尽可能地在墙面上展示主要商品，可以利用压花、干燥花作为壁面的装饰及展示，或做室内广告。

3. 纵向配置 商品陈列设计以纵向配置为原则。如果是横向配置，内部陈设的商品比外部商品不容易销售出去，会影响花店的营业效率。

4. 顾客的爱好 为了充分地让顾客在店内环境选择，须安排最能表现该店经营特色的商品。

（二）商品陈列的条件

1. 要让顾客容易看见 一般显眼的范围大的是与眼睛的高度相等的地方，对男性来说，一般基准视距离地面 150 cm，而女性是 140 cm，所以物品的陈列一定要注意高度，然后再考虑其排列方法。

2. 要让顾客容易拿到 一件商品若能让顾客摸到或能拿到手上，如此一来，这家店内的商品自然给人一种亲切感，说不定这种亲切感就让顾客兴起购买的意愿。通常从腰到眼睛之间的位置陈设花店的主要商品。

3. 容易选择 容易选择是一种把商品整理区分，让顾客一眼就能明了的陈列方式。花店经营者，应将不同习性的植物做适当的分类，如能将特性表明出来，相信更能增加顾客的兴趣。

（三）陈列方法

1. 集中焦点的展示法 集中焦点的展示法就是把客人的注意力吸引到某个固定的陈列点上，如在玻璃橱窗、展示柜、墙壁画、柱子、展示柜中陈列摆设物品。采用此法时，要把照明、色彩及形状、装置或一些装饰品、小道具等，都当作是陈列器材加以运用，而制造出一个能够使顾客视觉集中的地方。

2. 营造季节感 花店本身与季节变化及节假日具有相当的敏感度，因此，花店经营，以四季的变化布置成各种不同的氛围，或在节日期间将不同花艺组合起来突出气氛，使整个花店具有相当的变化，以便吸引顾客。

3. POP 广告制作 即营业场内广告方法，POP 广告具有足以代替店员来向顾客说明商品、表示价格，并且还可以唤起顾客购买欲等功能。在 POP 广告的制作过程中，一定要考虑到与商品的协调性，尤其必须留意的是设计的图案、花样、文字要简洁易懂，价格的表示也要很清晰，张贴在容易看得到的场所。

三、设施、用具的设计

1. 柜台 为收银及包装的主要地方，应便于包装。

2. 陈列台 造型新颖的陈列台，往往是最容易吸引顾客的地方，将特色物品摆置在各式陈列台上，有利于商品的销售。

3. 冷藏柜 以鲜花为主的花店，冷藏柜是不可缺少的设备，不但可以维持鲜花的新鲜度，延长鲜花货架寿命，而且还具有维护商品美观及贮存的功能。因此，尽可能地选择良好的位置，以吸引顾客的注意。

4. 花店的色彩 外装的色彩就像是花店的脸孔一样，对于增强对顾客的吸引力，扮演着相当重要的角色。因此，最好使用在视觉上显得清新鲜明的颜色。

外观的颜色，要注意是否与业务配合外，并且必须注意和周围环境取得协调。

一般采用明亮清新的色彩为主，地板采用反光性低的色调（如灰色）；墙面一般使用色彩较淡的色彩，依照营业面积的大小，可以利用色彩的前进性（暖色、明度高的颜色）、后进性（冷色、明亮度低的颜色）来互相搭配；天花板的颜色应采用反射率高的色彩；窗户的颜色可以考虑用较醒目的颜色（红、黄、黄绿、绿等颜色）来给消费者强烈的印象。

5. 花店的照明　照明设施不只是具有照亮室内的功能，并可使陈列的商品色彩看起来更为美观，并可增强它的吸引力。

天花板上镶嵌照明灯可以供给花店整体的光度。橱窗中则利用角灯透光，可增高陈列品的质感、光泽感与立体感。而如有盆花者，必须加装植物生长灯，以利植物在室内生长。

因此，考虑照明器具的形状与光线本身的展示装置，最好能采用随着商品陈列的变化、顾客层次、环境条件以及花店的个性化，作可能的移动式照明设施。

花卉市场调查

（一）训练目的

了解当地花卉市场的花卉种类及当地花卉市场发展现状及前景。

（二）材料用具

笔记本、笔等。当地不同类型的花卉市场，如切花批发市场、盆花批发市场、花卉零售市场、花店等。

（三）方法步骤

1. 调查内容　花卉的种类、规格及价格；花器的种类、规格及价格；人造花的种类及价格；花卉生产资料及工作的种类及价格；同一种花卉零售市场与批发市场的价格区别等。

2. 方法　学生分组进行走访花卉市场，设计市场调查表，汇总后进行分析，每组提供一份调查报告，制作PPT进行汇报，根据报告内容和汇报情况进行打分。

各组可参考下面的调查问卷，根据各组实际情况自行设计问卷调查表。

附：花卉市场需求调查问卷

您好！我们是××职业学院的学生，现在我们正在进行对《花卉市场调查》的学习。为了解××城市花卉市场的现状，并对发展前景做出预测，现对××城市花卉市场的情况进行调查，作为专业学习实践用，十分感谢您为我们做以下的调查！

您的性别：□男　□女　　您的年龄：□16～30　□31～50　□50岁以上

您是：　□本市常驻市民　□外地人员

1. 请问您的职业是：（　　）

A. 学生　　B. 职员　　C. 商人　　D. 农民　　E. 政府官员　　F. 其他

2. 您通常买花的用途是什么（　　）

A. 爱好　　B. 装饰　　C. 送人　　D. 其他

3. 您通常买花的地点在哪（　　）

A. 花市　　B. 花店　　C. 超市　　D. 网购

4. 你购买花的时候，主要考虑哪些因素（　　）

A. 质量　　B. 香味　　C. 产地　　D. 花语

5. 您喜欢的花卉品种是（　　）

A. 鲜花　　B. 人造花　　C. 盆栽花卉　　D. 其他

6. 以下按栽培目的分类您愿选哪一类（　　）

A. 花坛花卉　　B. 盆栽花卉　　C. 切花花卉　　D. 庭院花卉

E. 香料用花卉　　F. 医药用花卉

7. 以下按观赏部位分类您喜欢哪些类（　　）

A. 观花类　　B. 观叶类　　C. 观茎类　　D. 观果类

E. 盆景类　　F. 其他

8. 花盆的质地您一般选择哪类（　　）

A. 瓦盆　　B. 陶盆　　C. 木盆　　D. 塑料盆

E. 瓷盆　　F. 其他

9. 您会拿出月工资的多少比例来购买花卉（　　）。

A. 1%～5%　　B. 5%～10%　　C. 10%以上　　D. 50%以上

E. 不愿意购买

10. 您对××城市花卉市场的预测及建议是什么？

花卉的分级包装

花卉的分级包装是花卉产业储运销的重要环节之一。花卉分级包装的好坏直接影响花卉的品质和交易价格。分级包装工作做得好，很容易激发消费者购买的欲望，提高消费者的购买信心，促进产品市场销售。

(一) 分级

1. 切花　切花的分级，通常是以肉眼评估，主要基于整体外观，如切花形态、色泽、新鲜度和健康状况，其他品质测定包括物理测定和化学测定，如花茎长度、花朵直径、每朵花序中小花数量和质量等。肉眼的精确判断需要一个严格制订并被广泛接受的质量标准。现国际上广泛使用的由欧洲经济委员会（ECE）标准和美国标准。

表 8-1　一般外观的 ECE 切花分级标准

等级	对切花要求
特级	切花具有最佳品质，无外来物质，发育适当，花茎粗壮而坚硬，具备该种或品种的所有特性，允许切花的 3%有轻微的缺陷
一级	切花具有良好品质，花茎坚硬，其余要求同上，允许切花 5%有轻微缺陷
二级	在特级和一级中未被接受，但满足最低质量要求，可由于装饰，允许切花的 10%有轻微缺陷

对某一特定花种的分级标准除上述要求外，还包括一些对该种的特殊要求。如对香石竹，注意其茎的刚性和花萼开裂问题。对于月季，最低要求是剪切口不要在上个生长季茎的生长起点上。

美国标准其分级术语不同于 ECE 标准，采用“美国蓝、红、绿、黄”称谓，大体上相

当于 ECE 的特级、一级和二级分类。我国农业部于 1997 年对月季、唐菖蒲、菊花、满天星、香石竹等切花的质量分级、检测规则、包装、标志、运输和贮藏技术做出行业标准。

分级首先是进行挑拣，清除收获过程中的脏物和废弃物，去掉损伤、腐烂、病虫感染和畸形的产品，然后根据分级标准和购买者的要求，严格进行分级。每一容器内只放置同一种尺寸、成熟度一致的花卉材料，容器外标明种类、品种、等级、大小、质量及数量等。分级后，应尽快去除产品田间热，使之冷却下来，减少呼吸作用和内部养分消耗，保证切花的质量。

2. 盆花　目前，国内外均无统一的盆花质量与分级标准。在实践中，盆花分级是基于容器的大小，要求盆栽花卉的植株大小要与容器尺寸成比例，其次根据盆花地上部直径和花蕾数量（如杜鹃），或植株高度或花朵数量（如菊花）来分级。这些标准是把盆花质量与其大小联系起来，因为植株越大，栽培的时间越长，生产费用也就越高。此外，盆花的质量还要看一般外貌，如叶片和花朵的色泽，受损伤情况，花朵衰老的状况等等。实际交易中，盆花的外在表现往往是评定价格的主要标准。

（二）包装

花卉包装的主要作用是保护产品免受机械损伤、水分丧失、环境条件的急剧变化和其他有害影响，以保持花卉的内在品质和外观要求。包装材料一般依据产品需要、包装方法、预冷方法、材料强度、成本、购买者的要求来选择。常用的材料有纤维板箱、木箱、板条箱、纸箱、塑料袋、塑料盘、泡沫箱等，内部可填充细刨花、泡沫塑料和软纸，以防产品碰伤或擦伤。纤维板箱、纸箱是目前使用最为广泛的种类。包装箱的尺寸最好统一规格，这样可降低生产成本，装载整齐、稳定、安全，便于机械装卸和运输。

1. 切花的包装　根据切花大小或购买者的要求通常以 10、12 或 15 枝或更多捆扎成束，捆扎不宜太紧，以防切花受伤和霉变。大多数切花包装在用聚乙烯膜或抗湿纸衬里的双层纤维板箱或纸箱中，以保持箱内的湿度。包装时，应小心地将用耐湿纸或塑料套包裹的花束分层交替水平放置于箱内，各层间要放置衬垫，以防压伤切花，直至放满。对向地性弯曲敏感的切花，如水仙、唐菖蒲、小苍兰、金鱼草等，应以垂直状态贮运。

2. 盆花的包装　盆花的包装可防机械损伤、水分丢失和温度波动。大部分盆花可采用牛皮纸、塑料套或编织聚酯套来包装。各种套袋应在顶部设计把手，便于迅速处理植株。小型盆花可先用纸、塑料膜或纤维膜制成的套子包好，再放入箱内，箱底应放有抗湿性托盘或特制的塑料板、泡沫板，盆间有隔板。短途运输或对机械损伤有抵抗力的盆花植物可不包装，直接装载于货车上运输。

花卉包装所用的包装材料必须是新的、清洁的，具有保护花卉免遭损伤的适当品质。若用新闻纸包装，不可碰到花朵。包装外的标签必须易于识别，要写清楚必要的信息，如生产者、包装场、生产企业的名称、种类、品种或花色等。如为混装，标记必须写清楚。

考核评价
KAOHE PINGJIA

考核内容	考核标准	考核分值	自我考核	教师评价
专业知识	熟悉花卉经营的种类、特点与方式	5		
	熟悉花卉经营的特点与方式	5		
	掌握花卉经营知识	10		
	掌握花卉生产管理知识	10		

（续）

考核内容	考核标准	考核分值	自我考核	教师评价
技能训练	花卉市场调查	10		
专业能力	会把握花卉市场中远期预测	10		
	根据花卉营销的策略会制订花卉营销方案	10		
	会花卉产品的营销	10		
学习方法	网络信息查询； 专业书籍资料查询； 专业市场走访、调研； 勤于实践	10		
能力提升	学会学习，良好的交流沟通能力； 工作学习主动积极，勤于思考，助人为乐； 养成善于观察、详尽记录的好习惯	10		
素质提升	做事积极主动，与人团结合作； 学习工作勤恳努力； 工作学习中能及时发现问题，能分析、解决问题； 富有创造性思维，对待新事物好学进取	10		

任务 8.2　花卉生产管理

任务目标
RENWU MUBIAO

1. 熟悉花卉生产计划的制订的基础知识；
2. 熟悉花卉生产技术管理的基础知识；
3. 熟悉花卉成本核算的基本方法；
4. 具备花卉生产管理的基本能力；
5. 能制订花卉生产计划，并组织实施；
6. 会花卉生产的技术管理；
7. 能确定花卉生产成本核算方法，并进行成本的初步核算。

任务分析
RENWU FENXI

本任务主要是在花卉生产计划的制订、技术管理、成本核算的基本知识的基础上，通过实地进行花卉生产企业调查、交流，使学生掌握制订花卉生产计划的基本方法，提高学生参与生产管理的意识，提升花卉生产管理的能力，为花卉生产的优质、高产、高效提供保证。

相关知识
XIANGGUAN ZHISHI

随着花卉产业化经营的不断深入，产销规模的逐年扩大和从业人员的不断增加，花卉生产管理者需要考虑的内容越来越多，主要包括生产计划的制订与落实，生产技术管理成本核算等。花卉生产管理主要是对花卉生产作业、时间安排和资源配置的指挥协调。没有适当的

生产管理，整个生产经营很难达到预期的目标。

一、花卉生产计划的制订

花卉生产计划是花卉生产企业经营计划中的重要组成部分，通常是对花卉企业在计划期内的生产任务作出统筹安排，规定计划期内生产的花卉品种，质量及数量等指标，是花卉日常管理工作的依据。生产计划是根据花卉生产的性质，花卉生产企业的发展规划，生产需求和市场供求状况来制订的。

制订花卉生产计划的任务就是充分利用花卉生产企业的生产能力和生产资源，保证各类花卉在适宜的环境条件下生长发育，进行花卉的周年供应，按质、按量、按时提供花卉产品，并按期限完成订货合同，满足市场需求，尽可能地提高生产企业的经济效益，增加利润。

花卉生产计划通常有年度计划、季度计划和月份计划，对花卉每月、季、年的花事做好安排，并做好跨年度花卉的继续培养。生产计划的内容包括花卉的种植计划、技术措施计划、用工计划、生产用物资的供应计划及产品销售计划等，其具体内容为种植花卉的种类与品种、数量、规格、供应时间、工人工资、生产所需材料、种苗、肥料农药、维修及产品收入和利润等。合理的时间安排是保证计划完成的最有效办法，时间安排涉及一系列技术规范与要求，要制订一项可行的时间标准，以便在允许的时间段内完成规定的任务，要指明设想农艺操作需要多长时间完成，这需要长期的实践经验，当然，在制订时间表的同时，还要注意考虑采用的生产程序，可能存在的干扰因素，以确保生产管理协调有序地进行。季度和月份计划是保证年度计划的实施。在生产计划实施过程中，要经常督促和检查计划的执行情况，以保证生产计划的完成。

花卉生产是以获利为目的，生产者要根据每年的销售情况、市场变化、生产设施等，及时对生产计划做出相应地调整，以适应市场经济的发展变化。

二、花卉生产的技术管理

技术管理是指花卉生产中对各项技术活动过程和技术工作的各种要素进行科学管理的总称。技术工作主要包括技术装备、技术信息、技术文件、技术资料、技术档案、技术标准规程、技术责任制等技术管理的基础工作，技术管理是管理工作中重要的组成部分。加强技术管理，有利于建立良好的生产秩序，提高技术水平，提高产品质量，扩大品种范围，降低消耗，提高劳动生产率和降低产品成本等，尤其是现代大规模的工厂化花卉生产，对技术的组织、运用工作要求更为严格，技术管理就愈显重要。但技术管理主要是对技术工作的管理，而不是技术本身。企业生产效果的好坏决定于技术水平，但在相同的技术水平条件下，如何发挥技术，则取决于对技术工作的科学组织及管理。

（一）花卉技术管理的特点

花卉技术管理工作，有着自身的规律和特点，在管理上要结合花卉生产技术的需要，去很好地进行技术管理工作。

1. 多样性　花卉种类繁多，各类花卉有其不同的生产技术要求，业务涉及面广，如花卉的繁殖、生长、开花、花后的贮藏、销售、包装、花卉应用及养护管理等。多种多样的业务管理，必然带来不同的技术和要求，以适应花卉生产的需要。由此可见，花卉的技术管理具有多样性。

2. 综合性 花卉生产与应用，涉及众多学科领域，如植物、植物生态、植物生理、植物遗传育种、土壤、农业气象、植物保护、设施规划、园林艺术等。同时许多单项技术还需要根据实际需要进行组合，其技术管理工作具有综合性的特点。

3. 季节性 花卉的繁殖栽培养护等均有较强的季节性，季节不同、采用的各项技术措施也相应不同，同时还受自然因素和环境条件等多方面的制约。为此，各项技术措施要相互结合、适时适地才能发挥花卉生产的效益。

4. 阶段性与连续性 花卉有其不同的生长发育阶段，不同的生长发育阶段要求不同的技术措施，如育苗期要求苗全、苗旺、苗壮；定植期要求成活率；养护管理期则要求保存率及发挥花卉功能。各阶段均具有各自的质量标准和技术要求，但在整个生长发育过程中，各阶段不同的技术措施又不能截然分开，每一阶段的技术直接影响下一阶段的生长，而下一阶段的生长又是上一阶段技术的延续，每个阶段都密切相关，具有时间上的连续性，缺一不可，因此，要注重花卉生产各个阶段之间技术管理的衔接。

（二）花卉技术管理的任务

1. 要符合科学技术规律 花卉技术管理要符合花卉生长发育的规律，遵循科学技术的原理，用科学的态度和科学的工作方法进行技术管理。

2. 要切实贯彻国家技术政策 认真执行国家对花卉生产及涉及花卉生产所规定的技术发展方向和技术标准。

3. 要讲求技术工作的综合效益 花卉技术管理工作要最大限度地发挥社会效益、经济效益和环境效益，同时要求在管理工作中力求节俭，以降低管理费用。

（三）花卉技术管理的内容

1. 建立健全技术管理体系 其目的在于加强技术管理，提高技术管理水平，充分发挥科学技术优势。大型花卉生产企业（公司）可设以总工程师为首的三级技术管理体系，即公司设总工程师，技术部（处）设主任工程师以及技术科内设各类技术人员。小型花卉企业，可不设专门机构，但要设专人负责企业内部的技术管理工作。

2. 建立健全技术管理制度

（1）技术责任制。为充分发挥各级技术人员的积极性和创造性，应赋予他们一定职权和责任，以便很好地完成各自分管范围内的技术任务。一般分为技术领导责任制，技术管理机构责任制，技术管理人员责任制和技术员技术责任制。

技术领导的主要职责是执行国家技术政策，技术标准和技术管理制度；组织制订保证生产质量、安全的技术措施，领导组织技术革新和科研工作；组织和领导技术培训等工作；领导组织编制技术措施计划等。

技术管理机构的主要职责是做好经常性的技术业务工作，检查技术人员贯彻技术政策，技术标准、规程的情况；管理科研计划及科研工作；管理技术资料，收集整理技术信息等。

技术人员的主要职责是按技术要求完成下达的各项生产任务，负责生产过程中的技术工作，按技术标准规程组织生产，具体处理生产技术中出现的问题；积累生产实际中原始的技术资料等。

（2）制订技术规范及技术规程。技术规范是对生产质量、规格及检验方法作出的技术规定，是人们从事生产活动的统一技术准则。技术规程是为了贯彻技术规范对生产技术各方面

所作的技术规定。技术规范是技术要求，技术规程是要达到的手段。技术规范及规程是进行技术管理的依据和基础，是保证生产秩序、产品质量、提高生产效益的重要前提。

技术规范可分为国家标准、部门标准及企业标准，而技术规程是在保证达到国家技术标准的前提下，可以由各地区、部门企业根据自身的实际情况和具体条件，自行制订和执行。

（3）实施质量管理。花卉生产的质量管理是其技术管理中极为重要的一部分。在我国，这方面的工作尚处于摸索发展阶段还很不完善。目前，生产实践中观赏花卉的质量管理主要有以下几方面的内容。

① 积极贯彻国家和有关政府部门质量工作的方针政策以及各项技术标准，技术规程。

② 认真执行保证质量的各项管理制度。每个花卉生产企业（公司）都应明确各部门对质量所担负的责任，并以数理统计为基本手段，去分析和改进设计、生产、流通、销售服务等一系列环节的工作质量，形成一个完整而有效的管理体系。

③ 制订保证质量的技术措施。充分发挥专业技术和管理技术的作用，为提高产品质量提供总体的综合全面的管理服务。

④ 进行质量检查，组织质量的检验评定。

⑤ 做好对质量信息的反馈工作，产品上市进入流通领域后即进行回访，了解情况，听取消费者意见，反馈市场信息，帮助自己改进质量管理措施。

在实施质量管理中，首先要有明确的技术管理内容、要求，落实到每个部门和个人。其次，要进行全面质量教育。教育花卉从业人员掌握运用质量管理的思想和方法，办好技术培训，使他们学习和掌握技术规范、技术规程和措施，并激励他们不断提高技术水平。再次，要实行综合质量管理。花卉生产经营的不同阶段和环节，要实行连续综合质量管理。从园圃建设到产品上市的整个过程中，要做到环环相扣，承前启后，互相监督，把质量管理工作落到实处。

（4）做好信息和档案工作。信息工作的内容主要包括资料的收集、整理、检索、报道、交流、编写文摘、简介、翻译科技文献等。做好信息工作可以使花卉生产经营者了解掌握国内外本行业的发展趋势以及技术、管理水平，以开阔眼界，确定本单位的发展方向及奋斗目标。同时，还可以借鉴前人的成果，少走弯路，节约人力、物力、财力。在工作中要及时广泛的搜集国内外花卉业及相关专业的科技资料、信息。经常进行资料交流，互相借鉴学习做好信息网的建设和信息储存工作，及时为生产科研科技革新提供有价值的资料及信息，使信息工作制度化、经常化。同时要遵守保密制度但要防治技术封锁的不良倾向。科技档案是进行生产经营技术活动的依据是经验的积累和总结，是传达技术思想的重要工具，是提高技术管理水平的基础工作。

为此对科技档案要求是资料要系统、完整、准确、及时，要组织使用，要建立专门机构或确定专职人员管理制度，使科技档案发挥应有的作用。

三、生产成本核算管理

花卉种类繁多，生产形式多种多样，其生产成本核算也不尽相同，通常在花卉生产中分为单株、单盆和大面积种植两种成本核算。

（一）单株、单盆成本核算

单株、单盆成本核算，采用的方法是单件成本法，核算过程是根据单件产品设置成本计算单，即将单盆、单株的花卉生产所消耗的一切费用，全都归集到该项产品成本计算单上。单株、单盆花卉成本费用一般包括种子购买价值，培育管理中耗用的设备价值及肥料、农药、栽培容器的价值、栽培管理中支付的工人工资，以及其他管理费用等。

（二）大面积种植花卉的成本核算

进行大面积种植花卉的成本核算，首先要明确成本核算的对象，即承担成本费用的产品，其次是对产品生产过程耗费的各种费用进行认真的分类，按生产要素可分为：

1. 原材料费用 包括购入种苗的费用，在生长期间所施用的肥料和农药等。

2. 燃料动力费用 包括花卉生产中进行的机械作业，排灌作业，遮阳、降温、加温供热所耗用的燃料费、燃油费和电费等。

3. 生产及管理人员的工资及附加费用

4. 折旧费 在生产过程中使用的各种机具及栽培设备按一定折旧率提取的折旧费用。

5. 废品损失费用 在生产过程中，未达到产量质量要求的应由成品花卉负担的费用。

6. 其他费用 指管理中耗费的其他支出，如差旅费、技术资料费、邮电通讯费、利息支出等。

在花卉生产管理中，可制成花卉成本项目表（表 8-2），这可科学地组织好费用汇集和费用分摊，以及总成本与单位成本的计算，还可通过成本项目表分析产品成本的构成，寻求降低花卉成本的途径。

表 8-2 花卉生产成本项目表

项目 名称	种子	花盆	基质	肥料	农药	机械 作业费	排灌 作业费	工资	设备 折旧费	废品 损失	其他 支出	成本 合计	产成 品数量	单位 成本
郁金香														
风信子														
一串红														

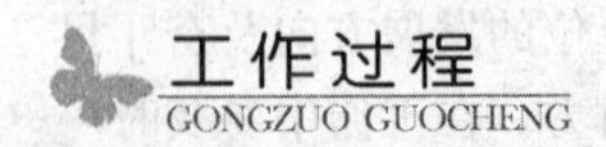

花卉生产计划的制订

（一）生产规模

1. 确定生产目标；

2. 生产主要任务指标；

3. 生产技术要求。

（二）生产技术流程

包括技术装备、技术信息、技术文件、技术资料、技术档案、技术标准规程、技术责任制等。

（三）生产投入

1. 生产资料用量的计算 包括盆器、工具；基质的种类与数量；化肥农药的种类与数量；种苗的种类与数量；用水量等。

2. 用工量的计算 包括固定工的数量和临时用工数量等。

（四）经费预算

1. 生产资料费用；

2. 用工费用；

3. 管理费用；

4. 不可预见费用。

（五）生产管理制度

（六）生产应急预案

包括生产安全应急预案和花卉生产技术预案等，确保花卉生产每个阶段技术管理的衔接，为生产高产、高效、优质的花卉产品奠定技术基础。

技能训练 JINENG XUNLIAN

花卉生产企业参观调查

（一）训练目的

通过对花卉生产企业的参观调查，了解当地花卉栽培的种类、模式、使用设施类型及生产效益，并能根据所学知识提出建设性意见和建议。

（二）材料用具

笔记本、笔；当地不同类型的花卉生产企业，如切花生产、盆花生产企业等。

（三）方法步骤

（1）学生分组进行走访花卉生产企业，设计调查表。

各组可参考下面的调查问卷，根据各组实际情况自行设计问卷调查表。

附表1　当地基本情况记录

调查地点：

调查日期：

调查人：

企业生产面积　　　　hm^2

土壤种类　　　　有机质含量　　　　酸碱度

地下水位　　　　耕作水平　　　　肥力水平

当地花卉栽培历史：

目前企业栽培面积　　　　hm^2，花卉设施面积　　　　hm^2，

表8-3　花卉设施栽培调查记录

花卉栽培种类	总面积（hm^2）	栽培模式	设施类型	栽培季节	周年利用情况	单位面积投资投资（元）	单位面积产出	年收益（元）

（2）在调查范围内，选择几个有代表性的企业进行普查，一般要和当地行政部门配合召开技术人员、老花农座谈会，了解基本情况后。再作田间实地调查观察和个别问题的深入访问。

（3）调查包括花卉生产基本情况、企业规模、花卉栽培种类、模式、设施类型及生产效益等，分别填入调查表。

（4）汇总后进行分析。

（四）作业

1. 调查结束后，对资料进行整理分析，编写调查报告。

2. 制作 PPT 进行汇报调查报告，根据报告内容和汇报情况进行评分。

花卉成本核算方法

（一）花期确定的成本核算

此花卉成本核算的方法是：把平时花卉的全部费用支出，利用会计科目进行归集，等到花卉出售时或出圃时，核算出花卉的实际成本，进行结转。如“五一”、“十一”期间花卉的销售的具体核算方法是：

利用“生产成本”科目对花卉成本进行核算。把花卉苗生产、生长所发生的全部费用，如花种费、人工费等，依据成本的核算对象进行费用归集，能直接确定是成本对象的，直接计入成本；不能直接确定成本对象的，通过分摊计入成本。

会计分录：“借：生产成本——×××

贷：银行存款”

在花卉销售时或出圃时核算出花卉的实际成本进行结转，未出铺的花卉核算出期末在产品成本。

其会计分录为：借：“产成品——×××”

贷：“生产成本——×××”

花卉的销售成本用“期末盘存定值法”计算，先确定期末的在产品成本，再计算本期的销售成本。其公式为：本期花卉的销售成本＝期初花卉的再产品成本＋本期发生的生产费用－期末花卉的再产品成本。本期花卉的再产品成本＝期末花卉的数量×期末花卉的单价。花卉数量很少的单位，也可以不计算期末花卉的再产品成本，以当期发生的生产费用作为本期的销售成本。

（二）购进的花卉成本核算

将发生的由本期产品负担的费用，在各种产品之间进行分配，凡是能直接认定由具体某种产品负担的费用，应直接归入依据成本核算对象所设的成本项目中，不能直接确定的分配记录产品成本项目。同时，要认真掌握好数量的变化，计算出受数量变动影响的花卉的实际单位成本。

具体会计核算方法是：购进一种花卉后，把花卉从“生产成本——×××”科目中转出到“产成品——×××”科目（或花卉购进处理）。

会计分录：借：“产成品——×××”

贷：“生产成本——×××”（或借：“产成品”，贷：“银行存款”）。

平时，利用“产成品——×××”科目。对花卉直接费用在成本项目汇集。对花卉数量的变化，应在每月末对话会进行盘点，详细填写“花卉商品盘点表”，管理人员进行审核审

批后，区分不同情况进行会计处理：

（1）不同等级花卉之间的数量变化，调整产成品科目。

会计分录为：借："产成品（甲）"贷："产成品（乙）"（花卉产品升级以高级花卉产品的单价计算）。

（2）正常的花卉分盆、合盆、损失短缺和死亡的数量变化，会计人员调整产成品科目的数量，金额不变。

（3）过失人或保险公司赔偿的款项，在"其他应收款"借方和"产成品"的贷方反映。

（4）在认定产品完全损失，不可能再有销售收入并超出税务机关审批范围时，借："营业外支出"，贷："产成品——×××"。在月末会计结账前，要对"产成品——×××"科目中汇集的全部费用进行分摊计算，求出一个依据花卉产品盘点后的实际数量计算出产成品单价。即：花卉产成品单价＝（月初产成品＋本期汇集的全部费用＋间接费用分摊的费用）/本月的销售数量＋月末盘点数量（盘后扣除增减变动因素的净数量）。这个产成品单价是随着花卉产品盘点表数量的变化而变化，形成一个比较接近实际的花卉成本的变动成本。

考核评价
KAOHE PINGJIA

考核内容	考核标准	考核分值	自我考核	教师评价
专业知识	掌握花卉生产技术管理的相关知识	5		
	掌握花卉生产计划的制订的知识	5		
	掌握花卉成本核算的基本方法	5		
	熟悉花卉生产与产品营销市场拓展相关知识	5		
技能训练	花卉企业参观调查	10		
专业能力	有花卉生产管理的基本能力	10		
	能制订花卉生产计划，并组织实施	10		
	会花卉生产的技术管理	10		
	能确定花卉生产成本核算方法，并进行成本的初步核算	10		
学习方法	网络信息查询； 专业书籍资料查询； 专业市场走访、调研； 勤于实践	10		
能力提升	学会学习，良好的交流沟通能力； 工作学习主动积极，勤于思考，助人为乐； 养成善于观察、详尽记录的好习惯	10		
素质提升	做事积极主动，与人团结合作； 学习工作勤恳努力； 工作学习中能及时发现问题，能分析、解决问题； 富有创造性思维，对待新事物好学进取	10		

参 考 文 献

白吉刚 . 2004. 大棚与温室的花卉栽培 [M]. 济南：山东友谊出版社 .
包满珠 . 2009. 花卉栽培 [M]. 2 版 . 北京：中国农业出版社 .
北京林业大学园林系花卉教研组 . 1990. 花卉学 [M]. 北京：中国林业出版社 .
北京农业大学主编 . 1989. 蔬菜栽培学保护地栽培 [M]. 北京：农业出版社 .
曹春英 . 2009. 花卉生产与应用 [M]. 北京：中国农业大学出版社 .
曹春英 . 2010. 花卉栽培 [M]. 2 版 . 北京：中国农业出版社 .
陈俊愉，程绪珂 . 1990. 中国花经 [M]. 上海：上海文化出版社 .
陈杏禹 . 2002. 蔬菜栽培 [M]. 北京：高等教育出版社 .
成海钟 . 2000. 观赏植物栽培 [M]. 北京：中国农业出版社 .
刁慧琴，居丽 . 2001. 花卉布置艺术 [M]. 南京：东南大学出版社 .
董丽 . 2003. 园林花卉应用设计 [M]. 北京：中国林业出版社 .
董晓华，吴国兴 . 2010. 花卉生产实用技术大全 [M]. 北京：中国农业出版社 .
观赏园艺卷编辑委员会 . 1996. 中国农业百科全书・观赏园艺卷 [M]. 北京：中国农业出版社 .
郭维明，毛龙生 . 2001. 观赏园艺概论 [M]. 北京：中国农业出版社 .
胡一民 . 2004. 观叶植物栽培完全手册 [M]. 合肥：安徽科学技术出版社 .
蒋丽丽 . 1995. 欧式花艺基础篇 [M]. 台北：唐代文化出版 .
金波 . 1999. 室内观叶植物 [M]. 北京：中国农业出版社 .
金波 . 2000. 中国名花 [M]. 北京：中国农业大学出版社 .
康亮 . 2001. 园林花卉学 [M]. 北京：中国建筑工业出版社 .
雷一东 . 2006. 园林绿化方法与实现 [M]. 北京：化学工业出版社 .
黎佩霞，范燕萍 . 2002. 插花艺术基础 [M]. 北京：中国农业出版社 .
李天来 . 1999. 棚式蔬菜栽培技术图解 [M]. 沈阳：辽宁科学技术出版社 .
李秀凤 . 1997. 插花与花语 [M]. 台北：唐代文化出版 .
梁素秋，许美琍 . 2006. 园艺经营 [M]. 台北：地景企业股份有限公司 .
刘金海 . 2005. 观赏植物栽培 [M]. 北京：高等教育出版社 .
刘燕等 . 2003. 园林花卉学 [M]. 北京：中国林业出版社 .
刘燕 . 2006. 园林花卉学 [M]. 北京：中国林业出版社 .
刘自学 . 2001. 草皮生产技术 [M]. 北京：中国林业出版社 .
卢思聪 . 2006. 兰花栽培入门 [M]. 北京：金盾出版社 .
鲁涤非 . 2004. 花卉学 [M]. 北京：中国农业出版社 .
秦魁杰 . 1999. 温室花卉 [M]. 北京：中国林业出版社 .
邱国金 . 2001. 园林植物 [M]. 北京：中国农业出版社 .
沈玉英 . 2006. 花卉应用技术 [M]. 北京：中国农业出版社 .
施振周 . 1999. 园林花卉栽培新技术 [M]. 北京：中国农业出版社 .
史金城 . 2002. 组合盆栽技艺 [M]. 广州：广东科技出版社 .
孙达信，尹公，张绵 . 2001. 草坪植物种植技术 [M]. 北京：中国林业出版社 .

孙世好 . 1998. 花卉设施栽培技术 [M]. 北京：高等教育出版社 .
孙曰波 . 2013. 设施花卉栽培 [M]. 北京：中国农业大学出版社 .
唐祥宁 . 2004. 花卉园艺工 [M]. 北京：中国劳动社会保障出版社 .
王春梅 . 2002. 切花栽培与保鲜 [M]. 延边：延边大学出版社 .
王双喜 . 2010. 设施农业装备 [M]. 北京：中国农业大学出版社 .
魏岩 . 2003. 园林植物栽培与养护 [M]. 北京：中国科学技术出版社 .
吴玲 . 2007. 地被植物与景观 [M]. 北京：中国林业出版社 .
吴少华，张钢，吕英民 . 2009. 花卉种苗学 [M]. 北京：中国林业出版社 .
武汉市园林局，武汉市园林科学研究所 . 2004. 常见花卉栽培 [M]. 武汉：湖北科学技术出版社 .
夏春森，朱义君，夏志卉，等 . 2005. 名新花卉标准化栽培 [M]. 北京：中国农业出版社 .
殷华林 . 2007. 兰花栽培实用技法 [M]. 合肥：安徽科学技术出版社 .
岳桦 . 2006. 园林花卉 [M]. 北京：高等教育出版社 .
张启翔 . 2006. 中国观赏园艺研究进展 [M]. 北京：中国林业出版社 .
张树宝 . 2006. 花卉生产技术 [M]. 重庆：重庆大学出版社 .
章镇，王秀峰 . 2003. 园艺学总论 [M]. 北京：中国农业出版社 .
赵兰勇 . 2000. 商品花卉生产与经营 [M]. 北京：中国林业出版社 .
赵祥云，陈新露，王树栋，等 . 2002. 礼品盆花生产手册 [M]. 北京：中国农业出版社 .
郑诚乐，金研铭 . 2010. 花卉装饰与应用 [M]. 北京：中国林业出版社 .
朱加平 . 2001. 园林植物栽培养护 [M]. 北京：中国农业出版社 .

图书在版编目（CIP）数据

花卉栽培 / 曹春英，孙曰波主编．—3版．—北京：中国农业出版社，2014.9（2016.5重印）
“十二五”职业教育国家规划教材：经全国职业教育教材审定委员会审定　国家级精品资源共享课程配套教材
ISBN 978-7-109-19607-0

Ⅰ.①花…　Ⅱ.①曹…　②孙…　Ⅲ.①花卉-观赏园艺-高等职业教育-教材　Ⅳ.①S68

中国版本图书馆CIP数据核字（2014）第217748号

中国农业出版社出版
（北京市朝阳区麦子店街18号楼）
（邮政编码 100125）
策划编辑　王　斌
文字编辑　李　蕊

北京中新伟业印刷有限公司印刷　　新华书店北京发行所发行
2001年5月第1版　　2014年12月第3版
2016年5月第3版北京第2次印刷

开本：787mm×1092mm　1/16　　印张：20.25
字数：482千字
定价：45.00元